荒漠绿洲过渡区防护体系防风阻沙效益研究

汪 季 解云虎 陈士超 主编

科学出版社

北京

内 容 简 介

本书内容共分为三篇。第一篇共两章，主要介绍绿洲的形成与演变、分类、基本特征、发展过程、变迁规律，荒漠化的概念、类型及分布、成因及危害，以及荒漠化与防治研究的内容、风蚀沙漠化与防治、荒漠化监测与评价等。第二篇共两章，介绍了荒漠绿洲过渡区防护体系的构建。第三篇共 10 章，基于实际监测评估了防护体系防风阻沙效益。

本书适合水土保持与荒漠化防治、地理学、生态学等相关专业的研究人员和高校师生阅读。

图书在版编目 (CIP) 数据

荒漠绿洲过渡区防护体系防风阻沙效益研究/汪季，解云虎，陈士超主编. —北京：科学出版社，2023.9

ISBN 978-7-03-076314-3

Ⅰ. ①荒… Ⅱ. ①汪… ②解… ③陈… Ⅲ. ①荒漠–绿洲–防风固沙林–研究 Ⅳ. ①S727.23

中国国家版本馆 CIP 数据核字（2023）第 173563 号

责任编辑：张会格 孙 青 / 责任校对：郑金红
责任印制：肖 兴 / 封面设计：刘新新

科学出版社 出版
北京东黄城根北街 16 号
邮政编码：100717
http://www.sciencep.com

北京九州迅驰传媒文化有限公司印刷
科学出版社发行 各地新华书店经销
*

2023 年 9 月第 一 版 开本：720×1000 1/16
2024 年 2 月第二次印刷 印张：20 3/4
字数：416 000

定价：238.00 元
（如有印装质量问题，我社负责调换）

前　　言

2021 年 1 月 4 日，中央出台 2021 年一号文件《中共中央 国务院关于全面推进乡村振兴加快农业农村现代化的意见》，提出"全面推进乡村产业、人才、文化、生态、组织振兴，充分发挥农业产品供给、生态屏障、文化传承等功能""推进荒漠化、石漠化、坡耕地水土流失综合治理和土壤污染防治"。2021 年 3 月全国两会期间，习近平总书记参加内蒙古代表团审议时谈到，要保护好内蒙古生态环境，筑牢北方生态安全屏障。2023 年 6 月，习近平总书记在内蒙古考察时强调：要统筹山水林田湖草沙综合治理，精心组织实施京津风沙源治理、"三北"防护林体系建设等重点工程，加强生态保护红线管理，……在祖国北疆构筑起万里绿色长城。要进一步巩固和发展"绿进沙退"的好势头，分类施策、集中力量开展重点地区规模化防沙治沙，不断创新完善治沙模式，提高治沙综合效益。荒漠绿洲过渡区是荒漠与绿洲两种自然景观之间转化最为剧烈、表现最突出的地区，是介于两者之间的特殊生态脆弱地带，同时也是这两个极端生态系统之间进行物质循环、能量转换和信息传递的主要场所，该区域自然生态环境本底中潜在退化因素多，时刻面临着沙漠化的严峻挑战，被列为五大治理分区之首，其防护体系的构建至关重要。

腾格里沙漠腹地及周边区域常年受西风环流控制，干旱少雨，蒸发量大，无霜期长，风大沙多，多年来不合理的人为活动，使该区土地沙化，自然环境十分恶劣，不仅严重制约着本地经济社会的发展，对东中部地区的生态安全和环境质量也构成严重威胁。该区域大小绿洲分布广泛，土地荒漠化及沙化严重制约着绿洲区的发展，在此区域开展绿洲防护体系防护效益基础研究工作能够满足从国家到地区层面对于生态脆弱区生态治理、土地沙化治理的需求，为绿洲防护、沙化土地治理等提供基础数据支撑。通过长期野外实验观测，探讨自然状态下土地沙化防治措施是当前研究的热点问题。

本书内容共分为三篇，第一篇介绍绿洲与荒漠化的基本概念，绿洲的形成与演变、分类、基本特征、发展过程及变迁规律，荒漠化的类型及分布、成因及危害，以及国际国内关于荒漠化防治的研究热点、风蚀沙漠化的防治策略、荒漠化监测与评价的方法。第二篇荒漠绿洲过渡区防护体系构建，主要介绍沙漠地区风沙危害的类型及防治策略，在荒漠绿洲过渡区构建防护体系的必要性及具体防护体系的组成。第三篇主要介绍荒漠绿洲过渡区防护体系构建的国内外研究进展及实现的技术方案，绿洲防护体系近地表风沙流特征、绿洲防护体系风沙沉降特征。

本书共计 14 章，第 1 章由马扎雅泰、王霞撰写（约 3.4 万字），第 2 章由李占宏撰写（约 10.3 万字），第 3 章由陈士超、云·巴雅尔、杨霞撰写（约 4.1 万字），第 4 章由李慧瑛撰写（约 1.0 万字），第 5 章由武志博撰写（约 0.4 万字），第 6 章由赵晨光、程业森撰写（约 2.3 万字），第 7 章由海春兴撰写（约 1.0 万字），第 8 章由龚萍撰写（约 1.0 万字），第 9 章由蒙仲举撰写（约 2.6 万字），第 10 章由解云虎撰写（约 2.5 万字），第 11 章由解云虎撰写（约 5.2 万字），第 12 章由解云虎撰写（约 2.6 万字），第 13 章由汪季、党晓宏撰写（约 4.4 万字），第 14 章由解云虎撰写（约 0.8 万字）。全书由汪季、解云虎、陈士超统稿。

本书由"十三五"国家重点研发计划项目"内蒙古干旱荒漠区沙化土地治理与沙产业技术研发与示范（2016YFC0501000）"资助出版。

汪　季　解云虎　陈士超

2023 年 3 月 12 日

目　　录

第一篇　绿洲与荒漠化

第二篇　荒漠绿洲过渡区防护体系构建

第三篇　荒漠绿洲过渡区防护体系防风阻沙效益

第一篇

绿洲与荒漠化

第1章 绿　　洲

1.1　绿洲的形成与演变

1.1.1　绿洲的概念与绿洲的形成

绿洲是指在大尺度荒漠背景基质上，以小尺度范围，但具有相当规模的生物群落为基础，构成能够相对稳定维持的、具有明显小气候效应的异质生态景观（周立华等，2019）。相当规模的生物群落可以保证绿洲在空间和时间上的稳定性以及结构上的系统性；其小气候效应则保证了绿洲能够具有人类和其他生物种群活动的适宜气候环境，有利于形成景观生态健康成长的生物链结构（阿不都克依木·阿布力孜等，2013）。

绿洲在干旱地区的出现不是偶然的，这是干旱地区自然资源结构的特殊表现，是自然资源，尤其是水资源在广大干旱地区不均匀分布的结果（康国飞等，2004）。

我国干旱地区地域辽阔，气候干旱，降水量大多为 50～250mm。但我国干旱区土地类型结构有其重要的特殊性，那就是境内多大山，东起贺兰山，向西依次分布有祁连山、阿尔金山、天山、阿尔泰山、昆仑山等，绵延数千千米，山体深厚高峻，海拔多在 3500m 以上，其中不少山峰海拔均在 5000m 以上。

山体高耸，形成明显的山地垂直带。山地降水量明显多于水平地带，一般多为 400～600mm，以冰雪—冰川形式储存于雪线以上的山体中，成为我国西北干旱地区中的湿岛，也是西北干旱地区季节性水分补给的源泉，是西北干旱地区绿洲赖以形成与存在的重要条件之一。

由于绿洲形成的三个基本条件——平坦且土层较深厚的土地；相对丰富的地面水或地下水资源（李玉宝和韩永光，1997）；较高的气温与丰富的光照，在广大干旱地区呈不均匀的差异性分布。同时出现上述条件的地方只能是局部的地域，这就极大地限制了绿洲形成连续大面积分布的可能性。也正因如此，我国绿洲除偏东沿黄河两岸的银川绿洲与内蒙古河套绿洲外，基本都与高山相联系，如河西走廊的武威张掖、敦煌绿洲天山南北的乌鲁木齐、莫索湾阿克苏、库尔勒绿洲等均如此（毛德华等，2003）。

绿洲是干旱地区特定环境下的产物（李展等，1999）。所谓绿洲，是指干旱地区的一个这样特殊的地域：它以明确的范围与界线与广大的非绿洲（荒漠、半荒漠）相区别，在它范围内，地面水或地下水资源较丰富而稳定，土体湿润；以绿色植物为主体的生物过程旺盛，种群丰富，植被盖度在60%以上；单位面积上的生物产量几十倍至几百倍地高于周围地区；为人类的生活与生产的持续发展提供了基本条件。绿洲形成的基本因素是由于特定的水文或水文地质条件的影响，地形大体平坦，土层较厚，光照丰富，为以绿色植物为主体的生物提供了较好的繁衍生息的环境（阿布都热合曼·哈力克，2012）。在自然条件下，上述环境仅能沿河谷、河流两岸、山前扇形地前沿、湖泊沿岸及某些低洼地呈条带状或斑块状出现，面积多在几平方千米至数千平方千米，乃至上万平方千米以上，这些地段可以出现天然的乔木或灌木林、沼泽或草甸，林木高大，水草丰茂，动物出没，如塔里木河、额济纳河两岸的胡杨林、红柳林就是如此，这就形成了所谓天然绿洲。随着人类的出现，人口增多，科学技术发达，生产水平的不断提高，这种纯天然的未经人类干涉过的天然绿洲迅速减少，以至很难找到，而代替的将是大量的天然—人工复合绿洲或完全由人类创造的人工绿洲。这种趋势将是不可逆转的。

由于处在不同的社会发展阶段，人们对自然规律的认识水平不同，因而在干预天然绿洲或建设人工绿洲的过程中所采用的方法、措施均不同。这些措施的实施可能带来两种截然不同的结果：一种是按人们预期所希望的那样，改善了生产与生活条件，自然资源的利用越来越合理，生产得以发展，生活不断改善，绿洲趋于高产、和谐而稳定；另一种是所采取的措施不适当，绿洲自然资源利用不合理，导致绿洲生态环境变坏，使其趋于沙漠化，风蚀加剧，土地肥力减退，或使土壤盐碱化，造成植物生理性干旱，土地生产能力趋于低下。而这种结果，必将导致绿洲的衰败甚至消亡。

不过，随着人们对自然规律的更深入的认识，科学技术水平不断提高，由人类所设计并创建的绿洲将会是一种完全新型的绿洲——现代生态型绿洲。这种绿洲自然资源得到最充分合理的利用，环境质量将得到最充分的保障，人类的生活与自然环境将融为和谐的一体。

绿洲是干旱区、半干旱区独具特色的自然景观。在自然状态下，绿洲形成于干旱区河流沿岸、山麓地带及地下水溢出地带（常跟应等，2013）。

我国西北地区干旱环境形成于地质时期并得到不断加强，人类历史时期只是相对湿润与干旱期的交替变化，干旱环境则没有显著变化。在这样的干旱环境里，气候条件既有严酷的一面，又有光热条件优越等有利因素，加上具有一定的水资源，使绿洲形成成为可能。

但绿洲发育和分布有明显的规律性，尤其是人工绿洲正是自然与人文两类因素相互作用的结果。我国西北干旱区现代绿洲星罗棋布，但主要分布在塔里木盆地、准噶尔盆地边缘、柴达木盆地水资源相对较多的东缘和南缘、祁连山北麓的河西走廊南侧、宁夏平原和后套平原等地区。

绿洲的发育、分布与发展与以下几个因素有关。

1）地质地貌条件

我国西部及邻近地区剧烈的构造抬升，导致天山、阿尔泰山、昆仑山、祁连山、喀喇昆仑山等群山崛起。绿洲发育一般与中生代、新生代以来抬升的构造隆起的高山相联系。从我国西北情况看，绿洲基本分布在这类高山的山前沉降带，夹在高山与古陆块（或剥蚀台地）之间。地层特点是中生代沉积岩系之一的新生代砾石层，地貌特点是山前洪积扇前缘与冲积平原，一般处在海拔 500～2000m（吐鲁番绿洲例外）。上述地质地貌条件有利于冰川、雪水、雨水的下渗、流动与储存，有助于造成承压水和潜水，从而形成一些沼泽地、芦苇滩或草甸草场，为开发后的绿洲引水采水灌溉提供了可能（阿布都热合曼·哈力克，2012）。

2）高山冰雪条件

绿洲的发育还依赖于山地系统中的高山冰雪。我国内陆河绿洲几乎都分布在内陆地区高大山系之侧。这些高山都发育着山岳冰川，是许多内陆河径流补给的主要来源。冰川雪线一般在海拔 4050～6200m，阿尔泰山可低至海拔 3000m。高山冰雪消融是绿洲生机的源泉。新疆的绿洲与天山、昆仑山冰川、永久积雪相联系，河西走廊的绿洲与祁连山冰川相依存。据调查，新疆阿尔泰山、天山、昆仑山有冰川 7346 条，面积达 10 416km²，冰川储水量为 2.433 亿 m³，养育着新疆上百片绿洲，面积约达 6 万 km²；祁连山有冰川 3306 条，冰川面积 2063km²，冰川储水量 3300 万 m³，养育着河西走廊 18 块绿洲，面积 1.9 万多平方千米。可见，冰川雪水的储量与分布在一定程度上决定着绿洲的分布与规模（阿布都热合曼·哈力克，2012）。

3）气候条件

我国干旱区光热资源丰富，除柴达木盆地外，7 月均温均在 20℃以上，≥10℃的积温多为 1500～3000℃，塔里木盆地许多地区超过 4000℃，吐鲁番可达到5391.3℃，年日照时数可达 2500～3500h。从降水来看，全年降水量很少，且时空分布不均，新疆绿洲区年降水量一般在 200mm 以下，南疆不足 70mm，吐鲁番只有 16.6mm，河西走廊也只有 50～150mm，玉门关以西不足 50mm（阿布都热合曼·哈力克，2012）。但山地降水量却明显增加，可达 300～800mm，有利于冰雪储存和内陆河（包括间歇性）地表径流的发育。夏季高温、冰雪融化与绿洲农业季节需水同步，有助于绿洲的形成与发育。

4）"绿色屏障"条件

从 19 世纪末以来，中外考察人员在考察塔里木盆地南缘的古代绿洲和古城遗址时,大多沿着胡杨、白杨和红柳等组成的死灭的荒漠河岸林行进,以许多死树、果林作标识,以"死灭干枯的森林"作为古代文明的标志,这是不无道理的。因为古绿洲一般是以天然绿洲为依托,林木又能有效地起着机械阻沙的作用。现代绿洲更是以抗风、防沙、耐盐碱的"绿色"植被(人工生态林、人工草地)为屏障,绿洲与荒漠(沙漠)的交界处往往以人工林作为隔离带和分界线,这在准噶尔盆地南缘与塔里木盆地南缘十分普遍。"绿色屏障"与绿洲(人工绿洲)相并存,没有"绿色屏障",也就维系不了绿洲整个生命系统,这已成为人们的共识。

5)人文条件

绿洲的形成与演变,还受制于社会发展因素,特别是人口、劳动力与技术装备条件。人口、劳动力的规模、构成和素质对绿洲形成与发展的影响主要表现在:一定的人口规模,劳动者的习惯、素质及分工情况,与绿洲的形成、发展关系极大;人口的剧增又会给绿洲带来压力,人类不合理的活动将延缓绿洲化进程,加速荒漠化过程。生产工具和技术装备直接影响生产力发展水平(阿布都热合曼·哈力克,2012)。

例如,塔里木盆地南缘的尼雅、丹丹乌里克、老达摩沟及孔雀河下游的楼兰等古绿洲,形成于魏晋以前,主要分布在河流下游干三角洲(土尔逊托合提·买土送等,2010)。当时人口稀少,生产力低下,生产工具以木制、石制为主(史华,1992)。汉代以来,冶铁技术从内地传入新疆,铁制工具逐渐得到广泛应用,人类引水和控制河水的能力不断提高,灌溉绿洲相应得到扩大。加之汉、唐、元、清各代,移民屯垦,使绿洲开发事业大为兴盛。清朝前期更是盛况空前,据《新疆屯垦史》资料,共有屯丁12.67万人(连同家属可达48万人),其中绿营兵屯2.22万人,八旗兵屯1.48万人,民屯3.75万人,回屯4.3万人,犯屯0.92万人。全疆屯垦的土地达到2014.34km²,其中北疆占64%,南疆占36%。北疆的农业绿洲主要就是在这一时期形成的。中华人民共和国成立以来人民解放军在新疆的土地开发占据主导,以新疆生产建设兵团为屯垦代表,全疆开垦土地约40 020km²,绿洲扩大了约2倍。

绿洲的发展演变还与社会安定因素关系极大,统一安定的政治局面有利于绿洲的开发建设,动乱和战争可以毁坏绿洲。根据历史的记载与前人学者考证,南疆轮台国、于田境内的丹丹乌里克古绿洲,叶城东的可汗城及吐鲁番的高昌、交河故城等的消失与毁灭都与战乱、"屠城"有关。

1.1.2 绿洲的演变及发展趋势

区域发展的地域过程经历着离散、极化、扩散和成熟几个阶段。绿洲的形成发展过程同样遵循着区域发展地域过程的一般规律。例如，早期出于对自然环境的被动适应过程，是以天然绿洲为依托，近水沿河开拓，即"逐水草而居"，形成了规模较小、功能单一、效益低下的封闭型绿洲。后来经过漫长的发展，形成了中心城镇，具有吸引辐射功能，资源、劳动趋于密集，人类开始不断完善与调节人和自然的关系，经济结构也渐趋复杂，绿洲规模功能扩大，由以点为主到点线结合，连片分布。这一过程也需经历漫长时间。之后，人类认识和应用自然规律的能力大大提高，能够自觉优化调节人地关系，生产力高度发展，产业结构高技术化，社会信息化，空间结构网络化，点线面有机结合，绿洲趋于高功能良性发展状态。这便是人类追求绿洲演变的高度化目标。

随着人类社会的文明进步，绿洲的规模与分布范围都呈扩大趋势。从塔里木盆地和天山北麓古绿洲、老绿洲、新绿洲分布态势来看，绿洲分布扩张轨迹大概是：古绿洲多分布在河流散流的干三角洲上，老绿洲多分布在河流出山口形成的扇地中下部及引水方便的中上游冲积平原，新绿洲多分布在冲洪积扇扇缘以下及冲积平原中下部；工矿城市绿洲的分布主要由矿产资源的开采加工因素和供水条件所决定（樊自立等，2006）。绿洲分布的空间模式是：由沿河纵向分布、呈条带或串珠斑点分布，演变到横向分布，并使小型绿洲连接成中型绿洲或绿洲带。例如，从乌鲁木齐往西，经昌吉、呼图壁、玛纳斯、石河子、沙湾，已构成天山北麓最大的绿洲带。

至于绿洲的衰亡，不外乎自然的和人文的原因或者是双方叠加因素造成，主要通过水文、水资源状况特别是河道、渠道、水库、地下水的消耗、散失所发生的时空变化造成绿洲生态环境的恶化，这种例子从古至今都在发生。为了确保绿洲的良性发展，避免恶性演变，必须按照自然规律促使绿洲开发建设与生态保护协调发展。

1.2 绿洲的分类

目前，对绿洲尚无统一的分类，所依据的原则也不相同，但通常不外考虑以下诸因素进行划分。

（1）按有无人为因素介入可分：①天然绿洲；②人工绿洲。

（2）按时间先后分：①原始绿洲；②古代绿洲；③旧绿洲；④新绿洲。

（3）按地形部位可分：①沿河绿洲；②扇形地绿洲；③干三角洲绿洲。

（4）按经济成分与利用方向可分：①牧业绿洲；②农业绿洲；③工业绿洲（城市绿洲）（热合木都拉·阿迪拉和塔世根·加帕尔，2000）。

但实际上绿洲的形成因素及其内在特征是多方面的，仅仅依据某一因素（或特征）进行分类，难以全面概括。如若把多种因素统一于一个分类系统中，将会是有意义的。

下面的分类，首先考虑有无人为因素的影响及影响程度，然后在此基础上再依据绿洲出现的地形部位或人为影响的方式与程度进行细分。其分类系统如下：

天然绿洲

> 沿河绿洲
>
> 扇缘绿洲
>
> 湖滨绿洲

天然——人工绿洲（半人工绿洲）

> 沿河绿洲
>
> 扇缘绿洲
>
> 湖滨绿洲
>
> 干三角洲绿洲

人工绿洲

> 农业（传统）绿洲
>
> > 引水灌溉绿洲
> >
> > 井灌绿洲
> >
> > 引水井灌绿洲
>
> 城镇（工矿）绿洲
>
> 可控性生态型绿洲

上述绿洲具体特征如下所述。

1. 天然绿洲

在绿洲的形成与演变过程中，人类未施加任何影响，也基本上未被利用，保持着良好的自然状态。这种绿洲形成的决定性因素是地面水文条件，一般多在河流沿岸、湖泊边缘、山前扇形地前沿地下水出露带。地下水埋深浅，一般不超过3～5m，有的仅有0.5～2.0m，一年中常季节性被淹没。绿洲呈带状或片状、环状分布（赵虹和颉耀文，2013）。随着水文条件的变化，绿洲的形态也会作季节性或永久性的变化，兴盛或衰亡。随着人类生活与生产的空间不断扩大，纯天然绿洲已经难见到。

依据分布的地形部位，天然绿洲可分为沿河绿洲、扇缘绿洲与湖滨绿洲。

2. 天然——人工绿洲（半人工绿洲）

天然——人工绿洲是在天然绿洲的基础上，根据人类生产活动的需要，在利用天然绿洲过程中有意识地予以改造利用的结果。例如，营造林木、种植果树、熟化土壤、改善灌溉系统（打井、修渠）、适时灌溉等，这些以种植土地为对象的生产活动，在相当大的程度上改变了自然绿洲的属性，提高了自然绿洲土地的生产力，为干旱地区人类的生存、繁衍作出了历史性的贡献。

但在利用天然绿洲的过程中，由于人类对自然规律认识的片面性与局限，在一些方面也造成了某种失误，如在无排水系统的情况下，过量的灌溉引起了土地的盐渍化；在无防护林系统的保护下，对土地耕种引起土壤风蚀与沙漠化等均属此。当然，有时人类的其他活动，如战争使家园荒芜，上游过量用水而导致下游干涸，都会引起绿洲的变化，甚至衰亡。

依据分布的地形部位，天然—人工绿洲可分为沿河绿洲、扇缘绿洲、湖滨绿洲、干三角洲绿洲。

3. 人工绿洲

人工绿洲是在原并非为绿洲的土地上，经人们有意识地勘测、设计，引来水源，按人们当时的认识水平，经施工而建设成的绿洲。这种绿洲一般都有较完整的水利灌溉系统与防护林系统，井网配套。当然决定这种人工绿洲建设的地点与规模的因素，仍然是引水的条件或当地的水文地质条件。当水源问题解决后，就需要选择较平坦的地形与适宜的土壤质地条件，一般以沙壤质、壤质最好。

人工绿洲的建设主要集中在近 30～40 年。中华人民共和国成立后新疆生产建设兵团与 20 世纪六七十年代的内蒙古、宁夏生产建设兵团为开发荒漠、引水造田、建设新绿洲都作出了巨大贡献，为当代西北干旱地区的绿洲建设与经济建设，奠定了较好的基础。

不过，这一时期建立的新绿洲，由于种种原因，生产水平仍然不高，存在的问题不少，主要表现在不少绿洲次生盐渍化普遍，绿洲外围生态环境破坏严重，绿洲产业结构不尽合理，绿洲自身的调节能力差，因而导致绿洲自身的脆弱与不稳定。

根据其经济结构、利用方向与人为控制绿洲的程度，人工绿洲又可分为农业（传统）绿洲、城镇（工矿）绿洲与可控性生态型绿洲。

1）农业（传统）绿洲

我国现阶段的农业绿洲，主要是指传统农业。所谓传统农业，一般是指依靠人力与机械作业，施用的肥料以化肥为主；防治农作物病虫害以农药为主要手段（陈进，2016）；在相当程度上还不能摆脱"老天"控制的农业。依据绿洲供水方式，农业绿洲又可分为：①引水灌溉绿洲；②井灌绿洲；③引水井灌绿洲。

2）城镇（工矿）绿洲

城镇（工矿）绿洲是绿洲的特殊形式（高前兆等，2008）。在城镇中，绿色植物主要具有调节环境与美化环境的功能，并不过于追求其生产性与直接的经济效益。在工矿区，有时为了满足生产者的直接生活需求，除庭院、街道绿化美化外，尚需以高投入引水（或抽水）建立一些小面积的蔬菜或果树生产基地，这些面积较小的绿色植物生产地，可称为绿片或绿点。

3）可控性生态型绿洲

这是一种未来的绿洲，是人们努力奋斗的目标。这种绿洲的建立是依据生态学原则，充分而合理地利用自然资源，特别是水资源、土地资源与光、温气候资源（张新民等，2000）。水资源的利用率至少应达 80%以上，土地的生物产量高，利用合理。各种生态环境要素自控程度高，在很大程度上可自调，绿洲与绿洲外过渡协调。绿洲本身的物质与能量就地转化程度高，资源利用互补性强。各种成分的产业结构合理。绿洲基本达到和谐、稳定、高产出与持续发展。

绿洲分类的四大类型，实际上也是人类介入绿洲，利用、改造与建设绿洲的几个主要阶段；是人类与绿洲从利用—矛盾到利用、建设—和谐、发展的主要演变过程。

划分绿洲类型有助于人们深入地研究绿洲的形成演变规律，也便于人类根据不同类型的绿洲特色开展相应的规划与建设（杨发相等，2006）。

依据绿洲的定义，我们还可从不同角度出于不同的目的将绿洲作各种类型的划分。绿洲分类应遵循以下三条原则。

（1）历史演化原则。在自然环境漫长的演化和人类长期的开发经营中，绿洲不断发生演变分化，地理景观由天然景观到半人工景观、人工景观，绿洲的类型由简单到复杂，绿洲的规模与分布也发生着变化。

（2）功能化原则。随着人类的持久开发和趋于集约化经营，绿洲本身的结构与功能日趋复杂、完善，并显示出不同的主导功能（如生产型、生活型、商业型或旅游型等），绿洲的文化与功能取向不断增强和明显。

（3）实用性原则。绿洲分类应便于人们认识绿洲、管理绿洲，便于人们接受与应用，命名应简明适用。

根据上述原则，暂作如下划分。

按人类活动强度和自然环境的影响程度可以划分为天然绿洲、半人工绿洲和人工绿洲。天然绿洲是自然条件下形成，人类活动对其无影响和影响微弱，如大河沿岸的河谷林、河流下游及扇缘潜水溢出带的茂密荒漠林和大片芦苇沼泽等（何金苹，2018）。半人工绿洲是指人类经济活动起着一定作用，或对天然绿洲进行某种加工的绿洲，如受到人类灌溉可供打草、放牧的河谷草场，在人工特殊保护下恢复生机的次生河谷林。人工绿洲则是在人类的开发经营活动起着决定性的作用下形成的，原有的自然生态系统已彻底或基本发生改变，如农田绿洲、城镇和工矿型绿洲（李洪才，1997）。

从时间尺度上可按形成过程和建设周期将人工绿洲划分为古绿洲（一般有上千年甚至几千年的开拓经营历史）、老绿洲（已开发经营数百处）、新绿洲（或称新型绿洲、年轻绿洲，人类开发仅十几年、几十年）和新老结合型绿洲（即在老绿洲的基础上又扩展了新绿洲，新老绿洲连在一起，已成为一个整体）。

按形成的地质地貌条件或土地类型还可将绿洲划分为山前倾斜平原绿洲、冲洪积扇绿洲、河流冲积平原绿洲、河流前三角洲平原绿洲、山间盆地绿洲和山前沟谷绿洲等（张永涛和申元村，2000）。

从绿洲功能和建设方向又可将人工绿洲划分为农村绿洲（如农业绿洲、牧业绿洲，包括以人工林业、牧业、草业、渔业为特色的绿洲）、城镇绿洲（如乌鲁木齐绿洲、克拉玛依绿洲）和工矿绿洲（如可可托海绿洲、独山子绿洲、哈图绿洲、雅满苏绿洲等）。

鉴于人类活动对绿洲的影响程度及绿洲本身的功能特色所作出的类型划分最具实用价值，可分为天然绿洲、半人工绿洲与人工绿洲。如今的天然绿洲事实上已不算纯天然绿洲，因为已多多少少打上人类活动的烙印。半人工绿洲也算不上典型的现代绿洲，只能称之为"准绿洲"，鉴于它存在的突出意义而加以单列。而人工绿洲方称为地地道道的绿洲，且是现代绿洲的主体，按其景观与功能特色，又可分为农业绿洲、牧业绿洲、城镇绿洲和工矿绿洲（常跟应等，2013）。由于类型不一，反映出不同的特征和演变趋势。

1.3 绿洲的基本特征

1.3.1 现代绿洲基本特征

从人类利用绿洲至今，至少已有 3000～4000 年的历史。人们对于绿洲的利用与建设已积累了较丰富的知识，并在这些为实践所证实的经验与教训的基础上，建设着现代的新绿洲，对现代的绿洲逐渐形成了一个较全面的认识，这些认识也正是现代绿洲的基本特征。

1）现代绿洲是自然资源、环境与经济的复合体系

天然绿洲最初仅是大自然在特定环境下的一种特殊景观，是一种单纯的自然现象（阿布都热合曼·哈力克，2012）。当人类开始逐水草而居的时候，就懂得天然绿洲已不是一种单纯的自然现象，而是一种可利用的自然资源了，并且构成了人类在干旱地区赖以生存的较理想的环境。随着人类的发展，生活与生产的多样化，单纯依靠大自然所赐予的一些资源物质已不能更好生活，而必须更多依靠人们的主观努力发展养殖与种植才能生存时，绿洲实际上已成为一个包含有自然资源、生态环境与多种经济产业的复合体系了，复合体系的各组合因素之间是一种相互依存、相互制约的整体关系。变化的方向是多向性的、不稳定的，取决于人类对绿洲资源利用的方式、途径与程度，取决于这种利用对环境质量影响的性质与程度。

2）有一个灌排配套的完整的灌溉系统是现代绿洲赖以存在的生命网

水是农业的命脉。在干旱地区，一个配置合理、可灌可排完整的灌溉系统，是绿洲存在的生命网，这一网络运转的性能如何，决定了绿洲生产能力的大小。

干旱地区的人民很早就懂得如何开发利用珍贵的水资源，如新疆吐鲁番地区坎儿井的运用，河套地区黄河水的自流灌溉。但数千年来，一方面人们离不开水，以不同的方式利用水资源发展了绿洲的农业、林业、草业、牧业，养育了一代又一代的绿洲人民；但另一方面由于对水资源利用不合理，如大水漫灌、排灌系统不配套、有灌无排，导致了地下水位提高，土壤严重盐渍化，土地生产力降低。因此，合理而适量地利用水资源，是进一步发掘干旱地区土地生产潜力的最重要的途径。

随着现代科学技术的进步，灌溉技术也取得了长足的进步。例如，管道灌溉的普遍运用，喷灌、滴灌、渗灌的出现与改进，都为干旱地区灌溉技术的改造展示了前景。干旱地区每亩[①]的灌溉量完全可以从目前的 $800\sim1000m^3$ 降到 $300\sim400m^3$，甚至更少。这样不仅控制了土壤盐渍化的加重，而且在很大程度上为扩大绿洲面积提供了水源。

以节水为目标的任何努力与投入，在干旱地区都是值得的。只有充分合理地利用水资源，才有可能充分地利用其他自然资源，如土地资源与气候资源等。提高水资源的利用率必须努力提高水资源的重复利用率与逐渐做到灌溉水的自动调控（即根据土壤的湿润情况，通过自动控制，可自行启动或关闭水阀，进行灌溉或停止灌溉），这样才能发挥每一滴水资源的效益。灌溉系统的先进性与完整性是衡量一个绿洲生产水平的最重要的标志，也是我们为之努力的方向。

3）一个有效的防护林系统是现代绿洲的重要组成部分

以乔木为主体，乔、灌、草相结合的、配置合理的绿洲防护林系统是抗衡荒漠条件下风沙侵袭，避免绿洲内土壤侵蚀沙化最有效的措施（范庆莲等，2002）。

---

① 1亩≈667m²，下同。

绿洲林业的首要职能是生态效益中的防护性功能，林带的配置应以绿洲防护需要为依据，林木本身的生产功能是第二位的。因此，防护林的营造与建设，是绿洲林业的主要部分。

根据我国干旱地区防护林建设的经验，绿洲防护林应以窄林带、小网格为主，林带（林网）所占面积大体以占绿洲总面积 10% 左右为宜。林带（网）的树木组成以乔木为主干，以灌木相辅，除主带可采用适应性强、防护功能好的乡土树种外，其他辅助林带（网）也可配以经济林木，如抗风沙、耐寒能力较好的果木，形成多层次的主体大农业，强化单位面积土地的经济效益。

绿洲林网的配置可与灌渠、道路的建设相结合，走向一致有助于林带本身的管理与维护。林带的外观实际上构成了绿洲的第一外观，应予以适当重视。在可能的情况下，应考虑树种的多样性，这样不仅可丰富绿洲的外貌形象，也可避免林木病虫害的侵袭与危害。

一个配置合理的绿洲防护林体系，是形成绿洲生态环境，改善绿洲内部水、热状况的重要措施，无论是绿洲内部的温度、湿度状况，或土壤水分的蒸散强度都明显优于绿洲外的状况，有利于作物的萌发与生长。一般来说，绿洲内部的生长期比绿洲外要延长 10～20 天。

4）多种经营（农、林、果、草、牧、渔），多种经济成分组成的生态大农业是绿洲经济的基础

利用绿洲自身的资源优势，多种经营，综合发展农、林、果、草、牧、渔各业，是建成绿洲生态大农业的经济基础（毋兆鹏和惠军，2007）。绿洲经济，首先是大农业经济，离开农业与农业的发展，就谈不上绿洲的建设与发展（李慧芳，2006）。而合理的产业结构，各种产业相互依存，资源互补、互用，是绿洲经济得以发展的必要条件。

合理利用土地是绿洲生态大农业发展的前提。各业（主要是农业、林业、果业、草业）利用土地的比例，可能会因为各地自然条件与社会需求的不同而有所差异，但大致依据的准则是接近的，这种优化的用地比例是：林∶果∶农∶草=1∶2∶3∶4。

上述用地结构可简称为"1234 式"，"1"为林带（网）用地，占绿洲总土地面积的 10% 左右；"2"为果园，占绿洲总土地面积的 20% 左右；"3"为农作物用地，占绿洲总土地面积的 30% 左右；"4"为草地（人工、半人工草地），占绿洲总土地面积的 40% 左右。做这种安排的根据如下。

（1）必须保证 10% 左右的防护林（网）面积，才能有效地保护绿洲不受风沙的侵袭与危害，维护生态效益，起到良好的控制与调节绿洲范围内光照、温度、水文等生态因素的作用。

（2）20%左右的经济林木（主要是果树）的面积用来保证绿洲整体的经济效益，积累资金，改善与扩大绿洲内部的生产设施与生态环境，并为绿洲经济的外延部分提供物质来源。

（3）30%左右的土地用于以粮、油、棉为主的农业生产，是为了保证本地区人民对于农产品的需要，首先必须做到粮、油自给，在自给的基础上力争多出商品粮、油、棉等农产品。

（4）40%左右的土地来种草，是基于两点考虑。一是草业是畜牧业的基础。畜牧业的发展不但为市场提供了丰富的肉、皮、毛等畜产品，丰富了人民的物质生活；而且畜牧业是建立生态农业必不可少的环节，牲畜可以将包括农业生产中的废弃物（秸秆等）在内的各种草业产品过腹还田，建立良好的农田物质循环，提高土壤肥力，最大限度地减少对化肥的需求量。二是保证一定的种草面积，可以充分利用一些条件较差的土地，强化生态效益，减少风蚀沙化，也有助于农业用地的轮休养地，提高地力。

当然，上述结构模式也可因地制宜，依据市场需求变化而予以适当调整。例如，城市附近或交通发达的地区经济林果可加大，农业种植可适当减少。

上述用地比例结构，均属第一性物质生产，但也为第二性物质生产奠定了较好的基础，不仅为畜牧业，同时也为以养鱼为主的水产业提供了丰富的饲草料来源。

5）生态农业——绿洲大农业的必由之路

绿洲化过程是大范围荒漠化过程中的一个逆转，这是两个方向相反，但又是两个不能完全抗衡的过程，无论就其空间或时间论，绿洲化或绿洲本身都是局部的、短暂的。从其内在的各自然要素论，绿洲具有明显的脆弱性。维持绿洲化与绿洲的持续发展，必须建立绿洲与周围环境及绿洲内各要素间和谐而稳定的生态关系，这就是说绿洲大农业只能走生态农业的道路，生态农业是绿洲大农业的必由之路。

绿洲生态农业的关键，是必须拥有厚实的畜牧业。畜牧业在生态农业中起着核心的作用，它可以将人类不能直接食用的数量巨大的光合作用绿色产品直接转化为上好的肥料，即所谓过腹还田，恢复和提高土壤的肥力，保持土壤的养分与物质平衡，这也是避免植物资源浪费，减少人工合成化肥与农药使用量，生产绿色食品最重要的措施。

为了更进一步利用植物所转化的太阳能，在植物归还土壤之前，应进行沼气处理。一方面沼气可作为能源资源予以充分利用；另一方面，经沼气处理的有机物，作为肥料，肥效更好。沼气池在发酵过程中可以杀死大量虫卵，还能起到消毒作用。

6）绿洲的外延系统是绿洲持续发展的重要动力

绿洲是一个非封闭系统。尽管绿洲在空间上有一个相对独立的地域，有着明显的地域分界，但绿洲在环境、能量与物质的流通上具有相当的开放性。绿洲的存在在一定程度上要依存于这种物质与环境的内外交流，尤其是在物质与能量及经济关系上更为重要，这就构成了绿洲的内向性与外向性外延系统。

所谓外延系统，是基于绿洲本身经济发展的需要而与绿洲外（包括绿洲中的城镇）进行的一种物质与能量的交流，以及这种物质的加工与再生产。其结果不仅满足了绿洲本身生产、生活的需要，同时又使绿洲的第一性与第二性物质生产的产品的经济价值得以大幅度地增值与提高。

绿洲的外延系统包括内向性外延系统与外向性外延系统。这两种外延系统方向完全相反：前者为来自绿洲外，基本是为绿洲的生产与生活服务的，其性质是消费性的（生产与生活中的消费），带有某种服务性质，如塑料制品（农用薄膜等）、农业机械与维修、灌溉机械、电力供应、农药与化肥等；而后者是从绿洲向外输出的，其输出的目的在于再加工、再增值，是一种再生产过程，如以绿洲产品为原料从事食品工业、饲料工业、饮料工业、酿造工业、制药、制糖，与皮革工业等。当然，这两种方向相反的外延系统具有密切的内在联系，在一定程度上是互相制约、互相影响的。

只有正确运用与把握好绿洲的外延系统，才能使绿洲的生产力不断得以充实与发展，使资源优势转化为经济优势，为绿洲的现代化积累足够的资金，更新设备，改善环境，形成良性的经济与生态循环，使绿洲具有旺盛的持续发展的动力。

1.3.2　绿洲经济基本特征

新疆是我国绿洲分布最广、绿洲类型最齐全的省份，新疆绿洲经济的发育也比较典型（赵虎基和李鲁华，1998）。以新疆为例，分析现代绿洲经济的基本特点具有代表意义。

1）以农业经济为主体

农业在新疆绿洲经济中占有重要地位，是新疆的第一产业。这是由历史、社会、自然等原因综合影响所致。中华人民共和国成立前，新疆几乎没有工业，手工业则主要以家庭副业的形式依附于农业。1949 年，农业总产值占工农业总产值的 80.8%。中华人民共和国成立后虽然工业得到迅速发展，农业总产值在工农业总产值中的比例有所下降，但 1992 年，农业总产值仍占工农业总产值的 35.2%。但除北疆各地州市外，伊犁、吐鲁番和南疆各地州的农业总产值占工农业总产值都在 50%以上，其中喀什、克孜勒苏州与和田地区分别占 60%、71%和 75%，而且工业产值中以农牧产品为原料的加工业占 41.6%，其中以农产品为原料的轻工业产值则可占轻工业产值的 90%（王利中，2011）。与此相联系，农业人口在总人口中的比例可占到 70%，从土地利用角度看，各类农业用地（耕地、牧地、林地、园地等）面积占全疆土地总面积的 40%多，如果扣除沙漠、戈壁等不宜利用土地，则可占 70%。以上都说明资源导向性的农业经济特色十分明显。

2）干旱区域特色显著

存在干旱区的绿洲经济自然有干旱的区域特色。主要表现在：新疆属北温带内陆干旱气候区，平原绿洲区一般光热资源丰富，每平方厘米年太阳辐射量比我国同纬度的华北、东北地区多 65～88kJ，高出长江流域中下游 132～219kJ。且昼夜温差大，有利于植物光合作用合成有机物质及营养物质，特别是糖分的积累。这种气候加上水土优良等条件，除能使多种粮食作物生长外，还适宜棉花、甜菜、啤酒花、薰衣草及哈密瓜、葡萄等多种瓜果园艺作物与中药材的种植。新疆是全国唯一长绒棉基地。新疆素称"瓜果之乡"，瓜果业在绿洲农业中占有重要地位。瓜果品种十分丰富，约有 500 个，甜瓜品种 101 个，西瓜品种 36 个。吐鲁番的无核白葡萄，库尔勒的香梨，伊犁的苹果，库车的小白杏，喀什的甜樱桃，阿图什的无花果，叶城的大籽石榴，和田的红葡萄、黄肉桃，阿克苏的纸皮核桃及鄯善、伽师的甜瓜以及白皮蒜、安息茴香、枸杞、红花等，它们都产于绿洲，享誉海内外（岩上松，2018）。

3）经济规模小、集约化水平与效益低

新疆号称有 100 多个绿洲，但绿洲规模较小，本身就不易形成规模效益，加上较落后的生产经营方式，投入少，技术含量低，管理水平差，因而效益普遍较差，走的仍是粗放发展的路子（汪希成和王慧敏，2006）。

以 1992 年为例，新疆国内生产总值与工农业总产值在全国的位次为 24 位，其中农业 21 位，工业 25 位；新疆是重要牧区，但牛肉、羊肉、猪肉总产量只居全国 23 位，说明新疆农区畜牧业还是薄弱的。新疆农村社会总产值（现行价）只占全国农村社会总产值的 1%，居第 26 位（1988 年）。1991 年工农业总产值只占全国的 1.4%，与幅员广大、资源丰富的新疆极不相称，但这也恰恰说明，新疆绿洲规模小、效益低。

新疆的现代工业已有初步基础，但目前用现代先进技术设备装备的企业很少，不少企业的机器设备还是 20 世纪五六十年代以前的产品，无能力更新先进工艺设备，使许多优质原料生产出低档甚至劣质产品，成本高，效益普遍较低。工业总产量指标仍居全国后位，增长速度与全国及沿海省市差距扩大，1991 年全疆工业总产值只占全国的 1.1%，至于乡镇工业、乡镇企业的发展规模更小，全疆乡镇企业总产值往往不及沿海一个县（市），自治区各县市的乡镇企业总收入在 1 亿元以下的占 92%，且大部分在 3000 万元以下，不及内地各乡、镇的水平。国营企业与乡镇企业亏损情况普遍。按产值密度计算（每平方千米的工农业总产值），全国为 39.87 亿元，新疆仅为 2.95 亿元，只及全国平均数的 1/13。

4）由封闭、半封闭向开放型、外向型转变

由于新疆绿洲地处亚欧大陆腹地，相互隔离，交通不便，运输线又长，因而长期处于封闭、半封闭状态。这种状况在中华人民共和国成立后逐渐得到改善。20 世纪 80 年代随着改革开放的步子加快，新疆绿洲经济的开放程度也不断提高。除了境内各地州、县市之间、南北疆之间、行业部门之间的联系有所加强外，更重要的是扩大了与内地沿海的交流与合作，扩大了国际贸易和对外开放，形成了内联外引，外联西出，全方位开放的态势。以棉花为例，1978~1991 年 14 年累计调出棉花 84.54 万 t（占同期棉花产量的 26.8%），比前 30 年累计外调 48.07 万 t 增长 76%。新疆的对外经济与易货贸易发展迅速。1990~1993 年，全疆外资进出口总额平均以 74.1%的速度增长。"三棉"（棉花、棉纱、棉布）制品和羊毛衫成为出口大宗商品。1980~1992 年的 13 年间，累计出口棉花 55.71 万 t，棉纱 33.44 万 t，棉布 17 028 万 m，1988~1992 年"三棉"制品占实际出口总额的 40%~60%，其中棉花就占 36.2%，成为出口创汇拳头产品。"三棉"制品都源自绿洲农业。由上可见绿洲经济的外向型特色已较明显。这也是新疆提倡和发展绿洲农业的结果。至于 1993 年的易货贸易进出口总额为 5.77 亿美元，占外贸进出口总额的 63.3%，这是新疆向西开放，与中亚诸国扩大贸易的一种主要方式（李振扬，2008）。1992 年、1993 年还成功举办了"乌鲁木齐边境地方经济贸易洽谈会"，大会成交额均在 20 亿美元左右，使内联外引取得丰硕成果。此外，中外合资、合作和外资独资经济也有了快速发展，这对引进资金和技术、促进外向型经济的发展具有重要作用。

1.4 绿洲的发展过程

自然地理因素（冰川、地表水、地下水、地质地貌、气候等）的综合作用决定了绿洲的存在与分布，这些因素可统称为绿洲的发生因素（廖杰等，2012）。但绿洲进一步的发展与兴衰则受人文因素所制约，人类的开发决定着绿洲的发展方向，可称为影响因素（曹启文，2019）。天然绿洲是在无人工干预条件下，以水为主导因素而塑造成的自然生态景观，因此气候变异所导致的河流水量剧变是绿洲兴衰的关键（傅小锋，2000）。随着人类社会的不断发展，生产活动的日趋频繁，使干旱区的绿洲发生了巨大变化，一些古代的天然绿洲逐渐得到改造，新的绿洲在人为作用下日益扩大（土尔逊托合提·买土送等，2010）。这种由人工经营和建设的生态系统，即为人工绿洲。从此，绿洲的演变除受控于自然条件外，也越来越受到人为因素的影响，人类活动常占据主导或决定作用。我国西北干旱区的绿洲，按其发展历史可以划分为以下 4 个类型。

1）原始绿洲阶段

绿洲发生在自然条件严酷的荒漠地区，最初的绿洲都是天然绿洲。人类在这些有水、有树、有草的地方开始生聚，形成一些原始部落。他们或渔猎，或耕种，有选择地适应绿洲、利用绿洲，成为影响绿洲发育演化过程的重大因素。根据考古资料，早在新石器时代，随着原始农业的发展，绿洲地区就有人类定居并进行生产活动。这一时期的农业文化遗存，在我国西北干旱区的新疆、甘肃河西走廊和宁夏等地，发现得越来越多（石云子，1996）。

新疆绿洲地处中西交通要冲，东和中原，西和中亚、欧洲都有交往联系，民族迁徙与融合又比较频繁，受东、西两个方面文化的影响，从而形成了自己特有的绿洲文明。绿洲在南、北新石器时代以来的文化遗址分布很广，如哈密的七角井、三道岭，吐鲁番的阿斯塔那、雅尔湖、辛格尔，乌鲁木齐南郊的柴窝堡以及南山矿区的鱼儿沟、阿拉沟，塔里木盆地周边的且末、民丰、于田、皮山、疏附、巴楚、柯坪、阿克苏、库车、天山北麓的木垒、吉木萨尔、奇台以及伊犁河谷等均有发现（魏建斌等，2014）。特别是在乌鲁木齐阿拉沟墓地、和静察吾乎沟口墓地、轮台群巴克墓地以及帕米香宝宝墓地，都发现了早期铁器，经 ^{14}C 测定年代约在公元前 10 世纪至 7 世纪末，比内地发现的铁器还早，且与彩陶、铜器同出一地，看来铁器已经在这里流行一段时间。孔雀河下游公共墓地出土的木质农具和小麦，经 ^{14}C 测定分析已有 4000 多年的历史。上述文化遗存，基本代表着新疆原始社会以来的不同历史发展阶段。

在甘肃河西内陆流域，已发现的新石器遗址近 20 处，未经清理的零星新石器遗物分布点数以百计。它们分属于新石器晚期的马家窑文化（又称甘肃仰韶文化，包括马家窑、半山、马厂三类型）、齐家文化和青铜器时代的沙井文化。较早的马家窑文化，经 ^{14}C 测定年代距今 4000～5100 年，遗址分布在河流出山口附近的祁连山山前高扇面上，如郭家庄、小崖子；或分布于河流的二级阶地上，如瓦罐滩、王景寨；山前高扇面上属马厂类型的有磨嘴子、王家台、六坝、李家新庄等；二级阶地上属马厂类型的有乱墩子滩、头墩营等，属半山类型的有半截墩，它们均位于中游细土平原之内。这里近河靠水，汲取水方便，且地势较高，无洪水之虞。例如，磨嘴子高出今杂木河水面约 20m，头墩营遗址高出今洪水河河床约 25m。这些表明先民们对绿洲河流的最高水位已有初步认识。诚然河流后期下切，也能加大上述高差。同时这里土壤疏松易耕，性状良好，运用石锄、石铲等农具点种并无困难，并可就近渔猎或采集。永昌县鸳鸯池遗址中出土有 4000 多年前的粟粒，民乐县东灰山遗址中发现了距今 5000 年前的碳化小麦、大麦、高粱、粟、穄等粮食作物。晚于马家窑文化的齐家文化遗址，水分条件更加优越，地势更为平坦广阔，便于较大范围的土地开垦。沙井文化相当于中原春秋早期，均位于下游绿洲平原，畜牧业占有相当大的比例。此一时期由于生产力的低下，人们对水土条件优劣的依赖性很大，对绿洲自然生态系统的影响和改造作用很有限。

此外，宁夏的暖泉遗址也有 2000 多年的历史。从总体上看，在西汉以前，绿洲虽已有人类居住，但由于人口数量很少，产品直接从大自然取得，对绿洲景观影响不大，绿洲面貌仍处于自然状态，并依自然规律演化。这个时期的绿洲灌溉，基本上是一种不加人工控制的原始自流灌溉（周立华等，2019）。

2）古绿洲阶段

从以狩猎为主的原始农业到以灌溉为主的农业经济发展过程中，人类对绿洲的影响逐步增强。尤其"丝绸之路"的开通，促进了饮食、客店与商品交换的发展，出现了"休屠城"（今石羊河西岸三岔堡）、"盖臧城"（即姑臧城，今武威市城关东北 1km）、"阳关"和"玉门关"等城市或驿镇。这时绿洲农业除了给定居的人提供衣食之外，也提供了供交换的商品粮，绿洲经济已显出一定的分化性，即农业、手工业、商业和服务业的分立。西汉开始移民屯垦，使原有农业向前推进了一步，在甘肃河西走廊、新疆等地大规模驻军屯戍、移民支边，"寓兵于农"。当时，西域 36 国（最多时有 50 多国）实际上就是比较大的 36 个绿洲。其中龟兹国（包括库车、沙雅、新和）是最大的绿洲之一，有居民 6970 户，人口 81 300 人（吐尔逊·哈斯木等，2012）。

公元前 2 世纪，吐鲁番盆地已经利用冲积扇边缘溢出的泉水从事农耕。公元前 60 年，我国内地人民已开始移民吐鲁番开垦屯耕。公元前 48 年，西汉开始在这里筑"高昌壁"，并设置戊己校尉，管理屯戍事宜（岳邦瑞等，2011）。据《汉书·西域传》记载，高昌"谷麦一岁再熟（即两熟—引者注）"，并生产葡萄、甜瓜、桃、杏、核桃、枣等，说明当时农业及园艺生产已相当发展，对绿洲的影响颇大。从两汉到唐宋，吐鲁番盆地为我国西域重要屯田中心之一。两千多年前有一万人口的楼兰是一个不小的"城郭居国"，汉将索励率领屯兵曾在这里拦截横滨河导水灌溉，形成了具有特色的绿洲农业生产系统。汉时置校尉屯田轮台、渠犁，"有灌田五千顷①"。沙雅县东南考古发现汉代所修大型灌溉渠道长达百里。如此规模的灌溉农业对绿洲影响之巨大，是不言而喻的。

公元前 111 年，河西走廊地区先后建置了武威、张掖、酒泉、敦煌等郡，号

---

① 五千顷约为 333.33km²。

称"河西四郡",并在主要交通线上开辟了灌溉农业区,建立了 35 个县。据《汉书·地理志》所载,"河西四郡"有户六万一千余,人口二十八万余。如果再加上屯田的士卒,估计整个河西有四十万人左右,就当时而言,人口已不算少。大量劳动力的进入,加以他们带来中原人民丰富的生产经验和灌洗技术,大大地促进了河西绿洲的开发。西汉末年,中原大乱,河西却是一个相对安定的地区(高小强,2010)。在窦融统治河西时,光武帝曾说这里是个"兵马精强,仓库有蓄,民庶殷富"的区域。前凉张氏统治河西时,招来了中原大量的流民,并推行轻徭薄赋、劝课农桑和兴修水利等政策,如在敦煌地区就兴建了北府渠、阳开渠、阴安渠等,使百姓安居乐业。隋唐之际,河西绿洲经济文化进入快速发展时期。唐玄宗开元、天宝(713~756 年)年间,河西走廊成了一个农桑繁盛、士民殷富的区域。《资治通鉴》曾说过,当时"天下称富庶者,无如陇右"。武则天时,陈子昂在论及甘州屯田时就说过,甘州土地肥沃,四十余屯,"每年收获常不减二十余万"(刘亚传,1988)。甘州刺史李汉通置屯开垦,"数年丰稔,乃至一匹绢粟数十斛,积军粮支数十年"。粮价大幅度地下降,只有原来数十分之一,甚至百分之一。在推行"和籴"法之后,天宝八年(749 年),唐王朝从河西收购了 37 100kg 粮食,占当年全国和籴总数的 32%以上。由此可见河西绿洲灌溉农业发达的一斑(魏静,2001)。

汉唐以前,绿洲用水局限在农业灌溉和生活用水两个方面,规模不大,水资源呈过剩状态,绿洲处在繁荣和发展阶段。尽管有的绿洲其古今位置不尽相同,但绝大部分古代绿洲被开发而成为现代大绿洲的一部分。因此,在汉唐以前,我国西北干旱区绿洲分布的基本格局已经奠定,是为此后绿洲发展之开始和基础,并可作为绿洲兴衰演替的尺度和比较标准。基于上述分析,我们把古绿洲定义为汉唐时期形成或存在过的绿洲。

3)老绿洲阶段

我国西北干旱地区屯垦农作的历史比较悠久,随着人口与耕地面积的增长,使绿洲面积日益扩大,水资源由过剩逐步转入饱和,绿洲的发展随之进入鼎盛阶段。

唐末安史之乱爆发,河西走廊沦为吐蕃属地,至宋初达一百多年。当时吐蕃尚处在奴隶制的游牧社会,没有发展灌溉农业、守卫城镇、巩固政权的传统,不久即被西夏击败。西夏是党项族建立的政权,在建国前基本上以畜牧业为主,农业生产很落后。随着战争的发展,常常出现"军兴粮匮"的拮据情况。西夏占领走廊地区的目的,就是为了解决战争中急需的军粮、军马和武器,故西夏对发展河西的农牧业生产和手工业生产在客观上起了积极作用(陈丽伶和余隋怀,2008)。然而,因长期战乱,绿洲经济已失去了隋唐之盛况。元马端临指出:"河西之地,自唐中叶以后，一论异域，顿化为龙荒沙漠之区，无复昔之殷富繁华矣。"（李）元昊"所有土地过于五凉，然不过与诸蕃部落杂处于旱海不毛之地，兵革之犀利，财货之殷富，俱不能如曩时"（《文献通考》卷 322）。元朝起源于蒙古游牧民族，在统一全国之后，由于形势的变化，逐渐改变了原来的习惯，开始重视农业生产。特别是成吉思汗西征造成民族大迁徙，使许多西亚人、中亚人甚至欧洲人进入西北区的绿洲，成为元代役用人力（曹启文，2019）。绿洲则成为远征军军粮、军马、军饷的筹集基地，出现戍边和屯垦，农田用水和人畜用水大量增加。当时在河西曾修了一些农田水利工程，但由于元蒙贵族随意侵夺农田，农民在本来就很少的土地上收获的粮食又多作为贡物，致使走廊一带的绿洲经济一直处于不景气的状态。

明朝平定全国后，划嘉峪关而治。洪武（1368～1398 年）初年，即大规模的移民实边，曾将北平、山西、山东一带的数十万居民迁移到西北甘、宁及河西一带屯田生产。永乐（1403～1424 年）、万历（1573～1620 年）年间，因京畿连年荒歉，也曾移民到甘（今张掖）、凉（今武威）一带屯垦（王其英，2010）。据统计，从洪武到弘治（1488～1505 年），凉州等有正式屯军七万余人，屯田面积最高时达 81 500hm^2。顾祖禹在《读史方舆纪要》中说："屯修于甘，四郡半给，屯修于甘、凉，四郡粗给，屯修于四郡，则内地称苏矣。"清统一全国后，积极采取措施恢复河西的经济。清王朝初年曾大量诏民到河西屯种，如雍正（1723～1735 年）年间，一次就诏民二千四百余户去敦煌屯垦。同时，还实行了诸如改变凉州戍军为屯丁，把明藩王的土地归民户经营，以及免除钱粮、兴修水利等措施，使河西更加繁荣。据旧县志载：清雍正三年武威已有耕地一万二千二百二十五顷（每顷 100 亩）多，比现有数一百五十二万亩，只差三十万亩。可见在二百多年前武威绿洲土地开垦的规模已是相当可观。因而有"兵食恒足，战守多利，斗粟尺布，人不病饥"之誉。所谓"金张掖，银武威"之说，也就从那时起一直流传到今天。

到 1949 年，武威绿洲所在的石羊河流域，已经形成了一个相对稳定的灌溉体系。当时，全流域有效灌溉面积为 200 万亩，保灌面积有 58 万亩，达到了历史最高水平。加上长期以来对上游祁连山区植被的破坏，降低了涵养水源的能力，使绿洲南北用水矛盾日益加剧。北部民勤绿洲因地面水源不足，昔日"水族滋生，泽梁沮而多鱼"的湖泊和水足土沃的景象已成为历史。清代初年，民勤与武威县为解决石羊河中游、下游用水的矛盾，曾发生多次争讼案件，因而在《镇番（即民勤）县志》中，特编"水案"一章，至今仍可查到官方文献规定民勤与武威用水比例的旧制（王乃昂等，2003）。

4）新绿洲阶段

中华人民共和国成立以后，西北地区工业、农业、商业、国防建设、交通建设、文教卫生百业俱兴。随着东部人口稠密、经济发达区支援边疆建设，人口西移，尤其是商品粮基地建设和农田水利化措施，用水类型和规模突飞猛进地增长，绿洲水地资源的开发强度和广度远远超过了历史上的任何时代（王涛，2010）。经过 20 世纪 50 年代以来大规模开发建设，1988 年与 1949 年相比，新疆人口增长了 3 倍以上，绿洲耕地规模增加了 2 倍多；同期河西走廊人口增加 1.5 倍，耕地增加 1 倍以上；柴达木盆地增长幅度更大（王丁宏，2005）。

上述情况说明，随着时间的推移，绿洲的扩大一般是与人口的增长呈正相关关系。由于生活和灌溉用水同步增长，所以兴修水利是建设新绿洲的前提。人工绿洲的建立，使环境明显改善，经济效益和生态效益在这里获得了有机的统一。但是如果水资源利用不合理，改善了的环境还可能再度恶化，成为寸草不生的荒野。在干旱区由于缺乏地表水，人们不得不大量挖掘地下水。这样虽然带来了绿洲的繁荣与发展，但实质上，大量开采地下水的结果使绿洲的水资源收支越来越严重地呈逆差状态，绿洲的发展也到了极限阶段，并出现许多衰退现象（赵广明和赵明，2000）。根据资料，贺兰山、乌鞘岭以西的干旱内陆区，每年沙漠化面积 421km^2，其中 10% 是沙丘移动造成的，90% 却是新绿洲建设对资源开发利用不当造成的。又如，河西走廊地区，由于人们对那里水资源运动的特点认识不足，甚至忽视人类经济活动必须使水资源不受破坏的原则和与水资源承载能力相适应的自然规律，在绿洲经济不断发展的同时，已经出现了一系列相当严重的区域环境恶化现象（周立华等，2019）。

1.5　绿洲的变迁规律

由于自然因素和人文因素的变化，绿洲常有荒废、缩小、后退、迁移等现象。历史上曾经盛极一时的古绿洲，是什么原因使其衰落、废弃，弄清这个问题，总结变迁规律，可为今后绿洲发展的趋势与可能发生的问题提出预测。

1）绿洲兴衰的原因

绿洲荒废的原因多种多样，概括起来主要有气候变化、河流改道、土壤盐碱化以及战争破坏、人口增加等。

（1）20 世纪初，美国学者埃尔斯沃思·亨丁顿（Ellsworth Huntiagton，1876～1947 年）在考察罗布泊、楼兰等许多古城、遗址废为沙漠的情况之后，提出绿洲废弃的主要原因是中亚气候持续变干、河流水量逐渐减少。其说曾得到国际上一些学者的赞同。20 年代斯坦因提出的冰川萎缩观点，实质上也是气候变化观点的一种。我国著名地理学家周廷儒在分析罗布泊的演变时也认为：气候寒冷时期，高山冰川消融减少，水系缩短，湖泊退缩；而在温暖时期，高山冰川融解加强，水系扩展，湖泊扩大。他认为先秦至近代气候多次波动，古楼兰绿洲的衰落就是由于气候变化导致河流变干造成的。

对比古绿洲废弃的年代与气候的波动变化，不难发现古绿洲大量废弃的时期（3～6 世纪和 9～11 世纪），往往也是气候更加干旱、沙漠化速率上升、沙尘暴出现频繁、湖泊退缩的时期。一些古城，如米兰、尼雅、睹货罗等在经历了 3 世纪以前的繁荣和 3～6 世纪的荒废以后，在唐代又再次繁盛。以后在 9～12 世纪又被废弃。唐代的睹货罗，即为汉代的精绝国所在地，是历史上的名城。该城在四五世纪时被废弃。唐玄奘 645 年经过那里时曾是"国久空旷，城皆荒芜"的景象。但唐玄宗（712～754 年）时，该地区又逐渐复苏，成为藏民的居住地。这种状况在时间上并不只是一种巧合，而是说明历史时期的气候变化在一定程度上对绿洲荒废产生了明显的影响（李广清，2004）。同时，气候不仅通过影响水源供应直接对绿洲的废弃产生影响，而且还可能通过与其他社会因素的相互作用而对绿洲废弃产生一些间接作用，如战争曾对一些古城的破坏和衰落产生过重要影响。而在气候干旱时期，连年的偏干对生产，尤其是对牧业生产的严重打击，使其生产量不能维持相对暖湿时期已经增长起来的人口的基本需求，从而进一步促进了游牧民族的外侵和战争（王乃昂等，2003）。

（2）河流改道。在干旱气候条件下，一定数量的水资源只能孕育一定面积的绿洲。当地表水源数量不变，而河流发生改道时，则下游的绿洲将因水源断绝而废弃；但在新河道两侧及其下游则进行着绿洲化的过程，久旱的荒漠由于河水的滋润而很快变成欣欣向荣的绿洲。干旱区这种绿洲随水而迁移的现象，是极其普遍的。河西走廊疏勒河中游，在祁连山前的洪积扇面上，分为多股支流，到扇缘洼地发育成广阔的绿洲与不少城镇，有些绿洲的废弃多由于河流改道所致。例如，苦峪城（又名锁阳城）绿洲所处的地貌部位为昌马洪积扇两侧中部、下部的黏土和细砂土平原，昌马河及其渗透转化而成的泉水是该绿洲的主要灌溉水源和生存命脉。明代以后由于昌马河改道他去，地表水源消失，地下水补给来源随之断绝，泉水干涸，绿洲最终因缺水而废弃（曲耀光和马世敏，1995）。至于河流改道的原因，或由于流沙壅塞填埋，或地质构造变动，抑或人类活动使然。

（3）沙漠扩展。历史时期沙漠的入侵，往往使得古代绿洲湮没于流沙之中。例如，在塔里木盆地，广大流动沙丘顺着主风方向（西南部为西北风，其余均为东北风）向沙漠南缘推移，"丝绸之路"南道和尼雅、精绝等许多历史古城距现代绿洲边缘达 20～30km，远的甚至相距百余千米。沙漠南缘的交通公路个别地段，几经改修，南移至海拔 2000m 以上的昆仑山北麓。沙漠北缘逼塔里木河北迁数十千米。

（4）土壤盐碱化。干旱化河流携带大量盐碱，灌溉绿洲因干旱缺少雨水淋洗，所以往往发生土壤盐碱化。灌溉越久，则程度越甚。新疆现有耕地近 4000 万亩，盐碱地面积约 1630 万亩，占耕地的 1/4，2/3 分布在南疆；南疆喀什地区耕地有 687 万亩，其中盐碱地达 400 万亩。根据考察，焉耆与轮台一带盐碱化相当严重。在这一带古代屯田之所以废弃，主要的原因应为盐碱化。

（5）人口增加。河流上游地区人口增加，耕地不断扩大，灌溉用水日渐增多，致使河流下游水量减少，一些绿洲必然使河流逐步退缩。这种河流上游、下游地区间的供水矛盾，对历史时期一些古绿洲的废弃产生过重要作用。《大唐西域记》中就有关于和田河上游引水灌田而导致下游发生季节性断流现象的记载。

总之，导致历史时期我国西北干旱地区大量绿洲废弃的原因是复杂的、多方面的，既有自然的原因，又有人为的原因。在一个绿洲废弃的过程中，可能是多种原因交织在一起，相互影响，相互促进。

2）绿洲迁移的规律

从时间上来说，古绿洲一般多分布在离开现在灌区较远，地貌部位多处于河流的干三角洲上；老绿洲多分布在河流出山口形成的扇形地中下部及冲积平原引水方便的中上游；新绿洲多位于老绿洲的外围。古绿洲、老绿洲和新绿洲这种分布格局，反映了绿洲演变过程的不同阶段，它与自然环境特点和水利技术发展密切相关，原始农业的发生只能从内陆河下游三角洲处开始。人类之所以在这一地区首先开垦荒地，主要是河流下游三角洲的自然条件相对较好，地势平坦，土壤肥沃，水网发育，河流下切不深，自然坡降平缓，人工稍加疏导，就能引水灌溉（史华，1992）。加之当时上游地段没有农业开发，河流水量除沿途渗漏蒸发外，都流向这里，水源有保证。因水分条件好，植物生长也十分茂密，可作为四季草场利用，便于兼营牧业。其后，随着农业的发展，农业生产力的提高，人口的增长，在这些地区逐步形成了以城镇为中心，绿洲为基础的农业国家，但干旱区河流下游地区的水源有限，继续进一步扩大灌溉面积，养活更多的人口是困难的。因此随着人口的不断增加，农业生产经验的积累和水利技术的进步，人们有必要也有能力，到水源更为丰富的上游地区去开辟新的耕地，建立新的农业区。而下游原有的老灌区，由于水源被上游新建农业区取走和水质恶化，最终因水源不足而废弃。干旱区绿洲这种向水源溯河上移，灌溉面积不断扩大，直到稳定在水源最为丰富的河流出山口附近地区为止的现象，是相当普遍的（汤奇成，1989）。

从空间上看，在干旱区的各种类型绿洲当中，扇形地绿洲相对来说比较稳定。主要原因是这种类型绿洲所处的地貌部位，距河流出山口地区最近，水源既丰富，保证程度又高，因此不少的老绿洲是扇形地绿洲。而沿河绿洲，特别是干三角洲绿洲，则非常不稳定（河流极易改道），废弃的古绿洲多属此类。对这一现象，干旱区的劳动人民经过长期的生产实践，早已有认识。因此，现今的绿洲多数已集中在水源丰富的河流出山口附近和泉水溢出带附近地区（岳邦瑞等，2011）。同时，发源于周围山地的内陆河流,多依靠冰雪融水和降水补给,年际变化较小,对灌溉有利。但年内分配不均,夏秋洪、冬平、春缺。春季水量对农业生产至关重要,不春灌则无法播种,为能争得更多的春水,也迫使渠道向上游修建,向能获得较多春水的地方集中。春季水量被上游引走,下游难以播种,不得不放弃耕种。这样天长日久,就由扇形地绿洲代替了下游的干三角洲绿洲(史华,1992)。

古代绿洲因受自然条件和生产力水平的限制,多以单个形式出现,即以一条河流沿纵向分布,或呈条带,呈串珠状斑点分布。随着生产建设的不断发展,人类改造自然的能力增加,现代绿洲开始按经济的需要发展。在空间布局上,除按原有的纵向绿洲继续存在外,人们利用山麓肥沃的土地及便利的引水条件,使绿洲向横向发展,并把一些小绿洲连接而成大绿洲或绿洲带。这是现代干旱区荒漠绿洲化过程的空间变化规律,也是人类变荒漠为良田的典型。例如,新疆天山北麓,从东面的木垒县至西部的精河县(长 600 多千米),已经几乎构成绿洲带,耕地达 80 万 hm^2,人口 400 万人。不仅如此,这条绿洲带的有些地段,从南部山麓到北部沙漠边缘绿洲连成片,形成网状绿洲分布区。石河子—莫索湾绿洲、奎屯—车排子绿洲、乌鲁木齐—五家渠绿洲等南北向发展的绿洲,都与东西向大绿洲相连接,构成了可观的绿洲网(王树基,1992),如石河子—玛纳斯—莫索湾绿洲,是近 40 年来人工绿洲大发展的结果。由于玛纳斯河河水的充分利用,水利设施建设配套,灌溉渠系与水库相连接,形成东西长达 120km 和南北伸展 108km 的大绿洲。天山南龙、河西走廊也有类似的绿洲发展情况(王树基,1996)。例如,昔日的库尔勒小绿洲,由于大力发展水利建设,合理有效地利用孔雀河水源,使这里的小片绿洲形成约 300km 呈弧形分布的绿洲带,现有耕地已超过 600km^2。

参 考 文 献

阿不都克依木·阿布力孜, 杨永国, 约日古丽·卡斯木, 等. 2013. 基于灰色GM(1,1)模型的绿洲动态变化研究[J]. 安徽农业科学, 41(36): 14003-14005.

阿布都热合曼·哈力克. 2012. 新疆且末绿洲适度规模及其可持续发展研究[D]. 徐州: 中国矿业大学博士学位论文.

曹启文. 2019. 戈壁绿洲湿地保护与景观营造研究: 以张掖市国家湿地公园为例[D]. 西安: 西安建筑科技大学硕士学位论文.

常跟应, 李国敬, 颉耀文, 等. 2013. 近 60 年来甘肃省民乐县农业绿洲扩张的人文驱动机制[J]. 兰州大学学报(自然科学版), 49(2): 221-225.

陈进. 2016. 农作物病虫害防治现状及改善措施[J]. 农技服务, 33(4): 134.

陈丽伶, 余隋怀. 2008. 武威西夏木板画的遗存及其特征[J]. 西北工业大学学报(社会科学版), (1): 24-26, 64.

樊自立, 艾里西尔, 王亚俊, 等. 2006. 新疆人工灌溉绿洲的形成和发展演变[J]. 干旱区研究, 23(3): 9.

范庆莲, 陈丽华, 王礼先. 2002. 塔里木河流域林业生态工程建设规划[J]. 水土保持研究, (4): 15-17.

傅小锋. 2000. 干旱区绿洲发展与环境协调研究[J]. 中国沙漠, (2): 96-99.

高前兆, 王润, 王顺德. 2008. 新疆平原绿洲环境变化与生态维护[J]. 干旱区研究, 25(3): 8.

高小强. 2010. 西汉时期河西走廊灌溉农业的开发及其对生态环境的影响[J]. 石河子大学学报(哲学社会科学版), 24(3): 90-92.

何金苹. 2018. 近30年开都—孔雀河流域绿洲时空演变及驱动机制研究[D]. 乌鲁木齐: 新疆大学硕士学位论文.

康国飞, 张克斌, 李润杰, 等. 2004. 绿洲农业开发风险分析研究进展[J]. 北京林业大学学报(社会科学版), (3): 50-54.

李广清. 2004. 人类面对荒漠化的问题应采取的对策[J]. 中国环境管理干部学院学报, (3): 65-67.

李洪才. 1997. 西部资源环境科学研究中心1997年第三次学术报告会[J]. 资源生态环境网络研究动态, 8(2): 4.

李慧芳. 2006. 敦煌绿洲农业发展动态研究[J]. 安徽农业科学, (20): 5395-5397.

李玉宝, 韩永光. 1997. 乌兰布和东北部水土资源开发利用与绿洲建设[J]. 干旱区资源与环境, (4): 111-117.

李展, 洪琳, 陈克坚, 等. 1999. 干旱绿洲地区土地利用总体规划修编中的几个问题[J]. 农村生态环境, (3): 21-24.

李振扬, 2008-12-17. 强势打造生态阿克苏示范全疆[N]. 阿克苏日报, 3.

廖杰, 王涛, 薛娴. 2012. 近55a来黑河流域绿洲演变特征的初步研究[J]. 中国沙漠, 32(5): 1426-1441.

刘亚传. 1988. 黑河流域灌溉绿洲农业生态结构探讨[J]. 干旱区资源与环境, (2): 7-16.

毛德华, 夏军, 黄友波. 2003. 西北地区生态修复的若干基本问题探讨[J]. 水土保持学报, (1): 15-18, 28.

曲耀光, 马世敏. 1995. 甘肃河西走廊地区的水与绿洲[J]. 干旱区资源与环境, 9(3): 93-99.

热合木都拉·阿迪拉, 塔世根·加帕尔. 2000. 对"绿洲"概念及分类的探讨[J]. 干旱区地理, (2): 129-132.

石云子. 1996. 绿洲: 干旱区人民的生存之源: 中国"绿洲学"透视[J]. 经济世界, (6): 42-44.

史华. 1992. 塔里木河干流流域土地开发利用及其评价[J]. 甘肃社会科学, (6): 65-68.

汤奇成. 1989. 塔里木盆地水资源与绿洲建设[J]. 干旱区资源与环境, 11(6): 28-34.

土尔逊托合提·买土送, 阿依古丽·克里木拉, 努尔艾合买提·塔利普. 2010. 塔里木盆地边缘绿洲带的历史变化与沙漠化的扩展[J]. 西南师范大学学报(自然科学版), 35(1): 202-207.

吐尔逊·哈斯木, 阿迪力·吐尔干, 杨家军, 等. 2012. 塔里木河下游绿洲演变及其原因分析[J]. 新疆农业科学, 49(5): 961-967.

汪希成, 王慧敏. 2006. 绿洲农业的市场环境分析[J]. 甘肃农业, (1): 93.

王丁宏. 2005. 河西走廊人口、资源、环境、经济可持续发展问题探索[J]. 科学·经济·社会, (3): 14-17.

王利中. 2011. 论20世纪50年代以来新疆工业发展的特征[J]. 新疆社科论坛, (1): 5.

王乃昂, 赵强, 胡刚, 等. 2003. 近2ka河西走廊及毗邻地区沙漠化过程的气候与人文背景[J]. 中国沙漠, (1): 97-102.

王其英. 2010. 武威历史上的社会经济状况[J]. 发展, (2): 74-75.

王树基. 1992. 试论我国西北干旱区近四十年的区域环境变化问题[J]. 干旱区资源与环境, (3): 39-47.

王树基. 1996. 新亚欧大陆桥新疆段沿线人类农业化过程对区域环境演变的影响[J]. 干旱区地理, 19(1): 6.

王涛. 2010. 我国绿洲化及其研究的若干问题初探[J]. 中国沙漠, 30(5): 995-998.

魏建斌, 张多勇, 康利军. 2014. 历史时期哈密绿洲的时空分布特征与动力机制[J]. 干旱区研究, 31(1): 182-187.

魏静. 2001. 唐前期河西社会经济发展探析[J]. 开发研究, (4): 61-62.

毋兆鹏, 惠军. 2007. 对我国绿洲遥感研究的审视与展望[J]. 国土资源遥感, (1): 16-23.

岩上松. 2018. 丰收的大地[J]. 新疆人文地理, (4): 24.

杨发相, 穆桂金, 岳健, 等. 2006. 干旱区绿洲的成因类型及演变[J]. 干旱区地理, (1): 70-75.

岳邦瑞, 李玥宏, 王军. 2011. 水资源约束下的绿洲乡土聚落形态特征研究: 以吐鲁番麻扎村为例[J]. 干旱区资源与环境, 25(10): 80-85.

张新民, 沈冰, 金彦兆. 2000. 节水灌溉与河西绿洲可持续发展[J]. 中国农村水利水电, (12): 9-11, 56.

张永涛, 申元村. 2000. 柴达木盆地绿洲区划及农业利用评价[J]. 地理科学, (4): 314-319.

赵广明, 赵明. 2000. 柴达木盆地绿洲的形成、演替和对策[J]. 中南林业调查规划, (4): 48-50, 54.

赵虹, 颉耀文. 2013. 结合植被指数与纹理区分天然绿洲与人工绿洲: 以甘肃省酒泉市金塔绿洲为例[J]. 宁夏大学学报(自然科学版), 34(1): 88-92.

赵虎基, 李鲁华. 1998. 园艺业在新疆绿洲建设中的作用与可操作性问题的探讨(综述)[J]. 石河子大学学报(自然科学版), 2(3): 8.

周立华, 王伟伟, 孙燕, 等. 2019. 近百年来中国西北地区绿洲兴衰演变及影响因素研究[J]. 环境保护, 47(5): 39-42.

第2章 荒 漠 化

2.1 荒漠化概念

1）国际对荒漠化概念的认识

国际上提出荒漠化（desertification）有 60 余年的历史，对这一概念有 100 多个定义。在学术界就荒漠化及其定义问题曾存在很大分歧，争论焦点主要集中在如下几个方面。①荒漠化一词从学术角度上来看，有无存在的必要性。②关于荒漠化的空间尺度，大多数国内外学者都认为荒漠化主要发生在干旱、半干旱和部分半湿润区，一些学者则提出还应包括荒漠区或极端干旱区，还有少数人则提出应包括湿润地区，即荒漠化可能发生在地球上的任何地区（吴斌等，2009）。③关于荒漠化的判别标准，Ludwig 认为荒漠化是指特定气候区域内土地退化的过程，Hare 认为荒漠化是土地退化的最终结果，Balling 认为荒漠化既是其过程也是其结果（孙保平，2001）。④关于荒漠化的成因，大多数学者认为人类活动应该看作是有史以来对荒漠化影响最大的因子，但干旱在土地退化中起什么作用，荒漠化发展趋势的判定等问题还未得到广泛的统一。

荒漠化的研究历史可以追溯到 1921 年，Bovill 通过对萨那加河干涸原因的考察得出撒哈拉荒漠南缘人类居住环境的恶化是"荒漠入侵"的结果。美国科学家罗德妙克（Lowdermilk）1935 年在其著作《人造荒漠》一书中也曾指出，人类放牧及耕作破坏了植被，导致了荒漠边缘从真正的荒漠地带向非荒漠地带扩展。这均是早期人类进行荒漠化研究的雏形。

一般认为荒漠化最早是由法国科学家奥布立维尔（Aubreville）提出的。1949 年，他在研究非洲撒哈拉沙漠以南赫尔地区的生态问题时指出，这一地区的热带森林界限后退了 360～400km，是由于滥伐和火烧造成的，他首次将热带森林逐渐演变为热带草原，最终变成类似荒漠景观的环境退化过程称为荒漠化（包庆丰，2006）。

1972 年，在斯德哥尔摩"人类环境问题"大会上，科学家们采用荒漠化来表征土地退化，尤其是以土壤和植被退化为主的环境变化，并成立了联合国环境规划署（UNEP）作为全球荒漠化防治的领导机构，自此，荒漠化问题开始在全球范围内引起了广泛关注。

1975 年，拉姆皮瑞（Lamprey）对萨赫勒（Sahel）沙漠边缘的沙漠移动进行了量化。根据实地调查结果和航空照片，拉姆皮瑞断言撒哈拉沙漠南缘在过去的

17 年中，向南扩展了 90~100km，并且还在以 5.5km/a 的速度继续向南扩展。此结论得到国际社会的广泛认可，曾被一些国际组织和一些国家政府的官方文件多次引用，UNEP 也将荒漠化称为"流沙的移动"。

1976 年，拉普（Rapp）等把荒漠化定义为"在干旱和半干旱或年平均降水量在 600mm 以下的半湿润地区，由于人类影响或气候变化，引起沙漠扩展的过程"。

1977 年 8 月 29 日至 9 月 9 日，联合国在肯尼亚首都内罗毕召开了联合国荒漠化会议，目的是确立萨赫勒国家荒漠化引起的社会和经济问题的防治措施，大会给出的荒漠化定义是"荒漠化是土地生物潜力的下降或破坏，并最终导致类似荒漠景观条件的出现"。荒漠化的这一定义作为第一个荒漠化定义被联合国正式采纳（朱震达，1994）。

1977 年联合国荒漠化会议之后，关于荒漠化的概念在国际学术界引起了激烈的争议，为此 UNEP 曾专门设立"联合国环境规划署荒漠化含义综述及其意义"的研究项目，由肯尼亚内罗毕大学的奥丁戈（Odingo）主持。此后，联合国环境规划署和联合国粮食及农业组织在研究荒漠化评价和制图方法时，提出了对荒漠化的修改定义："荒漠化是气候和（或）土壤干燥地区，经济、社会及自然等多重因素作用下的综合结果，它打破了土壤、植被、大气和水分之间的自然平衡，继续恶化将导致土地生物潜能的衰减或破坏、生存环境劣化、荒漠景观增多"（卢琦和周士威，1997）。

1984 年，联合国环境规划署第十二届理事会上，在荒漠化防治行动计划（PACD）中，荒漠化定义进一步被扩展："荒漠化是土地生物潜能衰减或遭到破坏，最终导致出现类似荒漠的景观。它是生态系统普遍退化的一个方面，是为了多方面的用途和目的而在一定时间谋求发展，提高生产力，以维持人口不断增长的需要，从而削弱或破坏了生物的潜能，即动植物的生产力"（王世杰，2002）。

1991 年，UNEP 在防治荒漠化第八次顾问会议上对荒漠化的定义进行了修订和补充，指出"荒漠化是在干旱、半干旱和半湿润地区由于人类的不利影响引起的土地退化。"1992 年 6 月 3~14 日在巴西里约热内卢召开的联合国环境与发展大会上把荒漠化定义为："荒漠化是由于气候变化和人类活动等因素所造成的干旱、半干旱和半湿润地区的土地退化。"这一定义基本为世界各国所接受，并作为荒漠化防治国际公约制定的思想基础而被列入《21 世纪议程》（王岷等，2001）。

1993~1994 年，国际防治荒漠化公约政府间谈判委员会（INCD）经多次反复讨论，最后于 1994 年 10 月在巴黎签署的《联合国关于在发生严重干旱和/或荒漠化的国家特别是在非洲防治荒漠化的公约》（以下简称《公约》）中对荒漠化更详细地定义为：荒漠化是指包括气候变异和人类活动在内的种种因素造成的干旱、半干旱和亚湿润干旱地区的土地退化（金铭，2012）。其中"干旱、半干旱和亚湿润干旱地区"是指年降水量和潜在土壤水分蒸发散比值为 0.05~0.65 的地区，干旱区的为 0.05~0.20，半干旱区的为 0.21~0.50，半湿润区的为 0.51~0.65，不包括极区和副极区。该定义明确了以下几个问题：①"荒漠化"是在包括气候变化和人类活动在内的多种因素的作用下引起和发展的；②"荒漠化"发生在干旱、半干旱及半湿润区，这就给出了荒漠化产生的背景条件和分布范围；③"荒漠化"是发生在干旱、半干旱及半湿润地区的土地退化，将荒漠化置于宽广的全球土地退化的框架内，从而界定了其区域范围（田育新等，2004）。《公约》还对与荒漠化有关的"土地""土地退化"作了定义，"土地"是指具有陆地生物生产力的系统，由土壤、植被、其他生物区系和在该系统中发挥作用的生态及水文过程组成；"土地退化"是指由于使用土地或由于一种营力或数种营力结合致使干旱、半干旱和亚湿润干旱地区雨浇地、水浇地或草地、牧场、森林和林地的生物或经济生产力和复杂性下降或丧失，包括风蚀和水蚀致使土壤物质流失，土壤的物理、化学和生物特性或经济特性退化及自然植被长期丧失。在《公约》的第 15 条中又指出，"列入行动方案的要点应有所选择，应适合受影响国家缔约方或区域的社会经济、地理和气候特点及其发展水平。"这表明对荒漠化的认识还需要结合本国的特点和实际（何绍芬，1997）。

2）国内对荒漠化概念的认识

我国荒漠化就其研究的内容而言，可以追溯到 20 世纪三四十年代。自 1977 年联合国荒漠化会议以来，我国有关科研机构和生产部门对荒漠化逐渐重视起来，但限于当时的科研水平，仅将研究的重点和大部分力量投入到沙质荒漠化（简称沙漠化）的研究中。

1994 年以前，由于传统或习惯的原因，desertification 在我国被译为沙漠化，荒漠化在我国仅仅被作为沙质荒漠化的定义（吴波，2001）。国内大多数学者根据自身理解提出了沙质荒漠化的概念，但在对其概念内涵的具体认识上尚有分歧。

朱震达在 1981 年和 1984 年认为沙漠化是在干旱、半干旱（包括部分半湿润）地区脆弱的生态系统条件下，由于人为过度的经济活动，破坏生态平衡，使原非沙漠的地区出现了以风沙活动为主要特征的类似沙质荒漠环境的退化，使生物生产量显著降低，导致可利用土地资源的丧失。

吴正 1991 年认为朱震达提出的沙漠化概念指征明确、范围具体、便于使用，比较符合我国实际情况，但是也有一些地方不够严谨。他认为，沙漠化比较确切的定义应该指在干旱、半干旱和部分半湿润地区，由于自然因素或受人为活动的影响，破坏了自然生态系统的脆弱平衡，使原非沙漠地区出现了以风沙活动为主要标志的类似沙漠景观的环境变化过程，以及在沙漠地区发生了沙漠环境条件的强化过程。简而言之，沙漠化就是沙漠的扩张过程。朱震达 1991 年根据 UNEP 关于荒漠化的评估，结合我国实际情况，提出了土地荒漠化的更完善的概念，即土地荒漠化是在脆弱的生态条件下，由于过强的人为活动、经济开发、资源利用与环境不相协调下出现类似荒漠景观的土地生产力下降的环境退化过程。这一概念的提出，突破了我国学术界关于荒漠化即是沙漠化的局限，是我国荒漠化研究的飞跃，为我国与国际荒漠化研究的接轨奠定了基础。

我国政府 1994 年采纳了《公约》中的荒漠化定义，以满足我国执行防治荒漠化公约的需要，至此，我国对荒漠化的认识与国际社会达到了统一。

国内部分学者近年来提出了湿润地区荒漠化的概念，并认为湿润地区的荒漠化并不包含所有存在侵蚀作用的退化土地，而是专指人为侵蚀作用导致出现了类似荒漠境况的退化土地。根据其形成营力和景观差异，大致可以分为流水作用导致的以侵蚀劣地及石质坡地为标志的荒漠化和风力作用导致的以风蚀地及流动沙丘为标志的荒漠化两种类型。中国湿润地区土地荒漠化呈斑点状分布于丘陵山区或河、湖、海滨的冲积平原区。其中，红色砂岩风化壳上发育的荒漠化土地主要分布在四川盆地、湘中、浙西丘陵和谷地；第四纪红色土风化壳上发育的荒漠化土地主要分布于江西、湖南、湖北西部及浙江、广西、福建等局部地区；花岗岩风化壳上发育的荒漠化土地分布于广东、福建、湖南及广西东南部、江西南部一带；石灰岩风化壳上发育的荒漠化土地主要分布在四川、贵州、云南、广东和广西、湖南，又称石漠化土地（王世杰，2002）。但按国际荒漠化定义，湿润地区的生态系统退化不是荒漠化，可称之为土地退化。

3）荒漠化与土地退化的关系

一般说来，土地退化包括的范围广，如南方湿润地区的生态系统退化，一般不称作荒漠化，可以称为土地退化。虽然在荒漠化土地出现之前就开始了植被与土壤的退化，但一般所称的土地退化是指达到了轻度荒漠化标准的生态系统退化。只有达到轻度或更严重荒漠化指标的土地退化才能称作荒漠化。尽管如此，轻度荒漠化的出现标准也是人为划分的，而在轻度荒漠化出现之前实质上也出现了明显的土地退化，所以土地退化较荒漠化的概念包括的内容广。在我国西南石灰岩地区，土地退化被称作石漠化，与北方地区的荒漠化也存在差异。

在有些文献中，可以见到草原退化和草地退化。因为草地退化的概念包括了土壤退化与草原植被退化，所以草地退化比草原退化包括的内容广。草原退化是指草原植被的退化，没有包括土地或土壤的退化，仅是草地退化的一个方面。因为草原退化几乎都伴随着土壤的退化，所以草地退化是更全面准确的概念。

2.2 荒漠化类型及分布

1. 荒漠化类型

我国荒漠化分布广泛，成因复杂，类型多，发展程度高，参照不同的划分依据有不同的类型。

按土地利用类型划分，我国有荒漠化耕地 7.7 万 km^2，占耕地总面积的 40.1%；荒漠化草地 105.2 万 km^2，占草地总面积的 56.6%；荒漠化林地 0.1 万 km^2；其余的荒漠化土地植被盖度低于 5%，主要为沙漠和戈壁。

按发展程度分，有重度荒漠化土地 103.0 万 km^2，中度荒漠化土地 64.1 万 km^2，轻度荒漠化土地 95.1 万 km^2，分别占荒漠化土地总面积的 39.3%、24.4% 和 36.3%（包庆德和富岳华，2008）。

按动力类型看，我国荒漠化土地中有风蚀荒漠化土地 160.7 万 km^2，约占我国北方荒漠化土地面积的 69.8%；水蚀荒漠化土地 20.5 万 km^2，约占我国北方荒漠化土地面积的 7.8%；盐渍荒漠化土地 23.3 万 km^2，约占我国北方荒漠化土地面积的 8.9%；冻融荒漠化土地 36.3 万 km^2，占我国北方荒漠化土地面积的 13.8%。南方的石质荒漠化土地 12.96 万 km^2，其他原因引起的荒漠化土地 8.44 万 km^2（董光荣等，1999）。

1）风蚀荒漠化

风蚀荒漠化是在极端干旱、半干旱和部分半湿润地区，由于人类不合理的经济活动与自然资源环境不相协调，破坏了脆弱的生态平衡，使原非沙漠地区出现了以风沙活动为主要标志的类似沙漠的景观，导致土地生产力下降、土地资源丧失的环境退化过程，包括沙质荒漠化、砾质荒漠化和岩石荒漠化 3 个亚类。除风蚀荒漠化之外，在沙漠边缘有时也有沙丘活动引起的风积沙漠化（苏志珠和董光荣，2002）。

（1）风蚀荒漠化的分布与程度。我国风蚀荒漠化土地面积约为 160.7 万 km^2，占我国北方荒漠化土地面积的 69.8%，占国土总面积的 16.7%，是各类型荒漠化土地中面积最大、分布最广、危害最为严重的种类，集中分布在干旱、半干旱地区，在半湿润地区也有零散分布。其中分布在干旱区的面积为 87.6 万 km^2，占风蚀荒漠化土地总面积的 54.5%；分布在半干旱区的面积为 49.2 万 km^2，占风蚀荒漠化土地总面积的 30.6%；半湿润地区分布有 23.9 万 km^2，占风蚀荒漠化土地总面积的 14.9%（时永杰和杜天庆，2003）。

干旱地带的风蚀荒漠化土地主要分布在一些沙漠边缘的绿洲附近及内陆河中下游沿岸，分布形式为各不相连的小片状，在分布图上呈不连续的斑点状形式。半干旱地区的荒漠化主要分布地区有以下 3 类：①沙质草原；②固定沙地及沙丘草场；③草原牧区。半干旱区的荒漠化地区包括内蒙古自治区中部与东部、河北、山西和陕西的北部，是中国风蚀荒漠化扩大最显著的地区，在气候干旱和人为过度活动的作用下，一般经 15～20 年时间就使原来的草原环境退化成类似沙漠的环境。半湿润地带的荒漠化土地主要呈斑点状分布在嫩江下游、松花江中游平原上，在黄淮海平原和滦河下游平原也有分布（朱震达和崔书红，1996）。

按行政区划分，风蚀荒漠化土地主要分布在中国北方的新疆、甘肃、青海、宁夏、内蒙古、陕西、山西、河北、辽宁、吉林、黑龙江 11 个省份，其中的 97.8% 分布于新疆（42.0%）、内蒙古（34.2%）、甘肃（9.5%）、西藏（7.0%）和青海（5.1%）5 个省份。

风蚀荒漠化中，轻度荒漠化面积为 44.0 万 km^2，中度为 25.0 万 km^2，重度为 91.7 万 km^2，分别占总面积的 27.4%、15.6% 和 57.1%。轻度风蚀荒漠化主要分布在半干旱、半湿润区和干旱区东部的巴丹吉林沙漠及腾格里沙漠以东的地区，其中连续分布区大体在东经 108°~119°。中度风蚀荒漠化呈不连续分布，较为集中地分布在准噶尔盆地和内蒙古中北部的半干旱和干旱地区，半湿润地区则分布较少。重度风蚀荒漠化主要分布在干旱区，在腾格里沙漠、巴丹吉林沙漠及其以西，新疆准噶尔盆地以北、以东及南疆、西藏西北地区，为大片连续分布，而在半干旱地区则分布较少，半湿润地区几无分布（时永杰和杜天庆，2003）。

（2）风蚀荒漠化的成因。就中国风蚀荒漠化的发生、发展来看，主要还是在脆弱的生态环境下由于人类不合理的活动造成的。在成因类型中，以过度樵采破坏植被所造成的荒漠化土地为主，占 32.7%；草原过度放牧次之，占 30.1%；草原及固定沙地农垦又次之，占 26.9%；水资源利用不当及工矿交通建设中不重视环境保护而造成的风蚀荒漠化土地分别占 9.6% 和 0.7%。

2）水蚀荒漠化

水蚀荒漠化是以降水和重力作用为自然营力叠加在人类不合理活动条件下的土地退化（王涛和朱震达，2003），以水土流失为主要特征，主要分布在半湿润地区，其次分布在半干旱地区，少部分分布在干旱地区。

（1）我国北方温带水蚀荒漠化土地总面积 20.5 万 km^2，占我国北方荒漠化土地面积的 7.8%，其中 63.9% 分布在半湿润地区，27.4% 分布在半干旱区，8.7% 分布在干旱区。主要分布于西北黄土高原北部一些河流的中上游和山麓地带。此外，在我国东南红土丘陵区、西南云贵高原和第四纪沉积盆地的边缘地带也有水蚀土地退化发生，在石灰岩地区的水蚀土地退化称为石漠化，非石灰岩地区的土地退化称为红漠化，多发生在水土流失最严重的地区。在水蚀荒漠化的土地中，轻度、中度、重度、极重度和剧烈各等级水蚀的面积分别为 82.95 万 km^2、52.77 万 km^2、17.20 万 km^2、5.94 万 km^2 和 2.35 万 km^2，分别占水蚀荒漠化土地总面积的 51.4%、32.7%、10.7%、3.7% 和 1.5%（李智广等，2008）。水蚀面积中，轻度和中度面积所占比例较大，达到 84.1%，而极重度以上面积所占比例较小，只占 5.1%。其程度的分布明显地表现出与土壤质地有紧密的相关性；黄土高原北部与鄂尔多斯高原过渡的晋陕蒙三角区，分布着大面积抗蚀力极弱的沙质土壤，加之人口密度大、垦殖指数高，导致此地区成为我国水蚀荒漠化最为严重的地区，土壤侵蚀模数高达 2 万~3 万 $t/(km^2·a)$。轻度或中度水蚀荒漠化主要发生在新疆西北部几个外流河的中上游和西辽河上游（时永杰和杜天庆，2003）。

（2）水蚀荒漠化的成因。具有水蚀的地形和物质条件，人口密集、垦殖指数高是我国水蚀荒漠化发生的主要原因，下文将分别讨论我国不同地区水蚀荒漠化的成因。

黄土高原是我国也是世界上水土流失最严重的地区，水蚀荒漠化在该地区表现得非常明显，主要是由于其处于湿润半湿润地区向干旱半干旱地区过渡、平原向高原过渡的地带，黄土土质疏松，夏季暴雨频繁，生态环境脆弱。加之在人口增长的压力下，在破坏植被、过度开垦和非法采矿等不合理的人类活动的作用下，导致水土流失愈演愈烈，地表破碎，沟壑纵横，荒漠化迹象明显。

我国东南丘陵地区的红色荒漠化（红漠化）也是水蚀荒漠化典型的表现之一。在我国南方的红壤丘陵地区，由于人口压力剧增，陡坡种植、毁林开荒等不合理的经济活动使脆弱的生态环境遭到严重破坏，地表的红壤不断被流水侵蚀，几乎冲刷殆尽，致使红色母岩裸露，地表出现大片劣地，土地生产力逐渐丧失，严重的地区寸草不生，就像一片红色的荒漠。例如，浙江常山大塘溪，因人口急剧增加，导致坡地开垦和植被破坏，使该地区 44.5%的土地成为劣地，其中 26.8%的土地成为全部丧失利用价值的严重荒漠化土地。

此外，由于多年的不合理耕种，加上暴雨造成土壤侵蚀，我国东北地区也成了水蚀严重的地区。其黑土地正在逐年变薄，土地退化也较严重。调查显示，目前吉林省厚度在 20~30cm 的薄层黑土面积已占黑土总面积的 25%，厚度小于 20cm 的"破皮黄"黑土占 12%左右，完全丧失黑土层的"露黄"黑土占 3%，土壤质量急剧下降，给当地的农业生产造成了无法估量的损失，对我国国民经济的发展造成了重大影响（克日亘，2011）。

3）盐渍荒漠化

为了反映盐渍化的动力，本书将盐渍化称为蒸发盐渍化。盐渍荒漠化也称为盐碱荒漠化，此种荒漠化是水、盐共同驱动的一种荒漠化类型，是在自然与人为因素作用下盐碱成分在土壤中超量富集而形成的荒漠化类型，其动力是蒸发水分的向上运动（杨越等，2012）。盐碱荒漠化可分为盐质荒漠化和碱质荒漠化。

（1）蒸发盐碱荒漠化的分布与程度。我国盐碱荒漠化土地总面积为 23.3 万 km^2，占我国北方荒漠化土地面积的 8.9%。集中连片分布于塔里木盆地周边绿洲以及天山北麓山前冲积平原、河西走廊、河套平原、银川平原、华北平原及黄河三角洲等地（金铭，2012）。

盐碱荒漠化的程度，以干旱区最为严重，半干旱区居中，半湿润地区则相对较轻。例如，柴达木盆地、罗布泊地区和塔里木盆地北缘的轮台、库车、阿瓦提、若羌及阿拉善以及吐鲁番盆地等地的分布以重度盐碱化为主，北疆的石河子等地则以中度盐碱化为主，而东部半湿润区的华北平原、黄河三角洲地带大多以轻度盐碱化为主（时永杰和杜天庆，2003）。

（2）蒸发盐碱荒漠化的成因。一般认为，盐碱荒漠化形成的主要原因是在灌溉农业发达和地下水位埋深浅的低洼地区，大量引水灌溉，大水漫灌，而不注重排水系统的建设，造成地下水水位不断上升，盐分在土壤表层大量积累，导致农业减产甚至绝收（克日亘，2011）。本书编者研究得出，盐碱化还有另一种更为普遍的原因，这就是在干旱地区长期的灌溉并在较强蒸发作用下，灌溉水中的盐碱沉淀造成的。在这种情况下，地下水位埋深很大，盐碱化的发生和地下水无关。特别是干旱地区用矿化度较高的水分灌溉，更容易引起盐碱化。

4）水蚀石漠化

石质荒漠化简称石漠化，是分布在桂、滇、黔 3 个省份石灰岩岩溶地区的一种特殊景观，也是该区的一个严重的生态环境问题。它是在岩溶地区的自然背景下，由于人类的活动使土壤遭受严重的侵蚀，基岩大面积裸露，生态系统被破坏，生产力下降，土壤退化甚至丧失的过程（林年丰和汤洁，2003）。虽然石漠化的动力也是以水为主，但可溶的石灰岩或成土母质不利于土壤的形成，对石漠化的发生也起到了很大作用，所以一般与其他水蚀荒漠化分开。

（1）石漠化的分布与程度。我国石漠化主要发生在以云贵高原为中心，北起秦岭山脉南麓，南至广西盆地，西至横断山脉，东抵罗霄山脉西侧的岩溶地区。截至 2011 年年底，岩溶地区石漠化土地总面积为 1200.2 万 hm^2，占岩溶土地面积的 26.5%，占区域总面积的 11.2%，涉及湖北、湖南、广东、广西、重庆、四川、贵州和云南 8 个省份的 463 个县 5575 个乡，集中分布在贵州、云南和广西 3 个省份。贵州省石漠化土地面积最大，为 302.4 万 hm^2，占石漠化土地总面积的 25.2%，云南、广西、湖南、湖北、重庆、四川和广东石漠化土地面积分别为 284.0 万 hm^2、192.6 万 hm^2、143.1 万 hm^2、109.1 万 hm^2、89.5 万 hm^2、73.2 万 hm^2 和 6.4 万 hm^2，各占石漠化土地总面积的 23.7%、16.0%、119%、9.1%、7.5%、6.1% 和 0.5%。虽然西南岩溶石山地区 8 个省份均有不同程度的石漠化发生，但石漠化主要发生在黔、滇、桂 3 个省份，占石漠化总面积的 64.9%。

按流域划分，石漠化地区主要分布于长江流域和珠江流域。其中长江流域分布面积最大，石漠化土地面积为 695.6 万 hm^2，占石漠化土地总面积的 58.0%；珠江流域次之，为 426.2 万 hm^2，占 35.5%；其他依次为红河流域 57.0 万 hm^2，怒江流域 14.7 万 hm^2，澜沧江流域 6.7 万 hm^2，分别占石漠化总面积的 4.8%、

1.2%和0.5%。

我国岩溶地区轻度石漠化土地面积为431.5万hm^2，占石漠化土地总面积的36.0%；中度石漠化土地面积为518.9万hm^2，占43.1%；重度石漠化土地面积为217.7万hm^2，占18.2%；极重度石漠化土地面积为32.0万hm^2，占2.7%（但新球等，2013）。表明该区以轻度和中度石漠化为主，两者合计占79.1%。

（2）石质荒漠化的成因。石灰岩作为不利的成土母质导致的土层浅薄是石漠化易于发生的物质条件，人类不合理的生产活动是石漠化发生的主要因素，较丰富而集中的降水是石漠化发生的水动力来源，起伏较大的山地、丘陵是石漠化水蚀动力较强的驱动因素。

5）冻融荒漠化

冻融荒漠化是指在昼夜或季节温差较大的地区，在气候变异或人为活动的影响下，岩体或土壤由于剧烈的热胀冷缩而出现结构被破坏，造成植被减少，土壤质量下降的土地退化。冻融荒漠化是一种特殊的荒漠化类型，其分布地区一般生物生产力较低，除我国温度较低的高原之外，世界上其他地区或国家少见。

（1）冻融荒漠化的分布与程度。冻融荒漠化土地在我国的分布面积为36.3万km^2，占我国北方荒漠化土地面积的13.8%，主要分布在青藏高原的高海拔地区（时永杰和杜天庆，2003）。

我国冻融荒漠化程度以轻度、中度为主，分别占49.0%和50.7%，重度仅占0.3%。由于该类荒漠化分布在人口稀少地区，对人们的生产与生活影响较小。

（2）冻融荒漠化的成因。青藏高原是我国冻融荒漠化的主要分布区，独特而脆弱的生态环境使青藏高原具备了冻融荒漠化形成、发育的物质基础和动力条件。随着西部大开发的大力推进，西藏地区铁路、公路系统日趋完善，与此同时，也产生了一系列的环境问题。一方面，在修建交通道路时，部分地段为了赶进度，省成本，忽视了对沿线生态环境的保护；另一方面，交通的发展吸引了更多的游客，部分地区的游客远远超过了当地环境的承载力，严重破坏了生态环境。此外，无序的非法采矿更是加大了生态破坏的速度，局部地区的冻融荒漠化已触目惊心（克日亘，2011）。

6）生物动力等荒漠

生物动力等荒漠包括人类的生产活动作为直接动力产生的荒漠化和放牧牛羊作为直接动力产生的荒漠化。过去通常把人类生产活动以及放牧都作为荒漠化发生的影响因素，没有认识到生物其实也是直接的动力。关于生物动力荒漠化的特点与分布将在第9章详细介绍。

此外，还有由土壤污染等产生的荒漠化，总面积为8.44万km^2，占荒漠化总面积的 3.2%。

2. 荒漠化的分布

1）世界荒漠化分布

土地荒漠化是现今世界十大环境问题之一，它在世界各大洲均有分布，主要发生于亚洲、非洲和拉丁美洲的发展中国家，全球有 100 多个国家和地区、1/5 的世界人口、1/4 的耕地受到荒漠化的威胁。据联合国环境规划署估计，全球受荒漠化影响的土地面积达 5400 万 km^2，相当于全球陆地总面积的 47%，并以 5000～7000km^2/a 的速度在扩展，严重地影响着人们的生存环境和社会经济的持续健康发展。全球各大洲的荒漠化面积和强度等级存在很大差别，这是各大陆自然环境差异和人类活动强弱不同决定的。荒漠化土地占荒漠化潜在发生地区总面积的比例往往被作为衡量一个国家或地区荒漠化发展严重程度的重要指标（吴波，2001）。

在全球范围内，荒漠化集中发生在两个地区，一是在南北纬 23.5°～40°的副热带地区，由于受副热带高压带影响形成荒漠，以非洲和大洋洲最为典型。二是在北纬 35°～50°的温带内陆区，该区域的荒漠主要分布在中亚、蒙古国和我国西北，地处欧亚大陆，夏季在青藏高原的阻隔下，雨量稀少，冬季在冷空气控制下，干燥寒冷。

2）中国荒漠化分布

（1）荒漠化分布地区。我国荒漠化潜在发生范围即年降水量和潜在土壤水分蒸发散比值为 0.05～0.65 的地区总面积为 332.0 万 km^2，占陆地面积的 34.6%。在此范围内实际已经发生荒漠化的地区位于东经 74°～119°、北纬 19°～49°，经度横跨 45°、纬度纵跨 30°。本区主体的南界大体自大兴安岭西麓、锡林郭勒高原北部向南穿过阴山山脉和黄土高原北部，向西至兰州南部沿祁连山向西，然后向南绕过柴达木盆地东部，抵达青藏高原西南部，主要包括西北、华北北部、东北西部及西藏西北部地区。分布于新疆、内蒙古、西藏、青海、甘肃、河北、宁夏、陕西、山西、山东、辽宁、四川、云南、吉林、海南、河南、天津、北京 18 个省份的 508 个县（市、旗）。其中新疆、内蒙古、西藏、甘肃、青海 5 个省份荒漠化面积分别为 107.12 万 km^2、61.77 万 km^2、43.27 万 km^2、19.21 万 km^2 和 19.14 万 km^2，5 个省份荒漠化土地面积占全国荒漠化土地总面积的 95.48%，其余 13 个省份占 4.52%（赵婧和程伍群，2011）。

我国荒漠化分布与世界的分布一样，也是主要分布在干旱与半干旱地区，年降水量小于 400mm 的地区是荒漠化的最主要分布区。我国荒漠化发展最快、危害最严重的有以下两类地区。一是位于我国北方半干旱和半湿润区的农牧交错带，东起大兴安岭，穿过内蒙古东部和东南部、河北北部、山西和陕西以及甘肃东部，一直到青海东北部，包括四大沙地，即科尔沁沙地、毛乌素沙地、呼伦贝尔沙地和浑善达克沙地，大部分位于内蒙古，如内蒙古乌盟后山等。二是我国北方干旱区沿内陆河分布或位于内陆河下游的绿洲地区，主要分布在新疆、甘肃和内蒙古西部，如塔里木河下游的"绿色走廊"地带、黑河下游的额济纳绿洲、石羊河下游的民勤绿洲等（吴波，2001）。

（2）荒漠化分布面积。根据《中国荒漠化和沙化状况公报》，截至 2009 年年底，我国荒漠化土地总面积为 262.37 万 km^2，占国土总面积的 27.33%，占荒漠化地区总面积的 79.0%，远远高于全球 69.0% 的平均水平（于程，2012）。其中 115.86 万 km^2 分布在干旱地区，97.16 万 km^2 分布在半干旱地区，49.35 万 km^2 分布在半湿润地区，这 3 个地区分别占 44.16%、37.03% 和 18.81%。

据调查，20 世纪 50 年代以来我国荒漠化一直在加速扩展。以影响范围广、危害最为严重的风蚀荒漠化为例，50 年代末期到 70 年代中期平均扩展速度为 1560km²/a，70 年代中期至 80 年代中期增至 2100km²/a，至 90 年代中期已经达到 2460km²/a，相当于每年损失掉一个中等县的土地面积（吴波和卢琦，2002）。

2.3　荒漠化成因及危害

2.3.1　荒漠化成因

荒漠及荒漠化是在地球特定的表面环境中存在的一种自然景观，是人为强烈活动与脆弱生态环境相互影响、相互作用的产物，是人地关系矛盾的结果。在学术界，由于不同学者根据本国的具体情况所选取的研究角度不同，对荒漠化发生原因的认识从开始就存在较大的分歧。第一种观点认为，气候变干是荒漠化的主要原因，人类活动产生的冲击是次要的。第二种观点认为，人类不合理的经济活动是荒漠化形成的主要原因，气候变化是次要原因。第三种观点认为，荒漠化是气候和人类活动共同作用的结果，持此观点的学者较多，但其中大部分人认为，自然和人为因素在荒漠化过程中的驱动作用很难区分（张海涛和刘鸿雁，2007）。

1. 荒漠化的自然原因

1）地质环境因素

中国干旱、半干旱及半湿润地区深居大陆腹地，远离海洋，处在西伯利亚、蒙古高压反气旋的中心，山脉纵横交错，是我国荒漠化最严重的地区，其地质环境的基本格局具有明显的继承性，在早白垩纪晚期和第三纪早期（1.3 亿～0.25 亿 aBP）就已基本形成。尤其是青藏高原的隆起对水汽的阻隔，使得这一地区成为全球同纬度地区降水量最少、蒸发量最大、最为干旱脆弱的环境地带。上新世中晚期（2～12MaBP）青藏高原平均海拔仅 1000m 左右，冬季在北纬 30°附近（西藏拉萨）有一个弱高压。上新世末期以来以青藏高原为中心的广大地区强烈上升。中更新世（1MaBP）青藏高原平均海拔已达约 3000m，使冬季的弱高压加强，其中心移到北纬 40°，位于塔里木盆地南缘的若羌附近，导致西北地区的干旱加剧，塔克拉玛干沙漠的面积显著扩大。在晚更新世和全新世中期，青藏高原及周围地区整体隆升，高原面平均海拔达到了 4000m 左右，中国的季风环流系统随之形成，原来的冬季高气压中心再次得到加强，并移到北纬 55°，接近于现代的西伯利亚——蒙古高气压位置。从冬季高气压中心向四周劲吹的干冷的大陆季风，受到青藏高原的顶托，在东经 97°附近分别形成西北风和东北风。前者吹向东南，影响中国东部气候；后者吹向西南，直到塔克拉玛干沙漠。到了近代，青藏高原隆升到海拔 5000m，使蒙古高压进一步加强，使西北、华北地区的气候更为干旱少雨，在东经 80°～125°形成一条干旱—半干旱—半湿润的气候带，为我国荒漠的进一步发展提供了条件（林年丰和汤洁，2003）。

2）气候因素

气候因素不仅对荒漠化的形成、发展有重要作用，而且对全球环境变化也会产生深远影响。末次冰期极盛期结束后气候逐渐变暖，开始了全新世的温湿期，9～5kaBP 为全新世的高温、高湿期，与末次冰期极盛期相比较，该时期冻土带面积大大缩小，在东北已退缩到北纬 49°以北，青藏高原冻土仅限于很小的范围（北纬 37.5°～32°，东经 78°～97.5°）。在中全新世（5kaBP）的高温、高湿期结束后，气候向干冷方向变化，导致东北地区的冻土带再次南扩，其边界从北纬 50°移至北纬 47°，现代中国北方的生态环境恶化（林年丰和汤洁，2001）。

我国北方地区当代的气候环境虽然好于 18～15kaBP 的末次冰期极盛期，但较 5～9kaBP 的中全新世高温、高湿期的气候环境要恶化许多，这乃是当今中国北方生态环境脆弱、易于发生荒漠化的重要原因。

20 世纪 50 年代以来，我国北方干旱、半干旱及半湿润地区的部分区域气候大多呈现暖干化，这种变化促进了荒漠化的发展。以松嫩平原为例，该区西部自 19 世纪 50 年代以来气温上升0.6～1.0℃，降水量减少了 77mm，蒸发量增加 55mm。通过美国 Landsat 卫星的观测，发现在 1989～2001 年的 12 年间，松嫩平原西部、南部盐碱荒漠化的面积增加了 28.54 万 km^2，占原有面积的 20.63%，年增长率为 1.78%（林年丰和汤洁，2003）。

近 50 年来，虽然气候因素对荒漠化的发展起到了促进作用，但不是决定作用。以半干旱地带草原农垦区较为集中的内蒙古商都县为例，虽然在同一气候条件下，地表物质均以砂质沉积物为主，但荒漠化的发展程度有很大差异，商都西井子在

20 世纪 60 年代初期沙质荒漠化面积占该地总面积的 41.3%，经过"文化大革命"时期草原大开垦后至 1978 年增加至 57.8%，1978 年以后由于采取人为措施调整土地利用结构并采取防风沙措施，到 80 年代后期大大减少，沙漠化面积由 57.8%下降到 22.7%（胡伟华，2005）。

2. 荒漠化的人为原因

人类活动已成为当代影响全球变化和荒漠化的一个重要因素，人类不仅是荒漠化的主要动因，也是荒漠化的受害者。我国是荒漠化比较严重的国家之一，几乎 90%的荒漠化是人为因素引起的，且人为因素起到了决定作用（郭瑞斌，2008）。关于荒漠化的人为成因，目前比较统一的认识是在气候暖干化的大环境背景下，一方面由于人口激增对生态环境持续产生压力；另一方面是由于人类活动不当，对土地资源、水资源等自然资源使用不合理，导致地表植被覆盖破坏，使荒漠化地区的环境不断恶化，最终加速荒漠化的发展，主要表现为滥垦、滥牧、滥伐、滥采、滥用水资源等粗放掠夺式的经营方式。

1）人口较快增长的原因

在我国，人口的快速增长是荒漠化形成与发展的重要诱导因素，荒漠化地区人口增长速度明显高于其他地区，人口的快速增长导致很多地区人口密度严重超标。联合国环境规划署提出，半干旱地区的最大人口承载量为 24 人/km^2，而我国荒漠化地区大多远远超过了这个标准（佟艳和常玉光，2009）。例如，陕西榆林地区人口密度为 73 人/km^2，米脂县为 177 人/km^2，神木为 155 人/km^2。人口压力导致食物、燃料等基本生活资料的需求增长，土地压力不断增加，使人口数量超过生态环境的容量，造成资源的过度利用，最终导致生态环境的破坏，陷入"越垦越荒，越荒越穷，越穷越垦，荒漠化不断加剧"的恶性循环。内蒙古商都县人口增长的实例可以充分说明人口增长与荒漠化发展之间的关系。

2）人类对自然资源的不合理利用

人口增长和经济发展使土地承受的压力过重，过度放牧、过度开垦、乱砍滥伐和水资源过度利用等使土地退化，森林被毁，气候逐渐干燥，最终导致荒漠化加速发展和蔓延，这是我国现代荒漠化扩展的内在原因（王东，2010）。我国北方与南方地区土地荒漠化的人为成因存在一定差异，下面分别进行讨论。

过度放牧又称为草原超载，是指由于单纯追求经济效益而增加牲畜头数，使牧草负荷量增大，超过天然草地承载能力的放牧活动，是草地退化的主要原因。它一方面使牧草植株变矮变稀，豆科、禾本科等优良牧草减少，毒草增多。另一方面也由于长期大量过度的牲畜践踏，使地表结构受到破坏，覆盖度降低，呈现出零星分布的裸露地表，造成风蚀沙化。以内蒙古呼伦贝尔草原为例，由于超载放牧、草原利用不合理等原因，截至 2007 年，草原荒漠化面积达 2 万 km^2，占可利用草场面积的 21%。

过度农垦是荒漠化成因中另一个值得重视的问题，指在不具备垦殖条件又无防护措施的情况下在干旱、半干旱及半湿润地区进行的农业种植活动，它有以下两种方式。①随着人口增长，人均粮食占有量不断下降，农牧民在粮食单产较低的生产条件下为增加粮食产量盲目开荒。②有组织地开荒。其特点是前者规模较小，但量大、面广，数量难以估计。20 世纪 50～70 年代，由于过分强调"以粮为纲"，我国西北地区出现过 3 次大规模开荒，开垦草地在 6.67 万 km^2 以上，影响范围从最北部的呼伦贝尔到科尔沁、浑善达克、毛乌素直至青海共和。开垦后，由于缺乏防护，表土受到风蚀或沙埋，单产急剧下降，只好撂荒。撂荒地由于植被遭到破坏，在风力作用下很快发生沙化，形成植被严重退化的沙漠化景观（尤琦，2017）。

过度樵采同样是荒漠化的主要因素，包括滥伐和滥采两种形式。滥伐是指荒漠化地区缺乏燃料，由于经济水平低下、交通不便、煤炭购进困难，农牧民便连根挖掘大片的天然植物作为主要燃料，使地表植被和土壤遭到彻底破坏，在风力作用下大面积固定、半固定沙地变成流沙。荒漠化地区现有薪炭林面积 0.247 万 km^2，每年能提供 594 万 kg 薪柴，仅占实际薪柴需求总量 4189 万 kg 的 14.2%，缺额巨大。如果缺额完全来自天然植被，则每年约需破坏灌木草原 23.6 万 km^2，相当于该地区草原总面积的 9%（董光荣等，1999）。以科尔沁草原库伦旗北部额勒顺为例，1340 户的居民每年薪柴所需数量相当于破坏 92.7 km^2 的灌木林。滥采是指农牧民为了增加副业收入，无计划、无节制地掏挖药材和野菜等资源植物，而草原上的甘草、黄芪、柴胡等中草药大部分是以其根入药，因而采集它们就要连根挖起，而且大部分采集者在挖根后会留下一个深坑和一堆松土，为风蚀提供了大量沙源。据计算，挖 1kg 甘草就要破坏 5m² 以上的草地。宁夏东南盐池、塔里木盆地边缘、河西走廊边缘诸多绿洲周围及内蒙古鄂托克自治旗毗邻地区荒漠化的形成发展都与滥采有关（吐尔逊·哈斯木等，2012）。

荒漠化地区滥用水资源主要表现为地表用水缺少上游、中游、下游统筹安排，过度开采地下水，用水浪费。滥用水资源造成的荒漠化土地的扩大，在干旱地带的内陆河沿岸表现非常显著，塔里木盆地中一些内陆河下游古城的废弃，大部分就与水资源利用不当有关。例如，新疆塔里木河沿岸，随着中上游地段农业开发用水，特别是在 20 世纪 70 年代初期修建大西海子水库以后，使其下游阿拉干以南河段水量显著减少，甚至断流，地下水位自 20 世纪 50 年代的深 3～5m，下降到 80 年代初期的 8～10m。随着水分条件的变化，天然植被生长衰退，大面积胡杨林枯死，加之人为过度的樵采活动，致使地表裸露，荒漠化面积扩大（刘玉振和王艾萍，2001）。

草原地区机动车辆任意行驶所造成的道路沿线荒漠化也很明显，以内蒙古苏尼特左旗为例，每平方千米范围内道路荒漠化所占面积一般在 10%～20%。沙质草原上任意行驶的道路，沿线往往出现裸露的带状流沙地表及风蚀地表。

陡坡开垦是造成丘陵山区水蚀荒漠化的主要因素，特别是在大于 25°的陡坡上开荒种地，在同样条件下比 20°以下的流失量增加近 1 倍。过度采伐森林及过度樵采也是丘陵山区水蚀荒漠化发生的重要原因，工业用植物燃料，如砖窑用柴，也是造成植被破坏促使荒漠化发展的一个方面。以江西赣州地区 2 万余个砖瓦窑为例，全年需木柴 2.16 亿 kg，每年砍伐 15 年生成林约 9km²。

20 世纪 80 年代以来在工矿开发、建材开采及城镇基本建设过程中，由于忽视环境保护造成生态破坏而发展成为土地荒漠化的实例也屡见不鲜，其面积已达 2 万 km²。这种迅速发展的趋势是当前土地荒漠化防治中的一个新问题，应予以重视（朱震达，1998）。

综上所述，我国荒漠化的形成是气候干旱和人类活动共同作用的结果，但时间尺度不同，两者所起的作用是不同的。人类进入文明社会以前，气候因素是主要也是唯一的驱动因素，荒漠化以百年乃至千年的尺度演变（林年丰和汤洁，2003）。19 世纪下半叶以来的现代时期，特别是近 50 年来，人类活动逐渐演变为荒漠化的主要驱动力，往往以十年尺度来衡量荒漠化程度。

2.3.2 荒漠化的危害

荒漠化及其引发的土地沙化被称为"地球溃疡症"，已成为严重制约我国社会经济可持续发展的重大环境问题，据中国、美国、加拿大国际合作项目研究，我国近 4 亿人口受到荒漠化的影响，每年由于荒漠化造成的直接经济损失达 540 亿元，平均每天损失 1.5 亿元，间接经济损失则是直接经济损失的 2～8 倍，甚至达到 10 倍以上（邢永强和郭新华，2006）。荒漠化的危害主要表现在以下几个方面。

1. 对土地资源的不利影响

荒漠化对土地资源的影响主要表现在以下两个方面。①荒漠化破坏土地资源，使可利用土地面积减少。荒漠化使耕地、草场、林地等可利用土地资源生产力丧失，沦为沙地，我国已有荒漠化耕地 800 万 hm²。②荒漠化使土壤肥力降低。据估算，全国每年因风蚀损失土壤有机质、氮素和磷素达 5590 万 t，折合化肥约 2.68 亿 t，价值近 170 亿元（董光荣等，1999）。

2. 对植被与环境的危害

荒漠化造成森林锐减，天然植被大量死亡。荒漠地区的植物在极端的自然条件（干旱缺水、冬严寒夏酷暑、昼夜温差大、日照强、风蚀沙埋、土壤粗粒化、多盐碱、石膏等）和长期进化过程中，成功地发展了许多适应机制（包括生态的、生理的、形态结构的、行为的、遗传的，等等），其中许多野生植物是防治荒漠化生物措施的重要植物资源（李毅等，2008）。荒漠植物中包含许多有较高经济价值的种类。例如，许多荒漠草本和小半灌木是营养丰富的牧草，不少种类具有药用价值。据调查，仅中国的沙漠地区（包括部分沙地）就有药用植物 356 种，其中常用的 103 种。荒漠生态系统在固定流沙、减弱风蚀、改善环境方面起着不可替代的作用，荒漠生态系统的破坏将导致环境的恶化。由于滥伐、滥采、滥垦等不合理的人类活动以及由此而造成的荒漠化的迅速扩展，荒漠化地区的植物资源遭受剧烈摧残，生物多样性急剧减少，如荒漠植物三叶甘草、盐桦已经灭绝。在我国草原地区，由于人为破坏和土地沙化，许多昔日曾经广泛分布的中药材，如麻黄、甘草、黄芪、防风、柴胡、远志、苁蓉和锁阳等的数量也日趋减少，有些濒临灭绝。荒漠化引起植被退化，进而导致土壤退化，反过来又影响植物、动物的生存与发展，这样形成的恶性循环过程，使生物群落的密度、多样性等向着坏的方面演替（朱桂林等，2000）。

由于荒漠化不断扩展，沙尘暴越来越频繁，不仅对环境造成极大破坏，而且给生产建设和人民的生命财产带来重大损失。例如，1993 年 5 月甘肃河西发生的"5·5"特大沙尘暴造成了严重破坏和损失，此次沙尘暴从西向东波及新疆、甘肃、宁夏、内蒙古 4 个省份，横跨 75°E～110°E，影响范围达 223 万 km²，占干旱与半干旱区面积的 69.69%，估计经济损失达 11.89 亿元。荒漠化还导致地下水位降低，湖泊干涸。20 世纪 50 年代末，甘肃河西黑河流域的东、西居延海面积分别为 35.5km² 和 267km²，并分别于 1961 年和 1992 年干涸，"湍潺不息"的居延海从此成为历史。内蒙古额济纳旗先后有 12 处湖泊、16 处泉水、4 个沼泽干涸，造成人畜饮水困难，一部分牧民沦为"生态难民"，四处迁徙。位于河西石羊河下游的民勤绿洲地下水位以 0.5～1.0m/a 的速度下降，地下水矿化度达 4～6g/L，使 7 万余人、12 万头牲畜饮水发生困难，2 万 km² 以上的农田弃耕，农民迁居（彭鸿嘉和王继和，2002）。

3. 对农业和牧业生产的危害

荒漠化对农业生产的影响表现为一方面使耕地面积减少，每年因此损失的粮食超过 30 亿 kg，约相当于 750 万人一年的口粮。新中国成立以来，全国共有 0.667km² 耕地变成沙地，平均每年丧失耕地 149km²。另一方面，荒漠化引起土壤质量下降，导致粮食单产不断降低。例如，位于坝上地区的河北省丰宁满族自治县 20 世纪 60 年代粮食产量为 1335kg/km²，70 年代为 1275kg/km²，80 年代为 900kg/km²，90 年代仅为 450kg/ km² 左右，干旱年份甚至只有 150kg/km² 左右，群众称"种一坡,拉一车,打一箩,煮一锅"(董光荣等,1999)。

荒漠化加速草原退化,导致牧草质量下降。根据荒漠化普查,荒漠化地区共有退化草地 105 万 km²,由于草地退化每年少养活绵羊 5000 多万只。新中国成立以来,共有 2.35 万 km² 草地变成流沙,平均每年减少 520km²。内蒙古自治区 1983 年有退化草地 21 万 km²,1995 年发展到 39 万 km²,可利用草地退化面积以大约每年 2%的速度增加。素以水草丰美著称的呼伦贝尔草原和锡林郭勒草原,退化草原面积比率分别为 23%和 41%,退化最为严重的鄂尔多斯高原草场退化面积已达 68%。此外,受荒漠化影响,畜产品产量随牧草产量和质量的降低而下降(闫德仁,2001)。例如,内蒙古乌审旗绵羊体重由 20 世纪 50 年代的平均 25kg/只降至 60 年代的 20kg/只,到 80 年代又降至 15kg/只左右,同期山羊体重由 15kg/只降至 9kg/只左右。

4. 对生活设施和建设工程的危害

荒漠化引发环境破坏、生态平衡失调,导致自然灾害频繁发生,流沙常常掩埋生活设施,危及人类的生命、财产安全。例如,河西走廊的重要城镇民勤古代曾被流沙埋没,城郊 30 多个村近 2000 年来大部分陆续被迫迁移,不得不重新选址。再如,黄河下游地区,河道内泥沙淤积,河床不断抬高,造成河堤多次溃决,泛滥成灾,使两岸人民饱受流离失所之苦。

在工程建设方面,荒漠化破坏交通、水利等生产基础设施,制约经济腾飞。因荒漠化危害,交通线路阻塞、中断、停运、误点等事故时有发生,荒漠化使许多道路的造价和维护费用增加,通行能力减弱。我国荒漠化地区铁路总长 3254km,发生沙害地段 1367km,占 42%,其中危害严重地段为 1082.5km。1979 年 4 月 10 日一次沙尘暴就使南疆铁路路基风蚀 25 处,沙埋 67 处,受害总长 39km,积沙量 4.5 万 m³,桥涵积沙 180 处,南疆铁路因此中断行车 20 天,造成直接经济损失 2000 余万元(孙兴凯,2014)。因风沙磨损钢轨,使磨损速率增加 5~10 倍。公路沙害也非常严重,我国受荒漠化危害的公路近 3 万 km,水蚀冲断、流沙埋压经常发生。荒漠化对民航运输也有很大影响。例如,1988~1992 年,西藏的贡嘎机场因沙暴、扬沙、浮尘等风沙天气每年造成民航运输直接经济损失达 72 万元。

荒漠化还常常对水利设施造成严重破坏。风成沙直接影响水利工程设施,受风沙流和沙丘前移的影响,泥沙侵入水库、埋压灌渠,使水库、渠道难以发挥正常效益。据调查,晋陕蒙接壤区库容大于 50 万 m³ 的 46 座水库的总库容已被淤积 37.3%,建于 1977 年的陕西省神木县瓦罗水库设计库容为 626 万 m³,1988 年时被淤满成为淤泥坝,并淹没了 20 万 km² 川地(赵哈林等,2002)。青海龙羊峡水库,因受荒漠化影响进入库区的总泥沙量每年有 3130 万 m³,仅此一项每年造成的损失就有近 4700 万元。同时,泥沙大量进入河道后,还使河床淤高,导致构成河堤溃决的严重隐患。在黄河多年平均年输沙量的 16 亿 t 中,就有 12 亿 t 以上来自与荒漠化有关的地区。荒漠化地区共有灌溉渠道 12.6 万 km，经常受风沙危害的有 5.1 万 km，占 40.5%。

此外，荒漠化还对输电线路、通信线路和油（气）管线等产生严重威胁，有时甚至危及人身安全，造成重大事故。

2.4　荒漠化与防治研究的内容

1. 研究荒漠化发生动力和原因

虽然关于荒漠化发生的动力类型已经基本清楚了，但是对于一个具体地区，荒漠化动力类型可能没有确定，需要研究确定一个地区的具体动力类型或多种动力类型以及不同亚区的动力差异。为了揭示荒漠化发生的根源，常常需要研究和区分荒漠化的第一动力和第二动力，如土地开垦造成的沙漠化的第一动力是人为动力，第二动力是风力。

荒漠化发生的原因有多种，不同地区差异很大，需要针对具体地区开展荒漠化发生原因的研究。荒漠化发生的原因包括两大方面：一是自然原因；二是人为原因。自然原因包括气温升高、蒸发与蒸腾加强、降水减少、风力加强、地形低洼或海拔高、地表物质组成较粗或为可溶盐等。人为原因包括农牧业生产、滥伐、过度放牧、挖药材、开发矿产资源、工程建设等。同地区有时存在两个或多个原因，需要研究确定主要原因和次要原因，确定各原因所起作用大小。在发生的原因中，表现的是各因素的作用，因此有些原因就是影响因素。今后的研究要加大深度，要尽可能定量评价不同原因所起作用的大小。

2. 研究荒漠化发生的过程与机制

在类似荒漠的景观出现之前，草地就发生了一系列的退化，最后出现类似荒漠的景观。根据退化过程的不同，通过研究可以划分不同的退化阶段。为了揭示荒漠化的发生过程，给荒漠化防治提供理论指导，研究荒漠化出现之前的植被与土壤退化特点和过程是很必要的。荒漠化发生机制是多种因素的联合作用，研究荒漠化发生机制，既要研究荒漠化发生之前的发生动力和控制因素、影响因素和作用的方式，又要研究荒漠化出现之后的植被、地表物质组成变化、作用的因素与方式。不同自然环境地区荒漠化过程与机制不同，需要针对不同地区开展研究。目前对荒漠化发生过程和机制的研究还不够，需要开展深入研究。

3. 进行荒漠化的监测与评价

荒漠化监测一是对处于退化阶段而没有达到类似荒漠景观的土地的监测，

二是对出现了荒漠化景观的土地的监测，三是对荒漠化治理工程的环境效益的监测。监测结果可为土地退化防治提供科学依据，并为荒漠化评价提供数据和指标。荒漠化监测内容较多，可以根据需要选择监测指标。土壤监测的内容通常包括厚度、结皮、粒度、pH、含盐量、有机质、营养元素等。植被监测一般包括植被类型、组成、盖度、生物量、指示植物等。水文方面有水质、地下水位、土壤含水量等。地质方面包括基岩露头与类型、侵蚀、切割程度等。气象气候监测包括日照时数、温度、湿度、风速、降水量、蒸发量等。此外还有社会经济方面的监测内容。

荒漠化的评价包括荒漠化现状评价、荒漠化灾害评价、荒漠化发展速率评价和荒漠化发展趋势评价，具体内容与要求见本书第10章。

4. 研究荒漠化的防治技术与措施

目前已有许多荒漠化防治技术，主要包括植被技术和工程技术两大类。虽然这些技术已基本成熟，并可以根据不同地区的自然条件直接利用，但还需要研究这两大类技术中尚未开发的新技术，特别是要研究不同技术的集成。此外，随着科学技术的发展，还要注意加强研究效果更好的新技术，如利用基因工程培育用于荒漠化治理的适应性更强的植物，利用新材料防风固沙和减少水土流失。

荒漠化研究和监测的最终目的是为荒漠化防治提供科学依据，在此基础上，荒漠化治理主要是利用植被技术和工程技术进行治理。在风蚀沙漠化地区，植被技术是主要的，必要时采取植被与工程相结合的技术。在水蚀荒漠化地区，植被与工程技术的作用都很重要，但最终还要通过恢复植被才能达到改善生态环境的目的。对于具体地区而言，要根据该地区的具体自然地理与气候条件，采取最合适的技术，必要时采取多种技术并用的措施。要做到采用的技术能够适合于治理地区的实际，就要进行实验试点，在实验试点成功的基础上，最后实施治理技术的推广。实验试点过程也只有3～5年的时间，这样短的时间不能用于确定恢复植被的生态效益，所以对于恢复的植被，要充分认识其生态特点，科学预测其在植被恢复地区的适应性。

5. 开展荒漠化植被治理工程的评价

荒漠化治理的植被工程是否符合当地的实际，最终要根据工程实施后的生态环境效益来评价。因此，在恢复植被的工程实施之后，要进行生态效益的监测，根据监测结果评价其生态效益的好与差。需要注意的是，恢复初期的处于幼龄时期的植被消耗水分较少，生长情况通常较好，这时还难以说明生态效益是否好。恢复的植被能否最终适宜在当地生长或生态效益是否良好，一般要根据树木达到中龄时的生态效益来评价。中龄林消耗水分达到了最高阶段，如这时的植被生长正常或良好，其生态效益通常较好，带来的水土保持作用和对土壤发育的促进作用明显。因此，生态工程的生态效益的监测与评价要进行 7～10 年的时间。监测与评价的主要内容包括土壤的水分含量、植物生长情况、土壤粒度组成、有机质含量、土壤元素和土壤结构等指标。

2.5 风蚀沙漠化与防治

风蚀沙漠化是指以风为主要侵蚀营力造成的土地退化，主要是指在干旱多风的沙质地表条件下，由于人为过度活动的影响，在风力侵蚀和搬运作用下，使土壤及细小颗粒被磨蚀、剥离、搬运、沉积，造成地表出现以风沙活动为主要标志的土地退化（张海涛和刘鸿雁，2007）。

我国是世界上受沙化危害严重的国家之一。目前全国荒漠化土地达 262.2 万 km^2，其中风蚀沙化土地为 160.74 万 km^2，占全国荒漠化土地面积的 61.3%，占国土面积的 16.7%。全国沙化土地主要分布在我国北方广大的干旱和半干旱地区以及部分半湿润地区。其中，我国北方农牧交错带、草原区、大沙漠的边缘地区是风蚀沙漠化最为严重的地区。"沙患"严重影响人民生活、制约经济与社会发展，已成为中华民族的心腹之患。尽管我国的风蚀荒漠化防治已取得了很大成效，局部地区生态环境得到很大改善，但沙化土地治理的速度远赶不上沙化的速度，"局部好转、整体扩大"的趋势仍未得到根本的改变，加强对风蚀荒漠化的研究与治理仍是当前迫在眉睫的任务（白黎娜等，2006）。

2.5.1 风力作用与沙丘移动

风力作用过程包括风对土壤物质的分离、搬运和沉积 3 个过程或 3 种作用。

1. 风力侵蚀作用

风力侵蚀是指土壤颗粒或砂粒在气流冲击力作用下脱离地表，以及随风运动的砂粒在打击岩石表面过程中，使岩石碎屑剥离出现擦痕和蜂窝的现象，简称为风蚀。在典型干旱的荒漠化地区，风力一般是主要的外动力（姜仁安和郭梅，2008）。

1）风力侵蚀方式

风力侵蚀作用包括吹蚀和磨蚀两种方式。

（1）吹蚀作用。风将地面的松散沉积物或基岩上的风化产物吹走，从而使地表物质遭受破坏的作用称吹蚀。风的吹蚀能力是摩阻流速的函数，风速超过起沙风速越大，吹蚀能力越强，两者之间的关系可用下式表示：

$$D=f(v_0)$$

式中，D 为侵蚀动力，N；v_0 为蚀床面上的摩阻流速，m/s。

吹蚀仅对比较松散的地表（如尘土和流沙构成的地表）起比较大的作用。并且吹蚀过程一般不能持续太长的时间，因为地表物质的抗侵蚀能力有一定的差异，当地表最容易吹蚀的部分（颗粒）被吹蚀后，地面的微地形条件、颗粒组成、水分条件等随之发生了微妙的变化，变得不利于风蚀。

（2）磨蚀作用。风沙流以其所含砂粒作为工具对地表物质进行碰撞、冲击和摩擦，或者在岩石裂隙和凹坑内进行旋磨的作用称磨蚀作用。

磨蚀强度用单位质量的运动顺粒从被蚀物上磨掉的物质的量来表示。对于一定的砂粒与被蚀物，磨蚀强度是砂粒的运动速度、粒径及入射角的函数。研究表明，磨蚀度随磨蚀物颗粒速度以幂函数增加，幂值变化范围为 1.5～23；砂粒粒径对磨蚀强度影响不大，当磨蚀物平均直径由 0.125mm 增加到 0.175mm 时，磨蚀度只有轻微的增加；入射角 a 为 10°～30°时，磨蚀度最大。通常情况下，沙质磨蚀物要比土质潜蚀物的磨蚀强度大（银山，2014）。

风对土壤颗粒成团聚体的侵蚀过程是一个复杂的物理过程，特别是当气流中挟带了砂粒而形成风沙流后，侵蚀更复杂。

2）砂粒的启动

风是砂粒运动的直接动力，气流对砂粒的作用力为：

$$P = \frac{1}{2}C\rho V^2 A$$

式中，P 为作用力；C 为与砂粒形状有关的作用系数；ρ 为空气密度，kg/m^3；V 为气流速度，m/s；A 为砂粒迎风面面积，m^2。

上式表明，风的作用力随风速的增大而增大。当风速作用力大于砂粒惯性力时，砂粒即被起动。把风作用于沙质地表，使砂粒沿地表开始运动所必需的最小风速，称为起动风速，又称临界摩阻速度。所有风速超过起动风速的风，都称为起沙风。

地面砂粒被风起动的过程和物理机制是十分复杂的，根据风洞试验和高速摄影判断，当风速增大到接近起动风速时，在风的拖曳力、砂粒的自身重力、上升力和冲击力作用下，砂粒就开始振动或前后摆动。当风速达到起动风速之后，有些砂粒就开始沿沙面滚动或滑动，在高速摄影中还可以看到砂粒的滚动与滑动相互交替，滚动与滑动的砂粒有一个活动基面，砂粒的运动受阻或受到其他运动砂粒的冲击就会骤然起跳。

颗粒起动有两种形式，即流体起动和冲击起动，因此对应的起动风速，有流体起动值和冲击起动值之分。如果砂粒的运动完全出于风对沙面砂粒的直接推动作用，使砂粒开始起动的临界风速称为流体起动值。若砂粒的运动主要是由于跃移砂粒的冲击作用，其起动的临界风速则称为冲击起动值。

拜格诺根据风和水的起沙原理相似性及风速随高程分布的规律，得出起动风速理论公式，其表达式为：

$$V_t = 5.75A\sqrt{\frac{\rho_s - \rho}{\rho} \cdot gd} \cdot \lg\frac{y}{k}$$

式中，V_t 为任意高度处的起动风速值，m/s；A 为风力作用系数；ρ_s、ρ 分别为砂粒和空气的密度，kg/m³；d 为砂粒粒径，mm；y 为任意点高程，m；k 为粗糙度；g 为重力值。

从上式可以看出，起动风速的大小与砂粒的粒径大小、地面粗糙度等有关。一般砂粒越大，地面越粗糙，植被覆盖度越大，起动风速也越大。

地表不同的沙尘颗粒具有不同的起动风速，起动风速与砂粒粒径的平方根成正比，土壤颗粒越粗，起动风速越大。不过由于受附面层的掩护和表面吸附水膜的黏着力的作用，极小砂粒不易起动，起动风速反而更大，当粒径 $d<0.1$mm 时，上述的平方根定律就不复存在。据实验测定，粒径 0.04～0.40mm 的颗粒最容易遭受风蚀而起动。

不同的地表状况因其粗糙度不同，对风的扰动作用也不同，相应的起动风速也不相同。地面越粗糙，起动风速越大。流动沙丘在风速达到 5m/s 时就可起沙，半固定沙地在 7～10m/s 时起沙，而砂砾戈壁在 11～17m/s 时才能起沙扬尘，其起沙量随风速的增大而增加（黄淑玲，2005）。

此外，沙子本身的含水率对起动风速也有明显的影响。在砂粒粒径相同时，沙子本身的含水率高，沙子黏滞性和团聚作用增强，起动风速也相应增大。

3）影响风蚀的因素

自然因素对风蚀的影响。影响风蚀的自然因素除了影响风力侵蚀量的大小、强弱的风力因素外，主要还与土壤抗蚀性、气候、地表糙度、地块长度及植被覆盖度等因子有关。

（1）土壤抗蚀性。土壤抵抗风蚀的性能主要取决于土粒质量及土壤质地、有机质含量等。风力作用时，受作用力的单个土壤颗粒（团聚体或土块）的质量或大小足够大，则不能被风吹移、搬运；若颗粒质量很小，则极易被风吹移。因此，常把粗大的颗粒称为抗蚀性颗粒，把轻细的颗粒称为易蚀性颗粒。抗蚀性颗粒不仅不易被风吹移，还能保护风蚀区内的易蚀性颗粒不受风蚀。由此可见，土壤中抗蚀性颗粒的含量多少，能够指示土壤抗蚀性的强弱。在持续风力的作用下，任何表面相对平滑的地表都会随风蚀过程而变得粗糙不平，从而造成地表细微起伏（李英，2013）。

抗蚀性颗粒的机械稳定性会影响风蚀的进一步发展。若抗蚀性颗粒或团聚体较大，在风沙流的冲击和磨蚀作用下，仅被分离成较大的颗粒或不易分离，表示颗粒稳定性高；相反，易分离的颗粒稳定性差。颗粒稳定性与土壤质地、有机质含量有关。

因为质地较粗的沙土中缺少黏粒物质，不能将沙粒胶结成较大的颗粒；而黏土稳定性差，特别是冻融作用和干湿交替使其破碎，所以沙土和黏土是最易被风蚀的土壤。切皮尔的分析表明，当土壤中黏粒含量约27%时，最有利于抗风蚀性团聚体或土块的形成；当土壤中黏粒含量小于15%时，很难形成抗风蚀的团聚结构。粗砂和砾石很难被风移动，有助于提高土壤的抗蚀性。

我国干旱区风成沙的粒度成分以细砂（0.25～0.10mm）为主，其次为极细砂和中砂，粉砂与粗砂含量很少。由于受风沙的侵蚀和埋压，半干旱风沙区地带性土壤发育很弱，且与风成沙相间分布。毛乌素沙区各地带性土壤的粒度分析表明，表层土壤中黏粒含量均在10%以下。这样的土壤质地很难形成抗风蚀的结构单位，因而干旱和半干旱风沙区的土壤抗风蚀性很弱。

土壤有机质能促进土壤团聚体的形成并提高其稳定性，不利于风蚀作用的进行，因而，在生产中常通过增施有机肥及植物秸秆来改良土壤结构，提高抗风蚀能力。

（2）地表土垄。由耕作过程形成的地表土垄，能够通过降低地表风速和拦截运动的泥沙颗粒来减缓土壤的风蚀。阿姆拉斯特等研究了不同高度土垄的作用得出，当土垄边坡比为1∶4、高为5～10cm时，减缓风蚀的效果最好；低于这个高度的土垄对降低风速和拦截过境土壤物质效果不明显；当土垄高度大于10cm时，在其顶部产生较多的涡旋，摩阻流速增大，加剧了风蚀的发展。

（3）降雨。降雨使表层土壤湿润而降低风蚀。降雨还通过促进植物生长从而间接地减少风蚀，特别是在干旱地区，这种作用更加明显。由于植物覆盖是控制风蚀最有效的途径之一，作物对降雨的这种反应也就显得特别重要。降雨还有促进风蚀的一面。原因是雨滴的打击破坏了地表抗蚀性土块和团聚体，并使地面变平坦，从而提高了土壤的可蚀性。一旦表层土壤变干，将会发生更严重的风蚀。但总的说来，降雨对降低风蚀具有很重要的作用。

（4）土丘坡度。对于短而较陡的坡，坡顶处风的流线密集，风速梯度变大，使高风速层更贴近地面。这就使坡顶部的摩阻流速比其他部位都大，风蚀程度也较严重。切皮尔计算出的不同坡度上丘顶部及坡上部相对于平坦地面的风蚀量，表明坡顶风蚀量较坡上部显著高。

（5）裸露地块长度。风力侵蚀强度随被侵蚀地块长度的增加而增加，在宽阔无防护的地块上，靠近上风的地块边缘，风开始将土壤颗粒吹起并带入气流中，接着吹过全地块，所携带的吹蚀物质也逐渐增多，直到饱和。把风开始发生吹蚀至风沙流达到饱和需要经过的距离称为饱和路径长度。对于一定的风力，它的挟沙能力是一定的。当风沙流达到饱和后，还可能将土壤物质吹起带入气流，但同时也会有大约相等重量的土壤物质从风沙流中沉积下来。尽管一定的风力所携带的土壤物质的总量是一定的，但饱和路径长度随土壤可蚀性的不同而变化。土壤可蚀性越高，则所需饱和路径长度越短。Chepil（1957）、Woodruff 和 Siddoway（1965）的观测表明，当距地面 10m 高处风速约 18m/s 时，对于无结构的细沙土，饱和路径长度约为 50m，而对结构体较多的中壤土，则饱和路径在 1500m 以上。若风沙流由可蚀区域进入受保护的地面时，蠕移质和跃移质会沉积下来，而悬移质仍可能随风漂移；风沙流再进入另一可蚀性区域时，又会有风蚀发生。

（6）地表类型。地表性质不同，在同等风力吹蚀下出现的风蚀量差别很大。原生草地由于有植被的保护作用，表面结持力大，风蚀量较小。固定沙地的地表结皮厚，且有一定数量植被生长，在 4～12 级风条件下各吹蚀 10min 的总风蚀量也只有 0.5kg。和固定沙地相比较，半固定沙地的植被生长少，抗风蚀能力弱，风蚀量是固定沙地的近 3 倍。而流动沙地地表裸露，质地松散且无植被生长，其风蚀量高达 273.95kg，分别是固定沙地和半固定沙地的约 547 倍和 192 倍。这表明原生草地及固定、半固定沙地地表一旦遭受人为破坏，下伏风成沙一经翻出地表，其性质就完全与现代流沙相同，地表风蚀就会迅速发展。土壤有机质能促进土壤表层植被的生长及土壤团聚体的形成并提高其稳定性，不利于风蚀发展，所以可通过增施有机肥及植物秸秆来改良土壤结构，改变地表类型，提高抗蚀能力（田红卫和高照良，2013）。

（7）植被覆盖度。增加地面植被覆盖是降低风的侵蚀性最有效的途径。在相同风速下，地表抗风蚀能力随植被盖度增加而增强。当植被盖度在 20%以下时，抗风蚀极限风速为 7～8m/s，且随盖度的增加而增加。当植被盖度为 20%～60%时，抗风蚀极限风速为 8.0～8.7m/s，且随盖度的增加抗风蚀极限风速缓慢增大。当盖度大于 60%时，抗风蚀极限风速迅速增大。因此，保护和建立人工植被是增加土壤抗风蚀能力的重要措施（刘玉璋和董光荣，1992）。

（8）挟沙风。在同一风速下，净风和挟沙风作用于同一土壤引起的风蚀量有明显差异，后者是前者的 4.36～72.9 倍。这是因为在净风吹蚀下土壤表面主要受风的剪切应力的作用，其大小主要与风速大小有关。而在挟沙风中，除了有净风对土壤表面的剪切应力外，还有运动沙粒对土壤表面产生的直接撞击力的影响。因此，在风蚀地区设法切断上风向沙源，避免流沙对地表的直接冲击，也是减小土壤风蚀的重要环节（屈建军等，2004）。

人类生产活动对土壤风蚀的影响，主要体现在以下几方面。

（1）土地翻耕。在各种等级风力吹蚀下，翻耕与未翻耕土壤的风蚀量在 7 级风以下时差别较小，在 7 级风以上时相差悬殊，翻耕地总风蚀量相当于未翻耕地的 14.8 倍，这是因为翻耕土地彻底破坏了表层土壤结构，降低了其结持力。由此可见，无防护措施的开垦和不适宜的翻耕是加剧农田土壤风蚀的重要原因。

（2）樵采。沙区群众有在荒地或戈壁滩上打柴和挖药材（樵采）的习惯，樵采后的地表形成一个个小坑，在风力作用下加剧了原地表的风蚀强度。实验研究得出，风蚀量随樵采面积的增大而急剧增大，当樵采面积为 10% 时，总风蚀量只有 0.4kg，当樵采面积为 100% 时，风蚀量猛增到 9.12kg，相当于 10% 风蚀量的 22.8 倍。由此可见，过度樵采会带来严重的土壤风蚀问题，所以尽量控制樵采，能减少土壤风蚀。

（3）牲畜践踏。牲畜对土壤践踏的程度与其自身重量、行动速度、践踏密度等有关。遭践踏的土壤的总风蚀量相当于未被践踏土壤的 1.144 倍，即践踏后的土壤风蚀速度加快了 14.4%，如果草场牲畜超载或放牧不合理，其加速值将更大。因此，滥牧也是加剧草场土壤风蚀的重要因素（刘玉璋和董光荣，1992）。

2. 风力搬运作用

风携带各种不同粒径的砂粒，使其发生不同形式和不同距离的位移，称为风的搬运作用。风的搬运作用表现为风沙流的形式。

1）砂粒运动形式

依风力强弱和搬运颗粒粒径的大小不同，风沙流中砂粒的运动形式有悬移、跃移、蠕移和存在于蠕移和跃移之间的方式（振动）4 种运动形式。

（1）悬移。砂粒起动后，沙土颗粒保持一定时间悬浮于空气中，并以与气流相同的速度向前运移，称为悬移运动，悬移运动的砂粒称为悬移质。一般而言，粒径小于 0.1mm 甚至小于 0.05mm 的粉砂和黏土颗粒才能发生悬移运动，但风速越大，能悬移的颗粒粒径就越大。悬浮沙量在风蚀总量中所占比例很小，一般不足 5%，甚至在 1% 以下，但多是含有大量土壤养分的黏粒及腐殖质。由于其体积小质量轻，在空气中的自由沉速很小，一旦被风扬起就不易沉落，就可以长距离搬运，所以悬移质搬运距离最长（邹维，2012）。颗粒悬浮的距离和颗粒粒径存在明确的关系，一般认为大于 50μm 的颗粒漂浮几十千米后如果风速减小就会降落，而粒径为 20～30μm 的粉砂可以漂浮 300km 以上的距离，小于 15μm 的颗粒漂浮更远，甚至在空中停留。例如，中国西北的粉砂不但可从西北地区悬移到江南，甚至可悬浮到日本。

（2）跃移。砂粒在风力作用下脱离地表进入气流后，从气流中获得动量而加速前进，在空中掠过一条很短的弹性轨道，又在自身的重力作用下以很小的锐角（10°～16°）落向地面。由于空气的密度比砂粒的密度小得多，砂粒在运动过程中受到的阻力较小，降落到沙面时有相当大的动能。因此，不但下落的砂粒有可能反弹起来，继续跳跃前进，而且由于它的冲击作用，还能使其降落点周围的一部分砂粒受到撞击而飞溅起来，造成砂粒的连续跳跃式运动。砂粒的这种运动方式称为跃移，跃移运动的沙土颗粒称为跃移质（胡文峰等，2012）。

跃移是砂粒运动的最主要形式，在风沙流中跃移沙量可以达到运动沙量总重量的 1/2 甚至 3/4。粒径为 0.1～0.15mm 的砂粒最易跃移。在沙质地表上跃移质的跳跃高度一般不超过 30cm，而且有一半以上的跃移质是在近地表 5cm 的高度内活动，而在戈壁或砾质地面上，砂粒的跃起高度可达到 1m 以上。跳跃砂粒下落时的角度一般保持在 10°～16°，它的飞行距离与跃起高度成正比。

（3）蠕移。由于一些跃移运动的砂粒在降落时不断冲击地面，使地表面的较大砂粒受冲击后缓慢滑动或滚动称为蠕移，蠕移运动的砂粒称为蠕移质。呈蠕移运动的砂粒都是粒径为 0.5～2.0mm 的粗砂，其含量可以占总沙量的 20%～25%。在某单位时间内蠕移质的运动可以是间断的。

造成蠕移质运动的力可以是风的迎面压力，也可以是跃移砂粒的冲击力。观测表明，高速运动的砂粒在跃移中通过对沙面的冲击，可以推动 6 倍于它的直径或 200 倍于它的重量的粗砂粒。随着风速的增大有一部分蠕移质也可以跃起成为跃移质，从而产生更大的冲击力。可见在风沙运动中，跃移运动是风力侵蚀的根源。这不仅表现在跃移质在运动砂粒中所占的比例最大，更主要的是跃移砂粒的冲击造成了更多悬移质和蠕移质的运动。正是因为有了跃移质的冲击，才使成倍的砂粒进入风沙流中运动。因此，防止沙质地表风蚀和风沙危害的主要着眼点应放在如何控制或减少跃移砂粒运动方面（邹维，2012）。

（4）振动。振动是近年来对风沙运动研究总结出的一种新的风沙运移方式。1988 年安德森（Anderson）和哈夫（Haff）将其定义为"降落的带有高能量的颗粒击溅而发生移动或低角度跳跃运动的颗粒的运动形式"。当一个跃移颗粒冲击地面时，可以使 10 个颗粒发生振动。振动和蠕移的主要区别在于这些颗粒的运移状态是在振动和跃移之间相互变换，与跃移方式的主要区别是其速率呈明显的指数分布形式。任何时段内运动的颗粒都可能处于振动状态，其颗粒数和粒子的冲击速度以及剪切速度构成函数关系。

综上所述，风对地表松散碎屑物搬运的方式以跃移为主（其比例为 70%～80%），蠕移次之（约为 20%），悬移很少（一般不超过 10%）。对某一粒径的砂粒来说，随着风速的增大，可以从蠕移转化为跃移，从跃移转化为悬移，反之，也是一样。

2）风沙流及其结构特征

风沙流是气流及其搬运的固体颗粒（砂粒）的混合流。它的形成依赖于空气与沙质地表两种不同密度物理介质的相互作用，是风对沙输移的外在表现形式。风沙流搬运的沙量在搬运层内随高度的分布状况称为风沙流结构，其特征对于风蚀风积作用的研究及防沙措施的制定有重要意义（宗玉梅等，2016）。

（1）砂粒粒径随高度的分布特征。风沙流中砂粒粒径大小与高度的关系，一般是距离地表越近，粗粒越多，运动方式以跃移和蠕移为主；距离地表越高，细粒越多，运动方式主要为悬移。

（2）含沙量随高度的分布特征。风沙流中的含沙量随高度分布不均。总的来说，含沙量随高度呈指数关系递减，高度越低含沙量越高。1991 年巴特菲尔德（Butterfield）的风洞实验数据表明，79%的沙物质在 0.018m 的高度之下运动。Chepil 观测到90%的风蚀物质在31cm 高度内被输送，尤其集中在近地面 0～10cm 的气流层中（约占 80%），表明风沙运动是一种近地面的物质搬运过程。

颗粒沿高度的分布早在 20 世纪 50 年代已经有所研究，1953 年 Zingg 给出其分布形式为：

$$Q_z = \left(\frac{b}{z+a} \right)^{\frac{1}{n}}$$

式中，Q_z 为高度 z 时的输沙量，kg；b 为与颗粒粒径和剪切速度构成函数关系的常数；z 为高度，m；a 为参考高度，m；n 为指数。

（3）含沙量随风速的变化。风沙流中含沙量不仅随高度变化，也随风速而变化，当风速显著超过起沙风速后，风沙流中的含沙量急剧增加。风速越大，在地表 10cm 内含沙量的绝对值也越大，两者呈指数关系：

$$S = e^{0.74v}$$

式中，S 为绝对含沙量，kg/m^3；v 为风速，m/s；e 为常数（e=2.718）。

公式表明风沙流的含沙量随风力的大小而改变，风力越大，风沙流的含沙量越高。

3）风沙流的固体流量

气流在单位时间通过单位宽度或单位面积所搬运的沙量称为风沙流的固体流量，也称为输沙率。计算输沙率不仅有理论意义，而且是合理制定防止工矿和交通设施不受风沙掩埋的措施的主要依据。

影响输沙率的因素很复杂，它不仅取决于风力的大小、砂粒粒径、形状和其比例，而且也受砂粒的湿润程度、地表状况及空气稳定度的影响，所以要精确表示风速与输沙量的关系是较困难的。到目前为止，在实际工作中对输沙率的确定一般仍多采用集沙仪在野外直接观测，然后运用相关分析方法，求得特定条件下的输沙率与风速之间的关系（康永德等，2019）。

3. 风力堆积作用

风沙流在运动过程中，当风速减小、遇到障碍物或地面结构及下垫面性质改变时，都能使砂粒沉降和堆积，称风力堆积作用。经历风搬运再堆积的物质称为风积物。

1）沉降堆积

在气流中悬浮运行的砂粒，当风速减弱，沉速大于紊流漩涡的垂直风速时，就要降落堆积在地表，称为沉降堆积。砂粒沉速随粒径增大而增大，粒径越大，其沉速越大，粒径越小，沉速越小。

2）遇阻堆积

风沙流运行时，遇到障阻，使砂粒堆积起来，称遇阻堆积。风沙流因遇障阻速度减慢，而把部分砂粒卸积下来，也可能全部（或部分）越过和绕过障碍物继续前进，在障碍物的背风坡形成涡流。

风沙流在运行过程中，遇到了湿润或较冷的气流会被迫上升，这时部分砂粒不能随气流上升而沉积下来。两股风沙流相遇，在风向几乎平行的条件下，也会发生干扰，降低风速，减小输沙能力，从而使部分砂粒降落下来。在风沙流经常发生的地区，粒径小于 0.05mm 的砂粒悬浮在较高的大气层中，遇到冷湿气团时，粉粒和尘土成为雨滴的凝结核会随降雨大量沉降，成为气象学上的尘暴或降尘现象。

4. 沙丘的移动

沙漠中各种类型的沙丘都不是静止和固定不变的，而是运动和变化的。沙丘的移动是通过砂粒在迎风坡风蚀、背风坡堆积而实现的。

1）沙丘的移动方式

沙丘移动的方式取决于风向及其变化，可分为 3 种方式。

第一种是前进式，即在单一的风向作用下终年保持向某一方向移动。例如，我国新疆塔克拉玛干沙漠中的沙丘，在单一西北风作用下，均以前进式向东南运动为主，或稍微有往复摆动方式的前移。

第二种是往复式，即在风力大小相等而风向相反的两个方向风力作用下产生的往复移动，沙丘将停在原地摆动或仅稍向前移动，这种情况一般较少。

第三种是往复前进式，即在两个风向相反而风力大小不等的情况下沙丘呈往复向前移动。例如，毛乌素沙地冬季在主风向西北风的作用下，沙丘由西北向东南移动；在夏季受东南季风的影响，沙丘则产生向西北的运动。但是由于东南风的风力一般较弱，不能完全抵偿西北风的作用，所以总的说来，沙丘仍是缓慢地向东南移动（王静璞等，2017）。

2）沙丘的移动速度

沙丘的移动与风和沙丘本身的高度、地表水分以及植被条件等很多因素有关，其中以风的影响为最大。

风向及其变化对沙丘移动速度有一定的影响。观测资料表明，单一风向作用下沙丘移动速度要比多风向作用下快。这是因为风要使沙丘向前移，一定要把沙丘塑造成有利于它作用的形态，即沙丘的迎风坡和风向相一致。任何具有一定的力和一定方向的风，沙丘都应有与其相适应的剖面形态和平面形态，当有与沙丘原有形态不相适应的风作用于沙丘时，首先要重新调整和改造原来的沙丘形态，使其和新的风向、风力相适应，以利于风的活动，为有效搬运砂粒创造条件。因此，在多方向风的地区，每当风向发生变换时，开始风的能量被大量消耗于新风向的沙丘形态形成过程中，从而大大减少了用于推动沙丘移动的"实际有效风速"，沙丘移动速度必然相应减小（韩福贵等，2005）。

横向沙丘是在固定的单向风作用下形成的，由于走向与主风向垂直，在同等风力条件下有效作用面积最大，所以在各种类型的沙丘中移动速度最快。纵向沙丘除横向移动外，还有纵向移动的特点，以新月形沙垄为例，它不仅沿着垂直于沙脊的方向移动，还沿着脊线的方向移动。在两个以锐角相交的风的作用下，运动的总方向既不与沙垄垂直，也不单纯地沿着沙垄纵向伸展，而是与沙垄构成一个斜交的角度，交角为25°~40°，因此移动速度比横向沙丘要慢得多。金字塔沙丘形成的动力条件是无主风向的多向风的作用，且各个方向风的风力较为均衡，所以沙丘来回摆动，总的移动量并不大，移动速度最慢（杨逸畴和洪笑天，1994）。

风向及其变化对沙丘运动速度固然有影响，但移动速度主要还是取决于风速和沙丘本身的高度。由于沙丘的移动主要是在风力作用下，沙子从沙丘迎风坡吹扬而在背风坡堆积的结果，也就是说是通过沙丘表面沙子的位移实现，所以沙丘移动速度与风速的关系实质上也就是风速和输沙量之间的关系（韩福贵等，2005）。据研究，沙丘在单位时间内前移距离（D）可用下式表示：

$$D = \frac{Q}{rH}$$

式中，Q 为单位时间内通过单位宽度的全部沙量，kg/（m·a）；H 为沙丘高度，m；r 为沙子容重，kg/m^3。

由该式可知沙丘移动的速度和输沙量成正比，与沙丘高度成反比。

沙丘移动速度除了主要受风力和沙丘本身高度的影响外，还与沙丘的水分含量、植被状况及下伏地貌条件等多种因素有关。沙子处于湿润状态时，它的黏滞性和团聚作用加强，不易被吹扬搬运，因而提高了沙子的起动风速，所以移动速度比干燥时小。沙丘上生长了植物以后，增加了其粗糙度而大大削弱近地表层的风速，减少了沙子被吹扬搬运的数量，从而使沙丘移动速度大大减缓，甚至停止移动，所以植物固沙是治理沙漠的重要措施（黄鹏展等，2010）。沙丘下伏地面的起伏能限制沙丘移动的速度，在平坦地区沙丘的移动速度较起伏地区快。在实际工作中，通常采用野外插标杆、重复多次地形测量、多次重合航片的量测等方法，确定各个地区沙丘移动的速度。根据各地沙丘年平均移动速度的大小，可将沙漠地区沙丘移动强度分为以下 4 种类型。

（1）慢速类型。沙丘平均年前移距离小于 1m，塔克拉玛干沙漠内部、巴丹吉林沙漠中部和库姆达格沙漠这些大沙山地区的沙丘属于这一类型。

（2）中速类型。沙丘平均年前移距离为 1～5m，塔克拉玛干沙漠西部和中部、巴丹吉林沙漠中沙山以外的沙丘链地区、腾格里沙漠大部分、乌兰布和沙漠大部与东部及河西走廊一些绿洲附近的沙丘属于这一类型。

（3）快速类型。沙丘平均年前移距离为 6～10m。塔克拉玛干沙漠南部一些绿洲附近的沙丘、河西走廊民勤绿洲附近、毛乌素沙地东南、腾格里沙漠及巴丹吉林沙漠中一些低沙丘、库布齐沙漠东部及科尔沁沙地西部的一些沙丘属于这一类型。

（4）特别快速类型。沙丘平均年前移距离在 20m 以上，如塔克拉玛干沙漠西南及东南边缘的低矮新月形沙丘属于这一类型。

（5）沙丘的移动方向。沙丘移动的方向取决于起沙风的风向，移动总方向与大于起沙风的年合成风向大体一致，但不完全重合，两者之间有一夹角。例如，新疆莎车阿瓦提地区沙丘移动的总方向平均为南 50°东，而起沙风的年合成风向是北 40°西。皮山地区沙丘移动的总方向平均为南 70°东，而起沙风的年合成风向是北 70°西（王欣成和赵光耀，1991）。

根据气象资料，我国沙漠地区风沙移动主要受东北风和西北风两大风系的影响。新疆塔里木盆地的塔克拉玛干沙漠的东部、北部和中部及东疆、甘肃河西走廊西部等地的沙丘，在东北风的作用下从东北向西南移动，其他各地的沙丘移动方向都是在西北风作用下由西北向东南移动。

2.5.2　风蚀沙漠化的分布和人为成因类型

在风蚀荒漠化土地中，沙漠化是分布最广的类型，风蚀土质荒漠化和砾漠化以及岩漠化很少。沙漠化是全球面临的一个重大环境问题，是原非沙漠地区出现以风沙活动为主要标志的类似沙漠景观的环境变化过程，其实质是风作用于沙质地表而产生的土壤风蚀、风沙流、风沙沉积、沙丘前移及粉尘吹扬等一系列风沙地貌过程（张伟民等，1994）。因此，风力是沙漠化过程中最主要的作用营力，它不仅将风化碎屑中的细小颗粒和松散沉积物中的砂粒搬运到很远的地方，堆积成各种风积地貌，而且能侵蚀坚硬的岩石或大石块，形成各种风蚀荒漠化景观。风蚀荒漠化主要发生在干旱、半干旱地区，特别是沙漠外围地区，还有部分分布在大陆冰川的边缘，植被稀少的海岸地带、湖岸地带和河谷地区。因为风蚀沙漠化土地中主要是草地荒漠化，耕地和林地荒漠化所占面积很少，所以下面主要介绍草地沙漠化。

1. 我国草地与风蚀退化现状

我国是世界第二大草地资源大国，草地面积为 39 892 万 hm^2，仅位居澳大利亚之后。我国的草地面积占全国总面积的 42.05%。为耕地面积的 3.12 倍，林地面积的 2.28 倍，是我国土地、森林、草地、矿产、水、海洋这六大自然资源之一。我国西藏自治区天然草地面积最大，全区有 7084.68 万 hm^2，占全国草地面积的 21.40%；接下来依次是内蒙古自治区、新疆维吾尔自治区和青海省，以上 4 省份草地面积之和占全国草地面积的 64.65%。草地面积达 1000 万 hm^2 以上的省份还有四川省、甘肃省、云南省；其他各省份草地面积均在 1000 万 hm^2 以下。截至目前，在我国近 4 亿 hm^2 的天然草地中，有 90%的可利用草原已有不同程度退化，并且正以每年 200 万 hm^2 的速度扩张，草原生产力不断下降，草原生态环境持续恶化，其中严重退化草原近 1.8 亿 hm^2。天然草原面积每年减少 65 万～70 万 hm^2。草原质量不断下降，直接威胁到国家生态安全。20 世纪 80 年代以来，北方主要草原分布区产草量平均下降幅度为 17.6%，下降幅度最大的荒漠草原达 40%左右，典型草原的下降幅度约为 20%。产草量下降幅度较大的省份主要是内蒙古、宁夏、新疆、青海和甘肃，分别达 27.6%、25.3%、24.4%、24.6%和 20.2%。

草原沙漠化是一个世界性问题，据世界资源研究所 1987 年估计，目前全世界 60%以上的草原已严重退化。我国草地资源的开发利用已有上千年的悠久历史，但至今仍是以传统草原畜牧业为主的经营方式，通过利用天然草地资源放牧草食家畜获得畜产品为特征。从古至今畜牧业发展基本是被动顺应自然，受自然生态条件制约。在长期的牧业发展中，在人少畜少草多的优势条件下，过去由于草地利用比较少，才使得草地能够延续和发展至今。但是，人类生产活动和发展政策对自然资源的影响非常大，尤其是人类农耕文明的发展，更是对草地资源的状况产生了深刻的影响。随着人类文明程度的提高，对草地资源的认识也发生了深刻的变化。人们已经认识到草地退化的根本原因是人类不合理的开发利用。

草地沙漠化是土地荒漠化中最严重的一种，是沙漠化土地的主要组成部分。草地沙漠化或荒漠化是由于人为干扰和自然变化所导致的草地生态系统逆行演替的过程及其结果。

2. 我国风蚀沙漠化的分布

朱震达等（1986）研究表明，我国沙漠化土地东起沿海，西至内陆西北高原盆地，从南部的海南岛直至最北部的三江平原、呼伦贝尔均有不同程度的分布，总面积约 35.88 万 km²（包括潜在沙漠化土地和已经沙漠化土地），占全国陆地总面积的 3.74%，占我国耕地和草地总面积的 7.7%，涉及北京、内蒙古、黑龙江、吉林、辽宁、河北、山东、河南、陕西、山西、宁夏、甘肃、青海、新疆、西藏、广西、广东、福建、江西、海南、台湾等 21 个省份。

其中沙漠化土地大致可分为下面 3 个分布区。①半湿润森林草原和湿润的森林地带沙漠化分布区。包括我国东部三江平原、嫩江下游、黄淮海平原中部和北部、江西南昌及鄱阳湖沿岸、近 3000km 的沿海地带、海南岛和台湾地区等，面积约为 13 763.8km²。②半干旱草原及干旱荒漠草原地带沙漠化分布区。包括贺兰山至乌鞘岭、都兰以东、白城、康平线以西、彰武、多伦、商都、横山、景泰线以北，国境线以南的呼伦贝尔、科尔沁草原、鄂尔多斯、青海共和盆地等，面积约为 257 994.9km²。③干旱荒漠地带沙漠化分布区。包括贺兰山、乌鞘岭、都兰一线以西的贺兰山西麓山前平原、阿拉善中部、腾格里沙漠南缘、弱水下游、河西走廊、柴达木盆地、准噶尔盆地、塔里木盆地等广大地区，面积约为 8702km²。综上所述，干旱与半干旱地区是我国沙漠化土地的主要分布区（董光荣等，1989）。

3. 草地风蚀沙漠化的人为成因类型

我国北方草地沙漠化的人为成因包括过度樵采、过度放牧和过度农垦 3 种类型，其中过度樵采引起的沙漠化面积居第一位，过度放牧引起的沙漠化面积居第二位，过度农垦造成的沙漠化面积居第三位。盲目扩大开垦草地、扩大农作物面积常常会出现水资源的不足，造成农地弃耕，经过风蚀，使土壤物质粗化，出现沙漠化。牲畜业发展的规模要根据当地草地资源的承载力来确定，超过当地草地资源载畜量的畜牧业常常会导致草地严重退化，进而出现沙漠化。过度樵采造成了植被盖度降低和植物根系固沙作用的减小，也破坏了土壤的结构，从而引起沙漠化。在我国北方现代沙漠化土地中，94.5%是人为因素所致（宋玉景和王政，2010）。可见，人为不合理活动已成为现代荒漠化发生发展的主导因素。

2.5.3　沙漠化发生机制

气候变异和人类活动是荒漠化过程中两项主要的作用因素。从时间上看，气候变化和自然环境的演变过程是缓慢的，但一旦人类活动参与了这一过程，则会激发并加速荒漠化发展，并在较短的时间内造成较大的环境破坏和质的蜕变（刘玉振和王艾萍，2001）。

1. 人类生产系统对沙漠化的作用机制

据兹龙骏研究，可以利用因果反馈回路分析揭示沙漠化或荒漠化的内在机制。

沙漠化发生过程是由人类生产系统与其环境间的反馈作用机制控制的。在系统内，根据作用效果，可分为正反馈作用和负反馈作用两类机制。正反馈回路呈自我加强作用，负反馈回路呈自我调节作用。因此，整个系统的行为产生"稳定"与"增长"之间的相互转化（刘爱民和慈龙骏，1997）。当负反馈回路的自我调节作用强于正反馈回路的自我加强作用时，系统就呈现稳定状态，沙漠化过程得到调节而使沙漠化土地趋于自我恢复，反之，系统呈现无限"增长"或"衰退"状态，沙漠化程度进一步加深或面积继续扩张。因果反馈回路分析是认识沙漠化或荒漠化过程内在机制的重要手段，在理论和实践上具有重要意义。

人类活动是沙漠化发展的直接原因，主要表现在以下 3 个方面：①人口增长给生产性土地带来巨大压力并引发许多社会经济问题；②土地利用不合理，如过度放牧、毁林开荒和不适当的农林利用对生态系统造成不利影响；③水资源利用不当带来的生态退化问题。西北地区三次大规模毁林开荒共破坏草地 667 万 hm^2，毁林 18.7 万 hm^2，造成了生态环境的大破坏，后果十分严重（陈孝胜，2007）。

人类生产系统主要包括种植业、畜牧业、林业、工矿交通和人口等子系统。

1）种植业对沙漠化的影响机制

人口增加需要更多的粮食，如果粮食产量不能满足人口增加的需求，就迫使人们通过扩大垦殖面积或采取掠夺式经营来提高总产量，其结果导致生态的恶化，土地生产力下降（杨爱民等，2003）。如果继续扩大耕地面积而超过了当地水资源允许的限度，就会造成荒漠化的发生。这是荒漠化过程中的正反馈作用机制。

在农田面积一定的情况下，如果粮食生产不能满足需求，可以通过增加化肥、农机、灌溉和品种改良等措施提高粮食产量满足需求，而不是通过扩大土地面积解决所需粮食问题。如果采取这些措施，可使系统内的自然资源得到合理的开发和利用，这样就不会发生土地沙漠化或使土地沙漠化得到治理和恢复。

2）畜牧业对沙漠化的影响机制

牧民为提高经济收入，盲目增加牲畜头数，造成超载放牧，破坏了系统的自我调节机制，从而加速了沙漠化或荒漠化进程（刘爱民和慈龙骏，1997）。相反，也可以通过人为合理控制畜牧业发展，并保护草场，培育草场，增加草产量，使畜牧业发展对沙漠化影响出现负反馈，这样就不会造成超载放牧沙漠化。

3）林业对沙漠化的影响机制

如果盲目扩大造林面积，由于林地面积不断增加，林地所需灌溉水量增加，在水资源短缺的情况下，由于灌溉用水不足就会导致部分林木缺水死亡。此外，在干旱区的内陆河流域由于河流上游拦截用水，造成下游严重缺水，地下水位下降，也会导致大面积天然植物枯死。如果合理进行人工造林，就可以防止沙地扩大和促使生态环境恢复，可以提高生物生产力，改善生态环境和发展林业生产，增加农牧业经济收入，形成造林正反馈。

综上所述，应用生物控制理论对沙漠化过程中人类生产系统与其环境间的反馈作用机制进行系统分析，可为沙漠化防治提供理论依据。

2. 气候变化对沙漠化的作用机制

沙漠化不仅受到人类活动的强烈影响，而且也受到全球气候变化的影响。我国的沙漠化或荒漠化地区由于青藏高原的隆起而向北推移，分布在中纬度干旱、半干旱和半湿润地区，沙漠、戈壁、沙漠化土地横贯我国西北、华北和东北西部，这里是受全球气候变化影响最大的地区（常影和宁大同，2002）。从历史时期的沙漠演变来看，在气候变化和人类活动的双重作用下，沙漠也存在扩展和缩小的变化过程，在一段时间内气候因素起着重要作用。沙漠的出现并不只是气候变化的结果，但沙漠一旦出现了，就可以通过对凝结核、辐射平衡、地表反射率等的影响反过来作用于气候，而使气候进一步变干。

1）全球气候变化对沙漠化的影响

这里所讨论的气候变化是指工业化以来由于大量燃烧煤炭和石油，使大气中 CO_2 等温室气体的浓度增加，这些温室气体的增加对于大气增暖起着非常重要的作用。大多数人认为，如果工业的发展和燃料使用的结构不变，到 2030 年（或 2050 年）大气中 CO_2 及其他温室气体的含量将相当于工业化前 CO_2 含量的 2 倍，届时将使大气的平均温度增高 $1.5 \sim 4.5$℃（卢琦，2001）。如果不进行控制，则全球气候变化带给人类的灾难将是巨大的。特别需要指出的是，温度升高将会导致中纬度干旱、半干旱地区沙漠化扩展速度加快。兹龙骏对我国近 30 年的气象资料进行了研究，她预测在 2030 年 CO_2 含量加倍、增温 $1.5 \sim 4$℃的条件下，干旱区、半干旱和半湿润区总面积将扩大，我国干旱区格局的变化趋势如下所述。

（1）在大气中 CO_2 含量倍增、温度上升 1.5℃的条件下，我国极端干旱区减少 6.9 万 km^2；湿润区减少 25.7 万 km^2；干旱区总面积增加 18.8 万 km^2。干旱区平均每年递增 $2212km^2$，湿润区平均每年减少 $3023.5km^2$。

（2）在大气中 CO_2 含量倍增、温度上升 4℃、降水量增加 10%的条件下，干旱区总面积增加 35.8 万 km^2，其中半湿润区增加 25.5 万 km^2，湿润区缩小 44.7 万 km^2。

（3）在大气中 CO_2 含量倍增、温度上升 4℃、降水量不增加的条件下，干旱区总面积增加的幅度要比降水量不增加的情况多 41%；湿润区缩小的幅度增加 46.6%。沙漠化的发展对全球气候变化也有反馈作用，沙漠化是地球环境退化的一项增进因素，对全球生物多样性的损失起着重大作用。沙漠化加重了地球生物量和生物生产力的损失，破坏了正常的生物地球化学循环，并通过增加土地表面的反照率而对全球气候变化起作用，或增加了这种变化的可能性（张龙生和马立鹏，2001）。

2）干旱对沙漠化的影响

干旱对沙漠化的影响很大。在非洲 1984～1985 年的干旱中，估计 21 个国家中有 3000 万～3500 万人受到严重的旱灾影响，大约有 100 万人口迁移，300 多万人受到饥饿威胁，死亡、疾病、营养不良困扰着他们。这次大规模的旱灾加速了沙漠化在非洲的发展，引起全球关注和震惊（韩邦帅等，2008）。

在全球气候变化的作用下，我国干旱区面积和沙漠化面积在今后 50 年内呈增加趋势。

2.5.4 沙漠化的危害

1. 对土地资源的危害

沙漠化对土地资源的危害，可以归结为两个方面。

（1）使可利用土地面积缩小。据不完全统计，在我国北方 33.4 万 km^2 的沙漠化土地中，潜在沙漠化土地为 15.8 万 km^2，已经沙漠化的土地约 17.6 万 km^2。其中已经沙漠化土地在 20 世纪 50 年代初只有 13.7 万 km^2，但到 70 年代末的 25 年内净增 3.9 万 km^2，平均每年扩大沙漠化土地或损失可利用土地 1560km^2。以龙羊峡库区为例，将该区 1982 年航空相片判断结果与 1956 年对比可以发现，26 年间沙漠化总面积为 24.53 万 km^2，每年净增 0.94km^2，这是由同一期间的非沙漠土地（沼泽地、黄河故地、河滩地和湖盆水域等）转变而来，意味着每年有相当数量的具有一定生产潜力的土地变成不可利用的流动沙漠。

（2）导致土地质量逐渐下降。风蚀作为沙漠化灾害的主要方式，是造成有机质和养分大量吹蚀，引起土壤肥力降低的根本原因。具有较高肥力的草原土壤，由于长期遭受风蚀作用，表层有机质、氮、磷、钾等营养元素和物理黏粒成分不断地被吹蚀或不同程度地积沙，土地逐渐贫瘠化和粗化，从而使土地质量不断下降（谭振忠和李婷，2011）。以大风著称的后山地区七旗（县）为例，有耕地 1316万亩，其中 80%受沙漠化危害，有 490 万亩耕地每年风蚀土壤厚度 1cm 以上，有 100 万亩耕地每年风蚀表土厚度 3cm，以此计算，则乌盟后山地区每年每亩农田平均损失沃土 18.7 万 t，其中有机质为 0.255t、氮为 206kg、磷为 400kg。

2. 对环境污染的危害

沙漠化对环境的影响突出表现为沙尘暴、扬沙的剧增。沙尘暴是受系统天气过程中热力效应及冷锋侵入的影响，发生在干旱、半干旱甚至部分半湿润地区的土壤吹蚀、流沙迁移及粉尘吹扬等一系列的强风沙过程（张伟民等，1994）。

我国西部干旱区是沙尘暴的高发区，1950～1993 年，该区域发生强沙尘暴 76 次，年均 1.76 次，20 世纪 90 年代以来，仅特强沙尘暴年均发生率就超过 2 次。2000 年 1～4 月，沙尘暴发生近 10 次。该区沙尘暴次数剧增的同时，破坏程度也迅速提高，50～70 年代，沙尘暴天气灾害范围一般为 11 万～29.1 万 km²，90 年代以来，几乎所有沙尘暴天气灾害危害范围都超过 31 万 km²。例如，1993 年 5 月 5 日，一场罕见的特大沙尘暴席卷新疆、甘肃、内蒙古、宁夏等部分地区，造成 200 人伤亡，13.2 万头牲畜丢失或死亡，6.8 万 hm² 农田受灾，直接经济损失 5.4 亿元。沙尘暴发生过程中产生的沙尘物质（主要是微沙、极细砂和粉尘）不仅使西部沙区遮天盖地，旷野两三米高度范围能见度极低，而且还随风飘浮至千里以外，危及我国中部、东南部直至沿海大片地区（叶民权和胡文康，2000）。

沙尘暴对环境造成的影响是难以用经济指标评估的，它不仅使大气混浊，妨碍人们正常的生产和生活，同时这些由石英、长石、微量元素、盐分等组成的沙尘物质还严重污染饮水、食物、家庭摆设以及工厂设备，对人类身体健康与机器、仪表产生直接损害。

3. 对农业生产的危害

沙漠化对农业生产造成的直接损害主要表现为风蚀、沙割、沙埋和风害对农作物的危害。风蚀不仅刮走农田表土和肥料，还吹跑种子或拔起幼苗、吹露根系，迫使农作物多次重播与改种，贻误农时。我国沙漠化地区许多农田每年因风蚀毁种需要重播 2～3 次，甚至更多次。例如，河北坝上张北县 120 万亩沙漠化农田，由于风沙危害每年毁种、改种的农田达 31 万亩，仅 1984 年一次改种用籽就达 48.5 万 kg，合计损失人民币 27 万元（张伟民等，1994）。

沙害是农作物和幼树的枝干受运行风沙流中砂粒的不断冲击，叶片经常被打伤，影响生长发育，甚至成片死亡。

沙埋是由风沙流受阻沉降和沙丘前移而造成农田和林带积沙。以鄂尔多斯市为例，由于作物遭受沙割、沙埋，亩产一般不超过 15kg，甚至只有 5kg 多，有些地区连种子也收不回来。例如，苏泊尔汉乡哈布池村 1973 年播种 3000 多亩，秋季只收获 1000 多亩，总产 0.65 万 kg，亩产只有 6.5kg。因此使鄂尔多斯市 70% 多的乡村常年吃国家返销粮，1956～1979 年国家共提供返销粮 4.85 亿 kg。

风害是大风本身具有的破坏力造成的危害。沙漠化地区春季正在萌发的农作物和树木，在遭到各种沙害的同时，还常常出现由大风频繁暴发所造成的倒伏、折断枝条、吹落花果、叶片等机械性损伤，以及由于强烈蒸腾作用丧失大量水分所引起的生理性干旱、枯萎甚至死亡。尤其是大风往往与低温、干旱相伴随，造成的灾害更严重。

4．对工程的危害

随着国家对中部、西部经济开发的加强，沙漠化对各种工程建设的危害日渐突出，主要表现为以下 3 个方面。

1）沙漠化对交通运输业的危害

据估计，全国受沙害影响的公路、铁路总长 2000km，其中沙害铁路长度约 510km，且主要是边疆连接内地的主干线，严重影响边疆地区与内地经济交往的正常运行。例如，1979 年 4 月 10 日，南疆地区连续 3 天大风，造成路基风蚀 18.2km，沙埋 20.8km，大量建筑标志被毁坏，使该线中断行车 20 天，直接经济损失达 2000 余万元。1986 年 5 月 19～20 日，哈密地区出现罕见的 12 级东南风，使哈密地区铁路线沙害长度 226.1km，积沙 59 处，积沙长度 40.7km，总积沙量 74 918m³，部分设备被毁坏，铁路运输中断近 2 天，并使得新近完工的 180km 线路毁于一旦，造成极为严重的经济损失。沙害同样对公路交通运输造成很大危害，鄂尔多斯市境内每年受沙害侵袭的公路百余处，长达 200km，每年清除路面积沙耗资 100 万元以上。据初步估计，全国每年铁路、公路因沙漠化灾害造成的直接经济损失为 2 亿元左右。除此之外，沙漠化对民航运输也有很大不利影响。以连接西藏自治区与内地的西藏贡嘎机场为例，每年因风沙造成民航运输直接经济损失为 72 万元（张伟民等，1994）。

2）沙漠化对水利、河道的危害

沙漠化对水利河道的危害主要表现为风成沙造成水利工程设施难以发挥正常效益。例如，青海龙羊峡水库，每年进入库区流沙约 141 万 m³，加之黄河及其支流挟带泥沙以及库区塌岸泥沙，进入库区的总泥沙量为 0.131 万 m³。按水库投资标准每 1 万 m³ 库容 1.5 万元计，每年损失约 4696.5 万元。随泥沙堆积量增加，库容逐步缩小，将在发电、防洪、灌溉等方面造成更大的经济损失。

另外，风成沙大量进入河道，使河床持续淤积增高，甚至严重阻塞河道，造成河堤溃决。最显著的例子就是黄河，仅黄河沿岸沙坡头河曲段，每年输入黄河的风成沙为 4832 万 t，再加上流经沙区各支流带入的 5000 万 t，每年进入该段黄河的现代风成沙达 1 亿 t，而这种粗泥沙正是造成三门峡水库以下的黄河下游河道泛滥成灾的根本原因（张伟民等，1994）。

3）沙漠化对通信和输电线路的危害

风沙对通信和输电线路的危害不仅表现在大风经常刮倒电杆、刮断电线，而且在风沙频繁活动季节经常出现有害于线路的风沙电现象。国内野外测到线路上的风沙电高达 2700V，国外可达 15 万 V。这样高的电位往往出现"电晕"现象，使通信信号完全中断，有时还能击穿线路设备，危及人身安全（张伟民等，1994）。

2.5.5 风蚀沙漠化防治的原理

1. 风蚀沙漠化防治的基本原理

风蚀作用是由风的动压力及风沙流动中沙粒的冲蚀、磨蚀作用使地表物质被吹蚀和磨蚀，造成土壤养分流失、土壤物质粗化、结构变差、生产力下降、沙丘及劣地形成等土地退化的过程。因此，风蚀沙漠化的实质就是土壤和植被的风蚀退化过程。制定风蚀沙漠化防治的技术措施主要是依据土壤风蚀原因及风沙运动规律，即蚀积原理。产生风蚀必须具备两个条件，一要有强大的风，二要有裸露、松散、干燥的沙质地表或易风化的基岩（马艳萍和黄宁，2011）。根据风蚀产生的条件和风沙流动的结构特征，所采取的措施多种多样，但就其原理和途径可概括为下述几个方面。

1）阻止气流对地面的直接作用

风及风沙流只有直接作用于裸露地表，才能对地表土壤颗粒吹蚀和磨蚀，产生风力侵蚀，所以可通过增大植被覆盖度，或使用柴草、秸秆、砾石等材料覆盖地表，对地面形成保护层，以阻止或减少风及风沙流与地面的直接接触，达到固沙作用（刘春洋，2015）。

2）增大地表粗糙度

在风沙经过地表时，对地表土壤颗粒或沙粒产生动压力，使沙粒运动。风的作用力大小与风速大小直接相关，作用力与风速的二次方成正比，即有 $P=1/2C\rho V^2 A$。因此，当风速增大时，风对沙粒产生的作用力就增大；反之，作用力就小。同时根据风沙运动规律，输沙率也受风速大小影响，即有 $q=1.5\times10^{-9}(V-V_t)^3$，风速越大，其输沙能力就越大，对地表侵蚀力也越强。因此，只要降低风速就能够降低风的作用动力，也可以降低携带沙子的能量，使沙子下沉堆积。近底层的风受地表粗糙度的影响很大，地表粗糙度越大，对风的阻力就越大，降低风速的效果就越好。因此，可以通过植树种草或布设障蔽以增大地表粗糙度、降低风速、削弱气流对地面的作用力，以达到固沙和阻沙的目的（刘春洋，2015）。

3）提高沙粒起动风速

沙粒开始运动所需最小风速称为起动风速，风速只有超过起动风速才能使沙粒随风运动，产生风蚀和风沙流。只要加大地表颗粒的起动风速，使风速始终小于起动风速，就不会产生风蚀作用。起动风速大小与沙粒粒径大小及沙粒之间的黏着力有关（古哈尔克孜·马合苏提，2011）。粒径越大，或沙粒之间黏着力越强，起动风速就越大，抗风蚀能力就越强。因此，可以通过喷洒化学胶结剂或增施有机肥，改变沙土结构，增加沙粒间的黏着力，使地表沙土颗粒变大，就提高了地表抗风蚀的能力，使得有风不起沙，从而达到固沙的效果。

4）改变风沙流蚀积规律

根据风沙运动规律，通过人为控制增大流速，提高流量，降低地面粗糙度，改变蚀积关系，从而拉平沙丘造田或延长饱和路径输导沙害，以达到治沙的目的（刘春洋，2015）。

2. 风蚀沙漠化防治的生态学原理

1）植物对流沙环境的适应性原理

在流动沙地上生长的天然植物的种类和数量很少，但它们却有规律地分布在一定的流沙环境之中。它们对不同的流沙环境有各自的适应性。这种特性是长期自然选择的结果，是它们对流沙环境具有一定适应能力的表现（王红，2013）。

因为自然界已经存在了一些能够适应流沙环境的植物种，所以可以利用这些植物在流沙地区进行植被建设，这也是我们利用植物治沙的树种条件和理论依据。流沙环境具有多种条件，在长期的自然选择过程中，植物形成了对流沙环境的多种适应方式和途径，这就为人们选择更合适的树种提供了依据。

恶劣的流沙环境对植物的影响是多方面的，其中干旱和流沙的活动性是影响植物生存最普遍、最不利的两个限制因子，也是制定各项植物治沙技术措施的主要依据。

植物对干旱环境的适应。流沙是干燥气候条件下的产物，流沙区降水量低、蒸发强烈、干燥度大、气候干燥是最突出的环境特点。在长期干旱气候作用下，流沙上生长的植物产生了一些适应干旱的特征，表现在以下几个方面。

（1）萌芽快且根系生长迅速而发达。流沙上植物发芽后，主根具有迅速延伸达到稳定湿沙层的能力。这类植物根系发达，具有庞大的根系网，可以从广阔的沙层内吸取水分和养分，以供给植物地上部分蒸腾和生长的需要（李慧卿等，2000）。

（2）具有旱生形态结构和生理机能。表现为叶子退化，有浓密的表皮毛，具较厚的角质层，气孔下陷，栅栏组织发达，机械组织强化，储水组织发达，细胞持水力强，束缚水含量高，渗透压和吸水力高，水势低等特点。

（3）植物化学成分发生变化。表现为含有乳状汁、挥发油等。挥发油的含量与光照有密切关系，也表明与旱生形态结构有重要关系（张军英和席荣，2007）。

植物对风蚀与沙埋的适应。活动沙丘的流动性表现在迎风坡遭受风蚀，在背风坡发生堆积，植物可能受到沙埋。分布于流动沙丘上的植物具有较强的抗风蚀和抗沙埋的适应能力。根据其适应特征，可归纳为速生型、选择型、稳定型和多种繁殖型 4 种适应类型。

（1）速生型适应。很多沙丘上的植物都具有快速生长的能力，以适应沙丘的活动性，特别是苗期速生更为明显。由于幼苗抗性弱，易受伤害，所以在发芽和苗期阶段对恶劣环境的适应性表现最为明显。像花棒、沙拐枣、杨柴等植物，种子发芽后一伸出地面，主根已深达 10cm，10 天后根深可达 20 多厘米，地上部分高于 5cm。当年秋天，根深大于 60cm，地茎粗 0.2cm 左右，最大植株高度大于40cm。主根迅速延伸和增粗，能够减轻风蚀危害和风蚀后引起的机械损伤，根越粗固持能力越强，植株越稳定（张力等，2006）。同时根越粗风蚀的机械损伤越小，可以保持光合作用的进行，树木不易受害。茎的迅速生长，可减少风沙流对叶片的伤害，在苗期能够快速生长的植物植株越高，适应沙埋的能力也就越强。

在苗期能够快速生长的植物有花棒、沙拐枣、梭梭、杨柴等。在沙丘背风坡能够保存下来的植物是高生长速度大于沙丘前移埋压的积沙速度的植物，如沙柳、柽柳、旱柳、柠条、杨柴、油蒿、沙枣、小叶杨、刺槐等。苗期速生程度取决于植物的习性，而成年后能否速生与有无适度沙埋条件以及萌发不定根能力有关。

（2）选择型适应。沙拐枣、花棒、沙柳等植物的种子为圆球形，表面有绒毛或小冠毛，易为风吹移到背风坡脚、丘间地或植丛周围等风弱处，通常风蚀少而轻，有一定的沙埋。对种子发芽和幼苗生长有利。这种植物生长迅速，不定根萌发力强，极耐沙埋，越埋生长越旺（张立超等，2017）。这些植物能够以自身的形态结构利用风力选择有利的生存环境发芽、生长，以适应流沙的活动性。

（3）稳定型适应。少数沙生植物及其种子，可以稳定自己的形态结构以适应流沙环境，如杨柴的种子扁圆形，且表皮上有皱纹，布于沙表不易吹失，易覆沙发芽，其幼苗地上部分分枝较多，分枝角较大，呈匍匐状斜向生长，对于风沙阻力较强，易积沙而无风蚀，可减少掩埋。沙蒿的种子小，数量多，易群聚和自然覆沙，种皮含胶质，遇水与沙粒黏结成沙团，不易吹失，易发芽、生根，植株低矮，枝叶稠密，丛生性强，易积沙，能够较好地适应不利的流沙环境（吴精忠，1985）。这类植物适于在流沙区全面撒播或飞播，播种后当年可发芽成苗，苗期易产生灌丛沙堆阻风效应。

（4）多种繁殖型适应。许多沙生植物，既能有性繁殖，又能无性繁殖，当环境条件不利于有性繁殖时，它们就以无性繁殖方式进行更新，以适应流沙环境。这类植物有沙拐枣、杨柴、红柳、沙柳、骆驼刺、麻黄、白刺、沙蒿、牛心朴子、沙旋复花等。

由上可知，沙生植物对流沙环境活动性的适应途径主要是避免风蚀，适度沙埋。风蚀越深危害越严重。适度沙埋则利于种子发芽、生根，可以促进植物存活与生长，有利于固沙。但过度沙埋则造成危害。研究表明，沙埋的适度范围可用沙埋厚度与灌木本身高度比值（A）来衡量。$A=0\sim0.7$ 为适度沙埋，$A>0.7$ 为过度沙埋。

生长于流沙上的灌木、半灌木，常常利用自己近地层的浓密枝叶覆盖小范围沙面，阻截流沙前进，并形成灌丛沙堆，形成的灌丛沙堆可消除风蚀危害，改善沙丘不良的环境。

植物对流沙环境改善的适应。流沙是一个不断发生变化的环境，尤其是在植物生长以后，随着植物的增多和盖度加大，流沙活动性减弱，在变为半固定和固定沙丘之后，就开始了成壤作用，这会逐步使得沙层粒度组成变细、物理性质改善、持水性增强、有机质含量增加、土壤微生物种类和数量增多、含水量增多、小气候改善。根据国内外有关学者的研究，植物对环境变异的适应性变化，亦遵循一定的方向，一定的顺序，是有规律的。这种适应规律是沙地植被的演替规律，这是恢复天然植被和建立人工植被各项技术措施的理论依据。

2）植物对流沙环境的作用原理

（1）植物的固沙作用。植物的固沙作用主要表现在以下 5 个方面。①植物的枝叶和聚积枯落物能够庇护表层沙粒，避免风的直接作用。②植物作为沙地上一种具有可塑性结构的障碍物，使地面粗糙度增大，可以大大降低近地层风速。③植物能够加速土壤形成过程，提高黏结力，削弱风蚀。④植物根系也起到固结沙粒作用以及增加土壤有机物的作用，可明显提高土壤抗风蚀能力。⑤植物还能促进地表形成"结皮"，从而提高临界风速值，增强抗风蚀能力，起到固沙作用。在上述植物固沙的 5 个方面的作用中，植物降低风速的作用最为明显也最为重要。植物降低近地层风速作用大小与覆盖度有关。植被盖度越大，风速降低值越大。内蒙古林学院研究人员通过对各种灌木测定得出，当植被盖度大于30%时，一般都可降低风速40%以上（郭雨华等，2006）。

不同植物种类对地表的庇护能力也不同。据新疆生物土壤研究所研究人员的测定，老鼠瓜的盖度为 30%时，风蚀面积约占 56.6%；盖度为 45%时，风蚀面积约占 9.4%；盖度达到 72%时，完全无风蚀。沙拐枣的盖度为 20%～25%时，地表风蚀强烈，林地常出现槽、丘相间地形；盖度大于 40%时，沙地平整，地表吹蚀痕迹不明显，林地已开始固定。

在沙面逐渐稳定以后，便开始了成壤过程。据陈文瑞研究，宁夏沙坡头地区在植被覆盖条件下每年形成的土壤厚度为 1.73mm。风洞实验表明，地表形成的"结皮"可抵抗 25m/s 的强风，能起到很好的固沙作用。

（2）植物的阻沙作用。植物具有很强的阻沙和固沙作用，不同植物的阻沙和固沙作用不同。

根据风沙运动规律，输沙量与风速的 3 次方呈正相关，因而风速被削弱后，搬运能力下降，输沙量就减少。植物在降低近地层风速，减轻地表风蚀的同时，可使风沙流中部分沙粒下沉堆积，堆积形成的沙堆可起到阻沙作用（布风琴等，2016）。

新疆生物土壤研究所的研究者测定，艾比湖沙拐枣和老鼠瓜一般在种植第 2 年开始积沙，4 年平均积沙量可达 3m^3 以上。由于灌木较高且枝叶茂密，积沙与阻沙效果较草本植物和半灌木强许多，也比较稳定，半灌木和草本植物积沙量有限且不稳定。另据陈世雄研究，植被的阻沙作用大小与覆盖度有密切关系，当植被盖度达 40%～50%时，风沙流中 90%以上沙粒被阻截沉积。

风沙流是一种贴近地表的运动现象，不同植物固沙和阻沙能力的大小主要取决于近地层枝叶分布状况。近地层枝叶浓密，控制范围较大的植物其固沙和阻沙能力也较强。在乔木、灌木、草本 3 类植物中，灌木多在近地表出现丛状分枝，固沙和阻沙能力较强。乔木只有单主干，固沙和阻沙能力较小，有些乔木甚至树冠已郁闭，表层沙仍继续流动。多年生草本植物基部具有丛生特点，也有较好的固沙和阻沙能力，但比灌木植株低矮，固沙范围和积沙数量均较低，加之入冬后地上部分全部干枯，所积沙堆会因重新裸露而遭吹蚀，这也正是在治沙工作中选择植物种时首选灌木的主要原因之一（靳方倩，2011）。而不同灌木其近地层枝叶分布情况和数量亦不同，其固沙和阻沙能力也有差异，在选择时应进一步分析。

（3）植物改善小气候的作用。小气候是生态环境的重要组成部分，流动沙层上的植被形成以后，小气候将得到很大改善。在植被覆盖下，反射率、风速、水面蒸发量显著降低，相对湿度增加。而且植被盖度增大时对小气候的影响也愈显著。小气候改变后，反过来影响流沙环境，使流沙趋于固定，可加速成壤过程（刘春洋，2015）。

（4）植物对风沙土的改良。植物固定流沙之后，大大加速了风沙土的成壤过程。植物对风沙土的改良作用，主要表现在以下几个方面。①粒度组成发生变化，粉粒、黏粒含量增加。②土壤的比重、容量减小，孔隙度增加。③水分性质发生变化，田间持水量增加，渗透性减弱（布风琴等，2016）。④有机质含量增加。⑤植物营养成分氮、磷、钾三要素含量增加。⑥碳酸钙富集，含量增多，pH 提高。⑦土壤微生物数量增加。据中国科学院沙漠所陈祝春等测定，在沙坡头植物固沙区（25 年），表面 1cm 厚土层微生物总数 243.8 万个/g 干土，流沙仅为 7.4 万个/g

干土，比流沙增加 30 多倍。⑧沙层含水率增加。据陈世雄在沙坡头观测，幼年植株消耗水分少，对沙层水分含量影响不大，随着林龄的增长，消耗水分增多。在降水较多的 1979 年植被所消耗的水分能在雨季得到一定补偿，沙层内水分可恢复到 2%左右；而在降水较少的 1974 年，沙层水分补给量少，0～150cm 深的沙层内含水率下降至 1.0%以下，严重影响植物的生长发育。表面看来，在植被的生长作用下土层含水量减少了，但实际上随着土壤的发育和持水性的增强，沙层含水量是增加的，实测沙层水分含量少的原因是水分被灌木林吸收消耗了。

2.5.6 防治风蚀与风积的工程技术

工程治沙是指采用各种机械工程手段防治风沙危害，通常又称为机械固沙。按采用的材料和实施的目的不同，工程治沙分为机械沙障固沙、化学胶结物固沙、风力治沙和水力治沙等几个方面（刘虎俊等，2011）。

1. 机械沙障固沙

沙漠中的沙是松散堆积的，受风力的影响，沙丘会沿着风的方向运移，使得沙漠能进一步扩张，防风固沙就是使沙漠能够在原地固定沉积下来。通常使用的方法是在沙丘上设置沙障，在沙丘上覆盖一些致密膜状物或植防护林（马艳平和周清，2007）。

机械沙障又称风障，是最早应用于防治风沙危害的技术之一，是植物治沙的前提和保证。通常是用柴草、秸秆、黏土、树枝、板条、卵石等物料在沙面上设置成各种形式的障蔽物，从而控制风沙流的运动方向、速度、结构，起到机械阻挡风沙的作用，其最主要的作用就是固定流动沙丘和半流动沙丘（黄巍等，2014）。

1）机械沙障类型

由于沙障的功能多种多样、设置材料形形色色，从而形成了复杂多样的分类。根据沙障设置类型和防沙原理，可将沙障分为平铺式沙障和直立式沙障两种类型。根据沙障的配置形式分为行列式、方格、羽状和不规则沙障。沙障材料也是分类的重要依据，国内依据建立沙障的材料将其分为柴草沙障、黏土沙障、砾石沙障、塑料沙障和其他化学材料沙障。下文主要按防沙原理的沙障分类进行论述（刘虎俊等，2011）。

（1）平铺式沙障。是固沙型沙障，利用柴草、秸秆、卵石、黏土或沥青乳剂、聚丙烯酰胺等高分子聚合物，一方面增加沙面粗糙度，降低风速；另一方面将沙面覆盖、与风隔离，避免风力直接作用于疏松的沙面，防止或减少风蚀。这类沙障能就地固定流沙，保护植物生长，但对风沙流中的砂粒阻截作用不大

（石明等，2003）。

　　根据铺设形式不同有全面平铺和带状平铺之分。全面平铺式沙障是把易遭风蚀的沙面基本上全部覆盖，完全隔离风与沙面的接触，达到风虽过而沙不起的效果。带状平铺式沙障的各障带之间有一定宽度的裸露沙面，沙障走向与主风向垂直，有削弱风力的作用。尤为重要的是，沙障缩短了顺风向裸露的沙面宽度，避免了风蚀作用的大规模发生，有效地减少了输沙量。

　　平铺式沙障的固沙效果取决于沙障材料本身的粗糙性、抗风蚀性等性能。植物性的材料，如秸秆、柴草等铺设的覆盖层，粗糙度高、耐风蚀，但寿命短。含水量较高的沙地还可以发展活草沙障。黏土沙障虽寿命较长，但易遭风蚀。卵石沙障寿命长，不可风蚀，是理想的治沙材料。带状沙障固沙效果还与其间距有关，沙障的间距越小，固沙的效果越好。

　　（2）直立式沙障。大多是积沙型沙障，是在风沙流通过的路线上设置一个直立式障碍物，使气流运动受阻，风速减弱，挟沙能力降低，从而使部分运动砂粒在障碍物附近发生降落堆积，达到减少风沙流的输沙量，起到防治风沙危害的作用。另外，多行配置直立式沙障，还可起到降低障间风速的作用，可避免再度起沙而造成障间风蚀。由于 80%～90% 的运动砂粒在近地表 20～30cm 高度的气流中，大半又在 10cm 的高度内，所以在风沙流通过的路线上设置 30～50cm 或高达 1m 左右的障碍物，就可以固沙和控制风沙流，防止沙害。直立式沙障根据沙障设置的高矮有高立式、低立式和隐蔽式之分。沙障埋设与沙面持平或高出沙面 10cm 以下的称为隐蔽式沙障；高出沙面 10～50cm 的称为低立式沙障，也称为半隐蔽式沙障；高出沙面 50～100cm 的称为高立式沙障（陈清香，2018）。

　　直立式沙障设置时选用材料和排列结构不同，沙障的孔隙度和透风程度也不相同，防沙积沙效果也随之不同。据透风程度可将直立式沙障分为透风、紧密和不透风 3 种结构类型。透风结构的沙障，排列较稀疏，内部有一定的孔隙。当风沙流经过时，一部分气流分散为许多素流从沙障孔隙中穿过，在此过程中，因受沙障材料的摩擦、碰撞、阻挡和分割，风速减弱，风沙流的载沙能力降低，在障间和障后形成了积沙。另一部分气流在障前碰撞受阻发生回旋，使障前风速降低，风沙流的挟沙能力降低，砂粒沉落。透风型的沙障障前积沙量少，沙障不易被沙埋，而在沙障后的积沙量大且积沙范围延伸较远（李瑞军等，2009）。

　　完全不透风或紧密结构的沙障，沙障内部孔隙度很小，气流无法从中穿行，当风沙流通过沙障时，在障前被迫抬升，而在障后又急剧下降，在沙障前后产生强烈的沙旋，互相碰撞，使风速显著降低，从而在沙障前后同时形成积沙，积沙范围约为障高的 2.5 倍（林为涂和刘明文，2012）。沙源充足时，沙障两侧的积沙很快达到障高，沙障容易被埋没，失去继续阻沙的作用。

　　在实际工作中，应根据当地的实际情况，选择确定沙障的设置类型。一般在风沙流危害严重的农田、交通线和受风沙侵袭的风口地段，采用高立式的透风沙障或防沙栅栏，这种沙障既能固定当地流沙，又能扣留积存风沙流挟带的沙粒。如果在沙障间造林种草，应采用不透风或紧密结构的低立式沙障或隐蔽式沙障（卓海金，2018），这种类型的沙障障间吹蚀不深，障侧积沙不多，沙障内很快形成稳定沙面，有利于植物的成活和生长。

2）机械沙障设置方法

沙障防风治沙的效果与沙障材料、孔隙度、高度、方向、配置形式和间距等有关，其设计主要包括以下几个方面。

（1）沙障选择。以防风蚀为主，可选用半隐蔽式沙障，透风结构的高立式沙障适宜用来截持风沙流，改变地形应选用紧密结构的高立式沙障。

沙障材料的选取最好因地制宜、就地取材，主要以造价低廉、取材方便、副作用小、固沙效果好为原则。在中国北方的沙区，麦草沙障和黏土沙障的使用最为普遍。

（2）沙障孔隙度。是指沙障孔隙面积和沙障总面积之比，通常被作为衡量沙障透风性能的重要指标。由于所用材料和排列的疏密不同，沙障孔隙度的大小不同，积沙现象也存在明显不同。孔隙度越小，沙障越紧密，积沙范围越窄，积沙的最高点恰在沙障的位置上，沙障很快就被积沙埋没，从而失去继续拦沙的作用。孔隙度大的沙障，积沙范围延伸得远，积沙量多，防护风沙的时间也长（蒙仲举等，2014）。

（3）沙障高度。在沙丘部位和沙障孔隙度相同的情况下，积沙量与沙障高度的平方成正比（林为淦和刘明文，2012）。根据风沙流的运动规律及特点，沙障高度一般在15～20cm即可，但沙障高度过低易受沙埋，所以最好加高至30～40cm才能收到显著效果。即使设置高立式沙障，障高达100cm也就足够了。

（4）沙障的方向。沙障的设置应与主风方向垂直，通常设置在沙丘迎风坡。设置沙障时要先顺主风向在沙丘中部画一道纵轴线作为基准，由于沙丘中部的风比两侧大，所以沙障与轴线的夹角要大于90°而不要超过100°，这样既能较好地发挥沙障的作用，又能减少风对沙障的破坏。如沙障与主风向夹角小于90°，沙障就被风掏蚀或沙埋（张彩霞等，2006）。

（5）沙障的配置形式。主要应考虑当地的具体情况，即要根据优势和次优势风出现的频率和强弱情况，以及沙丘地貌类型等来确定。一般配置形式有行列式、格状、人字形、雁翅形、鱼刺形等。最常见的是行列式和格状两种，行列式多用于单向起沙风为主的地区，格状式的设置用于多风向地区（朴起亨等，2008）。从各地已普遍采用的格状沙障的情况看，格状沙障防沙固沙效果很好。

（6）沙障的间距。即相邻两条沙障之间的距离。距离过大，沙障容易被风掏蚀损坏；距离过小则浪费工料，防沙作用也小。沙障间距取决于地面坡度、沙障高度和风力强弱，在沙丘坡面上确定沙障间距时，要根据障高、坡度和风力进行计算。沙障高度大，障间距应大，反之亦然。沙面坡度大，障间距应小，反之，沙面坡度小，障间距应大。风力弱的地区间距可大，风力强的地区间距就要缩小。常用的草方格大小为 1m×1m 和 2m×2m（韩少清，2006）。

2. 化学胶结物固沙

化学胶结物固沙是指在受风沙危害地区，利用化学材料与工艺，在易产生沙害的沙丘或沙质地表建造一层能够防止风力吹扬又具有保持水分和改良沙地性质的固结层，从而加强地表抵抗风蚀的能力，达到控制和改善沙害环境，提高沙地生产力目的的技术措施（周光亮，2012）。

化学胶结物固沙始于 20 世纪 30 年代，迄今已有 80 多年的历史。1934 年，苏联首先开展了沥青乳液固沙试验，当时由于受原材料和技术的影响，发展很缓慢。60 年代以后，随着人工合成高分子聚合物工业的迅速发展，化学胶结物固沙才有了较快的发展和较多的应用。目前，化学胶结物固沙已逐步发展成为干旱地区或有风沙危害地区防治沙害的重要工程技术手段之一，在石油资源丰富的一些沙漠国家尤为突出。由于化学胶结物固沙收效快，便于机械化作业，但成本高，在我国多用于风沙危害较严重地区的防护，如铁路、公路、机场、工矿、国防设施、油田等。化学胶结物固沙与植物固沙的结合，不仅固定了流沙，而且促进了植物的生长，改善了生态环境（肖化德，2018）。

1）化学胶结物固沙作用原理

化学胶结物固沙的原理是利用稀释的、具有一定胶结性的化学物质，喷洒于松散的流动沙地表面，水分迅速渗入沙层以下，而那些化学胶结物质则滞留于一定厚度（1～5mm）的沙层间隙中，将单粒的沙子胶结成为一层保护层，以此来隔开气流（风）与松散沙面的直接接触，从而起到防止风蚀的作用（吴煜，2017）。

一般应选择具有较好的渗透性和胶结性、喷洒后能够迅速渗入沙丘表层并黏结沙子颗粒的固沙剂。并且固沙剂还应有明显的集水和保墒增温、改善土壤结构、促进植物生长的良好作用。化学胶结物固沙成本相对较高，要求特殊的施工机械，使用范围有限（刘虎俊等，2011）。

2）化学胶结物固沙类型

根据来源化学胶结物固沙材料可分为石油产品类、高分子聚合物类、生物质资源类及高分子吸水树脂类产品。

（1）石油产品类固沙剂的典型代表是沥青乳液，又称为乳化沥青，是沥青在乳化剂作用下通过乳化设备制成的。该固沙剂由石油沥青、乳化剂（用硫酸处理过的造纸废液或油酸钠）和水组成，可分为阳离子型、阴离子型和非离子型 3 类。沥青乳液作为土壤改良剂可起到防止水土流失、改善土壤水热状况、增温保墒、减少肥料和农药的流失、提高肥效等作用，有人称之为"液态地膜"。它是当前世界各国应用化学胶结物固沙中最广泛的材料，既可单独应用于固沙，也可与植物固沙和机械沙障固沙相结合（王丹等，2006）。

（2）高分子聚合物类固沙剂。高分子聚合物固沙材料是 20 世纪 60 年代以来发展起来的新型化学固沙材料，本质上属于水溶性或油溶性化学胶结物质。常使用的有脲醛树脂、聚丙烯酰胺、聚乙烯醇、聚乙酸乙烯乳液等多种。高分子聚合物固沙剂是一种高效的固沙材料，其效力较其他化学材料稳定，施工简便，可缩短工期，但昂贵的价格限制了该类材料在我国的广泛使用（王丹等，2006）。

（3）生物质资源类固沙剂包括木质素磺酸盐及其改性产品和栲胶类固沙剂两大类。木质素磺酸盐是造纸工业的副产品，喷洒在沙土表面后，因其分子中含有羟基、磺酸基等可与沙土颗粒结合的基团，可促进沙土颗粒的聚集，从而使得表层砂粒紧密结合，形成一层致密的固结层，达到防风固沙的目的（王丹等，2006）。此固沙剂具有见效快、成本低的优点，但单独使用容易降解，所以一般将它与丙烯酸、丙烯酰胺单体等结合改性，制备成木质素磺酸盐型固沙剂，固沙效果较明显。

栲胶是从含单宁的落叶松、栎类等的树皮、果壳、树叶、树根和木材中提取的膏状或固体物质，是一种重要的固沙材料。葛学贵等研制的植物栲胶高分子固沙材料，渗透能力强，对沙土的胶凝性好，在催化剂作用下可形成热固性高分子凝胶，有广阔的应用前景（王丹等，2006）。

（4）高分子吸水树脂类固沙剂。高分子吸水树脂又称为超强吸水剂（superabsorbentpolymer，SAP），是一种含强亲水性基团的高分子材料，它不溶于水，也不溶于有机溶剂，却能在短时间内吸收大量水分并具有较强的保水性能。高分子吸水树脂是干旱地区治沙造林的理想材料，在美国和以色列等国家的旱区已经得到大面积的推广应用。

根据原料来源，高分子吸水树脂可分为淀粉系列、纤维素系列、合成树脂系列和其他天然物及其衍生物系列。

我国高分子吸水树脂的研究工作起步较晚，开始于 20 世纪初，目前有巨大的市场需求，前景良好，但由于其成本高、功能单一，而且理论吸水倍率高、实际使用效果差，所以在我国并没有得到广泛应用（谢晓虹等，2009）。

3）效果评价

化学固沙施工容易，固定流沙立竿见影，在全球广泛使用，并取得了良好的成效。新型化学固沙材料也较多，普遍应用于流动沙漠地区公路、铁路及文物保护沙害防治中。但新型化学固沙材料中的石油产品类、高分子聚合物及高吸水树脂类产品自然降解非常缓慢，在固沙的同时，会对沙区的自然环境产生不同程度的污染。相比之下，生物资源类固沙材料既能达到防风固沙的目的，又避免了其他化学材料对沙区环境的污染。因此，加强生物资源类固沙材料的研究开发及推广应用是今后化学固沙新材料的重要研究方向（王银梅等，2004）。

3. 风力治沙

1）概念及原理

风力治沙是利用地形设置屏障，以聚集风力，改变风向，借以削平沙丘或输导流沙，避开被保护对象，或在需保护地段铺设砾石等材料，使下垫面平滑，增强砂粒冲击跃移反弹力，使风沙流越过被保护地段而不形成沙堆。风力治沙工程设计要求较高，仅限特殊地段或局部地区治沙。

我国比较成熟的风力治沙工程技术包括集流输导技术和非积沙工程技术。集流输导治沙主要是应用聚风板聚集风力，加大风速，输导防护区的积沙。非积沙技术是指根据风沙流的特征，创造平滑的环流条件和改变附面层形态来减少风速附面层变化或加大上升力达到防护区过境风沙流不产生堆积，从而达到减少风沙危害的目的。由于这种治沙技术对工程设计要求较高，对线形工程的风沙危害防治效果较好，国内主要将其应用于渠道、公路和铁路的风沙危害治理（刘虎俊等，2011）。

2）应用

（1）渠道防沙。渠道防沙的要求是在渠道内不要造成积沙，这就必须保证风沙流通过渠道时成为不饱和气流，即渠道的宽度必须小于饱和路径长度，或者采取措施，从气流中取走沙量，使过渠气流成为非饱和气流。

为防止渠道被沙埋，需要使渠道本身处于非堆积搬运状态。渠道具有弧形或接近弧形的剖面形状，容易产生上升力，所以具有堆积搬运的条件。要使渠道本身更好地输沙，必须使渠道的深度和宽度保持在一定的范围内，合理地确定宽深比，这样才有利于渠道的非堆积搬运。

为保护渠道，还需建设防沙堤和护道。在渠道迎风面上，距岸一定距离筑一道 1m 高的堤，这个堤就称为防沙堤。堤到渠边的一定距离，称为护道。这个距离最好根据试验因地制宜地确定，原则是根据饱和路径长度和沙丘类型、移动速度而定。一般最好小于饱和路径的长度，大于沙丘摆动的幅度，使渠道处于饱和路径的起点。

我国沙区防止渠道积沙，多采用设置地埂等方法，在田中隔一定距离设地埂，耕地时不动，形成大粗糙度，使地面均匀积沙不形成沙丘，既可以掺沙改土、保墒压盐，又可以造成非饱和气流，使风沙流处于非堆积搬运状态。再加上护渠林营造合理，就可以有效地控制风沙流，达到防止渠道积沙的目的。

（2）拉沙修渠筑堤。利用风力修渠筑堤，共同方法是设置高立式紧密沙障，降低风速，改变风沙流的结构，使沙子聚积在沙障附近，当沙障被埋一部分后，或向上提沙障，或加高沙障到所需要的高度。

修渠可按渠道设计的中心线设置沙障，先修下风向一侧，然后修上风向一侧。沙障距中心线的距离一般可按下式计算：

$$I = \frac{1}{2}(b + a) + mh$$

式中，I 为沙障距渠道中心线的距离，m；b 为渠堤底宽，m；a 为渠堤顶宽，m；m 为边坡系数（沙区一般为 1.5～2）；h 为渠堤高度，m。

筑堤是指在干河床内横向修筑堤坝，引洪淤地，改河造田。

（3）拉沙改土。拉沙改土是利用风力拉平沙丘，使丘间低地黏性土掺沙，改良土壤，用于有黏性土分布的沙区。对于沙丘是以输沙为目的，对于丘间低地是以积沙为目的，既改变沙丘，又改良丘间沙地。

黏质土壤掺沙改土不仅改变土壤机械组成，而且可以改善土壤水分和通气条件，对抑制土壤盐渍化也有作用。

风力拉沙改土必须掌握两个技术环节：一是要有一定的沙源，保证较短时间内供给足够的沙子；二是要能造成很有效的积沙条件。

4. 水力治沙

1）概念及原理

水力治沙是以水为动力基础，按照需要使沙子进行输移，消除沙害，以改造利用沙漠的一种方法。其实质是利用水力定向控制蚀积搬运，达到除害兴利的目的。水力治沙必须在水源充足的地区才能实施。我国的榆林等地已形成了比较完善的水力治沙工程技术体系。

引水拉沙造地一般应布设在沙区河流两岸、水库下游和渠道附近。其次序是按渠道的布设，先远后近，先低后高，保证水沙出路，以便平高淤低。同时，要合理布局引水渠、蓄水池、冲沙壕、围埝、排水口等工程（罗竹梅，2009）。

2）应用

引水拉沙修渠。拉沙修渠是利用沙区河流、海水、水库等的水源，自流引水或机械抽水，按规划的路线，引水开渠，以水冲沙，边引水边开渠，逐步疏通和延伸引水渠道，它是水利治沙的具体措施。

（1）特点及作用。由于沙区特殊的自然条件，在拉沙修渠时的规划、设计、施工、养护等方面的特点是：适应地形、灵活定线、弯曲前进、逐步改直；砂粒松散、容易冲淤、坡度宜小、断面宜大；引水拉沙、冲高填低、水落淤实、不动不夯；引水开渠、以水攻沙、循序渐进、水到渠成。

引水拉沙修渠的根本目的是开发利用和改造治理沙漠和沙地。其直接目的是在修建渠道的同时，可以拉沙造田，扩大土地资源；引水润沙，加速绿化，为发展农业、林业、牧业创造条件；拉沙压碱，改良土壤；拉沙筑坝，建库蓄水，实行土、水、林综合治理。所以引水修渠要与拉沙造田、拉沙筑坝等治沙方法紧密结合，统筹兼顾，全面规划；使开发利用与改造治理并举，水利治理与植物治理并举；消除干旱、风沙、洪水、盐碱等危害；使农业、林业、牧业、副业、渔业得到全面发展。

（2）规划设计。修渠之前要勘查水源、计算水量、了解水位和地形地势条件，确定灌溉范围和引水方式，选择渠线，布设渠系。

沙区水资源十分宝贵，必须充分利用和开发水源，积蓄水量，并且对地表水和地下水的季节变化都要进行详细的调查，根据水量、水位确定引水方式，水量不足时，可建库蓄水；水位较高时，可修闸门直接开口，引水修渠；水位不高时，可用木桩、柴草临时修坝壅水入渠；水位过低时，可用机械抽水入渠。

选择渠线，利用地形图到现场确定渠线的位置、方向和距离，由于沙丘起伏不平，渠道可按沙丘变化，大弯就势，小弯取直。干渠通过大沙渠和沙丘时，应采取拉沙的办法夷平沙丘，使渠岸变成平坦台地，台地在迎风坡一侧宽 50m，背风坡宽 20～30m。为防止或减少风沙淤积渠道，干渠应基本顺从主风方向或沿沙丘沙梁的迎风坡布设。此外，布设渠系时，还要使田、林、渠、路配套，排灌结合，实行林网化、水利化。拉沙筑坝的渠道一般不分级，能满足施工即可。拉沙造田的渠道则应尽量和将来的灌溉渠系结合，统筹兼顾，一次修成。

引水量的大小是依据灌溉面积、用水定额、渠道渗漏情况来确定的。通常应适当加大渠道断面，增加引水流量，以备将来灌区的发展，也有利于渠道防淤防渗。沙质渠道的比降（任意两点水面高差与流程距离的比值）比土渠要小。清水渠道引水量要小于 0.5m/s，比降采用 1/2000～1/1500，浑水比降可增至 1/300～1/500。当引水量增大到 1.0～2.0m/s 时，清水比降采用 1/2500～1/3000，浑水渠道采用 1/1500～1/2000。沙渠大都采用宽浅式梯形断面。渠底宽度为水深的 2～3 倍较适宜，边坡比应采用 1：1.5～1：2.0，具体规格按引水流量的大小确定。渠岸顶宽支渠一般为 1～1.5m，干渠为 2～3m，渠岸超高为 0.3～0.5m。

（3）施工和养护。施工过程是从水源开始，边修渠边引水，以水冲沙，引水开渠，由上而下，循序渐进。做法是在连接水源的地方，开挖冲沙壕，引水入壕，将冲沙壕经过的沙丘拉低，沙湾填高，变成平台，再引水拉沙开渠或者人工开挖渠道。渠道经过不同类型的沙丘和不同部位时，可采用不同的方法。机械抽水拉沙修渠，为渠道穿越大沙梁施工创造了条件。可将抽水机胶管一端直接放在沙梁顶部拉沙开渠。

沙区渠道修成之后，必须做好防风、防渗、防冲、防淤等防护措施，才能很好地发挥渠道的效益。

引水拉沙造田是利用水的冲力，把起伏不平、不断移动的沙丘改变为地面平坦、风蚀较轻的固定农田。这是改造利用沙地和沙漠的一种方法，也是水利治沙的具体措施。

（1）拉沙造田的规划设计。拉沙造田必须与拉沙修渠进行统一规划，分期实施。造田地段应规划在沙区河流两岸、水库下游和渠道附近或有其他水源的地方。拉沙造田次序应按渠道的布设，先远后近、先高后低，保证水沙有出路，以便拉平高沙丘、淤填低洼地（翟俊伟，2016）。周围沙荒地带可以利用余水和退水，引水润沙，造林种草，防止风沙，保护农田，发展多种经营。

（2）拉沙造田的田间工程。引水拉沙造田的田间工程包括引水渠、蓄水池、冲沙壕、围埝、排水口等（罗竹梅，2009）。这些田间工程的布设，既要便于造田施工，节约劳力，又要照顾造出农田的布局合理。

引水渠连接支渠或干渠，或直接从河流、海子开挖，引水渠上接水源，下接蓄水池。造田前引水拉沙，造田后大多成为固定性灌溉渠道。如果利用机械从水源直接抽水造田，可不挖或少挖引水渠。

蓄水池是临时性的储水设施，利用沙湾或人工筑埝蓄水，主要起抬高水位、积蓄水量、小聚大放的作用。蓄水池下连冲沙壕，凭借水的压力和冲力，冲移沙丘平地造田。在水量充足、水压力较大时，可直接开渠或用机械抽水拉沙，不必围筑蓄水池。

冲沙壕挖在要拉平的沙丘上，水通过冲沙壕拉平沙丘，填淤洼地造田块，冲沙壕比降要大，在沙丘的下方要陡，这样水流通畅，冲力强，拉沙快，效果好。冲沙壕一般底宽 0.3～0.6m，放水后越冲越大，沙丘逐渐冲刷滑流入壕，沙子被流水挟带到低洼的沙湾，削高填低，直至沙丘被拉平。

围埝是拦截冲沙壕拉下来的泥沙和排出余水，使沙湾地淤填抬高，与被冲拉的地段相平。围埝要用沙或土培筑而成，拉沙造田后变成农田地埂，设计时最好有规格地按田块规划修筑成矩形。

排水口要高于田面，低于田埝，起控制高差、拦蓄洪水、沉淀泥沙、排除清水的作用（国家林业局造林司，2001）。施工中常用田面大量积水的均匀程度来鉴定田块的平整程度。经过粗平后，就要把田面上的积水通过排水口排出。排水口应按照地面的高低变化不断改变高差和位置，一般设在田块下部的左右角，使水排到低洼沙湾，引水润沙，亦可将积水直接退至河流或河道。排水口还要用柴草、砖石护砌，以防冲刷。

（3）拉沙造田的具体方法。在设置好田间工程后，即可进行拉沙造田。由于沙丘形态、水量、高差等因素的不同，拉沙造田的方法也各有差异。一般按拉沙的冲沙壕开挖部位来划分，有顶部拉、腰部拉和底部拉 3 种基本方式，施工中因沙丘形态的变化又有下列 7 种综合法。

①抓沙顶。适于引水渠水位高于或平于新月形和椭圆形沙丘顶部时采用（胡宏飞，2003）。当水位略低于沙丘顶部时，只要加深冲沙壕也可应用。采用机械抽水时，只需将水泵抽水管连通水源，放在沙丘顶部拉沙。在不同形态的沙丘上施工，胶管的角度部位可以自由变换。此法比自流引水拉沙操作自如，目前采用越来越多。

②野马分鬃。一般在渠水位低于或平于大型新月形沙丘、新月形沙丘链时采用。在沙丘靠近蓄水池一端，先偏向沙丘一侧挖一段冲沙壕，放水入壕拉去一段，接着在缺口处筑埂拦水，然后偏向沙丘另一侧，挖一段冲沙壕，再拉去一块，由近及远，如此左右连续前进，即可拉平沙丘（国家林业局造林司，2001）。在施工过程中要保证冲沙壕的水流不中断，由于冲沙壕左右分开，形如马鬃，所以叫野马分鬃。

③旋沙腰。在渠水水位只能引到沙丘腰部时采用，需水量多。做法是在沙丘中腰部开挖冲沙壕，利用水的冲击力量，逐渐向沙丘腹部掏蚀，形成曲线拉沙，齐腰拉平（国家林业局造林司，2001）。

④劈沙畔。一般在沙丘高大，渠水水位低的情况下，水无法引至沙丘顶部或腰部，可在沙丘坡角开一道冲沙壕，由外及里，逐步劈沙入水，将整个沙丘连根拉平（国家林业局造林司，2001）。

⑤梅花瓣。在水量充足、范围较大的地段，当几个低于或平于渠水水位的小沙丘环列于蓄水池四周时，采用这一方法。另一种梅花瓣拉沙法是在一个大沙丘上，把水引至沙丘顶部，围埂蓄水，然后在蓄水池四周挖 4～5 条冲沙壕，同量放水向四周扩展，拉平沙丘。

⑥羊麻肠。在沙丘初步拉垮削低后，还残存有坡度很小的平台状沙堆，就可由高处向低处开挖出"之"字形冲沙壕，引水入壕，借助水流摆动冲击，将高出地面的平台状沙丘削低扫平。

⑦麻雀战。多在拉沙造田收尾施工时采用。主要用来消除高 1～2m 的残留沙堆。将拉沙人员散开，每个沙堆旁安排一两名，然后放水，各点的人员分别引水，冲拉沙堆，摊平沙丘。此做法因与游击战中的"麻雀战"相似而得名。

引水拉沙筑坝即利用水力冲击沙土，形成沙浆输入坝面，经过脱水固结，逐层淤填，形成均质坝体。用这种方法进行筑坝建库，称为引水拉沙筑坝，俗称水坠筑坝（孙水来和何武全，2008）。

（1）沙坝的设计。拉沙筑坝材料以沙为主，为防止透水，条件允许时可用黏土做墙心，坝体外壳用引水拉沙充填。此外，在选料时沙土中最好有一定数量的黏粒和粉粒，这样可减少渗水损失。

沙坝设计的关键是确定合理的坝坡坡比。因沙坝的坝坡风浪掏蚀严重，若不做砌石护坡，就要放缓坡比，坝高超过 40m，库容大于 100 万 m³，可酌情放缓坡比。

沙坝透水性强，蓄水后坝体浸润和坝坡风浪掏蚀严重，因此必须设置反滤体和进行护坡以保证坝角稳定和坝坡完整，防止坝坡崩塌和滑坡（孙水来和何武全，2008）。在石料来源方便的地方，采用斜卧式或梭式反滤体，沙坝上游的坝面，要采取砌石护坡。在石料缺乏的沙区可采用植物来护坡。

（2）沙坝的施工。施工前要准备好有关材料物资，在坝址上游要有充足的水源。用于拉沙的沙场要邻近坝址，最好高出坝顶 10m 以上。自流水源要设置引水渠、冲沙壕等田间工程，机械抽水要少设田间工程。依据沙丘的形状和高差，采取抓沙顶等方法，引水拉沙输入坝面。畦块的大小和多少，主要根据坝面、水量、气温、劳力、沙源等决定。小畦一般为 1000m³ 以下，大畦为 1 万 m³ 以上。畦块多少，一般有 1 坝 1 畦、1 坝 2 畦和 1 坝多畦几种形式。修筑围埂主要起分畦淤沙、阻滑吸水和控制坝坡的作用。一般埂高为 0.8～1m，均为梯形。

提水或引水到沙场进行拉沙，将水流变为沙浆送至坝面，待沙浆经过沉淀、脱水、固结后再填筑第 2 层。填筑方式取决于沙是一边还是两边，若一面拉沙，即 1 端 1 畦充填；若两面拉沙，即 2 端 1 畦充填。沙浆入畦，要低于围埂，充填厚度为埂高的 7/10，沙土一次充填厚度一般为 0.5～0.7m。在沙浆能流动的情况下，浓度越稠越好，一般含沙量为 50%～60%就是合适的沙浆浓度。沙区拉沙筑坝的相间周期要根据土质、气温、充填厚度等因素决定，一般只要隔夜施工就可以保证质量。

以上 4 种技术都属于沙漠化的工程治理技术，是临时性防沙措施，仅起到固沙作用，若要改善沙漠土壤，还必须采取植物治沙的技术（马艳平和周清，2007）。

2.5.7 防治风蚀沙漠化的植被技术

植物治沙又称生物治沙，是通过种草植树增加人工植被，保护和恢复天然植被等手段，阻止流沙移动，防治风沙危害，改善沙区生态环境和提高土地生产力的一种技术措施。植物治沙是众多治沙措施中最经济有效而又持久的一项技术措施，是我国最主要和最根本的防沙治沙技术。利用植物治沙比较经济、作用持久，并可改良流沙的理化性质，促进土壤的发育，还能改善、美化环境及提供木材、燃料、饲料、肥料等原料，具有多种生态效益和经济效益的优点，成为防治土地沙漠化最有效的首选措施（马全林等，2012）。

灌木适应性强，阻沙和固沙效果最好，所以一般利用灌木治理沙漠化土地。但是在水分条件好的地区，也可采用耐旱乔木和灌木相结合的措施治理流沙危害。

1. 自然恢复植被的措施

封沙育林育草（简称封育），保护天然植被，是各地普遍采用的一项行之有效的植物固沙措施。封育指在水文条件较好并有一定数量天然植被的沙漠地区，实行一定的保护措施（设置围栏），建立必要的保护组织（护林站），把一定面积的地段封禁起来，严禁人畜破坏，为天然植物提供休养生息、滋生繁衍的条件，使天然植被逐步恢复，从而把沙丘完全固定（李天智和王吉国，2008）。

在进行封育时，首先需要划定封育范围，封育范围按需要而定，与沙漠绿洲接壤的封育带，宽度多在300～1500m，沙源丰富、风沙活动强烈的地区宽度则较大，反之则可缩小。其次，为防牲畜侵入，在划定的封育区边界上，通常需建立防护设施，如垒土（石）墙，挖深沟、枝条栅栏、刺丝围栏、电围栏、网围栏等。并且要制定封禁条例，通常在封育的3～5年内，禁止一切放牧、樵采等活动，以后则可适当进行划区轮牧、划区樵采。同时还要建立管护组织，严格执行奖惩制度。在灌区，可以利用农田灌溉的余水，必要时也可人工播种些沙生植物，以促进固沙植物的生长。

从20世纪50年代以来，我国西北沙漠绿洲地区把"封沙育草，保护天然植被"作为防沙治沙的重要措施之一加以推广，并取得了卓越成效。现在一般都在老绿洲迎风一侧与沙漠、戈壁、风蚀等相毗连的地带，建成了封育沙生植被带，宽度超过2km，甚至达到10～20km，植被覆盖度由原有的10%～15%恢复到40%～50%，与人工植被结合成为保护绿洲的绿色屏障。同时，在封沙育草区，通过大气落尘、植物枯枝落叶、植株分泌物、苔藓地衣以及微生物的作用，沙丘逐渐形成结皮，流沙成土过程加速，日益变得紧实，抗风蚀能力大大增强（裴古安和杨重存，2000）。

新疆吐鲁番盆地、甘肃民勤、内蒙古乌兰布和沙漠等地绿洲边缘地带，封沙育草区2m高度的风速比流动沙丘和裸露的风蚀地相对削弱50%左右，空气湿度提高20%左右，封沙育草区所通过的沙量仅占流沙区的12%。内蒙古自治区在20世纪50年代全区封沙育草260万hm^2，使得大面积流沙基本固定。新中国成立前呼伦贝尔沙地天然樟子松林由于中东铁路的修建遭到大肆砍伐，破坏严重。新中国成立后，通过封育，使濒临灭绝的樟子松林得到迅速恢复和发展，并成为我国沙地樟子松繁育基地。内蒙古鄂尔多斯市伊金霍洛旗毛乌聂盖村从1952年起封沙育草1700多公顷，至1960年已由流沙变成以沙蒿为主的固定沙地。

2. 人工造林种草技术

在荒漠化地区通过植物播种、扦插、植苗造林种草固定流沙是最有效也是最根本的措施。流沙治理的重点在沙丘迎风坡，这个部位风蚀严重，条件最差，占地面积大，最难固定。经过研究与实践，在草原地区的流动沙丘迎风坡可通过不设沙障的直接植物固沙方法来解决沙丘流动。通常在沙丘的迎风坡种植低矮的灌木或草本植物，固定松散的砂粒，在背风坡的低洼地上种植高大的树木，阻止沙丘移动（王东，2010）。人工造林种草技术可分为以下几种。

1）直播固沙

直播固沙是用种子作材料，直接播于沙地建立植被的方法。直播固沙在我国历史悠久，北魏贾思勰所著的书中曾有记载。直播固沙适用于交通条件较差的偏远山区，灌溉非常困难或者无法实施灌溉的干旱瘠薄山地，如果配以机械或飞机播种，配制预防鸟兽害及促进种子发芽的粉衣制成种子丸，其效果更好。对一些种子颗粒大、生长强的树种实行直播造林，具有节省资金、成活率高、成林快的优点（万俊峰，2013）。

选择适宜的物种、播种期、播种方式、播种深度和播种量，可以提高播种成效。

（1）树种选择。树种选择应坚持适地适树的原则，以根系发达、萌蘖力强、耐瘠薄、病虫害少的乡土树种为主，适当选用经过长期考验的外来树种（杨刚等，2008）。

在草原区流动沙丘上适合直播造林的树种主要是花棒、杨柴、籽蒿、柠条，沙打旺则需要选在较稳定的沙丘部位直播才适于生长。种粒小、生长慢的树种一般不适合直播造林。播种后要注意防止鸟、兽、虫、病害。适合直播造林但未经试验的树种，可先行试验，总结经验后，再推广应用（肖丽萍，2014）。

（2）播种期。直播季节限制性小，春夏秋冬都可进行。一般而言，冬季、春季是直播的主要季节，冬季直播宜在土壤封冻前进行，春季则顶凌直播。雨季也可直播造林，具体时间在头伏末二伏初，在经过第一次透雨后需及时播种，原则上以保证幼苗至少有60天以上的生长期为宜，以使其在早霜之前能充分木质化，并安全越冬。适于雨季播种造林的树种有限，主要是松树和花棒等（魏彦辉和张永福，2014）。

（3）播种方式。分为条播、穴播、撒播、块播4种。

条播是按一定的行距开沟播种，可播种成单行或双行，播后要覆土。可进行机械化作业，但种子消耗量比较大（秦化洲，2011）。

穴播是按一定的行距、穴距挖穴，根据树种的种粒大小，每穴均匀地播入数粒到数十粒种子，然后覆土播种的方法。此播种方法操作简单、灵活、用工量少（孙秀岚，2013）。

撒播是在大块状整地上，将大量种子均匀地撒在沙地表面，不覆土（但需自然覆沙）而进行播种的方法。

块播是在经过整地的造林地上，在块状地上相对密集地播种大量种子的方法。适用于次生林改造和有一定数量的阔叶树种地域引进针叶树种（韩冰，2015）。

条播、穴播因播后覆土，种子稳定，且容易控制密度，条播播量大于穴播，成苗后苗木抗风蚀作用也比穴播强。撒播不覆土，播后至自然覆沙前，在风力作用下易发生位移，稳定性较差，故采用此方法播种轻、圆的种子需要大粒化处理。

（4）播种深度。覆土深度即为播种深度，在直播过程中这是非常重要的因素，除撒播外，其余播种方式都要注意覆土深度。通常根据种粒大小和当地土壤、气候来确定覆土深度，一般覆土深度为种子直径的 2～4 倍，小粒种子，如沙打旺、梭梭 1～2cm，中粒种子 2～5cm，大粒种子，如花棒、柠条 5～8cm。秋季、冬季播种覆土厚，春季薄。土壤湿度大宜薄，湿度小宜厚。沙质土宜厚，黏质土宜薄（宋国敬等，2011）。

（5）播种量。根据种子价值、种粒大小、种子质量决定播种量，但要适当密些，保证苗量，避免重造。上述 4 种播种方式，穴播最节省种子，撒播、块播用种较多，条播用量居中。通常小粒种子每亩用种 0.25～0.35kg，较大种子每亩用种 0.35～0.75kg。具体计算方法见飞播播量部分。

（6）种子处理，包括以下 3 个步骤。

①选种，选择品质优良、健康饱满的种子直播，保证萌发率。

②浸种，播种之前需要浸泡种子，促进种子吸水膨胀，一般浸至种子有 3/5 的部位吸水即可。

③拌种，播前处理根据树种、立地条件和播种季节等决定，易遭病、虫、鸟、兽危害的树种，或者在病虫害严重的造林地播种，应进行消毒浸种或拌种处理。种子消毒浸种可用 0.5%甲醛，拌种可用辛硫磷、呋喃丹等（魏彦辉和张永福，2014）。

2）植苗固沙

植苗是以苗圃里培育出来的播种苗、营养繁殖苗或从沙漠里挖出来的天然实生苗为材料，有计划地栽植到沙丘上进行植被建设的方法。由于栽植用的苗木本身已具有完整的根系和生长健壮的地上部分，所以植物的适应性和抗性较强，受物种和立地条件限制较少，是建立沙地人工植被中应用最广泛的造林方法（史社裕等，2011）。

（1）苗木选择。苗木质量是影响成活率的重要因素，必须选用健壮苗木，坚决不能利用不合格的小苗、病虫苗造林，一般固沙多用 1 年生苗，一些乔木树种采用 2 年生苗。起苗过程中要保证苗木根系具有足够长度、无损伤，过长、损伤部分要进行修剪。

植苗造林所用的苗木种类，主要有播种苗、营养繁殖苗、移植苗以及容器苗。按照苗木出圈时是否带土，又可以分为裸根苗和带土坨苗两大类。裸根苗是目前生产上应用最广泛的一类苗木，重量小，运输、储藏方便，起苗容易，栽植省工，但在起苗过程中也容易伤根，栽植后遇不良环境常影响其成活。带土坨苗是根系带有蓄土，根系基本不裸露的苗木，包括各种容器苗和一般带土坨苗。这类苗木能够保持完整的根系，栽植成活率高，但重量大，搬运费工，造林成本比较高。

不同种类苗木适用条件不同。一般用材林用裸露根苗，防护林多用裸根苗，针叶树苗木和困难的立地条件下造林用容器苗（刘宝升和姬忠飞，2012）。

（2）季节选择。一般选择温度适宜，空气湿度较大，自然灾害较小，符合苗木生长发育规律的时间。适宜的造林时机，从理论上讲应该是苗木的地上部分生理活动较弱，而根系的生理活动和愈合能力较强的时段（冯冬梅，2013）。

植苗季节以春季最好，适合大多数树种栽植。此时土壤水分、温度有利于苗木发根生长。春植苗木，宁早勿晚，土地解冻便应立即进行，通常在 3 月中旬至 4 月下旬。秋季也是植苗主要季节，进入秋季的树木生长减缓并逐步进入休眠状态，但是根系活动的节律一般比地上部分滞后，因此苗木的部分根系在栽植的当年就可以得到恢复，翌年春天生根发芽早，造林成活率高。秋季植苗期限较长，从苗木落叶至结冻前均可进行，主要集中在 10 月中旬至 11 月。

雨季造林主要适用于若干针叶树，如油松等，一般在下过一两场透雨之后，出现连阴天时最好（冯冬梅，2013）。

（3）苗木的保护和处理。植苗造林的关键在于保持苗木体内的水分平衡。苗木从圃地起出后，在分级处理、包装运输、造林地假植和栽植取苗等工序中，必须加强保护，以减少失水变干，防止茎、叶、芽的折断和脱落，避免在运输中发热发霉（周根土，2003）。

为了保持苗木的水分平衡，栽植前应对苗木进行适当处理。地上部分的处理措施包括截干、去梢、剪除枝叶、喷洒化学药剂等。地下部分的处理措施主要有修根、浸水、蘸泥浆、蘸化学药剂等（邵社刚和付美兰，2002）。

修根是剪除受伤的根系、发育不正常的偏根，截短过长的主根和侧根。其作用主要是为了迅速恢复吸水功能，便于包装运输栽植。但修根要适当，只要不过长，可不必修剪。造林前将苗根在水中浸泡，可使苗木耐旱能力增强，发芽提早，缓苗期缩短，有利于提高造林成活率。浸泡时间原则上以体内含水量达到饱和状态为宜，一般浸泡一昼夜即可，最长不宜超过 3 天。浸泡最好使用含氧浓度高的流水和清水（张秋娟等，2003）。

（4）栽植方式。按照栽植穴的形状可以分为穴植、缝植和沟植 3 类。

穴植是在经过整地的造林地上挖坑栽苗，是应用比较普遍的栽植方法。穴的深度和宽度根据苗根长度和根幅确定。

缝植是在经过整地的造林地或深厚湿润的未整地造林地上，用锄、锹等工具开成窄缝，植入苗木后从侧方挤压，使苗根与土壤紧密结合的方法。此法的造林速度快，工效高，成活率高。其缺点是根系被挤压在一个平面上，生长发育受到一定的影响。

沟植是在经过整地的造林地上，以植树机或畜力拉犁开沟，将苗木按照一定距离摆放在沟底，再覆土扶正和压实。此法效率高，但要求地势比较平坦（刘宝升和姬忠飞，2012）。

（5）栽植技术。主要包括栽植深度、栽植位置等。

栽植深度应根据树种、气候、土壤和造林季节等确定。在湿润的地方，只要不使根系裸露，适当浅栽并无害处，因为在湿度有保证的前提下，浅栽可使根系处于地温较高的表层，反而有利于新根的发生。在干旱的地方，尽量深栽一些，有利于根系处于或接近湿度较大且稳定的土层，容易成活。因此栽植深度要因地、因时、因树制宜，不要千篇一律。一般在秋季栽植可稍深，雨季宜略浅；干旱条件下应适当深栽，土壤湿润黏重时可略浅栽；生根能力强的阔叶树可适当加深，针叶树多不宜栽植过深（柯昌平，2013）。

栽植位置一般选在植穴中央，使苗根有向四周伸展的余地，不致造成窝根。有时把苗木植于穴壁的一侧，称为靠壁栽植，此种方法多用于栽植针叶树小苗。

3）扦插造林固沙

扦插育苗是从植物母体上截取一段苗木干茎或枝条作为育苗材料，在适宜的环境条件下扦插于土壤或基质中，促使其生根而成为新植株的育苗方法。所截取的这段育苗材料称插条（左换发和吴彦，2012）。扦插有利于保持母株的优良基因，而且苗木生长迅速、固沙作用大，方法简单、便于推广。

营养繁殖力强的植物，如柳、沙柳、黄柳、柽柳、花棒、杨柴等，适于扦插造林。虽然物种不多，但在沙区植被建设中发挥了重要作用，沙区大面积的黄柳、沙柳造林全是依靠扦插发展起来的（郝铁蛇等，2007）。

（1）扦插季节选择。一般多在春季和秋季进行。春插宜早，在腋芽萌动前进行。秋插宜选在土壤冻结前，采条即插，插条不需要进行沟藏。对一些珍贵树种也可在冬季于塑料大棚或温室内进行插条育苗（朱庆龙，2013）。

（2）插条（穗）选择。最好从专门培养的优良母树上采条，作插条用的枝条必须生长健壮、充分木质化、无病虫害，通常选 1～3 年生枝条或萌发条，截取其中下部直径为 0.8～2.5cm 枝段作为插条。插条长度因树种而异，乔木树种一般为

15~20cm，灌木树种为 10~15cm。生根慢的树种或干旱环境条件下可稍长些，反之则可短些。插条上切口多为平口，宜距芽 1~2cm，下切口多为斜口，可距芽 0.5cm 左右。切口要平滑，防止劈裂，以增加其与土壤的接触面积，有利于吸收水分。并注意要保护好插条上端的芽，不能被损坏（李明泉等，2011）。一般在扦插前制取插条，随剪截随扦插，并时刻注意保湿，防止日晒。

（3）插条（穗）处理。为了提高插条成活率，在扦插前应对插条进行一定的处理，促进生根，主要的催根方法有水浸法、生长调节剂催根法和温床法。

水浸法指在扦插前用水浸泡插条，最好用流水，如用容器浸泡要每天都换水。浸泡时间一般为 5~10 天，当皮层出现白色瘤状物时即可进行扦插，这样不仅能使插条吸足水分，还能降解插条内的抑制物质，从而显著提高插条成活率。水浸法适用于一些阔叶树种，如杨、柳等。松脂较多的针叶树，可将插条下端浸于 30~35℃的温水中 2h，使松脂溶解，有利于愈合生根。对较难生根的树种，宜在扦插前用植物生长调节剂进行处理，常用的有：ABT 生根粉、萘乙酸（NAA）、吲哚乙酸（IAA）、吲哚丁酸（IBA）等。早春扦插前，最好采用温床法对插条下切口增温，促进生根（李明泉等，2011）。

（4）扦插方法。扦插分枝插和根插两种。枝插。依枝条的成熟程度，枝插又可分为硬枝扦插与嫩枝扦插，前者是用完全木质化的枝条作为插条，后者则用尚未完全木质化或半木质化的当年新生枝作为插条（杨琳，2016）。

硬枝扦插是用完全木质化的枝条作插条进行扦插育苗，在技术上简便易行，凡容易成活的树种，都可用此方法进行扦插。适用的树种有柳树、杨树、柽柳、桑树、沙棘、白蜡树、悬铃木、柳杉、池杉、水杉等。

嫩枝扦插是在生长期利用半木质化的带叶枝条进行扦插的方法，通常在夏季扦插。难生根的树种用嫩枝扦插比硬枝扦插更容易成功，如银杏、松类、落叶松以及一些常绿阔叶树种。但嫩枝扦插对培育环境条件要求较高，需要一定的设备和精细的管理，如管理不当易被菌类感染而腐烂。嫩枝扦插的成活率与插条木质化的程度有很大关系。过嫩的枝条扦插后容易萎蔫，过于木质化的枝条却生根缓慢，一般以半木质化状态的枝条为最好。嫩枝扦插还必须考虑留叶数量的问题（朱庆龙，2013）。用无叶的嫩枝扦插是很难成活的，因为叶中存有支配生根的物质，但留叶过多又不利于插条内部的水分平衡。因此，留叶数量应根据树种、管理条件而定。

根插。根部能形成不定芽的树种可以用根插繁殖，如泡桐树、漆树、毛白杨、刺槐、香椿树等。由于根比枝条的抑制物质含量低，所以根插生根容易，但必须要在根条中形成不定芽才能形成独立的植株。根条的直径和长度对根插成活率和苗木生长有一定影响，插条过细不仅成活率较低，也不利于将来苗木生长，一般以长度 10~15cm、直径 1.5~5cm 为最佳。影响根插成活的关键是土壤的水分条件，因此扦插后在插条萌发和生根期间如遇干旱必须进行灌溉。

　　根插的方法有横埋、直插和斜插 3 种。横埋是将插条水平放置于沟中，埋于苗床促其发芽、生根的育苗方法，其操作简单、不必区分插条的上下端，但是生长不良。直插是将插条垂直插入沟中，此法开沟深、费工。最好采用斜插，即将插条与地面成一定夹角插入沟内，使插条接近地表，以利于生根。为了区别插条的上下端，截制插条时须上端平切、下端斜切。

3. 飞机播种造林种草技术

　　飞机播种造林种草即飞播造林，具有速度快、成本低、功效高的特点，适用于交通不便、人烟稀少、其他造林方法难以实行的边远山区、荒野，尤其对偏远荒沙、荒山地区恢复植被意义更大，是治理风蚀荒漠化土地的有效手段，也是绿化荒山荒坡的重要措施。飞播造林始于 20 世纪 30 年代，我国的飞播造林试验于 1956 年在广东省吴川县开始，1959 年在四川省首次获得成功。50 年来，陕西、宁夏、甘肃、青海、新疆、贵州、广西等省份先后试播过很多树种，并相继取得了较好的成效。飞播造林不仅在东部省份的荒山绿化造林中发挥了巨大作用，而且在西部生态环境建设中也具有非常重要的地位，在加速我国生态建设的进程中具有不可替代的作用（王光雄，2015）。

1）准备工作

　　（1）飞播区确定。实践证明，飞播区的立地条件是影响飞播成效的重要因素。沙区飞播一般选择沙丘比较稀疏、丘间低地比较宽阔、地下水位较浅地段或平缓沙地，其面积一般不少于飞机-架次的作业面积。且宜播面积应占播区总面积的70%以上。北方山区和黄土丘陵沟壑区的飞播区应尽量选择阴坡、半阴坡，阳坡面积原则上不超过 30%（李庚堂等，2011）。

　　飞播区的干湿状况也是不容忽略的因素，我国东半部年降水量 500mm 以上的湿润和半湿润地区是飞播造林效果较好的地区，其中以湿润地区最好，半湿润地区次之，半干旱地区和干旱地区的效果甚微。

　　飞播区还应具备良好的净空条件和符合使用机型要求的机场，距机场过远难以应用。

　　（2）飞播植物物种选择。飞播植物物种的选择是飞播治沙成败的关键技术之一。流动性大、干旱少雨是流沙地特有的生态环境，并不是任何植物都能飞播，所以要求飞播植物种子有利于自然覆沙、吸水力强、发芽迅速、扎根快。并能适应流沙环境、能忍耐沙表高温，对不利因素有较强的抗逆能力。同时具有较高的经济价值，且能长期利用，最好种源丰富又是乡土植物种。经过大量实验，在草原带飞播最成功的植物有花棒、杨柴、籽蒿、沙打旺，半荒漠地区有沙拐枣、籽蒿,而在荒漠地带宜选择花棒、蒙古沙拐枣、籽蒿等(王蕴忠等,1998)。

为提高森林保持水土和抵抗病虫害能力,飞播时提倡针阔叶树混交、乔灌木混交,采用带状或混播等方式进行播种,培育混交林。

(3)飞播期选择。适宜的飞播期要保证种子发芽所需的水分、温度条件和苗木的生长期,能使苗木充分木质化以提高越冬率,还能保证苗木生长达到一定的高度和冠幅,满足防蚀的需要。适宜飞播期还要考虑种子发芽后能避开害虫活动盛期,减少幼苗损失。为保证播后降雨,必须以历年气象资料为基础,结合当年的天气预报,确定播期降雨的保证率(李庚堂等,2011)。我国各地飞播期大多选在 5 月中下旬至 6 月,有的延至 7 月或提至 5 月初,主要是考虑雨季前有个自然覆沙过程,并适当延长生长季节。

(4)飞播量确定。播量大小影响造林密度、郁闭时期、林分质量、防护效益,在一定程度上决定着飞播的成败。播量的确定以既要保证播后成苗、成林,又要力求节省种子为原则。根据实际调查资料,花棒 1 年生幼苗 $1m^2$ 需要 20 株,杨柴 16 株可抵抗风蚀(李庚堂等,2011)。根据幼苗密度,并参考种子纯度、千粒重、发芽率、苗木保存率和鼠虫害损失率等各种因素,可合理确定单位面积播量,公式如下:

$$N=ng/(5\times10^5\times P_1\times P_2\times P_3\times P_4)$$

式中,N 为公顷播量,kg/hm^2;n 为 $667x$(x 为每平方米面积计划有苗数);g 为种子千粒重,g;P_1 为种子纯度(用小数表示);P_2 为种子发芽率(用小数表示);P_3 为种子受鼠、鸟、虫害后保存率(小数表示,经验值);P_4 为苗木当年保存率(小数表示,经验值)。

根据上式计算,小粒种子,如沙蒿、沙打旺等,飞播量多在 0.5kg/亩,混播可适当减少。较大粒种子,如杨柴则 1kg/亩、花棒 1~1.5kg/亩、柠条 1.5kg/亩。

(5)飞机的选择。飞播作业还需根据播区的地形、地势和机场条件,选择适宜的机型(郑晓琳,2020)。我国目前飞播用的飞机有伊尔-14 和运 5 两种。伊尔-14 飞行高度可达 300~400m,播幅 120~130m,日播 2667~3333hm^2;运 5 飞行高度 100~200m,播幅可达 75~87m,日播 667~1333hm^2,飞行时速为 160km/h。目前撒种装置为电动开关,通过可调的定量盘和扩散器喷撒种子,但在飞机上不能调整撒种口,所以不能随时调整播量,这一点急需改进。

2)飞播作业

(1)航向。指播带方向,即飞机在播区作业时飞行的方向。航向应尽可能与播区主山梁平行,在沙区可与沙丘脊垂直,并与作业季节的主风向一致,侧风角最大不能超过 30°,同时应尽量避开正东西向(郑晓琳,2020)。

(2)航高与播幅。一般根据播区地形条件、飞播种子比重和种粒大小、选用机型来确定航高与播幅。如果其他因子相同,航高提高可加大播幅。但是播小粒种子易受风速影响，所以播幅要小、航高要低。小粒种子，如籽蒿、沙打旺等，航高以 50～60m 为宜，大粒种子，如花棒航高需增加至 70～80m。

为提高飞播均匀度，减少漏播，每条播幅的两侧一般要增加 15% 左右的重叠系数，地形复杂或风向多变地区，每条播幅两侧要有 20% 的重叠系数。

（3）作业方式。根据播区的长度和宽度、地形、每架次播种带数和混交方式来确定飞播作业的飞行方式。飞行方式分为单程式、复程式、穿梭式 3 种。

①单程式，每架次所载种子仅单程播完一带。适用播量大、播带长的播区。
②复程式，每架次所载种子可往返播两带或多带，适用播量小、播带短的播区。
③穿梭式，交叉播时，播种地覆盖两次种子，每次用种子一半，第二次和第一次成直角飞行，可保证种子分布更均匀（苟文龙等，2009）。

（4）导航。在飞播过程中，要及时测定每一带播幅和落种密度，根据播区具体情况和机组的技术条件，在航带两端、中点做好人工信号导航或固定地标导航以及人工信号与固定地标相结合导航。在有条件的地方可采用 GPS（全球定位系统）来导航（李慧兰，1997）。

（5）播种质量检查。飞机播种的同时必须进行播种质量检查。根据播带长度，在进、出航处及播区垂直航向处设 2～4 条接种线。在接种线上从各播带中心起，向两侧等距设置 2～4 个接种样方（1m×1m）。通过对接种样方进行落种统计和落种宽度的测量，计算出平均落种量和播幅宽度，发现漏播立即报告机组或机场指挥部以及时补播。对播区内飞机难以作业的宜播地块，应设计人工撒（点）播（王天社和王博，2013）。

3）播后管护与调查

播后播区要进行适当的抚育管理，要全面封禁 3～5 年，再半封 2～3 年。全封期严禁放牧、开垦、砍柴、割草、挖药和采摘等人为活动；半封期可有组织地开放，开展有节制的人类生产活动。还要认真做好飞播林区的病虫害防治工作，及早发现、综合防治、及时消灭。同时要加强飞播林区的护林防火工作，结合自然地形条件，有计划地营造防火林带，配备防火设施、健全防火组织，严防林火发生（杜少玉，2011）。

为掌握播区出苗和生长情况，确定下步经营管理措施，需要对飞播效果进行成苗调查。春播和夏播于当年秋季，秋播于翌年晚春，进行出苗调查。通常采用路线调查法，选定播带的中线为调查线，调查路线上沙丘迎风坡每隔 5m、背风坡每隔 6m 设 1m^2 调查样方。调查的主要内容有播区的宜播面积、成效面积、平均每公顷株数、株高和地径及管护措施等。合格标准为平均每公顷有苗 3000 株以上，且分布均匀。不合格播区必须进行补植补播（杨大洲，2011）。

4. 沙结皮固沙技术

沙结皮固沙技术,就是微生物结皮固沙技术,主要是运用藻类生态、生理学原理和微生物结皮理论,分离、选育野生结皮中的优良藻种,经大规模人工培养以后返接流沙表面,使其在流沙表面快速形成具有藻类、细菌、真菌、地衣和苔藓在内的微生物结皮,并用以治理沙漠化的一项综合技术(饶本强等,2009a)。

微生物结皮是在荒漠藻类拓殖作用下由活的微小生物及其代谢产物与细微砂粒组成,是土壤颗粒与有机物紧密结合在土壤表层形成的一种壳状体,因此藻类是微生物结皮中的先锋拓殖生物。它不仅能够在极端干旱、紫外线辐射、营养贫瘠等生态条件恶劣的环境中生长、发育和繁殖,并能通过自身的活动,影响并改变周围的微环境,尤其在防止土壤风蚀和水蚀、改变水分分布状况和防风固沙等方面具有特别重要的作用。我国荒漠地区微生物结皮中的藻类主要由蓝藻、绿藻、硅藻和裸藻 4 门组成,其中以蓝藻种类最为丰富,绿藻次之,硅藻和裸藻种类最少(郑云普等,2009)。

流沙表面藻类形成的沙结皮最早由瓦明(Varming)和革尔贝娜(Groebner)提出。在我国,早在 20 世纪 50 年代,以黎尚豪院士为首的藻类工作者就在稻田和旱作农业区开始了藻类结皮技术的研究,并从 1996 年开始,进一步将研究范围扩展到荒漠地区。目前,国内关于干旱与半干旱荒漠地区藻类的研究主要集中在宁夏沙坡头地区和新疆准噶尔盆地的古尔班通古特沙漠地带(郑云普等,2009)。

从生物学意义上分析,微生物结皮的形成使土壤表面在物理、化学及生物学等特性上均明显不同于松散的沙土,是干旱与半干旱荒漠地区植被演替的重要基础(郑云普等,2009)。其固沙、治沙作用主要表现在以下几个方面。

(1)微生物沙结皮可以增强沙漠地表的抗侵蚀能力。接种到沙面的藻类能够快速生长和发育,大量的藻类丝状体可将砂粒胶结在一起形成藻类砂粒结皮,成为一个致密的抗蚀层,能直接增强沙土表面的稳定性和抗风蚀的能力。

在干旱荒漠地区使用植物固沙,由于水分平衡问题,植物不可能完全覆盖沙面而起到完全控制风蚀的作用,而在植物的株间利用藻类结皮覆盖沙面就可以弥补这一不足,从而大大提高固沙效果(饶本强等,2009a,2009b)。

(2)微生物沙结皮可以保持沙漠土壤水分。大量研究表明,微生物沙结皮具有较强的水分保持能力。接入藻类等微生物后形成的结皮在发育过程中,结皮中的水稳性土壤团聚体和有机质含量大大增加,其中的藻类分泌的胞外多糖很容易与荒漠区的临时性降雨和清晨露水相结合,有利于沙漠表层土壤水分的获得。陈兰周等(2003)对微生物结皮进行研究时发现,藻类结皮可以降低地表径流的速度,使水分得到充分的吸收,从而增加土壤中水分的含量。在我国腾格里沙漠的沙坡头地区,微生物结皮保持水分的现象也非常明显,微生物结皮的最低持水量达到 20.3%～20.4%，为流沙的 6 倍（李守中等，2004）。

（3）微生物沙结皮可改善沙漠土壤养分。荒漠土壤中结合态氮的含量很低，沙面接入藻种后，固氮藻类所进行的光合作用与固氮作用在一定程度上会增加土壤有机质及 C、N、P 含量，尤其是固氮蓝藻所固定的氮是荒漠土壤中氮素的一个重要来源。固氮藻类还能够带动土壤中异养微生物的生长，与它们构成微生物种群，增加了沙漠地表中的生物多样性，促进沙质的矿化过程和土壤物质循环及流动，从而加速荒漠土壤的发育和熟化过程（郑云普等，2009）。

（4）沙结皮可促进沙生植物的拓殖和恢复。荒漠藻类作为荒漠生态系统中的先行者，在微生物结皮形成的早期阶段提高了土壤中氮和碳的含量，极大地改善了沙漠土壤表层和结皮下层的水分和养分状况，为其他植物类群的定居创造了生存环境，当植物的积累连续不断地在沙土表面形成有机腐殖质层时，就可以促进高等植物的繁衍（饶本强等，2009a，2009b）。

沙结皮固沙技术作为一种新型的防沙治沙手段，在沙漠化治理中有着广阔的应用前景，但其在治理沙漠化的进程中还需要通过科学研究和生产实践来继续完善（饶本强等，2009a，2009b）。

2.5.8　风沙区防护林体系

防护林是为了防风固沙、涵养水源、调节气候、减少污染所配置和营造的由天然林与人工林组成的森林（李冬林等，2015）。

1. 沙地农田防护林

半湿润地区降雨较多，条件较好，可以发展乔木为主，主带间距 350m 左右。半干旱地区东部条件稍好，西部为旱作边缘，条件很差，沙化最严重。沙质草原自然状态下一般不风蚀，但大面积开垦旱作，风蚀发展，极其需要林带保护。东部树木尚能生长，高可达 10m，主带间距 200～300m。西部广大旱作区除条件较好的地段可造乔木林，其他地区以耐旱灌木为主，主带间距仅为 50m 左右。干旱地区风沙危害多，要采用小网格窄林带。北疆主带间距 170～250m，副带间距 1000m。南疆风沙大，用边长为 250m×500m 网格；风沙前沿用（120～150m）×500m 的网格，可选树种也多，以乔木为主（石明等，2003）。

沙地农田因干旱多风土地易风蚀沙化，即使灌溉，也难以高产，营造农田林网对控制风蚀、保护农业生产有重要意义，是沙区农田基本建设的重要内容。沙区护田林除一般护田林作用外，最重要的任务是控制土壤风蚀，保证地表不起沙。这主要取决于主林带间距，即有效防护距离，在该范围内大风时风速应减到起沙风速以下（付纪梅，2013）。

2. 干旱区绿洲防护体系

风蚀荒漠化地区干旱且风沙严重，农牧业生产极不稳定。为此，必须因害设防，因地制宜地建立各种类型的防护林。因风沙区自然条件复杂，必须因地制宜地设计乔灌草种。总体上应是带网片线点相结合，构成完善体系，发挥综合效益（李纯英等，2000）。其"体系"组成主要有以下几种。

1）绿洲外围的封育灌草固沙带

该部分为绿洲最外防线，它接壤沙漠戈壁，地表疏松，处于风蚀风积都很严重的生态脆弱带。为控制就地起沙和拦截外来流沙，需建立宽阔的抗风蚀、耐干旱的灌草带。其方法一是靠自然繁殖，二是靠人工培养，实际上常常是两者兼之。新疆吐鲁番市利用冬闲水灌溉和人工补播栽植形成灌草带。

2）骨干防沙林带

它是第二道防线，位于灌草带和农田之间。作用是继续削弱越过灌草带的风速，沉降风沙流中剩余砂粒，进一步减轻风沙危害。此带因条件不同差异很大，不要强求统一模式。

在不需要灌溉的地方，当沙丘带与农田之间有广阔低洼荒滩地，可大面积造林时，应用乔灌结合，多树种混交，形成实际上的紧密结构。大沙漠边缘、低矮稀疏沙丘区宜选用耐沙埋的灌木，其他地方以耐旱乔木为主。沙丘前移林带难免遭受沙埋，要选用生长快、耐沙埋树种。小叶杨、旱柳、黄柳、柽柳等生长慢的树种不宜采用。

3）绿洲内部农田林网及其他有关林种

它是干旱绿洲的第三道防线。位于绿洲内部，在绿洲内部建成纵横交错的防护林网格。其目的是改善绿洲近地层的小气候条件，形成有利于作物生长发育，提高作物产量与质量的生态环境。这些和一般农田防护林的作用是相同的，不同的是它还要控制绿洲内部土地在大风时不会起沙。

实际情况要复杂得多，要根据实际情况灵活运用。

3. 沙区牧场防护林

树种选择要注意其实用价值，我国风蚀沙漠化地区东部以乔木为主，西部以灌木为主。主带距取决于风沙危害程度。不严重者可以25H（25倍树高）为最大防护距离，严重者主带间距可为15H，病幼母畜放牧地可为10H。副带间距根据实际情况而定，一般400～800m，割草地不设副带。灌木带主带间距50m左右，林带主带为10～20m，副带为7～10m。考虑草原地广林少，干旱多风，为形成森林环境，林带可宽些，东部林带为 6～8 行，乔木 4～6 行，每边一行灌木。呈疏透结构，或无灌木的透风结构，生物围栏呈紧密结构。造林密度取决于水分条件，条件好的地区可密些，否则应稀些（崔瑞梅和鲁芹利，2013）。

牧区其他林种，如薪炭林、用材林、苗圃、果园、居民点绿化等都应合理安排，纳入防护林体系之内。实际中常一林多用，但必须做好管护工作。

为根治草场沙化还应采取其他措施，如封育沙化草场，补播优良牧草，建设饲料基地。转变落后的经营思想，确定合理载畜量，缩短存栏周期，提高商品率，实行划区轮牧等都是同样重要的措施（付纪梅，2013）。

4. 沙区道路防护林

1）沙区铁路防护林

沙区铁路防护有重大政治与经济意义，我国在该领域处于世界领先的地位。

草原沙区铁路防护林体系。防护带宽度取决于风沙危害程度，防护重点在迎风面。一般以多带式组成防护林体系，带宽为 20m 左右，带间距为 15m 左右。

（1）树种选择与造林技术。我国风蚀沙漠化地区的东部选择的乔木主要有适合当地条件的杨树、樟子松、油松、旱柳、白榆等；灌木有胡枝子、紫穗槐、黄柳、沙柳、小叶锦鸡儿、山竹子等；半灌木有差巴嘎蒿、油蒿等；向西部降水减少，应增加柠条、花棒、杨柴、籽蒿等。灌木半灌木比重增加，乔木比重减少，以至不用乔木。配置上，我国风蚀沙漠化地区的东部应乔灌草结合，条件好的地段以乔木为主，较差地段以灌木为主；西部以灌木为主，能灌溉地段应乔灌草结合（白巴特尔等，2005）。

（2）在造林技术上强调注意远离路基（100m 以外）的流动沙丘顶部、上部可不急于设障造林，待丘顶削低后再设障造林。

（3）要根据立地条件和树种生物学特性合理配置树种，提倡针阔混交，提高树种多样性。

（4）严格掌握造林技术规程，保证造林质量。

（5）年降水量大于 400mm 地区，造林应争取一次成功。

半荒漠沙区铁路防护体系。我国此类线路最长有 750m。沙坡头可作为成功代表。包兰铁路沙坡头段穿过腾格里沙漠东南缘高大流动沙丘区，在高大密集的格状流动沙丘群中和降雨量不足 200mm 的恶劣条件下，以无灌溉技术途径，首创了"以固为主、固阻结合"，以生物固沙为主、生物固沙与机械固沙相结合的稳固的铁路防沙体系模式，在铁路两侧高大的流动沙丘上建立了 235～583m 宽的保护带。在保护带外缘用高度为 1m 左右的高立式沙障阻沙，在沿线固沙带设立长、宽为 1m×1m 的草方格沙障，并选用适宜沙地生长的植物栽植，建立永久的防护带；第三带为在灌溉条件下的乔木林带；第四带为砾石平台缓冲输沙带，此带的宽度约2m（黄月艳，2010）。这种防护模式不仅有效地固定了流沙，而且在固沙带形成了土壤结皮层，促进风沙土向土壤的转化。包兰铁路沙坡头段的沙害治理获得了巨大成功，取得了72亿元的经济效益，成为中国铁路防沙的典范。

荒漠地区铁路防护体系。我国穿过戈壁的铁路有多处受到风沙危害。风沙特点是来势猛、堆积快、形成片状积沙。因荒漠区无灌溉条件，只能依靠机械固沙措施。西宁—格尔木铁路某段用高立式多列式竹篱防止风沙危害，效果良好。兰新线在三十里井—巩昌河区间的沙害严重，建设者建立了灌溉植物防护带，起到了重要作用。灌木林带带宽视沙害程度而定，重点保护迎风面。

2）荒漠地区公路防护体系

塔里木沙漠公路南北贯通塔克拉玛干沙漠，其中流沙路段446km。在号称"死亡之海"的塔克拉玛干沙漠的新建公路，防沙固沙是其关键（范敬龙等，2013）。建设者将沙漠公路选线、沙漠公路防沙固沙、沙漠公路环境评价等技术有效组合，创造了沙漠公路防沙体系，使世界上第一条穿行于高大流动沙漠中的石油公路畅通无阻，已创经济效益1.8亿元。

2.5.9 沙地造林树种和密度

我国沙区气候干燥，冷热剧变，风大沙多，自然环境十分严酷。在这种条件下，许多植物无法生存，只有那些耐干旱瘠薄、耐风蚀沙割、抗日灼高温、抗沙土掩埋、生长快、易繁殖的沙生植物才能适应这种恶劣的生境。因此，植物固沙的成效大小，在很大程度上取决于固沙造林植物品种的选择。选择树种应以当地的乡土树种为主，这是因为它们经过长期的人工栽培或自然选择，能够适应当地的自然环境。引种外地树种，必须经过栽培试验，才能推广应用。一般说来，优良的固沙植物和造林树种应具备以下特点：①萌蘖性强，冠幅稠密，分枝多，有足够的高度；②耐风蚀沙埋；③早期生长快，根系发达，尤其是水平侧根分布范围广，固沙作用强；④耐高温、抗干旱、不苟求土壤；⑤繁殖容易，种源丰富；⑥有一定的经济价值，如可生产木材或作编织材料、烧柴及饲料等。

1. 常用树种

我国沙区固沙植物（包括半灌木）主要有19种，按照类别可分为草本、灌木和乔木3类，它们具有耐干旱的突出特点。

1）草本固沙植物

（1）沙打旺（*Astragalus adsurgens*）。豆科多年生草本，高1～2m，丛生，分

枝多，主茎不明显。主要分布在北方半湿润、半干旱、干旱区，江苏、河北、河南、山东等省早已栽培，西北地区也已推广。沙打旺再生力强，耐旱、耐寒、耐盐碱、耐瘠薄、抗风沙、生长快，是防风固沙、保持水土的重要物种，也是优质饲料、绿肥和燃料。春季、夏季、秋季均可播种，但不能迟于初秋，否则难以越冬。可直播、飞播繁殖，播种量一般每公顷 3.75～15kg，条播的行距一般 15～20cm，播深 1～2cm（陈金成，2012）。沙打旺种子小，顶土力弱，播前最好适当整地，同时应注意镇压保墒，以保全苗。

（2）小冠花（*Coronilla varia*）。小冠花属豆科多年生草本植物，分枝多，匍匐生长，匍匐茎长达 1m 以上。小冠花喜温暖干旱气候，耐旱不耐涝，适于在年降水量 400～600mm，年均温 10℃左右的半干旱地区种植，但若积水 3～4 天，则根部腐烂，植株死亡。小冠花营养物质含量丰富，是牛羊反刍家畜的优良饲料。但由于其中含有硝基丙酸物质，对单胃家畜有毒性，不适于饲养单胃家畜。其寿命长达几十年，极少病虫害，茎干匍匐生长，能有效防止雨水的冲刷，是极好的固沙保土、荒山绿化植物。小冠花适宜春季、夏季或早秋播种，因播种出苗有些困难，不宜飞播，可用种子繁殖，播种前要对种子去皮或划破种皮，也可用分根法进行营养繁殖，但应以栽苗为主（姜基利，2010）。小冠花幼苗生长很慢，要两个生长季之后才能完全长起来，开始 1～2 年因根系未发达，干旱时尚需灌水，以后不需灌水。

2）灌木固沙植物

（1）沙蒿（*Aremisia* sp.）。菊科多年生半灌木，主茎不明显，分枝多而细。常用于固沙的沙蒿主要有籽蒿（*A.sphaerocephla*）、油蒿（*A.ordosica*）、差巴嘎蒿（*A.halodendron*）3 种。籽蒿耐寒、耐旱、耐瘠薄、抗风沙，喜生长在流动、半流动沙丘上，当流动沙丘被固定后，则逐渐衰亡，为黑沙蒿所代替。籽蒿种子可食，茎叶幼嫩期及霜后期也可做饲料。油蒿多分布于干旱区、半干旱区的固定、半固定沙地，在沙丘背风坡生长旺盛。有极好的固沙效果，对沙结皮的形成有重要作用。差巴嘎蒿耐干旱，生于半固定沙丘和流动沙丘的迎风坡下半部，有深长的主根和发达的侧根，是良好的固沙先锋植物。

总之，沙蒿具有耐沙埋、抗风蚀、耐贫瘠、抗干旱、易繁殖等特性，是北方地区防风固沙和水土保持的理想植物。沙蒿叶的蛋白质和胡萝卜素含量相当高，冬季骆驼和绵羊均喜食，是骆驼的主要饲料，也是沙区、牧区的燃料来源。可用飞播、撒播、植苗、扦插、分株法繁殖，常用播种法。

（2）梭梭（*Haloxylon ammodendron*）。藜科小乔木，有时呈灌木状。高度多在 2～3m，最高达 5～6m，主干扭曲，树皮灰黄色。梭梭根系发达，主根一般深达 2m 多，最深者可达 5m 以下的地下水层（马丽，2016）。抗盐碱，喜生于轻度盐渍化、地下水位较高的固定和半固定沙地上，土壤含盐量为 2%的立地条件最适合其生长。梭梭耐寒、耐旱、耐沙埋，可天然分布于新疆、内蒙古西部、甘肃河西、青海的沙漠、戈壁、盐土等多种生境中。

梭梭的当年生枝条营养丰富，粗蛋白含量在 12%以上，骆驼可全年利用，羊在冬天也可采食，是羊、骆驼的优质饲料。梭梭还是优良的薪炭材，材质坚硬、发热量大，仅次于煤。贵重中药材肉苁蓉寄生在梭梭根部，从梭梭的枝干中还可提取碳酸钾，作为制作重碳酸钾等化学产品的工业原料。梭梭林是三大荒漠森林之一，具有不可替代的生态地位和重要的利用价值。梭梭一般采用播种育苗，播种时间以 4 月末、5 月初最为适宜，可撒播、条播，每亩播种量以 2kg 为宜。而在流动沙丘上植苗造林效果较好，苗木应选择 1 年生或 2 年生的实生苗，在春季或秋季土壤水分条件较好时进行移栽，移栽后，必须加强保护，封闭禁牧，待 5 年左右，地上部分生长起来以后，方可放牧利用（张立运，2002）。

（3）白梭梭（*Haloxylon persicum*）。藜科大灌木，落叶小乔木，高 1～7m。白梭梭是典型的沙旱生灌木，耐严寒、耐干旱、抗高温，靠雨水、沙层水分生活，分布于沙质荒漠，生长在半流动或固定沙丘中，在我国分布于准噶尔盆地沙漠中海拔 300～500m 处的半流动沙丘上。白梭梭的特征、用途和梭梭具有相似性。白梭梭造林宜在春、秋两季进行，但以早春为好，秋季宜在 11 月初至封冻前进行。一般采用挖坑植苗的造林方法，坑深 50cm 左右，秋植时应挖到湿沙层，并用湿沙埋苗，踏实。有条件的地方，栽后灌 1 次水（孟德巴依尔和巴音巴图，2006）。

（4）柽柳（*Tamarix chinensis*）。又名红柳，柽柳科灌木，丛生，高 3～6m，分枝多，枝条纤细。柽柳喜光，极耐寒、耐旱、耐瘠薄、耐水湿，适应性强，是最能适应干旱沙漠生活的树种之一，它的根很长，长的可达几十米，多靠吸取地下水以维持生存。有很强的抗盐碱能力，能在含盐碱0.5%～1%的盐碱地上生长，是改造盐碱地的优良树种。柽柳还不怕沙埋，被流沙埋住后，枝条能顽强地从沙包中探出头来，继续生长。所以，柽柳是防风固沙的优良树种之一。柽柳的老枝柔软坚韧，可以编筐，嫩枝和叶可以做药，也可用作牲畜饲料。柽柳的分布范围很广，在我国广泛分布于西北地区，华北、沿海也有分布，荒漠地区有大面积柽柳天然林。柽柳在我国有 10 多个种类，主要有多枝柽柳（*Tamarix ramosissima*）、沙生柽柳（*Tamarix taklamakanensis*）。通常用扦插繁殖，春插或秋插都行，老枝、嫩枝均可。春插在 2～3 月进行，选用一年生以上健壮枝条，粗约 1cm、长 15～20cm，直插于苗床，插条露过土面 3～5cm，到 4～5 月即可生根生长，成活率达95%以上。秋插于 9～10 月进行，以当年生枝条作为插条，方法同春插，成活率也很高。还可用播种、植苗、分根法繁殖（杨树栋，2010）。

（5）沙拐枣（*Calligonum mongolicum*）。蓼科灌木，高 1～2m，有的高达 4m。老枝灰白色，开展；当年生枝草质，绿色。为强旱生灌木，极耐高温、干旱和严寒，根系发达，萌芽性强，被流沙埋压后，仍能由茎部发生不定根、不定芽，所以适宜在流动沙丘上生长（王琴和刘彬，2012）。

沙拐枣天然分布于西北荒漠，在新疆准噶尔盆地、塔里木盆地，甘肃河西走廊，内蒙古西部乌兰布和、巴丹吉林、腾格里沙漠等地区都有生长。它是优良的薪炭材，材质坚硬，枝干热值高。嫩枝、幼果为羊、骆驼饲料。沙拐枣内含有单宁酸，是提取单宁的原料。造林可用播种、扦插、植苗、飞播等多种方法（张晓芹，2018）。

（6）杨柴（*Hedysarum mongolicum*）。豆科灌木，高 1～2m。茎多分枝，幼茎绿色，老茎灰白色。适应性强，喜欢适度沙压并能忍耐一定风蚀，所以能在极为干旱瘠薄的半固定、固定沙地上生长，有良好的防风固沙效果。杨柴具有丰富的根瘤，利于改良沙地，并提高沙地的肥力。在我国主要分布在科尔沁、鄂尔多斯沙地、库布齐、乌兰布和沙漠。适宜飞播，也可直播、植苗、分株造林（闫野等，2011）。

（7）花棒（*Hedysarum scoparium*）。蝶形花科大灌木，高 2～5m，小枝绿色。花棒为沙生、耐旱、喜光树种，它适于流沙环境，喜沙埋、抗风蚀、耐严寒酷热，主侧根均发达，防风固沙作用大，为优良的固沙先锋植物，也是优质饲料和薪柴。在我国分布于乌兰布和、腾格里、巴丹吉林、古尔班通古特等沙漠。草原带可直播、飞播造林，荒漠、荒漠草原主要用植苗造林，扦插也可（王晓霞等，2016）。

（8）柠条（*Caragana* sp.）。豆科旱生灌木，株高 40～70cm，最高可达 2m 左右。根系极为发达，深根性，主侧根均发达。枝条开展，初生枝条密被绒毛，以后逐渐稀少，当年生枝条具条棱，淡黄褐色，以后逐渐变成黄绿色（樊宏武，2011）。

柠条喜光，极耐寒、耐旱、耐高温、耐瘠薄、耐沙埋，除重盐碱土外，其他土壤均能生长，适生于海拔 900～1300m 的阳坡、半阳坡。目前，柠条是中国西北、华北、东北西部水土保持和固沙造林的重要树种之一，属于优良的防风固沙和绿化荒山植物。叶可作肥料和饲料，枝条可编筐、作燃料，根、花、种子均可入药。柠条有直播造林和植苗造林两种。降水较好的地区多采用直播造林，过于干旱的地区多采用植苗造林（李春香，2013）。

（9）紫穗槐（*Amorpha fruticosa*）。豆科丛生小灌木，高 1～4m，根系发达，侧根多而密。紫穗槐耐寒、耐旱、耐涝、耐盐碱、耐瘠薄、抗沙压、抗逆性强，具有很强的抗病虫、抗烟和抗污染能力，是保持水土的理想植物，也是固土护坡的优良树种，常被用作公路、铁路两侧的水保固沙林。紫穗槐枝条可编筐，叶子可沤制绿肥、作饲料，花为蜜源，花和种子都是药材，具有极高的经济利用价值。在我国大部分地区均适宜栽植，广泛分布于我国东北、华北和西北。可播种、扦插及分株繁殖，其中扦插育苗具有成苗率高、育苗周期短等优点（温燕，2015）。

（10）黄柳（*Salix flavida*）。杨柳科多年生灌木，高 1～3m，丛生，老枝黄白色，有光泽，嫩枝黄褐色。黄柳喜光，耐寒、耐热、耐沙埋、抗风沙、生长快，喜生于草原地带的地下水位较高的固定沙丘、半固定沙丘。在我国主要分布于辽宁、吉林、宁夏和内蒙古等省份的沙区。可作防风阻沙林、饲料、薪炭林和旱地农田防护林。主要采用扦插造林，也可直播造林（温燕，2015）。

（11）沙柳（*Salix psammophila*）。杨柳科灌木或小乔木，高 2～3m，最高达6m。丛生，枝条幼嫩时多为紫红色，有时绿色，老时多为灰白色。水平根极其发达。叶片线形，互生，长 2.5～5cm，宽 3～7mm，上面绿色，疏被柔毛，下面灰白色，密被柔毛。柔荑花序，无柄。蒴果长圆形，长 3mm，无梗，裂开为 2 瓣，种子具长白毛。沙柳具有较高的生态和经济价值，可防风固沙、护渠护岸，是我国沙荒地区造林面积最大的树种之一。枝条可编筐，嫩枝叶可作饲料，其所含热量和煤差不多，可发展成每 3～6 年砍一次的绿色沙煤田。沙柳在西北、华北及东北部分地区的沙地均有分布，主要分布在鄂尔多斯沙地。主要采用扦插造林的方法（原鹏飞等，2008）。

3）乔木固沙植物

（1）樟子松（*Pinus sylvestris* var. *mongolica*）。松科常绿乔木，高 15～20m，最高 30m，树冠塔形，大枝轮生。樟子松适应性强，极耐寒冷，能忍受–50～–40℃低温。嗜阳光，旱生，不苛求土壤水分，喜酸性土壤。寿命长，一般为 150～200年，有的多达 250 年，是我国三北地区主要优良造林树种之一。其材质纹理直，可供建筑、家具等用材。树干可割树脂，提取松节油，树皮可提取栲胶。在我国天然分布于大兴安岭林区和呼伦贝尔草原固定沙丘上，河北、陕西榆林、内蒙古、新疆等地区引种栽培都很成功。其主要采用植苗造林，但由于樟子松不易生根，移栽不易成活，种植大苗相对于小苗成活率低，因此以移栽小苗为主。且在流动沙丘栽松，必须事先栽植固沙植物固定流沙，当流沙基本稳定时，再进行樟子松造林（孙青洋，2011）。

（2）胡杨（*Populus diversifolia*）。杨柳科落叶乔木，高 15～30m，胸径 30～40cm。树皮灰褐色，呈不规则纵裂沟纹，幼树和嫩枝上密生柔毛。胡杨生长较快，它的叶子可作为饲料。木材耐水耐腐，是造桥的特殊材质，也可用于造纸和制作家具。胡杨耐盐碱、耐极端干旱，根系发达，可以扎到地下 10m 深处吸收水分，是唯一生活在沙漠中的乔木树种，对防风固沙、保护农田、调节绿洲气候等具有十分重要的作用，是我国西北荒漠地区最主要的生态屏障（陈占仙等，2009）。新疆是我国乃至世界胡杨分布最多的地区，我国 90%的胡杨分布在塔里木盆地，北疆准噶尔盆地也有零星分布。插条繁殖困难，直播或植苗造林均可。

（3）沙枣（*Elaeagnus angustifolia*）。胡颓子科乔木，高 3～15m。树皮栗褐色至红褐色，有光泽，树干常弯曲，枝条稠密。沙枣生活力很强，有抗旱、抗风沙、耐盐碱、耐贫瘠等特点,天然沙枣只分布在降水量低于 150mm 的荒漠和半荒漠地区,在我国主要分布于西北各省份和内蒙古西部,华北北部、东北西部也有少量分布。沙枣是很好的绿化、薪炭、防风固沙树种,多种经济用途已受到广泛重视。其叶和果是羊的优质饲料,花是很好的蜜源植物,含芳香油,可提取香精、香料,花、果、枝、叶还可入药,目前已成为西北地区主要造林树种之一。沙枣可用植苗或插干造林,植苗造林可在春、秋两季进行,以春季为好,插干造林往往选在土壤湿润、水分条件好的地方进行(刘正祥等,2014)。

(4)油松(*Pinus tabulaeformis*)。松科常绿乔木,高达 30m,胸径可达 1m,幼树树冠呈圆锥形,成年树树冠呈平顶。油松适应性强,生长迅速,根系发达,喜光,耐寒、耐旱、耐盐碱、耐沙埋,对土壤养分和水分的要求并不严格,但要求土壤通气状况良好,所以在松质土壤里生长较好,是我国北方广大地区保持水土和防风固沙常用的造林树种之一。油松的树皮可以用来提取单宁酸,松针含有天然杀虫剂,木材可用于建筑及造纸。常用播种和扦插繁殖(杨银科等,2014)。

(5)木麻黄(*Casuarina eguisetifolia*)。木麻黄科常绿乔木,高达 30m。主枝圆柱形,灰绿色或褐红色,小枝轮生,约有纵棱 7 条。木麻黄根系具根瘤菌,生长迅速,抗风沙,耐盐碱,耐干旱、耐潮湿,是中国南方滨海沙地造林的优良树种。其材质坚实,可供建筑、家具、造纸用材,嫩枝可作家畜饲料,树皮可提制栲胶,也可制备染料。通常用种子繁殖,也可用半成熟枝扦插(李兴天,2013)。

(6)刺槐(*Robina pseudoacacia*)。又名洋槐,蝶形花科落叶乔木,高 10~20m。树皮灰黑褐色,纵裂,枝具托叶性针刺。刺槐喜光,抗风,耐干旱,对土壤要求不严,喜生于中性、石灰性土壤,喜温暖湿润气候,在年平均气温 8~14℃、年降水量 500~900mm 的地方生长良好,在我国分布于以黄河中下游和淮河流域为中心的华北、西北和东北南部的广大地区。叶含粗蛋白,实用价值很高,花是优良的蜜源植物,木材坚硬,耐水湿,可供矿柱、枕木、建筑、家具用材。直播、植苗造林均可,方法因地而异,以春季造林为好(王熙龙,2010)。

2. 造林密度

在沙漠地区,水分是植物生长的主要限制因子,一般植物均处于水分的临界状态,因此对水分的变化十分敏感,水分供应的多少,对植物成活和生长发育影响非常显著,而密度正是这一敏感问题的调节旋钮。植物固沙要求一定的密度,沙地植物过稀达不到良好的固沙效果,过密又会消耗过多的沙地水分,抑制林木生长,因此解决好风沙区植物固沙密度和水分不足这一对矛盾显得尤为重要。

从立地条件看,不同地带水分条件不同,因而造林密度也不同。水分条件相对较好的草原地区,密度可以大一些,覆盖度可达 60%以上,而在无地下水供应的半荒漠地区,覆盖度多在 40%以下,有地下水或灌溉条件时,可按 50%的覆盖度设计。同一植物种，在草原地带可比半荒漠地带的密度大一些，有地下水供应的地区密度应大一些。

由于植物的生物学特征不同，在生长速度、根系特征以及对水分要求等方面相差太大，因此，各植物种的密度亦不一致。生长迅速、植株高大、水平根系发达的先锋灌木应适当稀植，一般情况下覆盖度达 40%、分布比较均匀即可有效控制风蚀，密度过大反而会影响生长发育，而一些生长比较缓慢的树种，如乔木密度可大一些。

刘恕、石庆辉曾提出确定适宜种植密度的 3 种方法。①根据植物根系特性确定密度，指按植物吸收水分的根系范围划出密集区来确定密度，或用一半年龄的植物密集根幅平均值确定密度。②由植物的耗水特性确定密度，即由植物生长旺盛的 5～7 月（亦是降水稀少、植物供水最困难的季节），沙层内的有效蓄水量和单株植物平均耗水量，得出各种植物的每株营养面积，从而确定种植的密度。③以对不同密度的人工林地及天然植被的调查结果来确定密度，即调查各种密度的人工林地及天然植被，比较其生物量、生长势、盖度等来确定密度（周雷，2008）。其中，前两者不易准确掌握，第三个则比较可行。

3. 树种配置

乔木高大挺拔，防护作用大，改善环境能力强，但对水分、养分等条件要求高，仅能适应部分沙地，大部分荒漠、半荒漠地区如无灌溉难以发展。灌木适应性强，具有深根、丛生习性，对削弱近地层风速的作用大，对水分、养分条件要求不高。草本植物生长迅速，有较强的适应能力和繁殖能力，改土作用和饲料价值较高，亦能固沙保土，增加地表粗糙度。不同类型的树种各有利弊，多个树种在不同密度下的混交往往能起到良好的防风固沙效果，因此一般不用单一树种来固沙，有条件的地区往往乔、灌、草结合防沙固沙（郝怀晓，2005）。

根据沙地立地条件、植物种特点及生态、生产需要确定适宜的植物种，采用适宜密度，选择合理的混交与配置形式是沙地造林绿化、植被建设的关键。下面重点介绍几种沙地造林常用的配置形式。

1）线性密植配置

沙生先锋植物对流沙具有独特的适应性，它们不仅允许沙的流动，而且为了本身的正常生长发育甚至还需要沙的流动，沙失去流动性后，先锋植物便开始死亡，让位于第二期植物。而通过密植可使先锋植物周围积沙，产生沙埋，使沙生植物在沙埋的基干和枝条上形成不定根，从而加强本身的生长和发育。依此原理常在线路两侧 10～20m 处，以 0.25～0.40m 的株距，密植沙拐枣各 1～2 行（第二行距第一行 5～10m），以达到防风固沙的目的。

2）簇式栽植配置

某些植物组成的稠密群体，远强于单个植物抵抗不利环境条件的能力（主要增强了抗风蚀能力）。基于此种判断，常在 2m×2m、3m×3m 或 4m×4m 的块状土地上，每一块以 0.15m 的间距栽植 5 株乔木或簇状沙拐枣苗，并设置单个的沙障加以保护，即簇式栽植配置。

3）前挡后拉

前挡后拉指在沙丘前方的背风坡脚至丘间低平地段，设置乔、灌木树种，同时在沙丘迎风坡下部配备固沙灌木，形成前挡后拉之势，再利用自然风力削平沙丘上部，使整个沙丘逐渐变平缓并固定的配置形式。前挡后拉巧妙地利用了流沙中两个易于进取的部位，连成体，有效地控制整个沙丘（白永祥和孙贵荣，2004）。

4）密集式造林

密集式造林是我国草原地区广泛应用于迎风坡上的一种固沙方法，因不设沙障保护，适宜于轻度和中度风蚀区，其作用和原理与线状密植相似。由迎风坡脚开始，沿等高线向上开沟，沟宽约 50cm、深约 30cm、沟间距 2～3cm，并按 6～10cm 株行距将苗木排列在沟内覆土踏实。此法可栽植沙柳、胡枝子、沙蒿等灌木、半灌木，但栽植规格可因植物种和风蚀程度变化，如沙柳长插条，沟深度等于插条长度，株距在风蚀较严重地区应适当缩小。

2.6 荒漠化监测与评价

2.6.1 荒漠化监测

荒漠化监测是人类对全球或某一地区的干旱、半干旱及半湿润地区因气候变动、人类活动及其他因素引发的土地退化现象，采取某些技术手段对可以反映土地退化现象的某些指标进行定期、不定期观测，并以某种媒介形式进行公布的活动，是进行环境质量评估和土地管理的一个重要部分。当然，对湿润地区的土地退化也可以进行监测，但一般主要监测的是干旱、半干旱与半湿润地区的土地荒漠化（武健伟，2011）。对荒漠化土地治理来说，荒漠化监测工作是制定防治荒漠化方针措施的基础，可用来衡量防治效果如何，并对可能产生的副作用进行早期预警。就国家或某地区来说，荒漠化监测工作可为国家、省、市、区防治荒漠化及防沙治沙制定和调整政策，计划和规划，保护、改良和合理利用国土资源，实现可持续发展战略提供参考数据。

1. 监测目的

荒漠化监测是 20 世纪 90 年代中期随着《联合国防治荒漠化公约》的签署而兴起的一个新兴领域，进行荒漠化监测的目的主要是通过定期调查，及时把握荒漠化的动态变化过程及控制其发展所必需的信息，及时、准确地把握荒漠化对生态、经济、社会的影响，适时地调整国民生产活动，为保护、改良和合理利用国土资源，实现可持续发展战略提供基础资料，为防治荒漠化提出对策与建议（牛星等，2010）。

2. 监测对象与内容

荒漠化监测的对象取决于监测目的，为此，荒漠化监测的对象就应该包括荒漠化本身和荒漠化防治工程，以及与此相联系的生态、经济和社会各个方面。或者说是监测荒漠化的正（逆）过程、影响因素和综合效应（武健伟，2011）。

荒漠化是由于气候变异与人类活动等种种因素作用下造成的干旱、半干旱和半湿润区的土地退化，而土地是由土壤、植被、其他生物区系和在该系统中发挥作用的生态和水文过程组成的陆地生物生产力系统。因此，荒漠化监测是对整个土地系统的监测，其监测内容包含自然因子和社会经济因子两个方面，具体包括下列几个因子（尤琦，2017）。

1）自然因子

（1）地质地貌。包括地貌类型、基岩出露与类型、沉积物质类型、海拔、坡度、坡向、坡长、坡位、侵蚀与切割程度、侵蚀沟面积比例、沟壑密度、盐碱斑占地率、沙丘高度、间距等。

（2）土壤。包括土壤类型、土壤含水量、有效土层厚度、土壤质地、土壤结构、土壤结皮、土壤含盐量、土壤 pH、土壤氮磷钾等营养元素含量、土壤有机质含量、土壤风蚀量、土壤砾石含量、土壤覆沙厚度等。

（3）气候及气象要素。包括日照时数、辐射强度、无霜期、温度（平均温度、极端温度、积温）、湿度、最大冻土层、风（平均风速、起沙风速、沙尘暴、主风向）、降水（平均降水量、降水变率、降水强度）、蒸发量、最长连续无降水日数等。

（4）植被。包括植被类型、群落种类组成与结构、覆盖度、生产力、生物量、指示性植物（盐生植物、沙生植物、毒性植物、地带性植物）、生物多样性指数等。

（5）水文。包括水源补给、水质、矿化度、地下水水位埋深、土壤含水量、地表水域面积、沼泽化程度、排水能力等（关文彬等，2001）。

2）社会经济因子

社会经济因子包括土地利用状况（农林牧比例、灌溉方式、耕作方式、城市化、开矿、旅游、工程项目）、土地利用强度（土地利用率、土地生产力、人口密度、牲畜密度、土地垦殖率、防护措施）、能源条件、交通条件、人民生活水平、受教育程度等（关文彬等，2001）。

3. 监测理论与技术

1）地球形状

经过 100 多年来的努力，特别是人造卫星等先进技术的应用，使人们对地球形状的认识更加准确可靠。地球非常接近于一个旋转椭球，其长半轴为 6 378 136m，扁率为 1：298.257。

严格来讲，地球形状应该是指地球表面的几何形状，但是地球自然表面极其复杂，既有海拔 8000 多米的山峰，又有深约万米的海沟，认识和表述地球的形状确实不易。所以人们都把平均海水面及其延伸到大陆内部所构成的大地水准面作为地球形状的研究对象。但是大地水准面还不是一个简单的数字曲面，无法在这样的面上直接进行测量和数据处理。而从力学角度看，如果地球是个旋转的均质流体，那么其平衡形状应该是一个旋转椭球体。于是人们进一步设想用一个合适的旋转椭球面来逼近大地水准面。要确定这一椭球，只需知道其形状参数（长半轴 a，扁率 f）和物理参数（地心引力常数 GM 和旋转角速度 o）即可。同大地水准面最为接近的椭球面称为平均地球椭球面。如果能确定大地水准面与该椭球面之间的偏差，亦即大地水准面与椭球面之间的差距（大地水准面差距 N）和倾斜（垂线偏差 θ），则大地水准面的形状可完全确定（王爱生，2002）。

实际测量结果表明，虽然大地水准面很不规则，甚至南北两半球也不对称，北极略凸出，南极则扁平，夸张地说近似一梨形。但大地水准面同一个与它最相逼近的旋转椭球相比，最大偏离 N 值为 100m 左右，θ 值一般在 10° 之内。因此，可分两步确定大地水准面的形状：①确定一个同它最逼近的旋转椭球面，即平均地球椭球；②确定大地水准面同这个椭球的偏离指标。这是地球形状学研究中的两个主要课题。

利用地面观测来研究地球形状的经典方法是弧度测量，即根据地面上丈量的子午线弧长，推算出地球椭球的扁率。后来人们广泛地用建立天文大地网的方法确定同局部大地水准面最相吻合的参考椭球。对地球形状的正确认识是我们进行荒漠化监测的基础。

2）地球参数

在近似地确认了地球形状之后，就可以用地球参数（长半轴 a，短半轴 b，离心率 e，扁平率 f）来描述地球的形状了。

在荒漠化监测、资源调查等涉及制图的工作中，一般是按下面的原则考虑和选择地球的形状和参数。

（1）绘制世界地图、各大洲地图等以广泛地域为对象区域的小比例尺地图时，可视地球为半径 6370km 的球体。

（2）绘制 100km² 以内地域的单幅地图时，可将地表面做平面处理。

（3）绘制中、大比例尺地图时，虽然一张图幅的对象地域狭小，但如果需要对广大地区进行地图拼接时就要把地球作为椭球体考虑。对于必须保证精度的小比例尺地图，也须这样处理。

3）地图投影

地球椭球体表面是个曲面，而地图通常是二维平面，因此在制图时首先要考虑把曲面转化成平面。然而，从几何意义上说，球面是不可展平的曲面，要把它展成平面，必然会产生破裂与褶皱（辛肖杰，2013）。就像把一个乒乓球破开、压平时必然会产生破裂或褶皱一样，而不连续的、破裂的平面使得地球的形状、大小和相互关系无法得以正确表示，必然产生许多误差，所以必须采取特殊的方法来实现球形曲面到平面的转换。

球面上任何一点的位置是用地理坐标（λ，φ）表示的，而平面上的点的位置是用直角坐标（x，y）表示的，所以要将地球表面上的点转移到平面上，必须采用一定的方法确定地理坐标与平面直角坐标之间的关系。这种通过球面和平面之间建立点与点之间函数关系的数学方法，就是地图投影方法（王永立和刘建忠，2007）。

因此，地图投影就是研究将地球椭球体面上的经纬网按照一定的数学法则转移到平面上的方法及其变形问题，其数学公式表达为：

$$x=f_1(\lambda,\ \varphi)$$
$$y=f_2(\lambda,\ \varphi)$$

根据上述公式，只要知道地面点的经纬度（λ，φ），便可以在投影平面上找到相应的平面位置（x，y），这样就可以按照一定的制图需要，将一定间隔的经纬网交点的平面直角坐标计算出来，并展绘成经纬网，构成地图的"骨架"（孟俊贞，2009）。

（1）地图投影的基本方法。地图投影的方法可分为几何透视法和数学解析法两种。几何透视法是利用透视的关系，将地球体面上的点投影到投影面（借助的几何面）上的投影方法。此种投影方法是将地球按比例缩小成一个透明的地球仪般的球体，在其球心或球面、球外安置一个光源，将球面上的经纬线投影到球外的一个投影平面上，即将球面经纬线转换成了平面上的经纬线，这是一种比较原始的投影方法，精度较低，有很大的局限性，难以纠正投影变形（吴文和陈锦赋，2012）。

数学解析法是在球面与投影面之间建立点与点的函数关系，通过数学的方法确定经纬线交点位置的一种投影方法。其实质是将地球椭球面上地理坐标（λ，φ）转化为平面直角坐标（x，y）。大多数的数学解析法往往是在透视投影的基础上，发展建立球面与投影面之间点与点的函数关系，因此两种投影方法有一定联系。当前绝大多数地图投影普遍采用数学解析法（封殿波，2009）。

（2）地图投影变形。在地图投影时，将不可展的地球椭球面展开成平面，并且不能有断裂，图形必将在某些地方有拉伸，转换后的地图上的经纬线网格必然产生变形，这种变形称为地图投影变形。这种变形主要反映在 3 个方面，即长度变形、面积变形和角度变形。长度变形指投影后地图上不同地点和不同方位上的地球表面实际距离与相应图面距离的比值（比例）各不相同，从而无法从地图上量算和比较不同地点和不同方位景物之间的距离的变形。在地球仪上，经纬线的长度具有下列特点。①各纬线长度不同，赤道最长，纬度越高纬线越短，极地纬线长度为零。②在同一条纬线上，经差相同的纬线弧长不相等。③所有的经线长度相等，同一条经线上，纬差相同的经线弧长相同。而在地图上，各纬线长度相等，各经线长度也相等。这表明各纬线不是按同一比例缩小的，而经线却是按同一比例缩小的。在同一条纬线上，经差相同的纬线弧长不等，中央的一条经线最短，从中央向两边经线逐渐增长。这说明在同一条纬线上，由于经差的不同，比例发生了变化，从中央向两边比例逐渐变小，各条经线不是按同一比例缩小的，它们的变化，是从中央向两边比例逐渐增大。由上可知，地图上的经纬线长度和地球仪上的经纬线长度不完全相似，表明地图上具有长度变形（赖北平，2002）。

面积变形指投影所得地图上的面积比例尺随地点而改变，其结果是导致不能在地图上量算和比较景物所占的面积。在地球仪上，同一纬度带内经差相同的梯形网格面积相等，同一经度带内纬度越高，梯形面积越小。而在地图上，同一经度带内纬差相同的网格面积相等，这表明面积不是按照同一比例缩小的，纬度越高，面积比例越大，且同一纬度带内经差相同的网格面积不等，这说明面积比例随经度的变化而发生了变化，表明地图上具有面积变形。面积变形因投影不同而异。在同一投影上，面积变形因地点而变。面积变形也是衡量投影变形大小的一个数量指标，要根据面积比来计算（赖北平，2002）。

角度变形是指地图上两条线所夹的角度，不等于球面上相应的角度。例如，在地图上，只有中央经线和各纬线相交成直角，其余的经线和纬线均不成直角相交。而在地球仪上，经线和纬线处处都呈直角相交，这表明地图上有角度变形。角度变形因投影而异，在同一投影上，角度变形因地点和方向而变（赖北平，2002）。

角度变形是指要完全消除投影变形是不可能的。投影时只能根据地图的应用目的，牺牲上述 3 个变形中某个方面的精度要求，设计、开发或选择可保证地图应用精度要求的地图投影方法。为此，目前的地图投影法已多达千种以上。一般来讲，大型地理信息系统软件都能支持几种常用的地图投影法，市面上也有专门进行地图投影转换的软件出售。

（3）地图投影分类。地图投影的产生已有 2000 余年的历史，在这期间，人们根据对地图的各种要求，设计了数百种地图投影。随着数字制图技术、地理信息系统以及数字地球技术的发展，地图投影的种类还在不断推陈出新，地图投影方法的分类主要有以下两种。

按变形性质可分为等角投影、等积投影和任意投影 3 类。

①等角投影。投影前后投影面上任意两方向线间的夹角与椭球体面上相应方向线的夹角相等，即角度变形为零。在小范围内，投影前后的形状不变，所以等角投影又称为正形投影。由于这类投影没有角度变形，便于测量方向，所以常用于编制航海图、洋流图和风向图等。但等角投影地图上面积变形较大（时玮，2013）。

②等积投影。在投影面上任意一块图形的面积与椭球体面上相应的图形面积相等，即面积变形等于零。由于等积投影没有面积变形，能够在地图上进行面积的对比和量算，所以常用于编制对面积精度要求较高的自然地图和社会经济地图，如地质图、土壤分布图、行政区划图等（时玮，2013）。

③任意投影。是一种既不等角也不等积，长度、角度和面积 3 种变形并存但变形都不大的投影类型。投影前后各种变形比较均衡，角度变形比等积投影小，面积变形比等角投影小，多用于对投影变形要求适中或区域范围较大的地图，如教学地图、科学参考图、世界地图等。任意投影中有一种十分常见的投影，即等距投影，指那些在特定方向上没有长度变形的投影（孟俊贞，2009）。

对等距、等积、等角投影而言，等距投影要求只能在地图上的一小部分区域内实现，即使是在等角、等积图中也可以实现。但等角、等积条件却不可能在同一张图上实现，等角、等积要求互相冲突，等积的获取是以牺牲等角为代价，反之，等角的获取又以牺牲等积为代价。

按投影的构成方法分类，可分成以下两类。

①几何投影。它是把椭球体面上的经纬线网直接或附加某种条件投影到借助的几何面上，然后将几何面展为平面而得到的一类投影，包括方位投影、圆柱投影和圆锥投影三大方位投影，是以平面为投影面，使平面与地球面相切或相割，将球面上的经纬线网投影到平面上而成。在投影平面上，由投影中心（平面与球面相切的点，或平面与球面相割的割线的圆心）向各个方向的方位角与实地相等，

其等变形线是以投影中心为圆心的同心圆，切点或相割的割线无变形。这种投影适合形状大致为圆形的制图区域的地图。按平面与球面的位置又可分为正轴、横轴和斜轴 3 种类型。正轴方位投影的投影面与地轴垂直，横轴方位投影的投影面和地轴平行，斜轴方位投影的投影面同除地轴和赤道直径以外的任一直径垂直（封殿波，2009）。

圆柱投影是以圆柱面为投影面，使圆柱面与椭球体相切或相割，根据各种条件将球面上的经纬线网投影到圆柱面上，然后沿柱面的一条母线切开，将其展成平面而得到的投影。按圆柱与球面的位置，又可分为正轴、横轴和斜轴 3 种类型。正轴圆柱投影的圆柱轴同地轴重合，横轴圆柱投影的圆柱轴同赤道直径重合，斜轴圆柱投影的圆柱轴同地轴和赤道直径以外的任一直径重合。我们所用的高斯-克吕格投影即属于此类（封殿波，2009）。

圆锥投影是以圆锥面为投影面，使圆锥面与地球体相切或相割，并根据某种条件将球按圆锥面上的经纬线网投影到圆锥面上，然后沿圆锥的一条母线切开展面而得到的投照。按圆锥与地球相对位置的不同又可分为正轴、横轴和斜轴 3 种类型。正轴圆锥投影的圆锥轴同地轴重合，横轴圆锥投影的圆锥轴同赤道直径重合，斜轴圆锥投影的圆锥轴同地轴和赤道直径以外的任一直径重合（封殿波，2009）。

②条件投影是根据制图的某些特定要求，选用合适的投影条件，利用数学解析法确定平面与球面之间对应点的函数关系，把球面转化成平面的投影方法，包括伪方位投影、伪圆柱投影、伪圆锥投影和多圆锥投影 4 类（韩丽君和安建成，2009）。

伪方位投影是据方位投影修改而来，在正轴情况下，纬线仍为同心圆，除中央经线为直线外，其余的经线均改为对称于中央经线的曲线，且相交于纬线的圆心。

伪圆柱投影。据圆柱投影修改而来，在正轴圆柱投影的基础上，要求纬线仍为平行直线，除中央经线为直线外，其余的经线均改为对称于中央经线的曲线（时玮，2013）。

伪圆锥投影是由圆锥投影修改而来，在正轴圆锥投影的基础上，要求纬线仍为同心圆弧，除中央经线为直线外，其余的经线均改为对称于中央经线的曲线（时玮，2013）。

多圆锥投影是一种假想借助于多个圆锥表面与球体相切而设计成的投影。纬线为同轴圆弧，其圆心均位于中央经线上，中央经线为直线，其余的经线均为对称于中央经线的曲线（时玮，2013）。

（4）地图投影的选择。地图投影的选择是否恰当，直接影响地图的精度和实用价值。因此在编图以前，要针对所编地图的具体要求，根据经纬线网的形状特征、各种投影的性质等，选择最为适宜的投影。选择地图投影时，需要综合考虑多种因素及其相互影响。下面简要说明选择地图投影的一般原则（马廷刚等，2013）。

①制图区域的形状和地理位置。根据制图区域的轮廓选择投影时，有一条最基本的原则，即投影的无变形点或线应位于制图区域的中心位置，等变形线应尽量与制图区域的形状大体一致，从而保证制图区域的变形分布均匀。因此，对于世界地图，常用的主要是正圆柱、伪圆柱和多圆锥 3 类投影。半球地图常分为东半球、西半球、南半球、北半球、水半球、陆半球地图；东、西半球图常选用横轴方位投影；南、北半球图常用正轴方位投影；水、陆半球图一般选用斜轴方位投影。除了世界图和半球图外，区域范围最大的陆地有七大洲，其次是几个面积大的国家，如俄罗斯、加拿大、中国、美国、巴西、澳大利亚等，其余的国家和地区只能算中等和较小的范围。对于这些区域范围的投影选择，要考虑它的轮廓形状和地理位置。近似圆形的地区宜采用方位投影；在两极附近则采用正轴方位投影；中纬度东西方向伸展的地区，如中国和美国等，一般采用正轴圆锥投影；当制图区域在赤道附近，或沿赤道两侧东西延伸时，选用正轴圆柱投影较好；南北方向延伸的地区，如南美洲的智利和阿根廷，大多采用横轴圆柱投影和多圆锥投影；对于任意方向延伸的地区，可选用斜轴圆柱投影。

由此可见，制图区域的地理位置和形状，在很大程度上决定了所选地图投影的类型。

②制图区域的范围。制图区域范围的大小也影响到地图投影的选择。当制图区域范围不太大时，无论选择什么投影，投影变形的空间分布差异也不会太大。对于大国地图、大洲地图、半球地图和世界地图这样的大范围地图来说，可使用的地图投影很多。但是，由于区域较大，投影变形明显，所以在这种情况下，投影选择的主导因素是区域的地理位置、地图的用途等，这也从另外一个方面说明地图投影的选择必须考虑多种因素的综合影响（张灯军和王宝山，2013）。

③地图的内容和用途。地图表示什么内容、用于解决什么问题，关系到选用按变形性质分类的哪种投影。航空、航海、洋流、天气和军事等方面的地图，一般多采用等角投影，因为它方位正确，在小区域范围内与实地相似。行政区划、自然或经济区划、土地利用、农业、人口密度等方面的地图，要求面积正确，以便在地图上进行面积方面的对比和研究，常采用等积投影。有些地图要求各种变形都不能太大，如宣传地图、教学地图等，可采用任意投影。又如，等距方位投影从中心至各方向的任一点，具有保持方位角和距离都正确的特点，因此对于城市防空、雷达站、地震观测站等方面的地图，具有重要意义。从精度要求上分析，用于精密测量的地图，长度和面积变形通常不应大于 0.4%，角度变形不应大于30%。用于一般性测量的地图，长度和面积变形应小于 3%，角度变形小于 3%。不做测量用的地图，只需保持视觉上的相对正确（张灯军和王宝山，2013）。

④出版方式。地图在出版方式上，有单幅地图、系列图和地图集之分。单幅地图的投影选择相对比较简单，只需考虑上述几个因素即可。对于系列地图来说，虽然表现内容较丰富，但由于性质相似，通常需选择同一种类型和变形性质的投影，以利于相关图幅的对比分析。就地图集而言，由于它是一个统一协调的整体，所以投影的选择比较复杂，应该自成体系，尽量采用同一系统的投影，但不同的图组之间在投影的选择上又不能千篇一律，必须结合具体内容予以考虑（赵春子，2013）。

⑤其他特殊要求。有些地图由于有某些特殊的要求，会影响投影的选择。时区图要求经线成平行直线，因此只能选用正轴圆柱投影。绘制中国政区图，不能将南海诸岛作插图，一般则不选用圆锥投影，而需要采用斜方位投影或彭纳投影。另外，编制新图时选择投影需考虑转绘技术问题。由于目前常用的是照相蓝图剪贴法，新编图与基本资料所用的投影经纬线形状要尽可能近似，否则将给工作带来很大的不便。

（5）投影转换。在地图编制过程中，常需要将一种地图投影的制图资料转换到另一种投影的地图上，这种转换称为地图投影的坐标变换，或不同地图投影的转换。

在常规编图作业中，通常采用网格转绘法或蓝图（棕图）镶嵌法来解决投影的转换问题。网格转绘法是将地图资料网格和所编地图的经纬网格用一定的方法加密，然后靠手工在同名网格内逐点逐线进行转绘。蓝图或棕图镶嵌法是将地图资料按一定的比例尺复照后晒成蓝图或棕图，利用纸张湿水后的伸缩性，将蓝（棕）图切块依经纬线网和控制点嵌贴在新编地图投影网格的相应位置上，实现地图投影的转换（谢耀华，2009）。

但这些方法在生产中效率太低，并在应用时有一定的局限性。随着计算机制图技术的发展，当前大多数制图软件和专业地理信息系统软件都具备投影转换功能，可把地图资料上的二维点位由计算机自动转换成新编地图投影中的二维点位，这使得地图投影的变换已经成为一个非常简单的问题（孟俊贞，2009）。

（6）我国主要应用的投影方法。我国主要使用高斯-克吕格投影法，该方法是一种横轴等角切椭圆柱投影。它是假设一个椭圆柱面与地球椭球体面横切于某一条经线上，按照等角条件将中央经线东、西各 3°或 1.5°经线范围内的经纬线网投影到椭圆柱面上，然后将椭圆柱面展开成平面即成。该投影是 19 世纪 20 年代由德国数学家、天文学家、物理学家高斯最先设计，后经德国大地测量学家克吕格补充完善，所以称为高斯-克吕格投影法。高斯-克吕格投影的中央经线和赤道为垂直相交的直线，经线为凹向并对称于中央经线的曲线，纬线为凸向并对称于赤道的曲线，经纬线成直角相交。该投影无角度变形，中央经线长度比等于 1，没有长度变形，其余经线长度比均大于 1，长度变形为正，距中央经线越远，变形越大，最大变形在边缘经线与赤道的交点上，但最大长度、面积变形分别仅为

0.14%和 0.27%，变形极小。为控制投影变形，高斯-克吕格投影采用了 6°带、3°带分带投影的方法，使其变形不超过一定的限度（张小平等，2005）。

该投影的平面直角坐标规定为：每个投影带以中央经线为坐标纵轴，即 X 轴，以赤道为坐标横轴，即 Y 轴，组成平面直角坐标系。为避免 Y 值出现负值，将 X 轴西移 500km 组成新的直角坐标系，即在原坐标横值上均加上 500km。60 个投影带构成了 60 个相同的平面直角坐标系，为了区分，在地形图南北的内外图廓间的横坐标注记前，均加注投影带带号。为应用方便，在图上每隔 1km、2km 或 10km 绘出中央经线和赤道的平行线，即坐标纵线或坐标横线，构成了地形图方里网（千米网）（韩晨等，2012）。

高斯-克吕格投影在欧美一些国家也被称为横轴等角墨卡托投影，它与一些国家地形图使用的通用横轴墨卡托投影，即 UTM 投影，都属于横轴等角椭圆柱投影的系列，所不同的是 UTM 投影是横轴等角割圆柱投影，在投影带内，有两条长度比等于 1 的标准线，而中央经线的长度比为 0.9996，因而投影带内变形差异更小，其最大长度变形不超过 0.04%。目前我国各种大中比例尺地形图均采用该投影方法。其中 1/10 000 地形图采用 3°带，1/25 000～1/500 000 地形图采用 6°带。此外，目前世界大多数国家的地形图也都使用此种投影方法（熊忠招，2010）。

4）比例尺与地图分幅

（1）地图比例尺反映了制图区域和地图的比例关系，指地图上一直线段长度与地面相应直线段长度之比，即比例尺=图上距离/实地距离。根据地图投影变形情况，比例尺有主比例尺和局部比例尺之分。地图上注记的比例尺，称为主比例尺，它是运用地图投影方法绘制经纬线网时，首先把地球椭球体按规定比例尺缩小，如制 1∶100 万地图，先将地球缩小 100 万倍，而后将其投影到平面上，1∶100 万就是地图的主比例尺。由于投影后有变形，所以主比例尺仅能保留在投影后没有变形的点或线上，而其他地方不是比主比例尺大，就是比主比例尺小。因此，大于或小于主比例尺的，即在投影面上有变形处的比例尺称为局部比例尺（张传信等，2009）。

我国按比例尺的大小可以将地图分为大、中、小比例尺地图 3 类，具体标准如下。大比例尺地图是比例尺大于或等于 1∶10 万的地图，中比例尺地图是指比例尺在 1∶10 万到 1∶100 万的地图，小比例尺地图是比例尺小于或等于 1∶100 万的地图（吴华，2017）。

（2）地图的分幅与编号。基本比例尺地形图的分幅均以 1∶100 万地形图为基础图，沿用原分幅各种比例尺地形图的经纬差（表 2.1），全部由 1∶100 万地形图按相应比例尺地形图的经纬差逐次加密划分图幅，以横为行，纵为列。下面据比例尺大小介绍不同地图的分幅与编号。

表 2.1　国家基本比例尺地形图分幅表（GB/T 13989—92）

比例尺		1：100 万	1：50 万	1：25 万	1：10 万	1：5 万	1：2.5 万	1：1 万	1：5000
图幅范围	经度	6°	3°	1°30′	30′	15′	7′30″	3′45″	1°52.5′
	纬度	4°	2°	1°	20″	10′	5′	2′30″	1′15″
行列数量关系	行数	1	2	4	12	24	48	96	192
	列数	1	2	4	12	24	48	96	192
图幅数量关系		1	2	16	144	576	2 304	9 216	36 864

①1：100 万比例尺地形图的分幅和编号。1：100 万地形图分幅和编号是采用国际标准分幅的经差 6°、纬差 4°为 1 幅图。从赤道起向北或向南至纬度 88°止，按纬差每 4°划作 22 个横列，依次用 A、B、…、V 表示。从经度 180°起向东按经差每 6°划作一纵行，全球共划分为 60 纵行，依次用 1、2、…、60 表示（陈智尧和邱儒琼，2012）。

每幅图的编号由该图幅所在的"列号-行号"组成。例如，北京某地的纬度为 39°55′20″、经度为 116°26′08″，所在 1：100 万地形图的编号为 J-50。

②1：50 万、1：25 万、1：10 万比例尺地形图的分幅和编号。这 3 种比例尺地形图都是在 1：100 万地形图的基础上进行分幅编号的，1 幅 1：100 万的图可划分为 4 幅 1：50 万的图，分别以代码 A、B、C、D 表示。将 1：100 万图幅的编号加上代码，即为该代码图幅的编号，如 1：50 万图幅的编号为 J-50-A（亢健，2011）。

1 幅 1：100 万的图，可划分出 16 幅 1：25 万的图，分别用代码[1]、[2]、…、[16]表示。将 1：100 万图幅的编号加上代码，即为该代码图幅的编号，如 1：25 万图幅的编号为 J-50-[1]。

1 幅 1：100 万的图，可划分出 144 幅 1：10 万的图，分别用代码 1、2、…、144 表示。将 1：100 万图幅的编号加上代码，即为该代码图幅的编号，如 1：10 万图幅的编号为 J-50-1。

③1：5 万、1：2.5 万、1：1 万地图的分幅与编号。这 3 种比例尺的地图也是在 1：100 万地图的基础上按一定经差和纬差划分，然后分别在该 1：100 万地图分幅编号的后面加上各自的分幅编号。

1 幅 1：10 万的地图，可划分为 4 幅 1：5 万的地图，然后在该 1：10 万地图编号的后面缀以 A、B、C、D 等，如 J-50-B。

1 幅 1：5 万地图，可划分为 4 幅 1：2.5 万的地图，然后在该 1：5 万地图编号的后面缀以 1、2、3、4 等，如 J-50-B-4。

1 幅 1：10 万地图，可划分为 64 幅 1：1 万的地图，然后在该 1：10 万地图编号的后面缀以（1）、（2）、（3）、…、（64），如 J-50-5-（15）。

④新标准。1992 年 12 月，我国颁布了《国家基本比例尺地形图分幅和编号》（GB/T 13989—92）新标准，1993 年 3 月开始实施。新的分幅与编号方法如下。

分幅。1∶100 万地形图的分幅标准仍按国际分幅法进行。其余比例尺的分幅均以 1∶100 万地形图为基础，按照横行数纵列数的多少划分图幅。

编号。1∶100 万图幅的编号，由图幅所在的"行号列号"组成。与国际编号基本相同，但行与列的称谓相反，如北京所在 1∶100 万图幅编号为 J50。1∶50万与 1∶5000 图幅的编号，由图幅所在的"1∶100 万图幅行号（字符码）1 位，列号（数字码）1 位，比例尺代码 1 位，该图幅行号（数字码）3 位，列号（数字码）3 位"共 10 位代码组成，如 J50B001001（亢健，2011）。

4. 监测的方法

荒漠化监测是防治荒漠化的一项基础工作，主要是通过定期调查，及时掌握荒漠化土地的现状、动态及控制其发展所必需的信息（牛星等，2010）。在监测方法上，通常采用常规监测方法和基于遥感（RS）、地理信息系统（GIS）和全球定位系统（GPS）技术（统称"3S"技术）的监测方法两大类（牛星等，2010）。

1）常规监测方法

研究人员对荒漠化所涉及的领域进行的大量资源调查工作多采用常规监测方法，该方法可为荒漠化研究提供更为详细的土地荒漠化成因、过程、发展动态、治理成效等基础数据，包括要素评价法、Thornthwaite 法和地面抽样法 3 类（牛星等，2010）。

（1）要素评价法。要素评价法的基本做法，是将某些自然要素作为荒漠化监测的评价因子，围绕这些因子设计监测技术路线和监测方法，主要目的是对荒漠化程度进行评价与制图。例如，胡孟春以景观学为指导进行单要素评价，然后以主导因素法确定土地沙漠化类型，并用模糊综合评判法完成了科尔沁沙地的分类与定量评价。马世威等则以沙丘形态为评价标志，对沙质荒漠化进行了评价（吴彤和倪绍祥，2005）。

（2）Thornthwaite 法。Thornthwaite 法又称 Thornthwaite 模型，是国际上通用的通过计算实际蒸散量（蒸发与蒸腾之和）模拟生物生产量的一种方法，广泛应用于对植被气候关系和气候生产力的研究，在荒漠化监测中也有应用。例如，慈龙骏等用 Thornthwaite 法计算出湿润指数，据此划分出 3 个荒漠化气候类型，再采用空间插值得到湿润指数等值线图，进而制作了第一张中国荒漠化气候类型分布图，确定了中国荒漠化的潜在发生范围（吴彤和倪绍祥，2005）。

（3）地面抽样法。地面抽样法的基本做法是通过调查荒漠化自然原因、荒漠化程度及土壤、植被、地形、土地利用类型等因素，并根据建立的数值指标体系进行打分，对荒漠化分布、土地类型、程度、面积、动态变化及荒漠化成因、危害状况、治理效果等进行分析评价，提出荒漠化防治的对策措施。例如，冯建成在对山西省荒漠化的研究中，利用可能蒸散量计算获得的 1∶100 万全国荒漠化气候类型分布图来确定调查总体，再根据 1994 年山西省沙化土地普查资料，确定样本单元数并布设样线进行调查。其荒漠化监测体系的建立以数理统计方法为基础，即利用成数抽样技术，通过抽样调查，推算山西省的荒漠化土地面积及动态数据（吴彤和倪绍祥，2005）。

2）基于 RS 与 GIS 技术的监测方法

最早利用遥感（RS）进行荒漠化监测是在 1975 年联合国和国际自然资源联合会资助下对苏丹南部撒哈拉南缘的沙漠入侵和生态退化状况的评价，该项目通过空间数据和地面调查相结合的方法确定了植被和沙漠的分界线，并将误差控制在 5km 之内。20 世纪 80 年代，国内外利用遥感对土地荒漠化的监测主要处于目视解译阶段，即通过室内判读航片、卫片与编绘荒漠化草图，结合野外关键地带路线的考察最终成图。目前由联合国有关机构提出的 3 种适用于不同地区的土地退化评价与监测理论，即全球人为作用下的土地退化（GLASOD）、南亚及东南亚人为作用下的土地退化（ASSOD）和俄罗斯科学院提出的评价方法，在实践上均以目视解译为主，依靠常规技术支持的经验性指标体系来完成。90 年代以来，SPOT、TM、MSS、NOAA 等多种空间分辨率遥感数据开始广泛用于荒漠化的研究中，遥感图像处理软件 ERMapper、PCI、ERDAS、ENVI 和一些 GIS 软件，如ArcGIS、MAPGIS、GEOSTAR、MGE 也逐步集成使用。"3S" 技术作为定量化遥感发展的方向，实现了从信息获取、信息处理到信息应用的一体化技术系统，具有获取数据准确、快速定位遥感信息的能力。在实现数据库的快速更新和在分析决策模型的支持下，能够快速完成多元、多维复合分析，使遥感对地观测技术跃上了一个新台阶，同时有力地推动了空间技术应用的发展，从而使基于 "3S" 技术的荒漠化监测技术路线也得到了快速发展（程水英和李团胜，2004）。

在国内，荒漠化监测方法经历了实地考察、遥感调查到抽样与 "3S" 技术联合调查的过程。1959 年，中国科学院成立治沙队，围绕"查明沙漠情况，寻找治沙方针，制定治沙规划"的任务，连续 3 年对我国沙漠与戈壁进行了多学科考察，基本查明了我国沙漠与戈壁的面积、分布等情况。20 世纪 80 年代初，水利部组织了全国土壤侵蚀调查，采用遥感方法，对全国范围内的包括风蚀、水蚀和冻融在内的土壤侵蚀状况进行了调查，编制了 1∶50 万到 1∶100 万的土壤侵蚀图。80 年代中期，中国科学院自然资源综合考察委员会应用遥感方法对全国土地资源进行评价，查明了全国盐渍化土地、退化土地及土地利用状况，编制了 1∶1000 万土地资源图。随后农业部门组织科研人员对中国南方、北方草场资源情况进行了调查，此外，还完成了许多与荒漠化有关的资源调查，如全国土地详查、土壤普查和森林资源清查等。90 年代中期，林业部组织科研人员在全国范围内进行了沙漠、戈壁及沙化土地普查，并采用地面调查与最新 TM 影像核对的方法，首次全面系统地查清了我国的沙漠、戈壁及沙化土地面积、分布现状和最近几年来的发展趋势，为防沙治沙和防治荒漠化提供了非常有用的信息数据。调查方法上的不断进步，使得荒漠化调查周期越来越短，调查数据的现实性更强，数据的精度也更高（牛星等，2010）。

相对而言，基于卫星遥感和 GIS 技术的荒漠化监测方法更具有优越性。卫星图像的宏观性特点及在同一时间对大面积范围的扫描，可有效地实现面积广阔地区荒漠化类型和特征的识别。卫星图像不受地域限制，可方便地获取偏远地区的荒漠化信息。卫星轨道覆盖的重复周期较短，有利于荒漠化特征的动态监测，不仅可实现荒漠化信息的存储、管理和更新，而且利用其强大的空间分析和数据综合能力，可以方便地实现遥感数据、地面数据的融合，并在相关模型的支持下提供荒漠化决策依据（吴彤和倪绍祥，2005）。

GPS 是进行荒漠化监测不可缺少的主要技术手段之一，可用于固定样线位置与遥感解译标志的确定及信息采集，遥感技术可提高荒漠化监测的准确性和时效性。但利用遥感与 GIS 技术进行荒漠化监测也存在一定的不足之处，根据荒漠化监测的发展趋势分析，今后仍需加强遥感图像数据、地面数据和历史资料的融合，应进一步提高荒漠化遥感监测的精度，采用高光谱遥感信息，同时应建立智能化荒漠化监测与预警系统（牛星等，2010）。

5. 监测周期

考虑到土地荒漠化是渐变过程这一特点，结合技术及经济因素，一般荒漠化监测以 5 年左右为一个监测周期，重点地区的监测周期可根据需要、技术和经费状况随时确定。

2.6.2 荒漠化评价

随着人口的增长，土地资源缺乏的程度日益严重，世界各国都在努力寻求解决土地荒漠化问题的途径。我国荒漠化土地主要分布在中西部地区，随着国家经济建设重点向中西部的转移，保护好这些地区的土地资源和使已经退化的土地逆转是一个十分重要和亟待解决的问题。对荒漠化土地的评价和荒漠化发展的监测，是制定区域经济发展方向、环境质量评估和制定防治荒漠化方针措施的基础，具有特别重要的现实意义（马立鹏等，2002）。

1. 荒漠化评价概念、目的与内容

1）荒漠化评价概念

荒漠化评价，简单地说就是对分布于干旱、半干旱和半湿润地区的退化土地进行类型的划分与程度的分等定级，查明土地目前的质量状况远离未退化状态的程度。荒漠化评价从根本上属于土地资源评价或土地质量评价的范畴，是为土地利用服务的。荒漠化评价的对象是土地的质量，"质"的界定旨在说明荒漠化的不同，即是说存在类型的差别。"量"的界定旨在说明荒漠化具有相似性，但从退化角度存在程度的差别（丁国栋等，2004）。

土地评价是按照一定的目的，对土地性状进行估计的过程，它包括对地形、土壤、植被、气候和土地其他方面的调查和分析说明，使所考虑的土地利用与该地区的自然、经济和社会条件相适应，找到最合适的土地利用类型。而荒漠化评价过程是按照一定的评价指标体系，对所利用土地的质量进行分级划等，确定各级退化土地的分布范围，并且说明目前土地利用的合理性，为合理利用土地、提高生产力服务。因此，荒漠化评价在一定意义上属于土地评价的范围，同时又有区别（牛星等，2010）。

2）荒漠化评价目的

荒漠化评价的目的在于说明土地荒漠化的发生原因、荒漠化过程和荒漠化发展程度及速率、自然环境的脆弱性等，应满足于预测土地荒漠化的发展和拟定防治荒漠化措施的要求，说明目前土地利用类型和土地特性的适宜程度、土地经营和改良措施的效果等（那波等，2006）。

荒漠化评价可以说明目前土地的质量优劣、土地利用的适宜程度、经营措施的合理性，为确定土地经营方向、管理措施、可采取的改良方法等提供决策依据。荒漠化评价的另一个目的是要说明土地退化的原因，如草场退化，不仅要说明草场退化的程度，而且要揭示造成退化的原因是气候干旱，还是放牧的结果，放牧是牲畜超载，还是牲畜结构不合理。只有完成这一任务，荒漠化评价才有真正的生产实践意义，才能为防治荒漠化提供可靠的科学依据（那波等，2006）。

3）荒漠化评价内容

（1）荒漠化现状评价。荒漠化现状评价是土地荒漠化评价的核心，是其他评价过程的基础。目前进行的荒漠化评价大部分是荒漠化现状的评价。荒漠化现状评价是指在特定的时间和地域条件下，对土地单元的退化程度进行分等定级。退化程度是指土地质量远离未退化或"基线"状态的程度。荒漠化现状评价的最后结果是荒漠化现状分布图，图上显示目前土地利用类型不同的评价单元（或地块）

土地退化的等级（轻度、中度、严重和极严重）。评价过程首先是做出土地单要素的分布图，在一定的荒漠化评价指标体系和模型下，单要素叠加的结果就是荒漠化现状分布图（刘新春，2007）。

（2）荒漠化发展速率评价。荒漠化发展速率是指在一定（单位）时间内荒漠化向同一方向发展的速度，即反映荒漠化发展的快慢程度。作为正过程，它既包括非荒漠化土地的荒漠化，也包括各种荒漠化土地程度的加深；作为逆过程，它主要是指荒漠化程度的逆转。地区之间荒漠化现状也可能相同，但发展速度可能不同，荒漠化的危险性也许不同，预防和治理的措施也就不同。荒漠化发展速率的评价属于动态评估的范畴，一般不能用简单的两次测定的直线来表示，应该由数次测定所判定的连续发展趋势来获得（刘新春，2007）。

（3）荒漠化危险性评价。荒漠化危险性评价是在前两类评价的基础上，对土地荒漠化的综合评价。在荒漠化目前现状和发展速率的基础上，须考虑自然条件的脆弱性、环境压力等。自然条件也是荒漠化内在危险性的体现，包括土壤的易风蚀性、降水变率等。环境压力主要指人口压力和牲畜压力，用人口超载率和牲畜超载率指标来表示（那波等，2006）。

（4）荒漠化发展趋势评价。荒漠化发展趋势评价实质上是一种综合评价。它是在综合荒漠化成因、发展规律、目前状况和发展速率的基础上，考虑自然条件的脆弱性和环境压力的大小而进行的预测性评估，包括荒漠化产生的可能性，未来一定时期荒漠化可能达到的程度等（杨银生等，2009）。

2. 荒漠化评价指标体系

1）国外荒漠化评价指标体系

早在 20 世纪 30 年代和 50 年代，美国、澳大利亚等国在草场退化评价方面已作了初步尝试。但是真正提出土地荒漠化的评价体系的是柏雷（Berry）和福德（Ford），在 1977 年联合国沙漠化大会之后，他们以气候、土壤、植被、动物和人类影响等为依据，首次提出了适用于全球、地区（跨国家的）、国家和地方的 4 级指标体系框架，指标以气候因子为主体，但未考虑人为活动的因素（丁国栋等，2004）。

此后，由肯尼亚内罗毕联合国荒漠化会议的一次讲习班发起，1978 年任思宁（Rcining）又把荒漠化的有关指征进一步具体化，考虑到自然因素和人为因素的相互联系，提出由物理、生物、社会 3 个方面众多指标组成监测指标体系，涉及土壤、植被、水、动物与人类活动等众多指标（董玉祥和刘毅华，1992）。

1980 年 Dregne 在总结前人工作的基础上，提出荒漠化的指标在不同土地利用状况下，其内容有所不同。在旱作农业区，植物生长比较差，年降雨波动差异大，土壤裸露，每年有几个月遭受风蚀，因此土壤侵蚀强弱是最重要的荒漠化问题，土壤特点则是最明显的直接指标，土壤搬运和堆积的总量、风蚀沟和沙丘的大小及数量是估算土壤荒漠化程度的指标。在灌溉农业地区，不恰当的水管理是影响作物产量的最大因素，土地荒漠化主要表现在盐渍化和水渍化方面，重要指标是土壤耕层的含盐量、土壤表面吸收性钠的数量、盐结皮状况、植物体氯化物含量等。在畜牧业地区，其主要的指标应放在植物种类的组成、生长势、植物生物量方面，次要指标则以畜群的组成与数量、乳类生产量的变化、植物体内碳水化合物的储量等为内容。此外，在矿区、休憩用地等方面也均有侧重。而且他认为人类影响也是荒漠化评价的重要内容。所以 Dregne 从土地利用的角度提出了一个包括物理、生物和社会经济方面的评价指标体系（丁国栋等，2004）。

1984 年苏联根据与联合国环境规划署达成的协议，编写了"制定防治荒漠化的区域性综合发展纲要指南"，该"指南"提出了与 Rcining 相类似的监测评价指标体系，包括物理（土壤、地球化学和水文）、植物、动物、社会 4 个方面的许多指标（丁国栋等，2004）。

根据荒漠化评价与制图的需要，1984 年联合国粮食及农业组织（FAO）和联合国环境规划署（UNEP）在《荒漠化评价与制图方案》中，从植被退化、风蚀、水蚀、盐碱化 4 个方面，提出了荒漠化现状、发展速率、内在危险性评价的具体定量指标，并把荒漠化按其发展程度的不同分为弱、中、强、极强 4 个等级，这可以认为是最全面和最详细的评价指标体系。但 1984 年和 1988 年 UNEP 先后两次对苏丹、马里西部荒漠化过程的评估中发现，实践效果不尽如人意。1992 年"联合国环境与发展大会"后，特别是 1994 年《联合国防治荒漠化公约》签署后，各国更是竞相进行研究。1995 年科赫（Kuehl）等从土壤、植被和光谱特性方面构建出一个综合荒漠化评价指标体系，并以美国科罗拉多高原的草地、灌丛和针叶林为对象开展动态评估研究（丁国栋等，2004）。

2）国内荒漠化评价指标体系

关于我国荒漠化的现状评价指标体系和标准，在第 3～9 章做了介绍。关于荒漠化的风险评价和发展速率评价，还常常存在不足。

我国荒漠化问题的研究工作开始于 20 世纪 50 年代对沙漠的研究，而荒漠化评价研究则是在 1978 年中国科学院兰州沙漠研究所成立后。由于受荒漠化概念理解的限制，1994 年《联合国防治荒漠化公约》签署前，我国荒漠化评价主要针对以风沙活动为主要特点的沙质荒漠化进行研究。1984 年朱震达根据沙漠化土地年扩大率、流沙所占该地区面积比率和地表景观形态组合特征，提出了沙漠化程度评价指标体系（表 2.2）（张克斌和杨晓晖，2006）。

表 2.2　沙漠化程度指标（朱震达和刘恕，1984）

沙漠化程度类型	沙漠化土地每年扩大占该地区面积的比例/%	流沙面积占该地区面积的比例/%	形态组合特征
潜在的	0.25 以下	5 以下	大部分土地尚未出现沙漠化，仅有偶见的流沙点
正在发展中	0.26～1.0	6～25	片状流沙，吹扬灌丛沙堆与风蚀相结合
强烈发展中	1.1～2.0	26～50	流沙大面积的区域分布，灌丛沙堆密集，吹扬强烈
严重的	2.1 以上	50 以上	密集的流动沙丘占绝对优势

　　朱震达同时认为，在沙漠化过程中随着沙漠化程度的进展，土地再生潜力、生物生产量以及生态系统能转化效率等都有较明显的变化，这些变化是随着沙漠化进程而产生和发展的。因此，朱震达又提出与上述沙漠化程度指征一起共同成为判定沙漠化程度的辅助指标（表 2.3）（丁国栋等，2004）。

表 2.3　沙漠化程度的辅助指标（朱震达等，1984）

沙漠化程度类型	植被覆盖度/%	土地滋生潜力/%	农田系统的能量产投比/%	生物生产量/[t/(hm²·a)]
潜在的	60 以上	80 以上	80 以上	4.5～3
正在发展中	59～30	79～50	79～60	2.9～1.5
强烈发展中	29～10	49～20	59～30	1.4～1.0
严重的	9～0	19～0	29～0	0.9～0

　　1985 年，为沙漠化专题图制作的需要，冯毓逊在朱震达的沙漠化程度评价指标体系基础上，提出了以荒漠化土地占该地区的面积比例、一定时期以来荒漠化土地增加的百分率、沙丘类型、沙丘相对高度、沙丘疏密度、沙丘活化程度、分布规律及沙丘上植被盖度为指征的荒漠化程度判读标志。另外，吴正、申建友等也曾提出过些相类似的标准。但总体上讲，这一时期学术界较为公认的仍然是朱震达的沙漠化程度评价指标体系（丁国栋等，2004）。

　　1994 年，《联合国防治荒漠化公约》签署后，我国更加重视荒漠化评价指标体系的研究工作。"九五"国家科技攻关项目曾列专题——"沙质荒漠化评价指标体系及动态评估研究"进行探讨，国家自然科学基金委员会也投入相当资金资助相关项目开展研究（丁国栋等，2004）。

　　1998 年，高尚武等结合遥感卫星影像解译，提出由植被盖度、裸沙地占地百分比和土壤质地 3 个指标构成的沙漠化监测专家评价体系，并在宁夏灵武、内蒙古奈曼旗、内蒙古阿拉善右旗等地进行应用（丁国栋等，2004）。

　　关于石灰岩地区石漠化的危险性评价，2004 年李瑞玲等根据岩性、地貌、坡度、人口密度和陡坡耕地率进行石漠化危险性评价（表 2.4），可以作为评价大参考。

表 2.4　喀斯特土地石漠化危险性评价指标（李瑞玲等，2004）

强度等级	岩性（泥质含量）/%	地貌（切割度）/m	坡度/%	人口密度/(人/km²)	陡坡耕地率/%
轻度危险性	30～70	<200	>18	>143	<7.42
中度危险性	10～30	200～500	>20	>205	7.42～13.14
极危险性	<10	>500	>25	>267	>13.14

3）荒漠化评价指标的确定原则

荒漠化的实质是土地退化，而土地退化又是在自然和人为多种因素作用下，土地内部各要素物质能量特征及其外部形态的综合反映。归纳起来，影响和决定土地退化的各种直接、间接因子有很多，如果把所有因子均列入评价指标体系，则将会得到庞大的指标体系，这不仅增加评价工作量，而且还会冲淡主要指标，进而导致评价结果不准确（胡小龙等，2005）。为使评价过程达到预期目的，需要选择最有代表性的主要评价指标，荒漠化评价指标的选取应遵循以下原则。

（1）综合性原则。荒漠化是气候、土壤、植被、水文等自然因素与人为因素相互作用、相互制约下形成的统一体。荒漠化评价的指标体系覆盖面要广，必须能够全面地反映荒漠化的成因、表现及后果，同时又要避免指标间的重叠性。只有选择相互联系而又相互补充的多项指标，才能尽可能全面、客观、准确反映荒漠化的程度特征。因此，在荒漠化评价时，选取的指标应是多因素的，但指标之间不是简单相加，而是有机联系而组成的一个层次分明的系统整体（范文义等，2000）。

（2）主导性原则。荒漠化是一定地域的土地系统退化，其影响因子众多，若全部考虑，限于现有条件，既不现实也没必要，若采用传统的单因子评价势必会影响其精度，因此选择能够反映荒漠化过程最本质方面的评价指标，建立一个科学的、完整的评价指标体系，便可既简便又较准确地对荒漠化类型作出划分。土地退化的本质是土地的生物和经济生产力及其复杂性下降，它包含了自然植被的长期丧失和土地理化性状及生物性状的衰退。因此，就荒漠化现状指标而言，荒漠化土地的植被和土壤的质量性状特征应成为荒漠化综合评判的主要指标（张宏等，2005）。

（3）实用性原则。荒漠化评价是为荒漠化监测和荒漠化治理服务的，选取的评价指标不但应具有典型性、代表性，更重要的是要具有可操作性，易于地面观测和适于应用遥感和计算机进行监测，能在信息不完备的情况下对荒漠化进行评价。指标的设置要尽可能利用现有统计指标，尽量与统计指标一致或存在一定的关联，以便纳入国民经济统计指标中。数据采集应尽量节省成本，用最小的投入获得最大的信息量。同时，选取的指标应充分考虑时间分布和空间分布问题，要注意指标体系在不同区域应用的可操作性，要有统一的方法采集数据，这样才能进行不同区域之间的对比。要多采用直接指标，少采用间接指标，多采用定量指标，少采用定性指标，而且指标的名称也应通俗易懂（张传国，2001）。

（4）动态性原则。土地荒漠化是发展变化的，客观上需要动态性的评价指标体系。指标体系必须具有一定的弹性，能够适应不同时期不同荒漠化生态系统的特点。在动态过程中较为灵活地反映荒漠化的现状，并能对未来的情况作出预测（金樑等，2006）。

（5）地带性原则。我国荒漠化地区分布跨度大，地理分异规律复杂，因此在进行荒漠化评价时，选取的指标体系应是多样的，而不是唯一的，所建立的指标体系要随着生物气候带的不同而有差异。

地带性原则的第一个体现是同级别的退化土地在不同的地带度量指标应有不同。例如，半干旱半湿润地区的科尔沁和干旱地区的阿拉善，如果用同一种指标来衡量荒漠化水平，就可能造成东部范围和等级偏小，西部地区范围扩大、程度加重的现象。中国荒漠化指标体系应在生物气候地带分异的基础上，将半湿润和半干旱地区划为东部地带，干旱地区划为西部地带，青藏地区由于地理环境的独特性而专划独立的一级地带，分 3 个地带单独建立。地带性原则的第二个体现是各地带的分级数量应是多样的，即各地带由于土地退化演替序列的不同，在初始面和终极面之间可辨识出的级别也不同（孙武等，2000）。

（6）层次性原则。层次性原则是指随着评价与监测空间范围的变化，应有不同精度要求的指标体系，这也体现了地带性原则与监测手段对指标体系的约束。我国荒漠化监测范围通常分为国家、区域、地方 3 个层次等级，所以评价指标应与之相对应。全国范围内的监测可用 NOAA、NDVI 和反射率（ALB）指标，再用水热指数、地形、生物带等 GIS 类指标加以辅助。在地方或重点地区可利用 SPOT 和航片以及详细的 GIS 资料（王葆芳等，2004）。

4）荒漠化评价指标体系

采取国际国内普遍采用的等级标准，根据实际情况将生态环境质量分成若干等级，判定荒漠化现状隶属的级别（表 2.5）。由于指标标准的选取具有模糊性，难以准确地定量化，所以采用专家咨询法，充分利用专家的知识和经验，作出科学判断，这样既能保证判断的科学性，也能有效避免制定指标标准的主观性（黄志强等，2014）。

荒漠化也是客观存在的一个土地退化问题，而且有着明显的景观特征，各类荒漠化等级划分指标与标准见第一章。

表 2.5 荒漠化评价标准体系（据董玉祥和刘毅华，1992 修改）

		指标	轻度	中度	重度	极重
自然生态环境指标	气候	气候干燥度/(E/R)	<2.5	2.5~4	4~5.5	>5.5
		年起沙风日数/天	<75	75~150	150~300	>300
		降水变率	<0.3	0.3~0.4	0.4~0.5	>0.5
	土壤	裸地占地百分比/%	<10	10~30	30~50	>50
		土壤有机质含量/%	>2.0	2.0~1.4	1.4~0.7	<0.7
	水文	地下水埋深/m	>9	9~6	6~3	<3
		地下水矿化度/(mg/L)	<0.5	0.5~1.5	1.5~2.5	>2.5
	生物	植被覆盖率/%	>60	60~40	40~25	<25
		牲畜超载率/%	<50	50~100	100~200	>200
社会生态环境水平	农业发展水平	农业产出/投入	>5	5~3	3~1.5	<1.5
		粮食单产/带内最高水平/%	>60	60~40	40~20	<20
		牧业产出/投入	>5	5~3	3~1.5	<1.5
		牧草单产/第一性生产力/%	>40	40~25	25~10	<10
	人民生活	农民家庭恩格尔系数	<50	50~60	60~70	>70
		职工人均年收入/农民人均年收入	<2	2~4	4~6	>6

3. 荒漠化评价中的基本问题分析

1）荒漠化评价的"基线"问题

荒漠化是退化过程和退化的结果，所谓退化是相对于过去的状态而言，所以确定一个地区荒漠化的发展程度，一个关键问题是确定其退化的"基线"问题，即什么状态是未退化的状态。"基线"作为荒漠化评价和监测的起点，为确定土地是否发生退化或恢复提供了参考点，同时也为处于不同退化程度的荒漠化土地提供了比较基础，没有了"基线"就无法进行比较，也就难以进行评价。理论上的"基线"是存在的，从生态学的角度可定义是在一定的气候条件下，没有人为干扰的状态下，特定区域土地生态系统所能达到的最大潜在状态，或者说系统生产力所能达到的最大潜在状态，也就是未退化状态，即早期的气候顶极的意义和植物群落学中的潜在的天然植被（边振和张克斌，2010）。而对一定的地域来说，其古地理环境和历史地理中的记录材料，代表了过去在较少的人为干扰下自然所处的状态，就是该地区的"基线"。但是实际应用中"基线"很难确定，因为目前很难发现一个未被人类活动影响的干旱生态系统，而且历史资料中又缺少这方面的详细记载，所以影响了荒漠化的比较评价。部分学者对"基线"进行了初步探讨。孙武等认为，荒漠化"基线"存在地区差异，在中国可尝试选取 20 世纪 50 年代或 70 年代的现实景观为相对基准，作为衡量是否发生荒漠化的主要依据。刘玉平认为，荒漠化"基线"即未退化状态是一定气候条件下生态系统所能达到的最大潜在状态，或者天然植被演替所能达到的最终稳定状态，可以在目前的植被中寻找。陈杰等认为，确定"基线"，一是利用历史资料弄清特定地区草场的未退化状态，二是利用相同自然条件和利用管理方式下未退化草场的现状作为评价的参照基线。本教材认为，首先"基线"应当是一套指标，它可以描述某种土地类型的未退化状态。"基线"可以通过处于相同气候区和相同自然条件下未发生退化土地的典型区来确定。对于很难找到未发生退化区域的某些土地类型，可以根据已有的研究成果、历史数据和调查资料等来确定其"基线"。其次，不同气候区、不同土地利用类型应该具有不同的"基线"。例如，分布于半干旱区的毛乌素沙地的以木氏针茅为建群种的典型草原和以油蒿为建群种的沙生植被具有不同的基准，同时位于半干旱区的草地和农田也具有不同的基准，分布于干旱区和半干旱区的农田也应当具有不同的基准。在荒漠化监测与评价中状态指标的基准是最主要的，因为土地退化程度的评价是荒漠化评价的核心，并且也是最难确定的。压力指标、影响指标和执行指标也需要基准来确定评价的起点，这三者都涉及社会经济指标，如果社会经济条件不同，基准也将存在差异（吴波等，2005）。

2）荒漠化评价的时空尺度

尺度通常是指观测和研究的物体或过程的空间分辨率和时间单位，尺度暗示我们对细节了解的水平。从生态学的角度来说，空间尺度是指研究对象生态系统的面积的大小，时间尺度是指所研究生态系统动态的时间间隔（邱扬等，2000）。

荒漠化过程在不同的时空尺度上表现形式是不一样的，特别是空间尺度上，差别更明显。例如，毛乌素沙区在区域尺度上，荒漠化表现为草场面积的减少，流沙面积的扩大，植被覆盖度的降低等。在低一级的尺度上，则表现为草场内植被类型的变化。在更低一级的尺度上，表现为群落组成的变化、植物生长量的变化、土壤特征变化等。由于在不同的尺度上荒漠化的过程不同，决定了评价荒漠化程度的指标选取和指标阈值存在不同，调查方法和手段也有不同（李虎等，2005）。在大尺度下，可以采用卫星遥感的方法获取资料进行评价，中尺度下就要采用航空遥感的方法，较小尺度下则必须结合地面调查、定位调查的技术。

现有的荒漠化评价方法及评价的指标体系，对空间尺度问题重视不够，或没有空间尺度的界定。关于荒漠化评价的尺度研究，国际上比国内要重视。博瑞（Berry）和福德（Ford）最先提出的荒漠化的鉴定指标系统就包括了 3 种空间尺度（全球、区域、地区）下的监测指标。苏联科学家在研究蒙古国的土地荒漠化时，编制的荒漠化图就分为 3 种比例尺，即有 3 种空间尺度，大比例尺为 1∶50 000～1∶100 000，中比例尺为 1∶250 000～1∶500 000，小比例尺为 1∶1 000 000～

1：2500 000（高志海等，2004）。

从时间尺度上分析，如果以地质年代为测度，荒漠化可以看作是系列的气候地貌过程，表现为若干次大的干湿气候波动中的荒漠的形成与消失。沙漠形成演化的古地理学研究表明，古风沙在中生代的侏罗纪、白垩纪和新生代地层中均有存在，而新生代的古风成沙又有明显的早第三纪古风成沙、晚第三纪古风成沙和第四纪古风成沙之分。这种尺度的荒漠化过程具有地域上的广泛性、时间上的长期性和人为的不可控制性，人类将对其无可奈何，只能坐视生存环境的退化和生存空间的减少。因为有意改变区域气候是不可能的（至少目前如此），所以这种自然的荒漠化与我们现在的荒漠化评价关系不大。如果以人类历史为测度，荒漠化总的趋势仍然是第四纪干旱气候持续的过程，中国现代弧形沙漠带中的一些主要沙漠就是在第四纪初形成的，部分沙漠在晚第三纪甚至早第四纪就已出现，在此尺度下，曾有过数次干湿气候的小幅振荡，左右着荒漠化的正逆进程（董光荣等，1991）。从地质学的角度分析，3 个正过程分别对应于周汉寒冷期、宋辽寒冷期和清代寒冷期。古地理学和历史地理学的研究还证明，在其他沙区存在着同样的干湿气候轮回以及与之相对应的荒漠化的正逆次数，只是时间序列上有一定差别。同时人类活动的影响也不可忽视，而且总是伴随在旱区荒漠化的正向演替过程中，起着加速推进的作用。但是，由于历史的不可重复性，加之目前研究手段的限制，人类活动在荒漠化过程中的作用很难定量地反映出来，所以这种尺度的荒漠化仍旧不是我们评价的重点。如果以现代时期特别是近半个世纪为时间尺度，所有的现象都是在我们眼前实实在在发生的，而且也只有这些与我们的关系最为密切。我们注意到，人类为了生存，破坏了地球的许多方面，破坏了生存环境，目前，很难找到没有被人类影响的生态系统。同样我们也注意到，不论现在的气候处在演替的何种序列上，除极区和副极区外，人类对退化的土地并不是束手无策，植被恢复、绿洲建设、工程治沙取得的许多重要成果使人类有信心与荒漠化作斗争，并使荒漠化发生逆转。更应当欣慰的是，现在没有任何证据证明，干旱气候是在向更加干旱的方向发展。所以，这种尺度的荒漠化又可以认为是气候不变的背景下的人为加速过程。所有这些理由，才使得荒漠化的评价有必要且成为可能。我国荒漠化潜在发生地理范围的界定，恰好采用了这种尺度。当然时间尺度还可细划，如 10 年、5 年，但总体上必须以气候的相对稳定为原则，否则问题将非常复杂。

要评价一地区的荒漠化发展速率，在一定时间间隔内，至少应该进行 2～3 次荒漠化现状的评价，才能确定其发展的速度和趋势。因此，本书编者根据前人研究成果，结合自身理解，提出不同时空尺度下荒漠化评价的基本框架（表 2.6）。

表 2.6　我国不同尺度下的荒漠化评价基本框架（刘星晨等，1998）

尺度水平	空间尺度	评价、监测的主要内容	主要手段	空间范围/km²	时间尺度/年
全国	大尺度	荒漠化土地面积、荒漠化程度、植被覆盖率	卫星影像、调查资料汇总	10^5	3～5
区域	中尺度	荒漠化土地面积、荒漠化程度、主要植被类型面积	卫星影像、航片、调查资料	$10^3 \sim 10^5$	2～3
地方	小尺度	荒漠化土地面积、荒漠化程度、主要群落类型的种类和生物量、土壤特性	航片、地面调查	$<10^3$	1

参 考 文 献

白巴特尔, 郭克贞, 杨燕山. 2005. 毛乌素沙地防风固沙综合治理技术与应用推广[J]. 内蒙古水利, (3): 36-39.

白黎娜, 李增元, 高志海, 等. 2006. 青海省共和县土地沙化与土地覆盖变化遥感监测研究[J]. 水土保持学报, (1): 131-134, 142.

白永祥, 孙贵荣. 2004. 库布齐沙漠风沙危害及其治理技术[J]. 内蒙古林业科技, (3): 32-34.

包庆德, 富岳华. 2008. 中外学界荒漠化概念与类型研究述评[J]. 内蒙古财经学院学报, (5): 29-35.

包庆丰. 2006. 内蒙古荒漠化防治政策执行机制研究[D]. 北京: 北京林业大学博士学位论文.

边振, 张克斌. 2010. 我国荒漠化评价研究综述[J]. 中国水土保持科学, 8(1): 105-112.

布凤琴, 杜双件, 方李明, 等. 2016. 乔灌草结合治理我国北方土地风沙化问题的研究进展[J]. 安徽农业科学, 44(3): 48-49, 54.

常影, 宁大同. 2002. 全球气候变化对中国土地荒漠化的影响[J]. 地学前缘, (1): 244.

陈金成. 2012. 植物纤维毯在大广高速公路边坡防护中的应用[J]. 河北林业科技, (3): 31-34.

陈兰周, 刘永定, 李敦海. 2003. 荒漠藻类及其结皮的研究[J]. 中国科学基金, 17(2): 90-93.

陈清香. 2018. 共和盆地荒漠化防治机械固沙技术[J]. 内蒙古林业调查设计, 41(4): 32-35.

陈孝胜. 2007. 中国西部地区人口、环境、资源与经济可持续发展对策[J]. 生态经济, (8): 52-54, 73.

陈占仙, 张明铁, 菊花, 等. 2009. 额济纳胡杨生长规律的研究[J]. 内蒙古农业大学学报(自然科学版), 30(4): 65-69.

陈智尧, 邱儒琼. 2012. 大比例尺地形图分幅统一编号的构想[J]. 地理空间信息, 10(1): 158-160, 168, 6.

程水英, 李团胜. 2004. 土地退化的研究进展[J]. 干旱区资源与环境, 18(3): 6.

崔瑞梅, 鲁芹利. 2013. 榆林市沙区治理现状及对策初探[J]. 现代园艺, (19): 50-51.

但新球, 屠志方, 李梦先, 等. 2013. 岩溶地区石漠化现状分析(待续)[J]. 中南林业调查规划, 32(1): 59-62.

丁国栋, 赵廷宁, 范建友, 等. 2004. 荒漠化评价指标体系研究现状述评[J]. 北京林业大学学报, (1): 92-96.

董光荣, 李森, 李保生, 等. 1991. 中国沙漠形成演化的初步研究[J]. 中国沙漠, (4): 27-36.

董光荣, 申建友, 金炯. 1989. 我国土地沙漠化的分布与危害[J]. 干旱区资源与环境, (4): 33-42.

董光荣, 吴波, 慈龙骏, 等. 1999. 我国荒漠化现状、成因与防治对策[J]. 中国沙漠, (4): 22-36.

董玉祥, 刘毅华. 1992. 土地沙漠化监测指标体系的探讨[J]. 干旱环境监测, (3): 179-182, 192.

杜少玉. 2011. 影响飞播林正常生长的因素及保护对策[J]. 汉中科技, (3): 2.

樊宏武. 2011. 小叶锦鸡儿在北方道路护坡中的应用研究[J]. 北方环境, 23(11): 223-224.

范敬龙, 金小军, 雷加强, 等. 2013. 塔里木沙漠公路防护林工程抽水的地下水位响应[J]. 中国农学通报, 29(2): 114-119.

范文义, 徐程扬, 叶荣华, 等. 2000. 高光谱遥感在荒漠化监测中的应用[J]. 东北林业大学学报, (5): 139-141.

封殿波. 2009. 基于组件技术的斜轴圆锥投影模块应用开发研究[D]. 上海: 华东师范大学硕士学位论文.

冯冬梅. 2013. 营林相关技术研究[J]. 科技风, (22): 47.

付纪梅. 2013. 科尔沁左翼后旗农田牧场防护林建设对生态经济效益的影响[J]. 内蒙古林业调查设计, 36(3): 16-17.

高志海, 孙保平, 丁国栋. 2004. 荒漠化评价研究综述[J]. 中国沙漠, 24(1): 17-22.

苟文龙, 李元华, 李开章, 等. 2009. 高寒地区利用直升机飞播种草治沙技术[J]. 草业与畜牧, (8): 60-62.

古哈尔克孜·马合苏提. 2011. 沙漠公路沙埋病害的预防及处理措施[J]. 科技信息, (4): 336, 339.

关文彬, 谢春华, 孙保平, 等. 2001. 荒漠化危害预警指标体系框架研究[J]. 北京林业大学学报, (1): 44-47.

郭瑞斌. 2008. 西北地区生态环境变化与经济可持续发展研究[D]. 兰州: 甘肃农业大学硕士学位论文.

郭雨华, 赵廷宁, 丁国栋, 等. 2006. 灌木林盖度对风沙土风蚀作用的影响[J]. 水土保持研究, (5): 245-247, 251.

国家林业局造林司. 2001. 西部地区林业生态环境建设与治理模式(续)[J]. 林业科技通讯, (1): 31-32, 42.

韩邦帅, 薛娴, 王涛, 等. 2008. 沙漠化与气候变化互馈机制研究进展[J]. 中国沙漠, (3): 410-416.

韩冰. 2015. 浅谈播种造林的特点和类型[J]. 农民致富之友, (11): 209.

韩晨, 程军, 杨秀英. 2012. 地理坐标系浅析[J]. 价值工程, (32): 318-320.

韩福贵, 仲生年, 常兆丰. 2005. 民勤沙区沙丘的基本特征及其移动规律研究[J]. 防护林科技, (3): 4-6.

韩丽君, 安建成. 2009. 地图投影及其在 GIS 中的应用[J]. 科技情报开发与经济, 19(8): 136-138.

韩少清. 2006. 北京至拉萨高速公路乌海段风积沙沙阻病害的治理[J]. 内蒙古公路与运输, (3): 52-53, 42.

郝怀晓. 2005. 浅析营造灌木林在防沙治沙工程建设中的地位与作用[J]. 陕西林业科技, (4): 55-58.

郝铁蛇, 边秀梅, 刘新华. 2007. 沙地扦插造林技术[J]. 内蒙古林业, (9): 23.

何绍芬. 1997. 荒漠化、沙漠化定义的内涵、外延及在我国的实质内容[J]. 内蒙古林业科技, (1): 15-18.

胡宏飞. 2003. 引水拉沙造田及土壤改良利用技术[J]. 中国水土保持, (9): 35-36.

胡伟华. 2005. 阴山北麓农牧交错地带经济发展制约因素分析[J]. 前沿, (4): 74-76.

胡文峰, 何清, 杨兴华. 2012. 沙尘暴过程中气象要素响应及输沙分析[J]. 沙漠与绿洲气象, 6(3): 34-39.

胡小龙, 王利兵, 余伟莅, 等. 2005. 浑善达克沙地荒漠化指标评价的研究[J]. 内蒙古林业科技, (4): 1-4, 8.

黄鹏展, 阿布都热西提·阿布都外力, 赵建平. 2010. 沙丘移动的研究现状与未来研究思路[J]. 沙漠与绿洲气象, 4(1): 1-5.

黄淑玲. 2005. 我国沙尘暴灾害及减灾对策[J]. 宿州学院学报, (3): 89-92.

黄巍, 杨涛, 石长春. 2014. 设置沙柳沙障对沙丘土壤理化性质的影响[J]. 防护林科技, (8): 5-7.

黄月艳. 2010. 荒漠化治理效益与可持续治理模式研究: 以干旱亚湿润区为例[D]. 北京: 北京林业大学博士学位论文.

黄志强, 胡宝清, 容溶. 2014. 广西喀斯特地区农地生态预警研究[J]. 绿色科技, (10): 1-5, 8.

姜基利. 2010. 城市园林绿化常用的 7 种草本地被植物栽培技术[J]. 北京农业, (36): 61-63.

姜仁安, 郭梅. 2008. 吉林省公路土质边坡常见病害类型的分析[J]. 吉林建筑工程学院学报, 25(2): 65-67.

金樑, 高亚敏, 崔光欣, 等. 2006. 西北地区草地生态系统生态安全评价初探[J]. 生命科学研究, (3): 200-205.

金铭. 2012. 地球荒漠化威胁人类生存[J]. 生态经济, (9): 12-17.

靳方倩. 2011. 施工组织设计对公路施工项目成本的影响分析[J]. 中国新技术新产品, (4): 71-72.

康永德, 杨兴华, 霍文, 等. 2019. 沙尘天气下输沙率的野外观测与分析[J]. 沙漠与绿洲气象, 13(1): 63-69.

亢健. 2011. 基于 Arc Catalog 环境地图分幅的实现[J]. 油气田地面工程, 30(4): 10-11.

柯昌平. 2013. 皖西大别山石质山造林技术[J]. 现代农业科技, (19): 202-203.

克日亘. 2011. 论我国荒漠化的成因及其防治[J]. 湘南学院学报, 32(4): 32-35, 44.

赖北平. 2002. GPS 数据的卡尔曼滤波处理及其在飞行试验中的应用[D]. 南京: 南京航空航天大学硕士学位论文.

李春香. 2013. 西吉县柠条开发利用的探讨[J]. 农业科技与信息, (18): 42-43.

李纯英, 白彤, 孙宜安. 2000. 内蒙古生态环境现状及发展战略[J]. 内蒙古林业科技, (4): 15-17.

李冬林, 季永华, 戴小琳, 等. 2015. 水利防护林优化建设与管理探讨[J]. 中国水土保持, (5): 37-39.

李庚堂, 郜超, 曹庆喜. 2011. 榆林沙区飞播造林治沙应用技术措施[J]. 安徽农学通报(上半月刊), 17(21): 101-102.

李虎, 高俊峰, 王晓峰, 等. 2005. 新疆艾比湖湿地土地荒漠化动态监测研究[J]. 湖泊科学, 17(2): 6.

李慧兰. 1997. 金沙县林政资源管理刍议[J]. 贵州林业科技, (1): 62-64.

李慧卿, 马文元, 李慧勇. 2000. 沙冬青抗逆性及开发利用前景分析研究[J]. 世界林业研究, (5): 67-71.

李佳蔓. 2016. 浅谈在 GIS 中如何进行地图投影选择[J]. 建材与装饰, (40): 1.

李明泉, 王兴华, 马井新. 2011. 树木插穗采集及处理技术[J]. 吉林农业, (12): 187.

李瑞军, 王继和, 李毅, 等. 2009. 栅栏式棉秆沙障的防风固沙效益研究[J]. 甘肃农业大学学报, 44(4): 99-102, 119.

李瑞玲, 王世杰, 熊康宁, 等. 2004. 喀斯特石漠化评价指标体系探讨: 以贵州省为例[J]. 热带地理, 24(2): 145-149.

李守中, 肖洪浪, 李新荣, 等. 2004. 干旱、半干旱地区微生物结皮土壤水文学的研究进展[J]. 中国沙漠, (4): 122-128.

李天智, 王吉国. 2008. 古浪县马路滩沙漠治理现状及模式[J]. 农业科技与信息, (2): 19-21.

李兴天. 2013. 木麻黄主要虫害及其防治[J]. 安徽农学通报, 19(4): 122-123.

李毅, 屈建军, 董治宝, 等. 2008. 中国荒漠区的生物多样性[J]. 水土保持研究, 15(4): 4.

李英. 2013. 铁路建设对土地沙漠化影响及防护措施初探[J]. 铁道建筑技术, (S1): 237-240.

李智广, 曹炜, 刘秉正, 等. 2008. 我国水土流失状况与发展趋势研究[J]. 中国水土保持科学, (1): 57-62.

林年丰, 汤洁. 2001. 中国干旱半干旱区的环境演变与荒漠化的成因[J]. 地理科学, (1): 24-29.

林年丰, 汤洁. 2003. 第四纪环境演变与中国北方的荒漠化[J]. 吉林大学学报(地球科学版), (2): 183-191.

林为凃, 刘明文. 2012. 几种沙障在沙荒风口造林中的应用与分析[J]. 防护林科技, (2): 12-14, 56.

刘爱民, 慈龙骏. 1997. 现代荒漠化过程中人为影响的系统分析: 以内蒙古自治区乌审旗现代荒漠化过程为例[J]. 自然资源学报, (3): 16-23.

刘宝升, 姬忠飞. 2012. 谈植苗造林技术要点[J]. 黑龙江科技信息, (17): 202.

刘春洋. 2015. 关于辽西地区水利工程风沙危害防治措施的讨论[J]. 黑龙江水利科技, 43(4): 145-146.

刘虎俊, 王继和, 李毅, 等. 2011. 我国工程治沙技术研究及其应用[J]. 防护林科技, (1): 55-59.

刘黎明, 赵英伟, 谢花林. 2003. 我国草地退化的区域特征及其可持续利用管理[J], 中国人口: 资源与环境, 13(4): 46-50.

刘新春. 2007. 关于荒漠化研究几个问题的探讨[J]. 沙漠与绿洲气象, (1): 27-31.

刘星晨, 吴波, 王葆芳. 1998. 荒漠化评价指标体系与动态评估研究进展和展望[J]. 林业科技管理, (2): 24-25.

刘玉璋, 董光荣. 1992. 影响土壤风蚀主要因素的风洞实验研究[J]. 中国沙漠, (4): 41-49.

刘玉振, 王艾萍. 2001. 土地荒漠化与区域经济发展刍议[J]. 河南大学学报(自然科学版), (4): 75-81.

刘正祥, 张华新, 杨升, 等. 2014. NaCl 胁迫对沙枣幼苗生长和光合特性的影响[J]. 林业科学, 50(1): 32-40.

刘志华. 2008. 防治荒漠化中的土地产权制度研究[D]. 重庆: 西南大学硕士学位论文.

卢琦, 周士威. 1997. 全球防治荒漠化进程及其未来走向[J]. 世界林业研究, (3): 36-45.

卢琦. 2001. 荒漠化防治与生态良好[J]. 世界林业研究, (6): 33-40.

罗竹梅. 2009. 榆林沙区沙漠化防治技术研究与实践[J]. 陕西林业科技, (5): 12-15.

马立鹏, 徐当会, 王辉. 2002. 河西地区土地荒漠化程度评价[J]. 甘肃农业大学学报, (1): 50-56.

马丽. 2016. 梭梭再生体系研究及 HaDREB2C 基因的克隆与分析[D]. 乌鲁木齐: 新疆农业大学硕士学位论文.

马全林, 卢琦, 张德魁, 等. 2012. 沙蒿与油蒿灌丛的防风阻沙作用[J]. 生态学杂志, 31(7): 1639-1645.

马廷刚, 田庆丰, 高晨. 2013. 地图投影变换浅析[J]. 测绘与空间地理信息, 36(10): 266-269.

马艳平, 周清. 2007. 中国土地沙漠化及治理方法现状[J]. 江苏环境科技, (S2): 89-92.

马艳萍, 黄宁. 2011. 植被与风蚀耦合动力学模型及其应用[J]. 中国沙漠, 31(3): 665-671.

蒙仲举, 任晓萌, 高永. 2014. 低立式纤维沙袋沙障防风固沙效应研究[J]. 水土保持研究, 21(2): 294-296, 301.

孟德巴依尔, 巴音巴图. 2006. 梭梭的育苗及造林[J]. 农村科技, (11): 45.

孟俊贞. 2009. 克里金插值近似网格算法在栅格数据投影变换中的应用[D]. 长沙: 中南大学硕士学位论文.

那波, 贾树海, 刘扬. 2006. 关于荒漠化评价几个问题的探讨[J]. 中国农学通报, (1): 305-310.

牛星, 高永, 邢铁鹏, 等. 2010. 荒漠化监测与评价研究进展[J]. 内蒙古林业科技, 36(3): 51-55.

裴古安, 杨重存. 2000. 论公路养护与环境绿化[J]. 公路交通科技, (5): 115-118.

彭鸿嘉, 王继和. 2002. 河西生态林业建设成就、问题及对策[J]. 甘肃林业科技, (4): 5-8, 30.

朴起亨, 丁国栋, 吴斌, 等. 2008. 呼伦贝尔沙地植被演替规律研究[J]. 水土保持学报, 22(6): 180-186.

秦化洲. 2011. 论述植树造林的方法[J]. 北京农业, (36): 104.

邱扬, 张金屯, 郑凤英. 2000. 景观生态学的核心: 生态学系统的时空异质性[J]. 生态学杂志, (2): 42-49.

屈建军, 王涛, 董治宝, 等. 2004. 沙尘暴风洞模拟实验的综述[J]. 干旱区资源与环境, (S1): 109-115.

饶本强, 刘永定, 胡春香, 等. 2009a. 人工藻结皮技术及其在沙漠治理中的应用[J]. 水生生物学报, 33(4): 756-761.

饶本强, 王伟波, 兰书斌, 等. 2009b. 库布齐沙地三年生人工藻结皮发育特征及微生物分布[J]. 水生生物学报, 33(5): 937-944.

邵社刚, 付美兰. 2002. 西北地区高速公路绿化树种选择及其栽植技术[J]. 公路交通科技, (4): 156-158.

石明, 李芬, 张文芳, 等. 2003. 土地荒漠化成因分析及防治对策[J]. 中国水利, (10): 32-33, 5.

时玮. 2013. 基于面向服务架构的企业级 GIS 平台的实现[D]. 南京: 南京邮电大学硕士学位论文.

时永杰, 杜天庆. 2003. 荒漠化的类型及其分布[J]. 中兽医医药杂志, (S1): 5.

史社裕, 白增飞, 李炳. 2011. 风蚀沙埋对毛乌素沙地植物的影响及其防治[J]. 安徽农学通报(上半月刊), 17(15): 168-170, 193.

宋国敬, 沈彩霞, 薛丹, 等. 2011. 浅谈安阳县山桃直播造林技术[J]. 科技信息, (22): 395.

宋玉景, 王政. 2010. 试论东北黑土区沙漠化防治[J]. 中国科技信息, (4): 24-25.

苏志珠, 董光荣. 2002. 中国土地沙漠化研究现状及问题讨论[J]. 水土保持研究, (3): 133-135, 145.

孙保平, 2001. 荒漠化防治工程学[M]. 北京: 中国林业出版社: 38.

孙青洋. 2011. 浅谈樟子松大苗移植造林[J]. 民营科技, (11): 135.

孙水来, 何武全. 2008. 引水拉沙筑坝技术在榆阳风沙滩区的应用[J]. 水资源与水工程学报, 19(6): 74-77.

孙武, 南忠仁, 李保生, 等. 2000. 荒漠化指标体系设计原则的研究[J]. 自然资源学报, (2): 160-163.

孙兴凯. 2014. 《荒漠化防治与生态恢复》之俄译实践报告[D]. 乌鲁木齐: 新疆大学硕士学位论文.

孙秀岚. 2013. 植树造林方法及主要技术要点[J]. 农村实用科技信息, (8): 26.

谭振忠, 李婷. 2011. 青海省共和县沙珠玉沙漠化动态及防治成效[J]. 安徽农业科学, 39(16): 9778-9779, 9949.

田红卫, 高照良. 2013. 黄土高原土地沙漠化成因机制及其治理模式的研究[J]. 农业现代化研究, 34(1): 19-24.

田育新, 李锡泉, 姚敏, 等. 2004. 湖南省荒漠化和沙化土地现状、类型及成因初探[J]. 湖南林业科技, (4): 22-24.

佟艳, 常玉光. 2009. 我国西北地区荒漠化防治的对策浅析[J]. 农业与技术, 29(1): 1-3.

吐尔逊·哈斯木, 阿依先木·司马义, 祖木拉提·伊布拉音, 等. 2012. 塔里木河下游土地沙漠化的人为驱动作用分析[J]. 干旱区资源与环境, 26(4): 18-23.

万俊峰. 2013. 播种造林的特点和类型[J]. 河南科技, (12): 226.

王爱生. 2002. 利用 GPS 和水准测量解算垂线偏差[J]. 测绘通报, (2): 17-20.

王葆芳, 刘星晨, 王君厚, 等. 2004. 沙质荒漠化土地评价指标体系研究[J]. 干旱区资源与环境, (4): 23-28.

王丹, 宋湛谦, 商士斌, 等. 2006. 高分子材料在化学固沙中的应用[J]. 生物质化学工程, (3): 44-47.

王东. 2010. 浅谈土地荒漠化的成因及治理[J]. 内蒙古草业, 22(2): 5-8.

王光雄. 2015. 浅议神木县飞机播种造林技术的应用[J]. 农业与技术, 35(22): 83.

王红. 2013. 沙漠地区植物多样性的研究: 以辽西为例[J]. 地下水, 35(3): 182-184.

王静璞, 王光镇, 韩柳, 等. 2017. 毛乌素沙地不同固沙措施下沙丘的移动特征[J]. 甘肃农业大学学报, 52(2): 54-60.

王岷, 岳乐平, 李智佩, 等. 2001. 对荒漠化综合研究中一些基本问题的初步探讨[J]. 西北地质, (1): 10-17.

王琴, 刘彬. 2012. 奇台荒漠草地自然保护区主要植物种生态位特征研究[J]. 干旱区资源与环境, 26(9): 57-61.

王世杰. 2002. 喀斯特石漠化概念演绎及其科学内涵的探讨[J]. 中国岩溶, (2): 31-35.

王涛, 朱震达. 2003. 我国沙漠化研究的若干问题: 1. 沙漠化的概念及其内涵[J]. 中国沙漠, (3): 3-8.

王天社, 王博. 2013. 提高飞播造林成效的关键措施[J]. 现代农业科技, (22): 165, 178.

王熙龙. 2010. 刺槐及其在园林绿化中的应用[J]. 园林科技, (2): 3.

王晓霞, 张建华, 安婧荣. 2016. "四带一体"模式推广应用中的树种选择与配置技术研究[J]. 农业科技与信息, (26): 128-129.

王欣成, 赵光耀. 1991. 试论窟野河和秃尾河沙区产沙的环境、特点及其治理[J]. 人民黄河, (6): 28-31.

王银梅, 韩文峰, 谌文武. 2004. 化学固沙材料在干旱沙漠地区的应用[J]. 中国地质灾害与防治学报, (2): 81-84.

王永立, 刘建忠. 2007. PCI Geomatica 中自定义西安 80 坐标[J]. 国土资源遥感, (2): 90-93.

王蕴忠, 刘和平, 齐振邦, 等. 1998. 伊克昭盟飞机播种造林治理毛乌素、库布其沙漠(地)成效及评价[J]. 内蒙古林业科技, (4): 5-16.

魏彦辉, 张永福. 2014. 浅谈山地直播造林技术与荒山绿化有效方法[J]. 决策与信息, 20: 171.

温燕. 2015. 浅谈榆林荒沙地植物治理和搭设障蔽[J]. 农技服务, 32(9): 185.

吴斌, 张宇清, 吴秀芹. 2009. 中国沙区人居环境安全研究的初步探讨[J]. 中国沙漠, 29(1): 50-55.

吴波, 卢琦. 2022. 我国荒漠化基本特点及加快荒漠化地区发展的意义[J]. 中国人口·资源与环境, (1): 101-103.

吴波, 苏志珠, 杨晓晖, 等. 2005. 荒漠化监测与评价指标体系框架[J]. 林业科学研究, (4): 490-496.

吴波. 2001. 我国荒漠化现状、动态与成因[J]. 林业科学研究, (2): 195-202.

吴华. 2017. 基于 WebGIS 的标图数据管理系统的设计与实现[D]. 长春: 吉林大学硕士学位论文.

吴精忠. 1985. 腾格里沙漠东缘流动沙地飞机播种的治沙效果[J]. 中国沙漠, (1): 40-47.

吴彤, 倪绍祥. 2005. 土地荒漠化监测方法研究进展[J]. 国土资源科技管理, (5): 73-76.

吴文, 陈锦赋. 2012. 基于 3S 和 OpenGL 的 CO₂ 浓度空间可视化研究[J]. 绿色科技, (5): 153-156.

吴煜. 2017. 新疆干旱荒漠区煤矿开采区域的水土保持措施探讨[J]. 中国水土保持, (6): 3.

武健伟. 2011. 新形势下健全荒漠化监测体系的思考[J]. 林业经济, (7): 61-63.

肖化德. 2018. 沙漠地区的道路工程设计[J]. 公路交通科技(应用技术版), 14(9): 144-145.

肖丽萍. 2014. 浅谈山地直播造林技术在退耕还林中的应用[J]. 农技服务, 31(3): 98, 96.

谢晓虹, 李春萍, 刘迪. 2009. 接枝共聚法制备高吸水性树脂[J]. 内蒙古石油化工, 35(17): 29-31.

谢耀华. 2009. 海量影像存储与管理关键技术研究[D]. 长沙: 国防科学技术大学博士学位论文.

辛肖杰. 2013. 基于 GIS 的青海省海西州生态环境质量评价研究[D]. 西宁: 青海师范大学硕士学位论文.

邢永强, 郭新华. 2006. 土地荒漠化的现状及对策: 写在第十六个全国"土地日"到来之际[J]. 河南国土资源, (6): 26.

熊忠招. 2010. 浅谈 UTM 投影下独立坐标系统建立[J]. 地理空间信息, 8(2): 41-43.

闫德仁. 2001. 内蒙古沙漠化土地成因与防治[J]. 内蒙古环境保护, (1): 35-38.

闫野, 李富平, 夏冬, 等. 2011. 尾矿库无覆土植被恢复适生植物筛选试验研究[J]. 化工矿物与加工, 40(6): 17-19.

杨爱民, 王浩, 刘广全, 等. 2003. 水利措施是防治土地沙漠化的根本性措施[J]. 水利发展研究, (6): 40-42.

杨大洲. 2011. 浅议安康飞播造林成效调查工作[J]. 陕西林业, (6): 12.

杨刚, 刘兆泉, 赵秀美, 等. 2008. 山东省干旱瘠薄山地直播造林技术[J]. 林业实用技术, (7): 16-17.

杨琳. 2016. 林木扦插育苗及管理技术[J]. 农业开发与装备, (11): 187, 64.

杨树栋. 2010. 浅议柽柳的栽培和药用价值[J]. 现代园艺, (3): 53-54.

杨逸畴, 洪笑天. 1994. 关于金字塔沙丘成因的探讨[J]. 地理研究, (1): 94-99.

杨银科, 黄强, 刘禹, 等. 2013. 以树木年轮密度资料重建鄂尔多斯中部地区 6 至 10 月降水量的变化[J]. 西北农林科技大学学报(自然科学版), 41(8): 96-102, 109.

杨银生, 余峰, 刘华, 等. 2009. 荒漠化监测与评价[J]. 宁夏农林科技, (3): 68-69.

杨越, 杜会石, 哈斯, 等. 2012. 马尔柯夫模型在预测吉林省西部土地盐碱化发展趋势中的应用[J]. 湖南农业科学, (9): 60-64.

叶民权, 胡文康. 2000. 中国西部荒漠化问题的思考[J]. 中国减灾, (4): 26-30.

银山. 2014. 内蒙古阿拉善右旗丹霞地貌特征与旅游开发研究[J]. 地球科学期刊: 中英文版, 4(2): 5.

尤琦. 2017. 土地利用规划环境影响评价对于防治荒漠化的作用[J]. 能源环境保护, 31(3): 50-54.

于程. 2012. 我国荒漠化和沙土化防治对策[J]. 农业工程, 2(2): 69-71.

郁耀闯, 赵景波, 李天堂. 2006. 沙尘暴的活动和防治[J]. 灾害学, (2): 55-58, 63.

原鹏飞, 丁国栋, 赵奎. 2008. 流动沙丘沙埋对沙柳生长特性的影响[J]. 水土保持研究, (4): 53-55.

翟俊伟. 2016. 青海省贵南县鲁仓沙化土地与封禁保护调查研究[D]. 杨凌: 西北农林科技大学硕士学位论文.

张彩霞, 张勇, 包永胜, 等. 2006. 锡林郭勒盟白旗干草原地区沙漠化治理措施与对策[J]. 内蒙古科技与经济, (21): 9-10, 80.

张传国. 2001. 干旱区绿洲系统生态-生产-生活承载力评价指标体系构建思路[J]. 干旱区研究, (3): 7-12.

张传信, 朱体高, 胡圣武. 2009. 地图比例尺基本理论的研究[J]. 地理空间信息, 7(1): 131-134.

张灯军, 王宝山. 2013. 浅谈 GIS 中地图投影的选择与设置[J]. 测绘与空间地理信息, 36(5): 151-152, 155.

张海涛, 刘鸿雁. 2007. 浅谈荒漠化的成因、过程、动态[J]. 水利科技与经济, (2): 132-133.

张宏, 林先成, 李世强. 2005. 荒漠化评价指标体系的等级系统研究[J]. 四川师范大学学报(自然科学版), (3): 358-361.

张军英, 席荣. 2007. 金川镍尾矿库复垦的限制因子及植物适应性[J]. 甘肃冶金, (4): 92-95.

张克斌, 杨晓晖. 2006. 联合国全球千年生态系统评估: 荒漠化状况评估概要[J]. 中国水土保持科学, (2): 47-52.

张力, 格日乐, 孙保平, 等. 2006. 库布齐沙漠人工梭梭生长特性的评价研究[J]. 内蒙古农业大学学报(自然科学版), (1): 54-58.

张立超, 吴道铭, 王思佳, 等. 2017. 基质种类和含水量对辣木种子发芽率及幼苗生长的影响[J]. 广东农业科学, 44(2): 62-67.

张立运. 2002. 新疆荒漠中的梭梭和白梭梭(下)[J]. 植物杂志, (5): 4-5.

张龙生, 马立鹏. 2001. 黄河上游玛曲县土地沙漠化研究[J]. 中国沙漠, (1): 87-90.

张秋娟, 王新建, 韩晓红, 等. 2003. 退耕还林工程中应用的主要抗旱造林技术措施[J]. 河南林业科技, (4): 44-45.

张伟民, 杨泰运, 屈建军, 等. 1994. 我国沙漠化灾害的发展及其危害[J]. 自然灾害学报, (3): 23-30.

张小平, 王保保, 范克利. 2005. GPS 与数字地图的匹配研究[J]. 计算机仿真, (6): 148-151.

张晓芹. 2018. 西北旱区典型生态经济树种地理分布与气候适宜性研究[D]. 咸阳: 中国科学院大学(中国科学院教育部水土保持与生态环境研究中心)博士学位论文.

张志民, 延军平, 张小民. 2007. 建立中国草原生态补偿机制的依据、原则及配套政策研究[J]. 干旱区资源与环境, (8): 142-146.

赵春子. 2013. 地图投影的判别方法与选择依据[J]. 延边大学学报(自然科学版), 39(4): 311-314.

赵哈林, 赵学勇, 张铜会, 等. 2002. 北方农牧交错带的地理界定及其生态问题[J]. 地球科学进展, (5): 739-747.

赵婧, 程伍群. 2011. 我国土地沙漠化防治策略研究[J]. 安徽农业科学, 39(13): 7868-7869, 7966.

郑晓琳. 2020. 浅谈榆林沙区播种造林技术[J]. 农业与技术, 40(8): 78-80.

郑云普, 赵建成, 张丙昌, 等. 2009. 荒漠生物结皮中藻类和苔藓植物研究进展[J]. 植物学报, 44(3): 371-378.

周根土. 2003. 谈谈良种壮苗造林[J]. 安徽林业, (2): 24.

周光亮. 2012. 陕北地区水土流失原因分析及治理措施[J]. 陕西水利, (2): 163-164.

周雷. 2008. 青海湖流域共和盆地生态修复效果试验[J]. 养殖与饲料, (7): 57-61.

朱桂林, 杨静, 建原. 2000. 内蒙古自治区干旱半干旱地区生态环境建设问题与对策[J]. 内蒙古草业, (2): 41-45.

朱庆龙. 2013. 浅谈林木硬枝扦插及嫩枝扦插育苗技术[J]. 吉林农业, (4): 73.

朱震达. 1986. 湿润半湿润地带的土地沙化问题[J]. 中国沙漠, 6(4): 1-12.

朱震达. 1991. 中国的脆弱生态带与土地荒漠化[J]. 中国沙漠, 11(4): 11-22.

朱震达. 1994. 中国荒漠化问题研究的现状与展望[J]. 地理学报, 49(增刊): 650-659.

朱震达. 1998. 中国土地荒漠化的概念、成因与防治[J]. 第四纪研究, (2): 145-155.

朱震达, 崔书红. 1996. 中国荒漠化土地分布地域特征及其治理措施的评估[J]. 中国环境科学, (5): 328-334.

朱震达, 刘恕. 1984. 关于沙漠化的概念及其发展程度的判断[J]. 中国沙漠, 4(3): 2-8.

卓海金. 2018. 风沙流对沙漠路基影响的仿真分析及控制措施研究[D]. 兰州: 兰州理工大学硕士学位论文.

宗玉梅, 俎瑞平, 王睿, 等. 2016. 库布齐沙漠含水率对风沙运动影响的风洞模拟[J]. 水土保持学报, 30(6): 61-66.

邹维. 2012. 风沙运动规律的分析和研究[J]. 中国水土保持, (5): 44-46.

左换发, 吴彦. 2012. 全光照自动喷雾插条育苗技术[J]. 农村实用科技信息, (1): 25.

Chepil W S. 1957. Width of field strips to control wind erosion[J]. Kansas Agricultural Esperimental Station T echnical Bulletin: 92.

Woodruff N P, Siddoway F H. 1965. A wind erosion equa tion[J]. Soil Science Society of America Proceedings, 29: 602-608.

第二篇

荒漠绿洲过渡区防护体系构建

第3章 沙漠地区风沙危害及防治

风沙危害通常简称沙害。沙害的实质是风力作用下，地面沙物质在吹蚀、搬运和堆积过程中，对人类和人类生活、生产设施的危害，包括风沙流和沙丘移动所造成的对农田、草地（牧场）、交通（铁路、公路）和工矿居民点的危害。沙害防治即通过各种技术措施，防治或减轻这种危害损失。

随着土地沙漠化在世界的蔓延，沙害的概念也大为拓展。《联合国防治荒漠化公约》给荒漠化所下的定义为：干旱、半干旱和半湿润干旱地区的土地退化。并明确地把风力侵蚀及其堆积所造成的土地生产力下降，乃至土地资源丧失的环境退化过程（即沙漠化）作为荒漠化的最主要类型。这样，"沙害"就不仅仅指风沙流和沙丘前移造成对农田等的具体危害，还包括整个生态环境退化，土地资源损失，以及连带引起的地区经济滞缓，社会不稳定等的社会、经济问题。核心是生态环境恶化。防沙治沙也从纯技术问题拓展到保护和改善生态环境，并且涉及地区环境、经济持续发展的方针、政策。例如，2002年全国人民代表大会所通过的《中华人民共和国防沙治沙法》，就涵盖了全国沙区生态环境保护和治理的诸多问题。

3.1 治理沙漠与防治沙害的基本原则

在干旱地区，沙害的发生与土地沙漠化密切相关。治理沙漠与沙漠化过程进行斗争，不仅是为了消除沙漠化的后果，而且更重要的是旨在制定合理开发利用自然资源和系统保护环境的预防措施，并依靠这些措施，消除人为加剧沙漠化的可能性，防患于未然。也就是说，治理沙漠与防治沙害要坚持可持续发展的理念，即以科学发展观研究和制定防沙治沙计划，实现沙漠治理与沙漠（化）地区可持续发展，以发展为主线，使沙漠（化）地区的各项建设既能满足当代人的需要，又不损害后代人满足其需要的能力的发展（慈龙骏等，2002）。为此，应该注意如下原则。

1. 人与自然和谐共处，适度利用的原则

人与自然的关系是人类生存与发展的基本关系。我国历代的思想家都强调人与自然的和谐关系，提出"天人合一"的主张。为了达到人与自然的和谐共存，我们需要更加深入地了解自然、科学地利用自然、合理地保护自然。当前，保护

资源、可持续发展是全球共同关注的问题。

由于干旱区生态系统具有脆弱而易破坏的特性，因此，在开发水、土、植物资源时，应当注意自然潜力与土地利用系统之间的动态平衡关系；为了防止和减少土地退化、恢复部分退化土地，实现人与自然的和谐共处与沙漠（化）地区可持续发展，都需要掌握适度利用原则。

所谓适度利用，指在利用这些自然资源过程中，应以不致发生环境退化和达到持续利用目的为准则。

2. 经济效益与生态、社会效益统一的原则

只注意生态不重视经济的做法，对调动当地群众的治沙积极性不利，同时也缺乏治沙的后劲，没有一定的经济基础，治沙工作也难以开展。这是多年来的一个教训。近年来，我们把生态经济理论应用于治沙，在治沙过程中，通过经济效益来推动生态效益、社会效益和整个治沙事业的发展，这是符合可持续发展原则的。但是，绝不能只讲经济不讲生态，只讲市场需求，不讲自然条件可能，超出承载能力，盲目地发展经济，而要做到经济、生态、社会三大效益的统一（朱俊凤，1999）。

3. 开发利用与资源保护并举的原则

沙区资源丰富，特别是有些资源是沙区特有的，十分珍贵。开发利用资源，发展沙区的经济，对改变沙区面貌，提高人民生活水平至关重要。但是，沙区生态环境十分脆弱，沙区许多生物资源，在维护生态平衡，改善沙区自然面貌方面起着非常重要的作用，在开发利用沙区水、土、生物资源时，必须确立可持续发展、永续利用的观点，保护和发展沙区的资源（如天然植被的利用与保护）。

4. 因地制宜的原则

在沙漠地区开发利用水、土资源时，必须因地制宜地确定本区利用方向。特别是在无灌溉条件的旱作农业区，年降水量是制约生产的主要因素。考虑到沙漠地区气候波动和干旱年份呈周期性出现的特点，应当严格控制旱作农田的界限，不应因一度降水量增加而随意扩大旱作面积，以免在随之出现的旱年内被迫弃耕，造成撂荒而引起土地沙漠化。旱作界限以外的地区，如宜发展草场，就应以牧业为主，做到适应自然条件的利用。

5. 预防为主，防治相结合的原则

在预防沙漠化的同时，还应采取相应的治理沙漠和防治沙害的措施，做到预防为主，防治相结合。

治理沙漠和防治沙害，必须根据不同自然条件因地制宜地采取有效的综合治理措施。一般情况下，在半干旱的干草原地带，水分条件较好，治理沙漠、防治沙害的方法应以植物治沙为主，工程防治或化学固沙为辅；植物治沙宜采用乔、灌、草相结合。在干旱的半荒漠地带，年降水量较少，且不稳定，水分条件只能使耐旱的沙生灌木和草本植物生长，宜采用以工程防沙或化学固沙为主，结合植物治沙的办法；固沙植物应以灌木和半灌木为主。在干旱的荒漠地带，降水量稀少，依靠天然降水植物难以生长，要采用工程防治或化学固沙措施。但在荒漠和半荒漠地带，若丘间地的地下水位较高，或邻近河湖有引水灌溉条件的地方，则可以植物治沙为主，营造防沙林带等。

3.2　风沙危害的成因类型

以传统的即狭义的沙害概念为准，风沙危害按其成因有风蚀、磨蚀、沙割和沙埋，以及风沙对环境的危害等类型（刘贤万，1995）。

1. 风蚀

常见的地面风蚀现象称土壤风蚀。土壤风蚀是运动的空气流与地表颗粒在界面上相互作用的一种动力过程，它是沙粒运动和风沙流形成的前奏。从某种意义来说，没有风蚀就不存在风沙危害问题。

风蚀可分为迎面吹蚀、底面潜蚀和反向掏蚀三种。它们的主要作用力分别是风作用力、形状阻力或涡旋阻力和渗透压力。迎面吹蚀一般发生在丘体的正面，潜蚀发生在地表层里，而掏蚀则发生在背风面和侧面。迎面吹蚀使丘体逐渐萎缩，迎风面向上倾斜；而背面发生反向流动，进行反向掏蚀，形成凹口或凹陷带。所谓侧面副流和反弹回流，实质上是一种二次流，对物体产生侧向掏蚀。潜流指固体物质之间缝隙中的气流对物体的风蚀，如果地表是戈壁或草地，潜蚀就会发生，使地表粗化和裸露。

自然界的风蚀是错综复杂的，一般都是正向吹蚀和反向、侧向掏蚀同时进行，风蚀和沉积相间出现。常见的土壤风蚀是一个缓进的变化过程，形成各种风蚀地貌（风蚀凹地、风蚀蘑菇和风蚀雅丹等）。但在沙尘暴过程中，由于空气不稳定，垂直上升力的强力作用使土壤风蚀迅速，在疏松的耕地中常能一次吹蚀 5cm 厚的土层（陈广庭，2004）。

2. 磨蚀

挟沙气流对地表物体（如建筑物、各种机械设备等）的摩擦损失称为磨蚀。它可分为风沙对地表物体的外打磨，和沙尘进入机械转动部分产生的内研磨两类。

风沙对物体的外打磨，是指其对物体四周的打磨作用。然而，物体各面的受力是不同的。当气流绕流光滑圆形或扇形的物体表面时，发生气流分离，分离线随气流速度而变化。一般风速下，有43%左右表面的压力是正的，其他表面压力是负的。表面压力为正值表明该表面受到风力作用，是迎面吹蚀；而表面压力为负值时，表面受到的是形状阻力或涡旋阻力作用，产生反向掏蚀。对于非光滑、非标准圆柱，由于有棱角、有凹槽，气流绕流的分离线就不随气流速度而变化，而是固定在棱角线上发生。当气流变成风沙流后，正面风蚀和反面掏蚀就要强烈得多。因为风沙两相流体的密度比气流大，粗颗粒发生迎面冲击，细颗粒起研磨剂作用，因此，对物体的撞击磨蚀作用比纯气流大得多。例如，据在戈壁地区调查，无风沙线路14~15年的铁路钢轨垂直磨耗仅1mm，而风沙线路能达到4~9mm。

风沙打磨高度与风沙流运动高度是一致的。平沙地上，当风速不大时，一般高度只在数厘米；在较大风速时，也不超过几十厘米。而在戈壁滩上，由于砾石表面弹力大，沙粒在一般风速下高度可达到2m；在大风时，甚至可达4m以上。正面打磨主要是由粗颗粒造成的，细颗粒由于气流跟随性较好，易绕流而过，对反向掏蚀起到重要作用。

沙尘可以随着气流沉积在机械表面，经过转动、振动等途径进入机械传动和转动部分，造成其内研磨。甚至像机械手表那样精密和密封良好的仪表都不能幸免。它给风沙地区的交通工具、野外作业的机械设备造成很大危害。

3. 沙割

风沙流对农作物或其他植物的危害，主要为风沙对植株的外打磨，俗称沙割。

沙割破坏植物的营养器官，缩小叶面积，抑制植株生长，推迟生长期和降低产量。有不少人做过这方面的观测和实验，蚕豆、小麦和牧草产量的减少与受风沙损伤的程度成正比例。黑斯（Hayles）研究了各种作物对风沙损伤的抵抗性，用每年每公顷土地的土壤风蚀量（t）来表示风蚀力的强度，并测定出不同作物对风蚀沙割损伤的耐受程度。研究发现，麦类（包括大麦、荞麦、燕麦、黑麦和小麦）的耐受性能最好，忍受的最大风蚀量为12.4t；杂粮（玉米、高粱和甜菜等）次之，可忍受5.0t；而另一些杂粮及蔬菜，如红薯、大豆、马铃薯和甘蓝、茄子、胡椒等能忍受2.5t，番茄、青豆等只能忍受1.25t；至于许多球根、球茎类和叶菜类蔬菜（如胡萝卜、黄瓜、莴笋、洋葱、菠菜、南瓜和甜菜等），则一点经受不起风沙打磨。

4. 沙埋

沙埋是风沙危害最普遍和最严重的一种类型。沙埋可以由风沙流沉积造成，也可以因沙丘整体前移而产生。它们沙埋的性质和特点不同，风沙流的沉积沙埋，主要发生在分离回流区，有一个渐进的过程；而沙丘前移产生沙埋，则主要取决于沙丘本身的运动性质，与地表地物关系较小，它虽然也有个过程，但沙埋的速度一般要比风沙流沉积快得多。特别是低矮沙丘的前移沙埋。

风沙流中沙土颗粒的沉积分类有 3 种。①沉降堆积：适合于悬移质尘粒的沉积。②停滞堆积：由于地表阻力增大，近地层风速减弱，挟沙能力降低，风沙流中跃移质沙粒停止运动并产生堆积。③遇阻堆积：风力如常，但由于地表不连续（地形坡度变化）或性质发生变化，蠕移质沙粒受阻堆积。

刘贤万（1995）将风沙沉积分为如下几种。

摩阻堆积。作用力为地表的黏性摩擦阻力。一般平坦、均一质地表及气流无分离现象时，其沉积是沿程递增的；非均质地表，如由坚硬地表进入封沙育草地或由平沙地进入水塘、潮湿淤泥地，就会发生沿程递减沉积，且大部分沉积发生在开始阶段。

重力沉积。当风力减弱，气流中携带的沙土颗粒就会在重力作用下沉降下来。而其中砂土颗粒的粗细是由风力减弱的程度决定的。

惯性沉积。作用力是颗粒的惯性力。它发生在一切受到突然阻滞的场合下，如风沙流突然遇到林木草丛的阻滞，风沙流发生抬高或转向，颗粒都可能由于惯性力作用而沉积下来。

涡旋沉积。作用力是涡旋阻力或形状阻力。凡是风沙流受地形地物的作用，发生风沙流分离运动，均出现涡旋沉积。由于分离运动产生的大量旋涡消耗了气流能量，从而使风沙流中的沙颗粒沉积下来，如落沙坡、越过（沙）山脊线的区域和一切实体障碍物的后部等的沉积。

其实，所有的沉积都是重力在起作用，惯性力或涡旋力只是有主次之别罢了。

沙丘前移产生沙埋的危害程度，取决于沙丘的运动形式及其速度。吴正（1987）把所有沙丘运动形式简化为前进式、往复前进式和往复式三种。一般来说，它们的危害程度依次为：前进式>往复前进式>往复式。

沙丘移动速度是风沙危害及其治理的重要参数，始终受到人们的重视。拜格诺早在 20 世纪 40 年代初，就以最简单的几何学原理，对十分简化了的沙丘模型进行沙丘移动速度讨论，最后得出沙丘移动速度关系式：

$$C=Q/\gamma h$$

影响沙丘移动的因素很多，最重要的有两个方面。①沙丘立地条件，包括地表糙度 k、指示风速 u_∞、风向夹角 β、沙丘前地表单宽输沙率 Q_0、地面倾角 φ 和重力加速度 g 等。②沙丘特征条件，包括沙丘高度 H、沙丘表面倾角 a、沙丘沙的平均粒径 d 和平均容重 γ 等。沙丘前移速度 C 可表达如下：

$$C=f(k, \varphi, u_\infty, \beta, Q_0, a, g, H, d, \gamma)$$

对于地形坡度在 5°以下，并忽略了其变化的简单典型沙丘，运用几何学原理对以上公式进行简化处理、推导，可以写作：

$$C = 2.5 \times 10^{-6} \frac{u_\infty^3}{k\gamma(gdH)^2 \text{tg}\alpha}$$

可见，在适当简化的条件下，一般性活动的沙丘移动速度与 7 个环境条件有关，但仅与远方风沙流速度的三次方成正比关系，其余均为反比关系。这里没有讨论沙子的湿度和孔隙度，因为一般沙漠地区气候干燥，沙丘的移动又是从表面沙子吹动开始的，沙丘表面沙子经过吹干才能被吹动。沙丘一经吹干，讨论沙丘沙湿度意义就不大了；而沙子的孔隙度已在容重、粒径中体现出来。在上式中，g、d 和 H 是仅次于 u_∞ 的影响因子，其余更次之。

5. 风沙对环境的危害

风沙危害环境是多方面的。例如，悬移质的沙尘在足够强劲持久的风力和不稳定的大气层结条件下，随气流升空形成沙尘暴或浮尘。沙尘暴指强风将地面大量沙尘卷起，水平能见度小于 1km，其中强沙尘暴水平能见度低于 200m，特强沙尘暴水平能见度低于 50m，俗称"黑风暴"。浮尘指尘土、细沙均匀地飘浮在空气中，使水平能见度小于 10km，多为远处沙尘经上层气流传输而来，或是沙尘暴天气过后细粒物质在空中持续悬浮的现象。

沙尘暴时，大风破坏建（构）筑物，如刮倒房屋，对人畜形成连带危害。例如，1993 年 5 月 5 日发生在我国西北地区的一次特强沙尘暴，根据金昌、武威 2 市和古浪、景泰、中卫 3 县统计，共毁倒房屋 4412 间（夏训诚和杨根生，1996）。这次沙尘暴共造成 200 人死亡，13.2 万头（只）牲畜死亡（马玉明等，2004）。沙尘暴时的沙尘颗粒在沿程吸收和散射目标的反射光，使目标与背景的对比度减小，能见度迅速降低。研究表明，空气层中的沙尘浓度大约达到 500mg/m³，白天能见度降低到 100m，就能严重危害交通安全。例如，受"5·5"强沙尘暴影响，兰州中川机场能见度极差，机场被迫关闭，部分航班推迟飞行，一些正飞临兰州上空的航机，由于无法降落而返航。又如，2000 年 4 月 6 日沙尘暴袭击北京时，首都国际机场当天进港的航班有 53 个迫降天津滨海机场，取消了 9 个航班，返航 3 个航班；出港的航班延误 19 个，取消 8 个。候机室里滞留 3000 余名旅客（马玉明等，2004）。漂浮在空气中的悬移质沙尘，还影响到人类和动植物的呼吸等新陈代谢过程，影响生存空间环境卫生，污染水源。长期来说，风沙还可对气候产生影响和危害，主要影响对流层微粒、植被和水循环系统三个方面。对流层微粒由于尘暴及土壤风蚀而大量增加，而空气中微尘有吸收和反射双重作用，并且在干旱、半干旱区经常是以吸收热量为主，从而使对流层大气普遍增温。另外，从大气物理角度看，尘埃微粒的增多，使大气中的凝结核数大量增加，有利于降水。但是，由于干旱、半干旱区普遍缺乏可能凝结的水汽，因此，本区域产生的凝结核不能被充分利用。当凝结核随大气移动到其他区域，遇到良好的降水条件时，就可能引起灾难性降水，从而使地球表面降水的不均匀程度更加剧烈。最近，环境科学界力图把非洲的大沙漠和南美洲亚马孙河流域的热带雨林联系起来。科学家们认为，亚马孙河流域原为贫瘠的大草原，由于非洲大沙漠的形成和逐渐扩展，形成了大量富含营养物质的微粒，它们随大气环流输送到南美洲。大量营养物质的沉降和大量凝结核的供应，使南美洲贫瘠的地表变得肥沃，并且降水逐步增加，于是才有今日巨大的亚马孙河流域热带雨林。科学家通过资源、气象卫星遥感探测，并配合地面观测，已初步证明了这种联系。并认为美国东部也受到这方面的恩惠（人民日报社，1991 年 3 月 16 日）。而日本的酸雨危害则因为总体为碱性的中国沙漠沙尘东渡而减轻。总之。地球表面是一个几乎封闭的环境系统，各地区地表和气象的变化，都必然对其他地域产生影响。

对于植被影响气候总结起来有如下 3 点。

（1）冷却作用。由于风蚀、土地沙漠化引起植被的破坏和退化，从而使地表反射率增高，减少地面对太阳能的吸收和利用，使地表成为冷源。它致使气团下沉、层结稳定，使得降水的概率大大减少。

（2）干燥作用。由于植被减少，植被蒸散随之减少，致使空气中水分减少，气候干燥，反过来又降低了成云致雨的条件，使干燥愈甚。

（3）增温作用。由于植被减少，地表反射率升高，大量地表生成的长波反射进入空中，从而使大气的温度升高。地表冷却，空气升温，层结就更加稳定。

对水分循环系统的影响主要包括如下 3 个。

（1）由于气温升高，使北冰洋和南极冰盖萎缩，从而引起极地、赤道的温度梯度和整个大气环流的变化。冰盖缩小，海水增多，海面上升，使邻近海岸的许多国家和地区成为泽国。

（2）局部干旱、半干旱地区依托河流维系生态系统，遭受滥垦后，需进行大规模的灌溉，这就影响了气候，使局部地区的气候环境变冷。

（3）河流泥沙增多，泥沙沉积使河床抬高，形成"地上悬河"，容易泛滥成灾；水库淤积，库容减小，也都可以影响局部气候，反过来又影响全球的水分循环和水分平衡（刘贤万，1995；陈广庭，2004）。

此外，风沙还可产生风沙电现象。根据在甘肃民勤观测站上测定，在线路上的风沙电静电压曾测到高达 2700V（吴正，1987；王涛，2003），能对通信和输电线路产生强大干扰，甚至可发生电器设备击穿和人身事故。

3.3　沙害防治的基本途径和技术措施

防治风沙危害的基本途径，是根据风沙危害的性质（成因），采取各种技术措施，削弱近地表层的风速，减少气流中的输沙量，延缓或阻止沙丘前移，以达到削弱或避免风沙危害的目的。

长期以来，防治风沙危害（治沙）的措施，被国内外学者归纳为植物措施、工程（机械）措施和化学措施三大类。作为工程措施主体的沙障，又分为高立式沙障、立式沙障、半隐蔽式沙障和隐蔽式沙障等多种型式（吴正，1987；吴正等，2003）。吴正和彭世古（1981）、赵性存（1985）则提出，治沙措施按其作用和性质，分为固、阻、疏导等类。这一分类不失为对防治沙害功能的十分简明而形象的概括。吴正（1987）综合了前人的工作，并结合自身多年研究，更系统地提出了防治沙害措施的分类体系。他们把治理沙害的措施分为降低风速、削弱风沙流强度的植物治沙措施和工程防治措施，以及固结沙面、控制沙面风蚀过程发展的化学固沙措施等三类；每一类措施再细分为若干种防治方法。下面对几类治沙措施做简要介绍。

1. 植物治沙措施

植物治沙是在沙丘上栽植固沙植物和乔木树种。这不仅能长久固定流沙，防止风沙危害，而且为"三料"俱缺的沙区生产出木材和大量的燃料及饲料。此外，植物还能通过其茎、叶的强烈呼吸和光合作用，增加空气的水分，吸收二氧化碳，增加氧气，从而改变小气候环境。由于植物的可再生性及其生态环境的功能，植物治沙能使除害与兴利相结合，因此，是一种最佳的根治沙害的措施。

植物之所以能固定流沙，一是由于沙生植物具有发达的根系，能固结其周围的沙粒，加之枯枝落叶的堆积，腐烂后有利于有机质的聚集，促使沙的成土作用，改变沙地性质，使流沙趋向固定；二是由于沙丘上栽种植物后，增加了地表的粗糙度，因而也就增加了对风的阻力，降低风速，削弱与抑制了风沙流活动。

植物固沙包括种草和种植乔木、灌木。草本植物能够适应较差的自然条件，易于生长，但寿命不长。灌木适应性强。乔木树干高大，防风能力强，但一般需要较好的水分条件才能成活生长。因此，理想的植物固沙是草、灌、乔相结合，取长补短，以达到最大的防风固沙效果。

1）植物固沙的控制因素

植物固沙的困难很多，如沙子贫瘠、水分不足、夏季沙面高温、风沙运动等，都对植物的生长不利。其中以水分不足和风沙运动两者最为重要。风沙运动能使植物受到吹蚀、沙埋和沙割的危害，但它可以用工程防护措施和化学固沙措施来解决，因此，最大的困难还是水分不足。根据原中国科学院兰州沙漠研究所的研究：若年降水量在 100mm 以上，则沙面干沙层（约 10cm）以下有一稳定的湿沙层，含水率常达 2%～3%，可供植物利用的有效水分达 1.3%～2.3%（有效水分=

含水率–凋萎湿度，沙生植物的凋萎湿度约为 0.7%)，能够保证耐旱的草本和灌木成活生长，一般可进行植物固沙。若降水量小于 100mm 时，则沙子含水率仅 1% 左右，可供植物利用的水分甚微，这些地区若无灌溉条件，是难以进行植物固沙的。此外，还应注意降水的年变率，如遇特别干旱的年份，由于水分不足，会使栽植的植物生长不良或大量死亡。对于这些不利因素，事先应有足够的估计。

2）植物固沙的主要方法

（1）封沙育草，保护天然植被，是各地普遍采用的一项行之有效的植物固沙措施。在水分条件较好并有一定数量天然植被的沙漠地区，采用划区封育、定期停止樵牧等保护措施，可使某些以根蘖萌生的和天然下种繁殖性强的旱生植物得以自然更新，增大植被覆盖度，从而把流沙完全固定住。在灌区，可利用农田灌溉余水或洪水灌入沙漠，必要时也可人工播种一些沙生植物，以促进固沙植物的复壮滋生。

从 20 世纪 50 年代以来，我国西北沙漠绿洲地区在大力营造防风固沙林带、护田林网及建立人工植被的同时，把"封沙育草，保护天然植被"作为防沙治沙的重要措施之一加以推广，并取得卓越成效。现在一般都在老绿洲迎风一侧与沙漠、戈壁或风蚀地等相毗连的地带，建立封育沙生植被带，宽度为 1~2km，甚至 10~20km；植被覆盖度由原有的 10%~15% 恢复到 40%~50% 或以上，与人工植被结合成一道保护绿洲的绿色屏障。观测表明，绿洲边缘通过封沙育草形成固定半固定沙丘地段，2m 高程风速比流动沙丘区和裸露的风蚀地相对降低 50% 左右；封沙育草区所通过的沙量仅占流沙区的 1/20。

（2）沙漠地区自然条件差，植树造林固沙应先易后难，逐步扩大。造林步骤：可先在立地条件较好的丘间低地营造团块人工林，把沙丘分割包围起来，经过一定时间后，风将沙丘逐渐削平。同时，在块状林的影响下，沙地的小气候得以改善，这时可以再在沙丘上直播或栽植固沙植物。我国沙区群众把这一方法称为"先湾后丘"或"两步走"。

丘间低地造林技术简便易行，投劳投资少。造林可分期进行：第一期造林后，每隔 1~2 年因沙丘前移就在原来沙丘迎风坡脚处，不断露出新的平坦地段，即所谓"退沙畔"，再在这里进行第二期甚至第三期造林，逐步扩大团块林面积，缩小流沙面积。团块林的初期因不足以控制沙丘前移，以致沙丘侵入一部分林地；但因沙丘削低，地形变缓，被埋压的幼树生境条件有所改善，生出大量不定根，生长更加旺盛。被丘间团块林分割包围的沙丘，因风力显著降低，风蚀作用大为削弱，为沙丘上进一步植树造林创造了条件；甚至能因自然生草过程加速，最终被土著沙生植物所固定。

（3）营造沙漠边缘防风阻沙林带。在沙漠边缘营造防风阻沙林带（防沙林带），目的是防止流沙侵入绿洲内部，保护农田和居民点免受沙害。

防沙林带因透风情况不同，可分为三种结构类型：紧密结构林带、疏透结构林带和通风结构林带。

所谓紧密结构林带，就是林带上下紧密，生长期中枝叶稠密，基本上不透风，是由乔木、亚乔木和灌木三层组成。当气流通过紧密结构林带时，主要从林带顶部越过，而在林带背风处形成静风区。

疏透结构林带，即林带上下呈疏透状态，整个林墙的透风间隙分布比较均匀，多由1～2行高大乔木组成。气流通过疏透林带时，一部分越过林带，一部分通过林带。

通风结构林带，林带上部树冠稠密不透风，而下部树干通风，通常由3～5行高大乔木组成，无灌木。

实践证明，林带的结构不同，防风沙效果是不一样的。过于疏透的林带，特别是通风林带，会形成许多"通风道"，特别是通风林带的下口，流沙容易侵入整个林带，甚至进而危害绿洲。紧密林带或小孔隙度的疏透林带则防风沙效果较好。因此，在流沙边缘为了阻沙应以营造紧密或小孔隙度的疏透林带为宜。在靠近流沙的一侧最好进行高大乔木和灌木混交，以便把前移的流沙尽可能阻拦在林带外缘，使其不致侵入林带内部和背风一侧的农田，还可提高林带的稳定性，延长林带的防护期限。

营造防沙林带，一般株距1m，行距1.5～2.0m，其中灌木株距、行距可缩小为0.5m。防沙林带的宽度，窄者50～100m，宽者可为200～300m，甚至500m以上。

（4）营造绿洲内部护田林网。在沙漠地区绿洲内部营造护田林网，不仅可以防止或减轻砂质耕地的风蚀起沙，以及风沙和沙尘暴对农田的危害，而且还能改善田间小气候。因此，我国西北地区从20世纪50年代以来，把营造绿洲护田林网作为保证农业稳产高产的一项农田基本建设措施。

观测表明，紧密结构林带的防风距离相对较小，而通风结构林带的防风作用最大（表3.1）。同时，在林网结构相同的情况下，林带削弱风速的作用及有效防护距离，主要与林高有关（表3.2）。林网系统具有连续的防风效应（表3.3）。因此，护田林网一般应按通风结构设置，采用较高的乔木（如各类杨树等）为主要树种和窄林带、小林网的配置方式。所谓窄林带，是指林带由2～3行乔木组成，

表3.1　野外三种结构林带主要防风特征［据周士威等（1987）修改］

项目	紧密结构	疏透结构	通风结构
影响范围（水平 H）	41.6	38.1	18.0
有效防护范围 L_{20}^*（水平 H）	15.2	18.5	16.0

注：L_{20}^* 为降低了20%的等速线与地表交点的区域宽度；影响范围即恢复范围。

最多不超过 5 行；而小林网则指缩短主林带之间的距离，使主林带间距不超过 20H 的最大防护距离，即 200～300m；副林带间距一般为 500～600m，即每个网格内的条田面积为 10～18hm²。在砂质地上，主林带间距可以缩小到 150～200m，副林带间距 400～500m，每块条田面积 6～10hm²。这种小网格的护田林网在我国西北、内蒙古沙漠地区的绿洲中被广泛采用。

表 3.2　不同高度林带对削弱风力的作用

林带高度/m	林带背后各距离测点的风速/%							平均降低/%
	1H*	3H	7H	10H	15H	20H	30H	
6.0	84	51	58	78	87	96	100	20.9
8.5	69	33	51	62	75	84	96	32.8
10.0	68	48	48	60	70	80	95	33.0

*H 为林高，距离以林高的倍数计；风速以旷野平均风速为 100%计。

表 3.3　护田林网连续不断降低风速的作用（吐鲁番艾丁湖乡）

旷野风速比值/%	各道林带后，林网内比旷野平均降低的风速/%		
	第一道林带	第二道林带	第三道林带
100	38.0	42.0	51.1

3）固沙植物和造林树种的选择

众所周知，沙漠地区气候干旱，冷热剧变，风大沙多，自然环境十分恶劣。在这种条件下，植物固沙的成效，在很大程度上取决于固沙造林植物树种的选择。沙漠地域辽阔，生态环境各异，各地的固沙植物和造林树种也有所不同。选择树种应以当地的乡土树种为主。这是因为它们经过长期的人工栽培或自然选择，能够适应当地的自然环境。引种外地树种，必须经过栽培试验，才能推广应用。一般来说，优良的固沙植物和造林树种应具有以下特点。

（1）萌蘖性强，分枝多，冠幅大，沙埋后能生出不定根，越埋越旺，同时也耐风蚀。

（2）生长快，根系发达，尤其是水平侧根分布范围广，固沙作用强。

（3）耐高温、干旱，不苛求土壤。

（4）繁殖容易，种源丰富。

（5）有一定的经济价值，如可生产木材或可作为编织材料、烧柴及饲料等。

我国沙漠地区固沙植物和造林树种很多。主要乔木树种有樟子松（*Pinus sylvestris* var. *mongolica*）、油松（*Pinus tabuliformis*）、小叶杨（*Populus simonii*）、小青杨（*P. pseudosimonii*）、二白杨（*P. gansuensis*）、新疆杨（*P. alba* var. *pyramidalia*）、钻天杨（*P. nigra* var. *italica*）、箭杆杨（*P. nigra* var. *thevestina*）、加拿大杨（*P.*

canadensis）、青杨（*P. cathayana*）、胡杨（*P. euphratica*）、榆树（*Ulmus pumila*）、沙枣（*Elaeagnus angustifolia*）等；灌木树种有梭梭（*Haloxylon ammodendron*）、细枝岩黄芪（*Hedysarum scoparium*）、小叶锦鸡儿（*Caragana microphylla*）、柠条（*Caragana korshinskii*）、沙拐枣（*Calligonum mongolicum*）、柽柳（红柳）（*Tamarix chinensis*）、沙棘（*Hippophae rhamnoides*）、胡枝子（*Lespedeza bicolor*）、紫穗槐（*Amorpha fruticosa*）、黄柳（*Salix gordejevi*）、北沙柳（*S. psammophila*）、旱柳（*S. matsudana*）等；半灌木则有圆头蒿（*Artemisia sphaerocephala*）、黑沙蒿（*A. ordosica*）、盐蒿（*A. halodendron*）等。

2. 工程防治措施

利用杂草、树枝以及其他材料，在流沙上设置沙障或覆盖沙面，称为工程防治措施，俗称机械固沙。工程防治措施具有收效快的特点，但防护期较短，因此，往往适用于流沙严重危害的交通线、重要工矿基地、农田和居民点的地区，并常和植物治沙措施相配合。常见的防治风沙危害的工程措施有一二十种，下面对几种最主要的工程措施做简要介绍。

1）阻沙栅栏

（1）阻沙栅栏也称高立式沙障，采用高秆植物（或作物），如树枝、毛竹、玉米秸、高粱秆、芦苇等扎成排。排高 130～170cm，材料长度不够时，可以续接，在适当位置用 16 号或 20 号铁丝扎制 2～3 道；竖起，埋入地下 20cm，地上出露 110～150cm。平坦沙地上，视材料的软硬程度，每 3～8m 钉入一根固定桩。固定桩可以为木桩、水泥柱或铁管桩，桩长 170cm，疏松的流沙地区至少要求钉入深度 50cm，外露 1m 左右即可。并在固定桩两侧用 8 号铁丝牵引固定，防止风吹导致整个栅栏倒伏。地形高低起伏较大的地方要加密固定桩。并可先设固定桩，桩间先拉好铁丝，然后在现场制作栅栏。近年来，还有采用具有防火性能的尼龙网制作成栅栏用于防风阻沙的（朱震达等，1998）。

栅栏设置部位是很考究的。设置部位不合理会影响栅栏的阻沙效果，甚至不起作用。栅栏应设置在地势较高且不会被风蚀的部位。一般选取周围地形较高的沙脊，在沙脊线迎风侧，距脊线 1～1.5m 处效果最好。

为了防止栅栏基部形成的加强涡流掏蚀基部，在栅栏迎风侧基部扎制 2～4 行草方格固沙沙障。

（2）栅栏阻沙原理与影响其防护效益的因素。栅栏的基本功能有 2 个：①改变流场结构及湍流状况；②降低栅栏后一定范围内的风速。风速的降低，引起风沙流饱和程度的变化和携带沙的沉积。

由栅栏工程防沙的基本原理可知，任何影响其周围流场及风速减弱程度的栅栏结构参数都将影响其防沙效益。研究表明，栅栏的防护效益主要取决于栅栏的孔隙度（栅栏孔隙面积与总面积之比）和高度。

栅栏孔隙度。室内外试验研究表明，栅栏孔隙度是影响其防护效益的最重要因素。这里所说的栅栏的防护效益包括两个方面的内容：一是栅栏本身对外来流沙的阻挡能力；二是栅栏的有效防护范围。现在还没有人从物理学原理上，获得栅栏工程的有效性与孔隙度的关系，大家都是通过野外观测和风洞模拟试验来确定其关系的，因为野外和风洞试验的条件千差万别，各人所获得的最佳孔隙度并不完全一致。大多数人试验的结果是当孔隙度达到 30%～40% 时，栅栏阻沙效益达到最佳状态（表 3.4、表 3.5）。

表 3.4　各种孔隙度（β）的阻沙栅栏前后的输沙率（Q_1、Q_2）的变化特征（野外观察）
[据胡英娣（1988）修改]

β/%		标准孔隙度木条试验栅栏						折线型荆条篱笆栅栏 10cm	玉米秸栅栏 10cm	树枝栅栏 50~60cm
		10cm	20cm	30cm	40cm	50cm	60cm			
障前6m处	Q_1/[g/(cm·min)]	0.823	0.310	0.582	2.459	1.528	1.224	4.076	2.846	0.353
	Q_1/(Q_1+Q_2)/%	95.5	92.8	91.5	90.6	81.9	78.7	99.9	95.1	77.1
	V_2/(m/s)	8.1	5.8	5.5	7.3	8.2	7.6	7.7	8.5	4.9
障后6m处	Q_1/[g/(cm·min)]	0.039	0.024	0.054	0.254	0.337	0.332	0.002	0.147	0.105
	Q_1/(Q_1+Q_2)/%	4.5	7.2	6.5	8.3	8.3	8.1	7.7	7.2	5.0
	V_2/(m/s)	2.7	7.4	6.5	8.3	8.3	8.1	7.7	7.2	5.0
	Q_1+Q_2/[g/(cm·min)]	0.862	0.334	0.636	2.713	1.865	1.556	4.078	2.993	0.458

表 3.5　栅栏模型防护范围（L/H）和阻沙量（Q_D，cm³/cm）与孔隙度（β）的关系*（风洞实验）
（据胡英娣，1998）

规格	H/cm	β/%											
		10cm		20cm		30cm		40cm		50cm		60cm	
		L/H	Q_D	L/H	Q_D	L/H	Q_D	L/H	Q_D	L/H	Q_D	L/H	Q_D
细条	8	2.48	200.0	4.25	310.0	11.88	441.5	11.88	399.0	12.50	312.0	13.25	274.0
	16	1.75	—	3.56	441.0	7.50	1070.0	9.38	562.5	10.63	543.8	13.31	528.0
细格	8	4.00	288.0	7.00	336.0	10.63	475.3	12.25	384.6	13.38	364.5	12.38	247.5
	16	3.50	294.5	6.50	617.5	10.30	666.5	12.00	707.0	14.44	635.5	156.3	402.5

*模型长 100cm。风洞指示风速为 8m/s，吹沙时间：H=8cm 时，为 45min，H=16cm 时，为 90min。L 为模型后的积沙范围，H 为模型高度，"—"表示没有数据，下同。

栅栏的高度。已有的研究表明，尽管栅栏孔隙度和风速影响其有效防护范围的大小，但在上述两个条件确定的情况下，栅栏工程的防护效益取决于栅栏的高度。例如，在包兰铁路沙坡头段，栅栏工程的有效防护范围为栅栏高度的 7.5～11.3 倍，阻沙量与栅栏高度的平方成正比（凌裕泉等，1984）。可见，栅栏越高，其防沙效益越好。

实践中，设置多高的栅栏往往视情况而定，要看当地输沙量大小，也即沙源丰富程度。在沙源丰富、输沙通量大的地方，如果栅栏太低会很快被拦截的沙埋没，要频繁施工提高或重新设置栅栏，既不经济，也不方便。但栅栏太高，所受风力就大，施工加固困难。一般出露高度 1～1.3m 较为合适。

（3）为了鉴定栅栏的工程效益，我们把单位宽度（m）栅栏的阻沙量（Q_D）与同期单位宽度上的最大可能输沙量（Q_p）的比值百分数（K），即 $K=Q_D/Q_p×100\%$，定义为栅栏的阻沙效率。表 3.6 为沙坡头地区各种结构栅栏的阻沙效率，它与栅栏高度、孔隙度、走向及栅栏所处部位的关系是非常密切的。应该指出，栅栏的阻沙效率不是固定不变的，它随着积沙量的增长而变小。因为风沙流受阻而形成与沙堤走向平行的运动。实际上，多风向也直接影响了阻沙效率，该地区 K 值平均为 70%～80%，最大可达 96.5%。

表 3.6　各种材料栅栏的阻沙量（据朱震达等，1998）

断面性质及编号	栅栏参数					Q_{D1}/(m³/m)	Q_{D1}/Q_p/%	Q_{D2}/(m³/m)	Q_{D2}/Q_p/%	Q_p/(m³/m)
	高度/m	孔隙度/%	长度/m	与主风向交角/(°)	横断面长度/m					
I.直线型荆条笆栅栏	1.2～1.3	10	307	60～90	102	—	—	11.97	89.1	13.442
II.折线型荆条笆栅栏	1.2～1.3	10	315	20～50	70	10.33	69.8	11.90	80.4	14.810
III.树枝栅栏	1.1～1.2	50～60	170	90	60	5.74	42.7	6.00	44.6	13.442
IV.树枝栅栏	1.1～1.2	50～60	40	35	32	—	—	—	—	7.016
V.树枝栅栏	1.1～1.2	30	90	50～70	80	11.40	87.3	12.60	96.5	13.058
VI.玉米秸栅栏	1.0～1.1	1.0～20	247	60～90	68	—	—	10.72	79.7	13.442

注：Q_{D1} 为根据栅栏横断面积沙形态求得阻沙量。Q_{D2} 为根据栅栏断面的积沙长度与栅栏纵断面平均积沙高度求得。Q_p 由分式 $Q=8.7×10^{-2}(V-V_t)^3$ 求得，V_t=4.0m/s。

一般情况下，栅栏是防沙工程体系的第一道防线。不断维修，是保持其永续发挥阻沙效益的关键环节。

2）机械沙障

在治理沙害的长期实践中，人们创造了许多固定流沙的方法，机械沙障就是其中最常用的一种。

用各种材料（如麦秸、稻草、芦苇、黏土和砾石等）在流沙上设置阻滞风沙流和固定沙面的障碍物谓之机械沙障。机械沙障固沙的主要作用是通过改变下垫面性质，增加地表粗糙度来转化风沙运动条件，固定活动沙面，变动床为定床。

把麦秸、稻草或芦苇等粗纤维材料裁成 50～60cm 长的段，下半截埋入流沙中固定，出露沙面高度 20～30cm，在流沙表面组成格状或带状的半隐蔽沙障，俗称草方格沙障。它是目前国内应用最广、固沙效能最好的一种机械沙障。用麦秸、稻草扎制草方格前需在材料上撒一些水，使之较湿润，为的是提高材料的柔性，以免扎制时折断；芦苇在扎制前要用碌碡或其他工具压碾，目的是将管状的芦苇压劈，改变为柔性材料。沙障出露高度是由气流中沙粒的分布高程决定的。根据前述所知，由于风沙流中 90%以上的沙量是在离地表 30cm 的高度内通过的，因此，采用高出沙面 20~30cm 的沙障，就足以控制沙丘表面的风沙流活动。草方格沙障主要用于流沙固定，阻滞沙丘前移。

（1）草方格沙障的固沙作用原理。沙障固沙的空气动力作用原理，由沙障的风洞流场测定结果可以得到，当风沙流流经沙障时，障前后分别出现一个阻滞及涡旋减速区，加速了能量的耗损，从而达到固阻沙的目的。野外试验观测也表明，在流动沙丘上设置草方格沙障后，改变了下垫面的性质，增加了地面粗糙度（表 3.7），增大了对风的阻力。计算表明，流动沙丘上设置 1m×1m 芦苇沙障后，沙面粗糙度比原来增加 500 倍左右。按阻力公式：$t=\rho u^2$，我们算了风速为 9m/s（1.5m 高处）时的流沙和沙障单位面积表面上的阻力，结果沙障比流沙上的阻力增大 6 倍。由于对风的阻力增大，使近地面风速大大降低，因而也就减少了沙子被吹扬的数量（表 3.8），削弱了风沙活动的强度，可有效地制止沙丘的移动。

表 3.7　草方格沙障的粗糙度及其对风的减弱作用（据凌裕泉等，1984）

地表性质	Z_0/cm	u^*/(cm/s)	u_z/u_2		
			$Z=1m$	$Z=0.5m$	$Z=0.3m$
流沙	0.007	19.6	0.92	0.86	0.82
新 1m×1m 草方格沙障	1.517	41.0	0.86	0.72	0.62
旧 1m×1m 草方格沙障	1.886	43.0	0.84	0.70	0.60
旧 2m×2m 草方格沙障	2.398	45.3	0.84	0.68	0.58

注：u^* 为 2m 高处风速 5m/s 时的摩阻速度。

表 3.8　草方格沙障的粗糙度（Z_0）及其对风的阻力（τ）、风速（u）和输沙率（Q）的影响（新疆民丰雅通古斯）（据吴正，1987）

观测地点	Z_0/cm	τ/(kg/m^2)	u_z/u_{150}		Q/(g/min)
			$Z=20m$	$Z=5m$	$Z=0.3m$
流沙	0.0029	1.22×10^{-4}	0.84	0.56	4.83
新置 1m×1m 芦苇沙障（半隐蔽式）	1.6500	7.96×10^{-4}	0.55	0.24	极微

从野外试验观测还可以看出，沙障的防风固沙作用与其规格大小有密切关系（表 3.9）。根据理论分析，草方格沙障的最大风蚀深度（h）与方格边长（L）有如下关系：

$$h=0.5\mathrm{tg}(\alpha L/2)$$

式中，α 为干沙的休止角，一般为 32°；实地调查，α 的平均值为 28.6°。

表 3.9   不同规格草方格沙障的风蚀情况（沙坡头地区）

规格/m	风蚀深度/cm
1×1	0
2×2	13.5
3×3	25.3

由此可见，沙障规格（边长尺寸）越小，风蚀深度越小，防风固沙效果也就越好。

不过，从经济方面看，则规格越大越省料省工，越便宜。为了经济而有效，最好是针对防护对象的具体情况，因地制宜地采用不同的规格。例如，在铁路或公路两侧设置草方格沙障固沙时，在距线路近处或沙丘起伏较大的地方，沙障的规格应小些（1m×1m）；在远处或起伏平缓的沙丘上，沙障的规格可以相应大一些（1m×2m 或 2m×2m，甚至更大）。草方格沙障还有截流降水的作用，能提高沙层含水率。根据腾格里沙漠沙坡头地区的观测，在流动沙丘上扎设草方格沙障后，丘顶和落沙坡的水分状况得到了改善，整个 2m 厚沙层的湿度，可由原来的 1%以下提高到 3%～4%或以上。

由此，草方格沙障不仅起到固沙作用，而且可以保护栽植和播种的固沙植物，免受风蚀和沙埋，同时还可以改善沙地的水分条件，有利于植物的成活和生长。

在风向比较单一的地区，可把格状沙障改成与主风向垂直的带状沙障。行距视沙丘坡度与风力大小而定，一般为 1～2m。根据观测，其防护效能几乎与格状沙障无异，且能大大节省材料和劳力，也就节省了大量费用。

（2）草方格沙障的固沙效益评价。为摸清草方格沙障的固沙效果，我们在塔里木沙漠公路防沙工程现场，对沙障区与流沙区的风沙活动状况进行了实地对比观测。观测结果（表 3.10）显示，流沙区 20cm 高度内的总输沙量平均为 2.3g/（cm·min）；而沙障前缘、沙障内 10m 和沙障内 15m 处 20cm 高度内的输沙量分别为 0.577g/（cm·min）、0.164g/（cm·min）、0.144g/（cm·min），平均输沙量为 0.294g/（cm·min），平均输沙量减少 87.6%。沙障前缘、沙障内 10m 和沙障内 15m 处分别减少 70.8%、84.7%和 96.5%。风沙物理学研究表明，各种地表的风沙流中，90%以上输沙量主要集中分布在地表以上 20cm 高度内，草方格沙障对贴地层输沙量明显降低，表明草方格沙障充分发挥了固沙功能。

草方格沙障区 20cm 高度内，风沙流的输沙量随高度分布规律也发生相当大的变化。与流沙区对比，草方格沙障区风沙流的沙物质分布明显要均匀；10cm 以下高度内风沙流的挟沙量显著减少。例如，6m/s 风速下，流沙区 10cm 以下高度内的输沙量占 20cm 高度内的 87.38%，而在草方格沙障区 10m 处相同高度内的数

表 3.10　塔里木沙漠公路典型地段草方格沙障内气流输沙量的变化

项目	断面 I		断面 II		断面 III	
观测部位	流沙区	沙障前缘	流沙区	沙障内 10m 处	流沙区	沙障内 15m 处
风速/(m/s)	6.50	5.90	6.50	6.20	7.67	7
0~2cm	0.720（36.6）	0.043（7.45）	0.556（51.96）	0.222（13.41）	2.223（54.34）	0.008（5.56）
2~4cm	0.310（52.36）	0.077（20.79）	0.186（69.35）	0.012（20.73）	0.825（74.51）	0.017（17.37）
4~6cm	0.270（66.09）	0.070（32.93）	0.097（78.41）	0.010（26.83）	0.306（81.98）	0.014（27.09）
6~8cm	0.130（72.69）	0.060（43.33）	0.058（83.83）	0.008（31.71）	0.202（86.92）	0.016（38.20）
8~10cm	0.123（78.94）	0.060（53.73）	0.038（87.38）	012（39.07）	0.330（9017）	0.023（54.17）
10~12cm	0.097（83.87）	0.057（63.60）	0.035（90.65）	0.004（41.46）	0.106（92.76）	0.032（76.39）
12~14cm	0.090（91.86）	0.053（72.79）	0.032（95.79）	0.009（46.95）	0.090（94.96）	0.031（99.35）
14~16cm	0.067（91.86）	0.057（81.46）	0.023（95.79）	0.009（52.44）	0.064（96.53）	0.001（99.35）
16~18cm	0.090（96.4）	0.057（91.33）	0.020（97.6）	0.020（64.43）	0.062（98.04）	0.001（1000.0）
18~20cm	0.070（100.0）	0.050（100.0）	0.025（100.0）	0.058（100.0）	0.080（100.0）	0.001（100.0）
输沙总量 /[g/(cm·min)]	1.976	0.577	1.07	0.164	4.091	0.144

(不同高度输沙量 Q/[g/(cm·min)]（所占百分数/%）)

值仅为 39.07%。2cm 高度内，草方格沙障区与流沙区相比，输沙量更是急剧降低。同样以 6m/s 风速为例，2cm 高度内风沙流中沙粒含量，在流沙区占 20cm 高度总输沙量的 51.96%，而在沙障区 10m 处仅为 13.41%。由此可见，草方格沙障具有降低贴地层风速，抑制地表沙粒挪移和大部分跃移，降低下层输沙量，从而起到减缓风沙流危害的作用。

以上说明，草方格沙障的固沙效益十分显著，不失为一种经济、有效的固沙措施。草方格沙障在我国的包兰铁路和塔里木沙漠公路的防沙中有大面积应用，取得很好成效。在内蒙古中部鄂尔多斯市沙区公路，养路职工采用栽种带状活沙蒿沙障固定流沙，也取得很好效果。

3）输导沙工程

输导沙工程是通过采用良绕体型工程设计改变下垫面性质，或借助于修筑的构造物（上部建筑）加速风沙流流速或改变其运动方向，使沙子以非堆积搬运输导方式顺利通过所保护的区域。输导工程措施有下导风、羽毛排和输沙断面等类型。下面主要介绍一下应用较多的下导风工程。

下导风工程又称聚风板工程，是由栅栏工程发展而来的。它应用于防治风沙、风吹雪对道路（铁路、公路）的危害。我国从 1969 年开始，先后对下导风工程防治公路风沙或风吹雪危害，进行了一系列风洞模拟实验和野外试验研究，取得较好成果（吴正等，1982）。

下导风工程由立柱、横撑木和栅板组成。栅板材料可用木板、芦苇等。用芦苇做材料时,先扎成直径 8～10cm、长 2～3m 的芦苇把,再把芦苇把扎制成栅板。立柱埋设于公路上风侧路肩上,栅板固定在横撑木上,栅板与地面间留有空隙,即下口。下导风工程的栅板板面设置有与地面垂直的,也有向风倾斜 60°～80°的。

根据风洞实验和野外观测资料可以清楚地看到(表 3.11),下导风工程把导板所在流层的流体能量转化为加强导板上端、下端运动的能量。特别是下端,由于下口的空间是有限的,风流受到导板与地面的夹持,出现聚流作用,在导板下口后方一定范围内形成强风速区,风沙流挟沙能力的突然加大,使风沙流成为不饱和风沙流,并克服地表由于局部地形的突变(如公路的路肩等)所引起的气流分离产生的涡旋阻力,使沙子以不堆积搬运通过保护区(如公路路面),达到消除或减轻风沙流(或风吹雪)的堆积与沙丘(或雪丘)前移危害。

表 3.11　下导风工程对贴地面层(20cm 高度)风速的影响

观测点位置	风速/(m/s)	百分比/%
旷野(不受下导风板影响)	7.0	100
板前 2m	6.0	85
板下入口处	12.2	145
板后 10m	8.1	116

资料来源:中国科学院新疆生物土壤沙漠研究所,1976。

室内外实(试)验表明,为使下导风工程起到最大输导沙作用,选择适当的板面宽度和下口高度很重要。板面越宽,聚风能力越强,吹刮宽度越大;但板面越宽,所需材料越多,施工不便,又容易被大风刮坏。下口太低,板前弱风区增大,易于引起积沙,下口太高,聚风输沙作用减弱。根据试验,下导风工程采用疏透型(β=0.4～0.5),板面与下口之比为 0.7～0.8 较好。板面倾角的考虑,虽然直立时吹刮能力强,但板前、板后流沙堆积也较严重。因此,从效益好、经济实用角度考虑,采用倾斜的小板面工程为好。

我国最早进行下导风工程试验,主要是在风吹雪条件下进行的。在新疆天山风吹雪地区,应用下导风工程防治公路风吹雪危害取得很好成效(张培坤,1976;王中隆等,1978)。而利用下导风进行输沙,则在青新公路(315 国道)的雅通古斯和乌(鲁木齐)伊(宁)公路 387km 沙害段进行过试验,对防止路面积沙也收到较好效果(中国科学院新疆生物土壤沙漠研究所,1976;吴正等,1982)。不过,在兰新铁路和乌(海)吉(兰泰)铁路专线开展的下导风工程输沙试验效果都不理想。究其原因可能有两个:一是铁路具有上部突出的构筑物枕木和路轨等,不可能形成一个光滑完整的下垫面,上部构筑物的存在,分散了气流,在周围形成小的涡旋,不利于输导沙;二是沙物质的输导比输雪困难得多,积雪夏天可以融化,而沙子相对密度比雪大得多,且没有相态变化,因此,只有沙的不断积累,过多的路边积沙必将造成新的威胁。

因此，下导风工程对防治风吹雪危害有很好效果。对于风沙来说，主要应用于极端干旱地区沙漠公路防治稀疏、低矮、快速前移的沙丘，或风沙流造成局部严重沙害地段。而且，如能与固（小面积沙源封固）、阻（用栅栏等阻止部分沙源前移沙）、输（设计过沙路面）等措施结合起来，将会达到理想的效果。

3. 化学固沙措施

化学固沙是在流动沙丘（地）上喷洒化学黏结材料，在流沙表面形成覆盖层，或渗入表层沙中，把松散的沙粒黏结起来形成固结层（硬壳），从而防止风力对沙粒的吹扬和搬运，达到固定流沙、防治沙害的目的。化学固沙收效快，但成本高，一般多用于风沙危害能造成重大经济损失的地区，如机场、交通线（铁路、公路）、军事设施和重要工矿区，并常和植物固沙相配合，作为植物固沙的辅助性和过渡性措施。

化学固沙作用的成效，不仅与流沙表面沙粒的性质（如化学成分、机械组成）有关，而且也与化学固沙材料本身的物理化学性质（如分子结构、分子大小、黏度、吸附力）等有关。

化学固沙材料要按如下标准选取：①固沙效果好；②成本低；③使用简便，不需要特殊设备；④对植物发芽和生长没有影响；⑤不污染环境。目前，国内外用作固沙的胶结材料主要是石油化学工业的副产品。一般常用的有沥青乳液、高树脂石油、橡胶乳液和油—橡胶乳液的混合物等。其中，沥青乳液是当前世界各国在化学固沙工程中应用最广泛的材料。下面对其性质略加阐述。

沥青乳液又名乳化沥青，它是沥青在乳化剂作用下通过乳化设备制成的。乳化剂是一种有机化合物，其分子结构具有两种不同性质的基团：一种是不溶于水的长碳链烷基，称为亲油基或憎水基；另一种是可以溶于水的，称为亲水基。正因为乳化剂由亲水基和亲油基组成，所以它具有能吸附在水油界面上的特性，它能使沥青微粒（$0.1 \sim 10 \mu m$）均匀分散在水中，水是连续相或外相，沥青微粒称为分散相或内相。这种两相体系乳液又称水包油（O/W）乳液。在乳化过程中，乳化剂分子的亲油基一端融入沥青微粒相，亲水基端融入水相，乳化剂分子吸附在沥青微粒与水的界面间，定向排列成一分子层，从而降低了两相界面间的界面张力，使沥青与水能充分乳化。

由乳化剂制备成的乳化沥青，在实际应用于固沙时，是将稀释了的乳化沥青喷洒到沙面上，其中水分便迅速渗透到沙层深处，而沥青微粒则滞留于一定厚度的表面沙层中，将沙子胶结成为一多孔状的固结沙层（硬壳），以达到固定沙面免遭风蚀的目的。因此，乳化沥青要求具有高的稀释稳定性和较高的分散度，以便于喷洒并渗入沙层中，而这一性质是由乳化剂的性质和使用量所决定的。用硫酸处理（亚硫酸法或苛性钠法）后的造纸废液是一种较为理想的乳化剂。使用碱金属脂肪酸盐作乳化剂，要求水的硬度不能大于 80mg/L，否则乳化剂的使用量要大大增加。而若用纸浆废液作乳化剂，水的硬度则影响不大。

乳化沥青作为固沙材料，具有如下优点。

（1）用途广泛。不仅可作为流沙表面的固结层与封闭层，还可以作沙地隔水层、渠道防渗漏层、沙地改良剂和沙地增温剂等。

（2）使用简便。在常温下不凝固，具有流动性，便于使用（可直接用机械施工）。

（3）没有毒害。对植物生长无影响。

（4）节约用量。与沥青比较，一般可节省用量 50%～70%。

（5）价格较低。比一般化学固沙材料低 1～2 倍。

但是，乳化沥青在使用中也存在因沥青中的沥青质和树脂易被大气中的氧、光、热、水分和微生物等破坏，使油分下降。这种变化逐渐加剧，导致沥青性能变坏，如软化点升高，延伸度减小，致使团结层慢慢变脆、发硬，丧失塑性，发生老化，以致最后开裂而被风掏蚀破坏，失去固沙作用。

为了克服乳化沥青的上述弱点，近 20 多年来，国内外进行了乳化沥青的各种改性研究，并取得了进展。例如，在乳化沥青中加入胶乳、高强度树脂等，以提高其机械强度和韧性；加入树脂掩蔽酚、硫铵、噻吩嗪等，以提高其抗老化能力；用硅藻土、膨润土作乳化剂，以提高乳化沥青的稳定性、耐候性、不龟裂，并具有在高温下不流淌的特点。

4. 化学固沙的作用及其效果

喷洒化学黏结材料（固沙液）形成的团结沙层，隔断了风沙流与松散沙面的直接接触与相互作用，使其免受风蚀，是化学固沙最主要的作用之一（即封固作用）。因此，团结沙层的抗风蚀性能的强弱，是衡量固沙作用好坏的重要指标。根据现场多年观察和定性分析，可以认为风沙流是团结沙层破坏的主要原因。为了定量测定风沙流对固结沙层风蚀的影响，以评价化学固沙材料的优劣，我们进行了风洞模拟风沙流吹蚀实验（表 3.12）。由实验结果可以看出，当风沙流速度为 5m/s 时，沙表面开始风蚀，10m/s 时风蚀增大，之后随着风沙流速度的增大，风蚀量直线上升。实验表明，经化学黏结材料固定后的沙层风蚀量是对照流沙的千分之一。野外现场试验也证明，喷洒乳化沥青形成的固结沙层（平均厚度 20～30mm），有一定的抗风蚀能力。根据铁道科学研究院西北研究所的试验，沥青用量为 0.5～1.0kg/m^2（每平方米用水 15kg），能抵抗 30m/s 的风速。

化学固沙除了封固作用抗风蚀外，还有改善流沙水热条件，促进植物生长的作用。喷洒化学黏结材料后，由于沙面形成固结层，使下部沙层热量散失减慢，尤其是石油类固沙液，它的黑色固结层还具有强烈的吸热作用，可使地表温度增

表 3.12　风沙流与固沙试样风蚀量（g/h）关系（据胡英娣，1988）

固沙材料	试样面积/cm²	风沙流速度/（m/s）							
		5	7	10	15	17	18	20	25.3
A₁（原油）	106	0	0	0	0			0.08	0.1
A₂（乳化原油）	106	0	0	0	0			0.08	0.1
A₃（乳化沥青）	106	0	0	0	0			0.24	
S（对照）计算值	106	120	240	480	3600	5400	6200		

加很多（在高温期较为明显）。同时该层对下部沙层有保温作用。例如，乳化沥青在春季可使 20cm 内沙层增温 $2.5\sim6.0℃$；夏季则增温 $1.0\sim6.0℃$。

沙面喷洒化学黏结材料（如乳化沥青等）后形成的固结层为多孔状，具有一定的透水性，雨水能渗入下部沙层；同时，它又能切断毛细管水，对下部水分上升有明显的阻碍作用，使得蒸发量大大减少，沙层水分含量有所增加，保水性能得到加强。经乳化沥青喷洒后的沙面，蒸发量一般比裸露沙面降低 $80\%\sim90\%$，沙层水分增加幅度见表 3.13。由于喷洒化学固沙材料后，使沙地的水热状况得到改善，有利于植物生长（表 3.14）。在喷洒乳化沥青的沙丘上所栽植的和直播的柠条、沙蒿、沙拐枣等植物，从生长情况看，一年后，基本可以使沙丘固定起来。

表 3.13　乳化沥青固结层下部沙层水分含量变化（%）（据胡英娣，1988）

采样深度/cm	第一年		第二年		第三年	
	对照	喷洒后	对照	喷洒后	对照	喷洒后
0～10	3.90	5.33	3.17	3.71	1.04	2.52
10～20	5.49	6.76	2.99	3.20	1.12	3.31
20～40	2.85	5.24	4.34	5.51	1.50	3.24
40～60	4.68	4.84	2.78	4.84	1.95	4.15
0～60	16.92	22.17	13.28	17.26	5.61	13.22

表 3.14　喷洒乳化沥青的沙丘上所栽植的固沙植物生长情况*

植物种	平均值/cm			最大值/cm		
	高度	冠幅	地径	高度	冠幅	地径
柠条	80	40	0.7	170	40	1.3
梭梭柴	55	50	0.8	100	80	1.5

*内蒙古海勃湾地区，植苗时间：1969 年 10 月，调查时间：1970 年 9 月。

化学固沙在国外已有 60 多年的历史，20 世纪 30 年代中期，苏联和美国首次开始了化学固沙的试验。例如，苏联 1934 年就在卡拉库姆进行了沥青乳液试验，以后扩大到第聂伯河下游的沙地。美国则在太平洋沿岸的俄勒冈、华盛顿等州做化学固定沙丘的试验。50 年代，苏联不仅用石油产品而且用高分子聚合物进行固沙；美国也用类似的方法，开展了对一些国防基地（如范登堡、爱德华等空军基地和默库里原子能保护区）的流沙固定。到 60 年代，采用化学固沙技术的国家有了较大拓展，特别是石油资源丰富的沙漠国家，伊朗便是一个突出的例子。该国自 1968 年开始大规模进行石油固沙，并建立了林业草场局的石油固沙队专门实施此项工作，已在全国 11 个省建立了 60 多个固沙基地，化学固沙面积达 24 万余公顷。沙特阿拉伯也开展了石油产品固定流沙的工作，并在阿黑巴建立了专门的公司，1977～1987 年已固定流沙 6000hm^2 多。利比亚用化学固沙配合栽植阿拉伯胶树和桉树，生长良好，已营造起一条 50 余千米长的林带。澳大利亚用沥青乳液固沙并配合桉树造林均获成效（胡英娣，1988）。

国内化学固沙起步较晚，但在研究方面进行了一系列开创性的探索和试验，在实际应用方面也取得了较好成效。例如，在包兰铁路的沙害地段及塔里木沙漠石油公路的试验路段，都进行过较大面积的化学固沙扩大试验和中间试验。其中，包兰铁路沙害地段中试范围较大，总面积为 53 万 m^2（合 53hm^2）。

20 世纪 60 年代中期，中国科学院兰州沙漠研究所首次研究了化学固沙技术，于 1966 年在兰新铁路大风地段和新疆觉罗塔格（干山）北坡等地，用乳化沥青、造纸废液和水玻璃为主要原料，进行了流沙固定试验。80 年代初又在包兰铁路沙坡头试验站开展了乳化沥青（改性）、聚乙烯醇和聚乙酸乙烯乳液等多种化学固沙液的流沙固定试验。试验证明，经受了 10 多年的风沙流袭击考验，固结层基本完好，沙面风蚀并不显著，也未为外来流沙所掩埋，起到了防治沙害的作用。在栽植固沙植物方面，固沙液所加固的沙丘，其植物成活率可达 70%左右（表 3.15）。

表 3.15　化学固沙效果一览表（腾格里沙漠沙坡头地区）（据胡英娣，1988）

固沙材料	沙面全封闭	与草方格结合	与植物结合	
			移栽植物成活率/%	直播种子成活率/%
乳化沥青	4 年后固结层片状风蚀	4 年后固结层少量风蚀	70～73	30～40
乳化沥青（改性）	4 年后固结层基本完好	未试验	未试验	未试验
聚乙烯醇	4 年后固结层基本完好	4 年后固结层基本完好	65～70	未试验
聚醋酸乙烯乳液 4 年后	大部分固结层完好	未试验	65～70	未试验

1968～1970 年铁道部科学研究院西北研究所与呼和浩特铁路局乌达工务段合作，在位于乌兰布和沙漠边缘的包兰铁路 K375 和 K369 地段，进行了合 13hm^2 的喷洒木质素磺酸盐乳化沥青，结合固沙植物种植的试验，种植各种沙生植物 22 万株。经 3～5 年后，固结层开始破碎，但结合植物固沙直播的柠条、梭梭、花棒、杨柴和沙拐枣等，其保存率可达 80%～90%，固定了流沙，取得显著成效（裴章

勤等，1983）。

1982～1986 年铁道部科学研究院西北研究所与呼和浩特铁路局工务处合作，在包兰线 K381～K386 地段，进行了 36.6 万 m^2（合 36.6hm²）的乳化渣油结合沙生植物固沙的试验，种植各种沙生植物 20 万株。乳化渣油的喷洒量为 0.5～0.75kg/m²，以植苗造林为主，辅以直播和容器育苗，植物种有柠条、杨柴、花棒、梭梭和沙拐枣等。经 3～5 年后，固沙层虽开始破碎，但栽植的植物成活率> 60%，成功地固定了流动沙地，基本消除了线路沙害（丁向南，1992）。

1998 年，配合塔里木沙漠公路的植物固沙中试，中国科学院兰州沙漠研究所在塔中植物固沙带两侧进行了高分子固沙剂的固沙试验。

首先，对十几个配方的高分子固沙剂进行了气候适应性、高效性以及经济性能的测定，筛选出 WBS、LVA、LVP、STB 4 种材料，对其理化性质包括力学性能进行了详细的分析。4 种材料的颗粒粒径均小于 0.5μm，表明优选的配方颗粒分散、均匀，都有良好的渗透能力。通过涂-4 黏度计测定结果，适宜的黏度为 12～15pa·s，比较适中。所选 4 个配方在 10～70℃温度下试验，均未发现沉淀现象，说明有良好的稳定性。

团结层抗压强度是指示固沙能力的重要指标，也是了解固沙剂力学性能的公认指标。采用常规的材料压力试验方法，测定一定体积大小正方形固结试样，置室温下养护，用 30t 材料压力试验机进行测定，结果（表 3.16）表明，各试样抗压强度为 1.0～12.1MPa，超过国际上对固沙强度（1MPa）的要求。采用紫外线照射法测定抗老化强度，试样经 300h 紫外线照射后的强度变化（表 3.16）表明，4 种材料都有良好的抗老化能力，有较长的使用寿命。

表 3.16　塔里木沙漠公路植物固沙中试区高分子固沙剂力学性能一览表

固沙剂名称	抗压强度/MPa	抗老化性（强度损失率）/%
LVA	1.0～2.4	10.7
LVP	2.7～3.3	0
WBS	3.3～12.1	41.4
STB	1.3	39.2

固结层的抗风蚀性能测定在风洞实验室进行。采用 5m/s、7m/s、10m/s、15m/s、20m/s、25.3m/s 6 个风速的挟沙气流进行吹蚀试验，其风蚀量测定结果如表 3.17 所示。

1998 年 4～5 月在塔里木沙漠公路植物固沙中试区 K292+900 与 K287+500 两处进行了共 120m² 的现场试验。喷洒期间的日平均气温 16.9～24.50℃，最高气温 32.3℃，最低气温 8.7℃；地面温度 19.0～31.2℃，最高地温 61.3℃，最低地温 0.4℃；相对湿度 23%～32%；风速为 3.0～6.3m/s，最大达 14.0m/s，风向 E 和 ENE。喷洒后的第三日表面已经能经受人的踏踩，抽样检查固结层厚度在 0.2～0.5cm（表 3.18）。其中 LVP 有一定的弹性；WBS 虽然有一定硬度，但发脆，同时因喷洒时的气温和地温分别高达 30℃和 50℃，固沙剂溶液蒸发太快，致使表面存留过少，干燥后出现少量裂隙。总的说来，它们的固沙性能还是比较好的。

表 3.17　塔里木沙漠公路植物中试区高分子固沙剂抗风蚀性能试验结果

固沙剂	不同风沙流速度下的风蚀量/[g/(cm²·h)]					
	5m/s	7m/s	10m/s	15m/s	20m/s	25.3m/s
LVA	0	0	0	0.021	0.030	0.037
LVP	0	0	0	0	0	未测
WBS	0	<0.001	0.002	0.085	0.020	未测
STB	0	0	0.003	0.003	0.011	0.017

表 3.18　塔里木沙漠公路植物固沙中试区高分子固沙剂固结层厚度、强度及外观

固沙剂	固结层厚度/cm	固结层强度及外观描述	备注
LVA	0.4～0.5	硬度很大，能站人，脚踩不破	/
LVP	0.2～0.5	硬度很大，能站人，不易碎，有柔韧性	/
WBS	0.3～0.5	硬度很大，较脆，有少量破碎	喷洒时气温、地温都高
STB	0.3～0.5	硬度很大，能站人	/

注："/" 表示无备注。

3.4　农田沙害防治

1. 旱作农业地区防治风沙危害的措施

　　贺兰山以东的北方半干旱地区，历史上都是干草原，是我国主要的旱作农业区。这里的农田多为开垦自平缓的坨子地、巴拉地（固定沙地）和覆沙梁地上的旱地，且常与流动沙丘、半固定沙丘呈带状相间，或是镶嵌分布。由于长期沿用"浅耕粗作，闯荓吃粮"，"刮地皮，拔荒皮，拍浮油"的粗放轮歇旱作耕作制度，不仅旱地因风蚀和沙尘暴危害严重，产量不足 750kg/hm²，而且不断破坏坨子地、巴拉地草场。

　　风沙危害主要来自旱地本身的土壤风蚀、周边流沙前移压埋耕地和风沙流对作物幼苗的打击。仅库布齐、毛乌素及宁夏河东三大沙区，每年受风沙危害的旱地面积就有 10 万 hm² 以上（朱震达等，1998）。

　　为了防止和减轻风沙对农业的危害，必须严禁开垦坨子地、巴拉地轮荒旱作，控制轮歇耕作面积，施行退耕还林还草工程。对现有风蚀性固定旱地，应采取防蚀措施。

1）改善土壤结构，提高土壤肥力

耕作土壤之所以能够产生风蚀，有两个方面的因素：一是有一定风力和土壤裸露，缺乏保护的外部条件；二是欠缺水分和有机质，结构性能差等土壤自身的内在因素。因此，提高土壤的肥力、改善土壤结构，是提高土壤抗风蚀性能的重要手段。

人工种草，特别是种植豆科牧草可以明显起到改良土壤的作用。在科尔沁沙地做的试验证实，人工牧草可以改良土壤的物理性状，降低土壤容重，提高土壤孔隙度，使土壤的保水、保肥和通透性得到改善（表 3.19）。

表 3.19　人工种草对土壤物理性状的影响

种草情况	深度/cm	容重/(g/cm³)	孔隙度/%	含水量/%	机械组成/%	
					>0.01mm	<0.01mm
2 年生紫花苜蓿	0～15	1.57	39.62	13.40	80.00	20.00
	15～30	1.62	37.69	11.10	86.60	13.00
	30～50	1.75	32.77	6.80	81.00	19.00
5 年生紫花苜蓿	0～15	1.57	39.23	9.80	79.00	20.40
	15～30	1.62	36.15	8.10	85.00	13.00
	30～50	1.75	36.54	7.90	86.00	19.00
2 年生草木樨加披碱草	0～15	1.55	40.38	14.30	82.40	17.60
	15～30	1.72	33.85	17.10	81.40	9.60
2 年生苜蓿加披碱草	0～15	1.46	43.85	90	81.00	19.00
	15～30	1.67	35.77	16.80	80.00	20.00
对照组	0～15	1.72	33.85	5.70	85.00	15.00
	15～30	1.76	32.31	5.70	88.00	12.00
	30～50	1.65	36.54	5.70	87.00	13.00

豆科牧草和禾本科牧草根系强大，生长旺盛，每年有大量的根系及枯落物残留在土壤中，可以肥田。另外，豆科牧草的根瘤菌可以固定空气中的氮素，提高土壤肥力。例如，播种第一年的紫花苜蓿每公顷固氮 66kg，第 5 年每公顷固氮量达 285kg。种植草木樨当年每公顷固氮量 75kg，第 2 年达 180kg。种植三叶草（*Trtfolium* sp.）每公顷的年固氮量也达 180～350kg。随着土壤结构和肥力的改善，砂土的黏结性和内聚力就会增强，从而降低土壤的易蚀性。

2）旱作农田控制风蚀的保护性耕作

保护性耕作的核心是免耕、少耕和留茬覆盖耕作。免耕和少耕是 20 世纪 60 年代后才推行的防止土壤风蚀、保水保土的新耕作方法。免耕是免除土壤耕作直接播种农作物的一类耕作方法，不翻耕、不耙，也不中耕，它是依靠作物根系、土壤微生物、蚯蚓的活动来调节土壤三相（固相、液相和气相）比，以满足作物对水、肥、气、热的需求。在不耕作的条件下，作物根系在土层留下细管状的孔道和大小不同的孔隙将不被破坏，连续种植，将在土层中不断留下新的孔洞。同时在土体内有与作物相适宜的多种微生物，有的微生物帮助作物吸收养分，有的

微生物固定空气中的氮，有的分解作物残体，形成腐殖质，从而改善土壤结构。少耕指在常规耕作基础上减少土壤耕作次数和强度的一类耕作技术。保持地面状态的深松可以打破犁底层，活化心土层，增强土壤透水、透气性，并可以尽量保持地表覆盖。

目前，更多地采用留茬覆盖法（秸秆覆盖），目的在于减少耕地的耕耘次数，保持土地表层的残留物，以保持水分并控制风蚀。秸秆覆盖除了直接隔离了风与土壤的接触，加大了地面的粗糙度，防止风对土壤的侵蚀外，还能使土壤蓄积更多的水分，为以后的农作物生长提供水分，客观上也起到了防止风蚀的作用。据中国农业科学院土壤肥料研究所 1992～1993 年的试验，免耕秸秆覆盖，夏闲期 2m 土体比传统耕作法多蓄水 9.9～11.5mm，休闲蓄水效率增加 3.5%；深松秸秆覆盖，夏闲期比传统耕作法多蓄水 25.8～34.9mm，休闲蓄水效率增加 9.3%～10.8%（表 3.20）。

表 3.20　秸秆覆盖对夏休闲期土壤蓄水的影响

年份	处理方式	土壤蓄水		蓄水效率	
		蓄水/mm	与传统耕作比较/mm	效率/%	与传统耕作比较/%
1992	传统耕作（CK）	65.3		23.6	
	免耕秸秆覆盖（NM）	75.2	+9.9	27.1	+3.5
	深松秸秆覆盖（SM）	91.1	+25.8	32.9	+9.3
1993	传统耕作（CK）	78.4		24.2	
	免耕秸秆覆盖（NM）	89.9	+11.5	27.7	+3.5
	深松秸秆覆盖（SM）	113.3	+34.9	35.6	+10.8

在我国北方旱农地区，常用作物残留物覆盖方法为夏、秋作物留茬。横对主风向播种糜、谷、荞麦等作物，秋收后留茬 10～20cm 高度，以防止冬季、春季的土壤风蚀，直至翌年 5 月才翻耕下种。

据研究，留茬地近地面风速比秋翻裸露旱地相对削弱 50%，同时其地表粗糙度相对提高 3 倍。风季，裸露旱地吹失表土 60t/hm^2，而留茬地不仅没有受到风蚀，反而沉积了细沙和尘土 3.8kg/hm^2。沉积的细沙和尘土具有一定肥力，俗称"肥沙"或"油沙"，风沙区群众说："留茬留得高，顶上粪，带茬休闲可缩短休闲年限"。可见，风蚀性旱地留茬，对于防止和削弱风蚀确有一定作用。可惜的是，由于耕作习惯，以及糜、谷、荞麦秸秆、根茬可供作冬春牲畜饲草和燃料，因此许多旱农地区，秋收时通常将作物拔根连秆收走，以致留茬并不普遍。应该大力提倡旱作留茬。

3）不同作物或草田带状间作

鄂尔多斯市境内毛乌素沙地推行的留"风界子"旱作措施，可遏制风蚀。所谓留"风界子"，就是间隔带状耕作，保留一定宽度的天然油蒿植被带，起屏障保护作用。轮歇地和固定旱地的油蒿"风界子"横对主风向，其宽度多为 1~2m，田块宽度 10~20m，相当于油蒿植丛高度的 10~20 倍。据调查，"风界子"保留得过窄或田块过宽，在强风作用下仍不能制止风蚀。

留"风界子"并不是一种可靠的防蚀措施，一旦出现沙尘暴，仍然风蚀起沙。但由于风蚀性旱地面积大，水土条件差，撂荒后又作为牧场利用，营造护田林网是有困难的，因此留天然沙生植被"风界子"或补植人工沙生植被"风界子"，在一定程度上可削弱风蚀作用，同时撂荒后还能加速田块的自然生草过程。

4）营造灌丛林带

风沙区的风蚀性旱地多实行轮歇耕作制，一般不建设护田林网，不仅年年普遍受到风沙危害，而且一旦出现沙尘暴，灾情更严重，毁种毁苗面积可达总播种面积的 50% 以上。实践证明，风蚀性旱地因水土条件较差，营造乔木护田林网有困难，而营造灌丛林带是可行的。灌木生长迅速，能很快起到防护作用。例如，毛乌素沙地鄂尔多斯市杭锦旗四十里乡，自 20 世纪 60 年代起年年营造灌丛林带，经过 20 年的努力，使风蚀性旱地都有灌丛林带保护。过去春天播种，3~4 次才能抓住禾苗，如今不再重播，单产提高 31 倍。

风蚀性旱地营造灌丛林带，在梁地上应选用比较耐旱的中间锦鸡儿（*Caragana liouana*）和柠条，在沙地上则适宜种植沙柳（*Salix psammophila*）。

伊金霍洛旗沙砾质旱地上横对主风向所栽植的中间锦鸡儿林带，宽度 2~5m，窄条田块宽度 15~20m。在鄂尔多斯中西部风蚀性梁地栽培柠条，株丛较高，条状田块可扩大到 20~30m。

鄂尔多斯市地区居民点附近的风蚀性固定砂质旱地，用沙柳营造灌丛林带，一般为 1~3 行，带间距离 20~40m，也有 50~60m 的。在沙柳林带保护下，砂质旱地基本上消除了风蚀毁种现象，能适时播种，有利于节约耕作。

陕西榆林和宁夏盐池、灵武等地区大面积风蚀性旱地成片耕作，风蚀极其强烈，大力营造灌丛林带，是当前治理沙害的一个有效而又可行的途径。

2. 绿洲灌溉农田的风沙危害防治

在贺兰山、乌鞘岭以西的西北干旱荒漠中，星散分布着众多面积大小不等的绿洲，这里的农田通常分布于绿洲内部。绿洲多与戈壁、沙漠前沿缓起伏沙丘、风蚀地相毗连，同时绿洲内部也分布有一些流动沙丘和固定、半固定沙丘；有些耕地为沙质土或沙壤质土，也易受风蚀起沙。正因为如此，每年风沙季节，绿洲内农田常受风沙和沙尘暴的袭击。沙害主要表现为流沙埋压农田和渠道、沙打禾苗及砂质耕地风蚀三个方面。新中国成立以来，我国西北沙区各族人民在与风沙和沙尘暴做斗争中，在绿洲建立了由封沙育草带、大型防风阻沙林带，辅助以人工沙障的固沙植被和护田林网所组成的绿洲防护体系，取得了显著成效（朱震达等，1998）。

1）封沙育草，保护天然沙生植被

20 世纪 50 年代以来，我国西北绿洲地区在大力营造防风阻沙林带、护田林网及建立人工固沙植被的同时，把"封沙育草，保护天然植被"作为防沙治沙的重要措施之一并取得了卓越成效。现在一般都在老绿洲迎风侧与沙漠、戈壁、风蚀地等相毗连的地带，封育沙生植被，宽超过 2km，甚至 10～20km，植被覆盖度由原有的 10%～15%恢复到 40%～50%，与人工植被结合为一道保护绿洲的绿色屏障。例如，1993 年"5·5"黑风暴，甘肃玉门花海绿洲北侧有柽柳沙堆 400km²，沿绿洲边沿封育管理较好，柽柳丛覆盖度多为 40%～50%，沙面枯枝落叶层厚度一般在 10cm 以上，这次黑风暴对该绿洲没有产生危害；相反，同处甘肃省的景泰古浪新垦绿洲，在开垦过程中，因不注意保护北缘腾格里沙漠边缘和垦区内部的固定、半固定沙丘的天然植被，樵采过牧现象严重，同时在绿洲林网建设尚处于初期阶段的情况下，开垦了一些灌丛沙堆，以致在"5·5"黑风暴中毗连沙源的农田和渠道均遭到沙埋，开垦的砂质耕地吹出犁底层，平均风蚀深度按 10cm 计，连同种子、作物幼苗所吹失的沙量，达 1000m³/hm²。

2）周边防风阻沙林带的营造

我国西北沙区防风治沙的一个显著特色，就是从 20 世纪 50 年代开始注意在绿洲与沙漠、戈壁、风蚀地相毗连的地带，结合封沙育草，营造宽窄不一的大型防风阻沙林带，防止流沙对绿洲的入侵。

在乌兰布和沙漠西部，20 世纪 50 年代沿东北缘二十里柳子至太阳庙营造起了长达 175km、宽 300～400m 至 1～2km 的防风阻沙林带，当地称作防风固沙基干林带。总面积 0.6 万 hm² 以上，宛如一条"绿色长城"，有力地制止了大面积流沙向东侵袭，保护着后套绿洲西缘的大小城镇和居民点 150 处，几万公顷农田和 6 万～7 万公顷草场。三面环沙的磴口县，在这条林带的保护下，过去被流沙埋压的 0.53 万 hm² 农田恢复了耕种。河西走廊沿绿洲边缘所营造的大型防风阻沙林带，延长线达 1240km，占风沙线总长度 70%，面积达 11.1 万 hm²，控制流沙面积 18.4 万 hm²，不仅防止了严重沙害地段流沙对绿洲农田的入侵，而且还恢复耕地 2.6 万 hm²，同时使 1400 个村庄不再受到流沙危害威胁。

近 20～30 年来，新疆的新、老绿洲在建设护田林网的同时，注意绿洲周边大型防风阻沙林带的建设，并且已取得效果。

西北地区各地实践证明，绿洲周边营造大型防风阻沙林带，对于控制和减弱沙尘暴，特别是黑风暴对绿洲农田的危害有显著作用。

绿洲周边因水土条件优越，对乔木、灌木树种生长有利，营造林带 3～5 年后就能趋于郁闭。防风阻沙林带一旦形成，就能阻截迎风面一侧的流动沙丘和风沙流；同时背风一侧在相当于林高 20 倍的距离范围内，平均风速下降 40%～50%，可保护砂质耕地免受风蚀和沙割禾苗之害。

3）流动沙丘的固定

我国西北绿洲周边和内部的流动沙丘，前移埋压农田、渠系和居民点，危害性极大，应该加以固定。实践证明，在这里的沙丘上栽植植物固沙，如果事先不设置人工沙障加以保护，易被风蚀，难以成活。因此，绿洲里直接栽植固沙植物固定流动沙丘，必须辅以人工沙障。

根据实践经验，乌兰布和沙漠北部、腾格里沙漠东南缘、河西走廊新老绿洲周边和内部的流动沙丘，可就地取材，提前设置麦草等柴草沙障或黏土沙障。在柴达木盆地、塔里木盆地等地的绿洲，则就地取材，以芦苇、芨芨草设置沙障。设置沙障稳定沙面后，可在春季栽植适宜的固沙植物。在乌兰布和沙漠北部、后套地区、河西走廊的绿洲周边和内部沙丘上，在麦草沙障或黏土沙障的防护下，可以栽植梭梭柴、多枝柽柳（*Tamarix ramosissima*）、花棒、柠条、头状沙拐枣（*Colligonum caput-medusae*）、沙拐枣等灌木。株距为 1m，行距随沙障间距而定，一般为 2～4m。植苗时，苗根应植于湿沙层，并每株浇水 1～2kg。这样，植株的成活率和保存率可达 70%～80%，3～4 年株间趋于郁闭，就能起到固沙作用。

吐鲁番盆地和塔克拉玛干沙漠南缘和西缘诸绿洲，年降水量不足 50mm，这里高大沙丘栽植固沙植物难以奏效。可以适当引洪水灌溉丘间低地，在芦苇沙障的保护下，也可在流沙上栽植东疆沙拐枣、头状沙拐枣、乔木沙拐枣、白皮沙拐枣、红皮沙拐枣、多枝柽柳等，亦很快能起到固沙作用。

4）护田林网建设

绿洲的护田林网作为绿洲防护林体系的一个重要组成部分，不仅可以防止或减轻砂质耕地的风蚀起沙，风沙和沙尘暴对农田的危害，而且还能改善田间小气候，同时，对盐渍化绿洲具有生物排盐性能。因此，我国西北地区从 20 世纪 50 年代以来，把营造绿洲护田林网作为保证农业稳产高产的一项基本措施。经过多年建设，老绿洲已基本上林网化了，但缺口很多；新绿洲正在建设护田林网。以河西走廊为例，"大小绿洲林网化占地面积达 5.2 万 hm²，保护的农田面积为 31.7 万 hm²"，占该地区农田有效灌溉面积的 63.3%，占保灌面积的 77.3%；但老绿洲中还有大片耕地和扩展的新垦耕地，尚无林网防护。

护田林网网格状体系的相互作用，削弱强风和沙尘暴的效能尤为显著。据观测，在旷野近地面 17m/s 以上大风下，绿洲迎风侧第一林网内的平均风速下降 37.3%，第二林网内下降 39.1%，第三林网内则下降 41.5%。正因为如此，据甘肃省治沙研究所调查，1993 年"5·5"黑风暴过后，民勤绿洲西侧林网内的砂质耕地，风蚀深度仅 0.1cm，沙割致死瓜苗 5%，刮坏籽瓜地膜 1%；而附近无林网防护的砂质耕地上，风蚀深度一般达 5cm，风蚀和沙割致死瓜苗 35%，刮坏卷走籽瓜地膜达 40%。"5·5"黑风暴对农业的危害，最严重的是无护田林网防护的新垦绿洲和老绿洲内外的新垦耕地。

素有"风库""火洲"之称的吐鲁番盆地，每年大风频繁，时有沙尘暴发生。1961 年 5 月遭受一次黑风暴袭击，大小绿洲 85%的耕地受灾严重，几十万亩小麦亩产仅 4~5kg，0.3 万 hm² 棉田几乎无收，127 道坎儿井被沙埋断流。后来，吐鲁番结合封沙育草，营造防风阻沙林带和固沙造林，大力营造护田林网，终于改变了"小风歉收，沙尘暴无收"那种以风沙为特征的生境，如今即使有黑风暴过境，大小绿洲基本安然无恙。鉴于我国西北地区大风频繁，风沙活动强烈，时有沙尘暴和黑风暴发生，以建设窄林带、小网格的护田林网最好。绿洲水土条件优越，建设护田林网可选用速生乔木树种：乌兰布和沙漠北部垦区和河套灌区的林网树种为旱柳、加拿大杨、小叶杨、钻天杨、新疆杨、箭杆杨等；腾格里沙漠东南缘各灌区的林网树种主要是箭杆杨；河西走廊的林网树种为二白杨、新疆杨等；柴达木盆地主要有青杨；新疆诸老绿洲及新垦区的林网树种为新疆杨、钻天杨、白柳（Salix alba）等。

3. 农田沙害防治工程模式

根据我国沙害治理与风沙环境整治相结合的原则，生态、经济、社会效益一致性的目标，总结 40 余年来在不同自然条件下的农田沙害治理经验，自西向东可以归纳出以下基本模式。

1) 新疆和田，代表极端干旱地带绿洲沙害的防治

和田绿洲位于新疆南部塔克拉玛干沙漠的西南边缘，玉龙哈什河与喀拉哈什河之间，南为昆仑山山前沙砾质平原，北部直接与流动沙丘相接，受沙丘前移入侵的威胁。东部、西部与南部均受到风沙流的危害。年平均降水量仅 34.8mm，而蒸发量高达 2564mm。针对这种特点，其防治的根本途径是：合理利用内陆河流的水资源，以绿洲为中心建立防护体系，建设和维护绿洲生态系统的稳定。为此所采取的措施如下所述。

（1）兴修水利。充分利用玉龙哈什河及喀拉哈什河的水资源，建成以引水总干渠、各级渠道、中小型水库及干支渠闸口相配套的灌溉系统。80%的耕地实现农水配套，同时采用渠系配套防渗、小畦灌溉等措施，提高了水的利用率。渠系

利用系数自 0.35 提高到 0.40。灌溉定额由每次 $1800\sim2250m^3/hm^2$ 降低到 $900\sim1050m^3/hm^2$，减少了渗漏损失，节约了水源。

（2）以绿洲为中心建立完整的治沙体系。在绿洲外围半固定沙丘地带采取封育措施，保护天然植被，采用引洪淤灌，建立和恢复灌、草相结合的绿洲植被保护带，不仅防止了风沙的侵袭，也为发展畜牧业创造了条件；绿洲的边缘建立宽 $100\sim300m$ 的环绕绿洲防风沙基干林带 358km；在绿洲内部建立窄林带、小网格的护田林网，并配置核桃、桑、杏、桃、葡萄等经济果木，实行林粮间作、林棉间作，使绿洲的林木覆盖率达到 40% 以上。

（3）在绿洲外围除采取封育措施以外，对孤立的流动沙丘采取平沙整地措施。对成片的流动沙丘，在丘间低地引洪淤灌，营造片林；在沙丘上则利用芦苇或麦草等设置沙障进行固定；有条件的地方则利用 $6\sim9$ 月的洪水，引洪冲沙，平整土地，扩大耕地。

采取这些措施后，环境有所改善，林网保护下的农田与空旷地相对比，风速降低 25%，风沙流中含沙量减少 40%$\sim$60%。经济效益也很明显，20 世纪 90 年代初期与 70 年代末期相比，全县粮棉油总产分别增长了 1.17 倍、1.1 倍和 2.31 倍，粮食亩产提高了 3.3 倍，人均收入提高了 7.5 倍（樊自立，1993）。

2）甘肃临泽，代表干旱地带绿洲周围沙害的防治

临泽平川位于甘肃河西走廊中部黑河的北岸，是一狭长的绿洲，北部濒临密集的流动沙丘及剥蚀残丘与戈壁，明代长城遗址即位于绿洲北部的流沙中，这也反映了平川一带沙漠化系明代中叶以后逐渐发展起来的。该地年降水量为 117mm，盛行西北风，在过度樵采、放牧破坏植被的情况下，原来的固定灌丛沙堆发生活化，导致流沙入侵绿洲。同时戈壁残丘地区的风沙流危害农田，造成土壤风蚀，因而耕地废弃。绿洲向南退缩 $200\sim500m$，特别是绿洲外围地段成为生态最脆弱部位，因而在这一地段建立一个完整的防护体系便是根本的措施。

根据临泽平川绿洲北部流动沙丘之间具有狭长的丘间低地，并可以利用灌溉余水浇灌丘间低地的有利条件，首先在绿洲边缘沿干渠营造宽 $10\sim50m$ 的防沙林，对种采用二白杨（*Populus×gansuensis*）与沙枣（*Elaeagnus angustifolia*）。前者防风作用显著，多栽植在具有下伏土层的地段；后者枝叶繁茂，阻挡风沙的能力较好，并适宜于较贫瘠的土层。在营造防沙林的同时，在绿洲内部建立护田林网，规格为 300m×500m，以二白杨、箭杆杨（*P. nigra* var. *thevestina*）、旱柳（*Salix matsudana*）、榆树（*Ulmus pumila*）为主。在绿洲边缘丘间低地及沙丘上营造各种固沙林。在流动沙丘上先设置黏土或芦苇沙障，在沙障保护下，障内栽植梭梭（*Haloxylon ammodendron*）、多枝柽柳（*Tamarix ranosissima*）、细枝岩黄芪（*Hedysarum scoparium*）、柠条（*Caragana korshinskii*），这样就在绿洲边缘形成了

"条条分割，块块包围"的防沙体系。为了进一步防止外来沙源的侵害，在防护体系外的沙丘地段又建立封沙育草带。禁止牧樵以促进天然植被的恢复，在冬季农田有灌溉余水的情况下，引水灌溉封育区以加速植被的恢复。这样就以绿洲为中心形成自边缘到外围的"阻、固、封"相结合的防护体系，建立了适宜于干旱地带绿洲附近土地荒沙化治理的模式，即绿洲内部护田林网，绿洲边缘乔灌结合的防沙林，绿洲外围沙丘地段的沙障与障内栽植固沙植物相结合的固沙带和沙丘固定带外围的封沙育草带。

采用这样一种治理模式后，流沙面积已从治理前的54.6%减少到9.4%，受风蚀影响的耕地从治理前的17.8%减少到0.4%，沙区中的农林用地从治理前的6.1%增加到治理后的43%，人均收入治理后较治理前增长了153.6%，不仅改善了环境，而且促进了经济发展。这种模式一般适用于干旱地带有沙害的绿洲地区，如新疆准噶尔盆地、青海柴达木盆地和甘肃河西走廊诸绿洲等地。

3）陕西榆林，代表半干旱地带农牧交错区西部沙害的防治与沙地的开发利用

榆林市位于陕西省北缘，毛乌素沙地的东南部。年降水量414.6mm，70%集中在7~9月三个月，春季干旱，冬春季风沙危害严重。大致在榆林城及长城一线以北，以密集的流动沙丘、半固定及固定沙丘和河谷阶地、湖盆滩地交错分布为特色；中部以流沙、半固定、固定沙丘与覆沙黄土丘陵相间分布为特色。

考虑到这种特点，所采取的措施如下所述。

（1）针对因沙漠化所造成的沙害和沙丘前移埋压农田及居民点等的危害，建立"带、片、网"相结合的防风沙体系，利用沙区内部丘间低地潜水位较高、水分条件较为优越的条件，采取丘间营造片林于沙丘上设置沙障，障内栽植固沙植物，如油蒿、中间锦鸡儿（*Caragana intermedia*）等相结合的方法固定流沙，同时加强对固定、半固定沙丘的封育与天然植被的保护，使流沙处于各种绿色屏障的分割包围之中。榆林城北红石峡以西的沙区治理便是一例。

（2）对分布于河谷阶地、湖盆滩地中处于沙丘包围下的农田，建立以窄林带小林网为主的护田林网，并与滩地边缘固定、半固定沙丘的封育、草灌结合固定流沙等措施组成一个农田防护体系。与此同时，和滩地内的开发利用地下水、发展灌溉农业、改良低产土壤和挖渠排水等水利工程等措施相配合，组成沙漠化地区内一个新"绿洲"建设体系。这种新绿洲生态系统散布于沙丘之间的丘间低地，从而使沙漠化土地受到分割与包围，削弱其危害的强度。芹河乡的莽坑、前湾滩等地就是很好的例子。

（3）对面积较大、高大密集的流动沙丘地区，采取飞播固沙植物和人工封育相结合的方法，其保存率一般为40%~50%，最高可达70%，5年以后，即可使流动沙丘固定，并逐步形成以花棒、杨柴为主的优质灌丛草场。

（4）在地表水资源较为丰富的地区，主要是引水拉沙，改良土壤，利用河流、湖泊或水库的水源，采用自流引水、机械抽水，将水引入沙地，借流水的冲力拉平沙丘，拦蓄洪水，引洪漫淤，垫土压沙，将起伏的流动沙丘改造成平坦的农地，也可用作城市建设用地。榆林城西榆溪河西岸的流动沙丘，就是采用这种方法改造成为农田及城市新区，榆林城市面积比 1949 年时扩大了 8.5 倍。

对受风沙危害的土地采取了这些治理措施，使广大面积的沙丘处于绿色生态屏障的"条条分割和块块包围"之中，沙生植被和林木覆盖率由原来的 1.8%提高到 1994 年的 37.6%，固定流沙约 3400km²；受沙漠化危害的农田有 1000km² 已实现了林网化，在沙区中新发展农田 660km²，利用丘间滩地海子或水库发展渔业水面 106km²，恢复和改良草场 1530km²，取得了生态与经济效益。例如，榆林的芹河乡，沙漠化土地已从治理前占全乡土地面积的 56%，下降到治理后（20 世纪 90 年代）占全乡土地面积的 13%， 1995 年人均年收入比 10 年前增长了 241.5%。

4）内蒙古奈曼旗，代表半干旱地带农牧交错区东部沙害治理

奈曼旗位于内蒙古通辽市，地处科尔沁沙地的中部，代表中国北方半干旱地带东部农牧交错地区。年平均降水量为 351.1mm，平均全年大风日 21 天，沙暴日 26 天，沙害严重。其原生景观为甸（丘间滩地）、坨（沙丘）交错的沙地疏林草原，植被覆盖度在各个地区随人为活动强度的大小而有差异，为 5%～50%。由于近 200 余年过度农垦、放牧及樵柴破坏植被，导致固定沙丘不同程度的活化，呈现出流动沙丘、半固定沙丘与固定沙丘相间的景观，而农田、草场及林地也作斑点状散布其间。在高强度活动的影响下，沙漠化土地也在发展中，20 世纪 50 年代末期占这一地区土地面积的 20%，到 80 年代末期发展到占 77.6%，是中国北方沙漠化严重的地区之一。

根据科尔沁沙地沙漠化景观的差异性，并结合其土地利用特征，其防治沙害的模式各地有所不同。

（1）首先从固定流沙、封育固定、半固定沙丘草场开始，并与调整以旱农为主的土地利用结构，以水分条件较好的甸子地（潜水位 5～8m）作为基本农田建设重心的措施相结合，以达到保护生态环境、恢复和发展土地生产力的目的。奈曼旗尧勒甸子村就是一例。

尧勒甸子村位于奈曼旗中部教来河的西岸，有土地 1300hm²，其中以流沙为主的沙漠化土地占 72%，每年风季耕地风蚀吹失土壤达 150t/hm²，土壤有机质自 20 世纪 50 年代的 2.27%，下降到 80 年代的 1.06%，粮食单产 675kg/hm²，人均收入仅 174 元。针对这种情况，为了防治土地沙漠化所造成的沙害，采取了如下措施。

固定流沙，重建沙丘人工植被。雨季在流动沙丘上成带状与主风向垂直栽植差不嘎蒿；第二年雨季以差不嘎蒿作为活沙障，并在障内播种小叶锦鸡儿；3 年

后，小叶锦鸡儿成为 1m 高的灌木带，各种草本植物种子自行繁殖；3～5 年以后，可建立起较稳定的沙地灌草植被系统。

建设围栏封育半固定、固定沙丘的植被，严禁放牧及樵采，并采取补播种草等措施。

调整以旱农为主的土地利用结构。压缩受沙漠化严重危害的坨子地农田，退耕还牧；同时加强对水土条件较好的平坦滩地的农田基本建设，营造护田林，增加灌溉设施，发展水浇地，并增加高产作物的种植，发展瓜果等。

经过 10 年的治理，在尧勒甸子村以流沙为标志的严重沙漠化土地已下降到仅占土地总面积的 13%，旱作农田从治理前占耕地面积的 78.8%，压缩到治理后的 17.3%，而灌溉农田面积从治理前仅占 21.2% 增加到治理后的 82.7%；粮食单产由治理前的 675kg/hm^2 增加到治理后的 5130kg/hm^2；人均收入较治理前增长了 126.3%。

（2）在坨甸交错、甸子地面积较小处，开展以牧业为主的沙漠化土地整治。一般以甸子地或坨间低地的分散居民点及其周边农地为中心进行围封，在围封区的边缘营造乔木、灌木林带，在流沙上栽植黄柳、差不嘎蒿及小叶锦鸡儿等固沙植物，3 年后即可固定，可作为牧业用地。同时还与平整土地、开发利用地下水（一般埋深 3～4m）相结合，发展粮食作物。有条件的地区采用沙地衬膜水稻栽培技术，形成一个以生态户为中心的农业、林业、牧业相结合的小生态经济圈，其面积为 0.15～0.25km^2。这种一个个的绿色小生态经济圈，既解决了生态户的温饱问题，也以此为基础为进一步发展经济作物（如瓜果等）打下基础。对其外围的沙地进行天然封育或补播牧草，以发展畜牧业。一般封育 5 年以后，植被覆盖度自 5%～15% 增加到 60%～70%，从而扩大了绿色小生态经济圈，分割了沙漠化土地。既防治了沙漠化的扩大，又促进了经济的发展。奈曼旗白音塔拉一带的土地沙漠化治理便是采取这种方式。以西五塔拉为例，以流沙为主的沙漠化土地从治理前的占土地面积的 75%～80%，减少到治理后的占 10%～15%；人均年收入自治理前（1985 年）的 400 元，增加到治理后（1995 年）的 1500 元，增长了 3 倍多。

（3）坨子地（波状沙地）的沙漠化土地治理。以奈曼旗南部的黄花塔拉乡为例。这里原系水草丰茂的草原牧区，由于滥垦砂质草地，沙漠化土地发展到占土地面积的 83%，农牧业经济受到很大影响。为此，所采取的措施是调整现有不符合生态原则的土地利用结构，改变现有广种薄收、以粮为主的旱农经济，扩大林草比重。调整的措施是压缩受沙漠化影响的旱作耕地面积，退耕还林还草，集约经营水分条件较好、地形平坦的滩地。与此同时，建立护田林网体系，使每一网格形成一个小生态系统。在水土条件较好、地势平坦的网格中，发展灌溉农业；在微有起伏的固定半固定沙地网格中，以饲草基地建设为主，发展畜牧业。林业起着保护农牧业的作用，使波状沙地地区原来农牧矛盾转化为农牧协调、经济持续发展的农牧业基地。85%的沙漠化土地得到了治理，粮食单产提高了 5 倍多，总产增长了 3.36 倍，牧草产量增长了 1.5 倍，人均年收入增长了 5 倍。

半干旱农牧交错地区处在半干旱的气候条件下，在人为因素不再继续干扰的前提下，沙漠化土地具有生态上自我恢复的特点，结合人工补播的天然封育是最基本的防治方法。以巴嘎波力乡为例，经过天然封育，自 1975～1985 年的 10 年左右时间，植被覆盖度自原来的 20%增加到 71%，总生物量干重自 1089kg/hm^{2}增加到 7675.5kg/hm^2；0～50cm 土层中的有机质含量也自 0.045%增加到 0.537%。正在发展的沙漠化土地从 20 世纪 70 年代中期的 2.4 万 km^2 下降到 80 年代中期的 1.0 万 km^2，产草量增加了 1.5 倍，人均收入提高了 2 倍。

上述的这些实例反映了科尔沁沙地沙害防治的模式，基本上可代表半干旱地带农牧交错地区风沙灾害防治的措施，即：①调整以旱农为主的土地利用结构，形成农牧结合为主、林带起保护作用的模式；②以甸子地为中心建设基本农田；③以封沙育草、沙丘上栽植固沙灌草和丘间片林相结合的方式固定流沙；④对固定沙丘及沙地，贯彻适度利用的原则，天然封育与补播牧草相结合，合理利用草场资源，发展畜牧业。

3.5　风沙危害的监测与预报

1. 风沙（计算参数）的野外测定

野外风沙观测是了解沙害状况，取得治沙工程设计基本参数的主要手段。风沙危害主要是由风沙流运动和沙丘前移造成的，因此，风沙野外测定的主要内容包括：①近地面层风沙流的运动特征（风沙流垂向分布性质、输沙率等）；②沙丘移动的性质及其强度。

1）风沙流运动的观测

沙粒在气流中运动，即风沙流运动的特征，一般用手持风速表和集沙仪来进行观测。常用的手持风速表为一种机械式轻便三杯风向风速表，靠风杯的机械转动来记录风速，风杯的转速与风速有一个固定关系。通过几次机械的传输带动风速指针指示风速。指示风速有两种：一种指示瞬时风速，因为旷野的风速是脉动的，瞬时风速指针在不停地摆动，很难读出准确数值，故很少使用；另一种指示一时段的平均风速，设有计时器，计时完毕，风速指针停止，指示该时段的平均风速。常用的是记录 30s 或 60s 的平均风速。靠连接在上面的风向标带动方向盘转动来指示风向（陈广庭，2004）。

国内早期（20 世纪六七十年代）使用的是苏联学者兹纳门斯基教授设计的集

沙仪（简称兹氏集沙仪），为扁平金属盒，内部安装有 10cm 高度分成 10 格作 45° 倾斜排列的长方形细管，细管口径为 1cm×1cm，各细管的尾部有橡皮管分别连接 10 个小铝盒（布袋也可）。在观测时，将集沙仪置放于沙地地表，并使第一个管的管口（即 0~1cm 高度的细管）面与地面一致，这样每一个小管离地表高度依次为 0~1cm、1~2cm、2~3cm、3~4cm、4~5cm、5~6cm、6~7cm、7~8cm、8~9cm、9~10cm；管口面向气流的方向，在集沙仪旁离地表 2m 高处置放风速表，用来同时测定风速。当风沙流发生时，沙粒便通过离地表各个不同高度的集沙仪小细管口，顺着倾斜的细管进入相应的小铝盒内；而气流则在旁边的小孔内逸出。经过一定时间以后，取出各小盒内的沙粒称其重量，便可得到在单位时间内，在某一风速下，离地表各个高度每 1cm³ 体积内气流中所含的沙量，和整个 0~10cm 高程内的总沙量。

　　兹氏集沙仪是一种垂直点阵集沙仪。后来，国内参照兹氏集沙仪的设计原理，设计了多种点阵集沙仪。其中，常用的有台阶式和刀式两种，其共同特点为进沙通道与盛沙盒成分离的箱式，盛沙盒的开口截面大于进沙通道末端的截面，这样有利于排气。集沙仪主要制作材料是铁皮。台阶式集沙仪的前部由 10 个进沙通道组成，每个进沙通道的进沙口面积为 2cm×2cm；相邻两个的进沙口水平距离相差 2cm，形成台阶状。它的后部是 10 个标有刻度的玻璃盛沙管。所有的盛沙管都设置在一个盒子内，盒子的上方有面积约为 2cm×2cm 的总排气口。该集沙仪可测量距地面 20cm 高度内的输沙量。刀式集沙仪的前部为 30 个窄直紧密排列的进沙通道，后部为标有刻度的盛沙盒。所有的盛沙盒都放在一个大的菱形盒内，盒的后端上部设有总排气口。该集沙仪可测量距地面 30cm 高度内的输沙量。

　　点阵式集沙仪在集沙时，会对其周围的气流形成一定程度的干扰，进而影响气流中沙粒的运动，会使一部分输沙量漏测，影响集沙效率（由集沙仪测到的输沙量与实际输沙量之比）。特别是由于对气流干扰容易对床面形成吹蚀现象，不利于收集近床面输移的沙粒。不过，点阵式集沙仪具有体积小、操作也相对方便等优点，因此，目前仍是野外风沙运动观测输沙量及其垂线分布的主要仪器（吴正等，2003）。

　　为了克服点阵式集沙仪的上述不足，我国近年引进了由日本鸟取大学农学部奥村武信改装的法国光电子集沙仪，该仪器全部自动记录，每隔 10s 可自动记录一次（马玉明和姚洪林，2001）。

　　应用集沙仪和风速表在不同性质地表（如组成物质的粗细、植物被覆状况不同等）进行观测的结果，可以获得如下风沙流运动的资料。

　　（1）沙粒运动，即风沙流出现的气流条件。在集沙仪中开始收集到沙子时的风速，就为起沙风速。

　　（2）靠近地表气流层中沙子随高度的分布性质（风沙流的结构特征）。

（3）靠近地表气流层中沙子移动的方向和数量（输沙量）。

所有这些资料，不仅有助于认识风沙运动的性质和沙害发生的内在机制，而且可为防风固沙措施，特别是工程防治措施的设置和配置提供科学依据（吴正，2003）。

2）沙丘移动的观测

沙丘移动的观测，可采用下列方法（吴正，2003）。

（1）重复多次形态测量法。选择不同类型和高度的沙丘，重复多次（每季一次或风季前后各一次）测量，绘制不同时期沙丘形态的平面图或等高线地形图，经比较便可以得到沙丘移动的方向和速度，以及沙丘移动速度和其本身高度的关系。再和风速、风向的资料对照，就可以看出沙丘移动与风况之间的相互关系。

（2）纵剖面测量法。这种方法比较简便，但不像前一种方法那样能反映出沙丘全部的动态，而只能反映出剖面变化的特征。因此，此法仅适用于一些半定位观测站。其方法为：选择不同沙丘，在垂直沙丘走向的迎风坡脚、丘顶和背风坡脚埋设标杆，重复测量并记录其距离变化（表 3.21），可得出沙丘移动的方向和速度。

表 3.21　沙丘移动纵剖面测量记录表格

观测时间			沙丘形态测量特征					不同部位移动的数值			起沙风持续时间及风速	
年	月	日	迎风坡长度/m	迎风坡坡度/(°)	背风坡长度/m	背风坡坡度/(°)	高度/m	迎风坡脚线与标杆水平距离/cm	丘顶脊线与标杆水平距离/cm	背风坡脚线与标杆水平距离/cm	时间/h	风速/(m/s)

（3）全球定位系统（GPS）。用于大面积测量沙丘移动。采用野外数字化平台测定沙丘形状，把数据导入地理信息系统（GIS），同时用 GPS 标定沙丘的位置。经过一段时间后，用 GPS 现地复位观测，并结合 GIS 进行对比，从而确定沙丘移动的方向和速度。选择不同性质地面（包括下伏地貌、植被和水分条件等）的沙丘，采用上述方法进行观测，就可以确定沙丘移动和地表性质的关系。

在定位观测站进行沙丘移动观测的同时，还需要进行风和降水等气象要素，以及沙丘水分（含水率）的观测工作。

2. 土地沙漠化的遥感动态监测

风沙危害的发生与土地沙漠化密切相关，往往是沙漠化程度越强，风沙危害就越严重。因此，沙害监测的一个重要方面，就是要监测土地沙漠化的动态，预测其发展趋势。土地沙漠化的监测，主要是在遥感数据分析和野外实地考察的基础上，建立沙漠化土地类型和程度的指标体系，然后对不同的遥感信息源进行解译、分析和空间定位，得出不同时期各类沙漠化土地程度及面积变化。在沙漠化土地监测中，我们常采用的直观而简易的指标有 2 个。①流沙面积：以风沙活动造成的风蚀、片状流沙、吹扬灌丛沙堆、砾质化地表及流动沙丘的面积占该地区面积的百分比表示。一般作为主要指标来衡量沙漠化程度，百分比值越大，沙漠化程度越严重。②植被盖度：以植被的垂直投影面积占该地区面积百分比来表示。一般作为辅助指标来衡量沙漠化程度，面积比值越小，沙漠化程度越严重（王涛，2003）。据此，将沙漠化土地的程度分为 4 级，其分级指标和形态组合特征如表 3.22 所示。

表 3.22　沙漠化土地的程度分级及其指标和形态组合特征（据王涛，2003）

程度	指标		形态组合特征
	风蚀地或流沙所占面积/%	地表植被覆盖度/%	
轻度	<5	>60	小面积零星分布的流沙点及风蚀点
中度	5～25	60～30	斑点状分布的流沙及吹扬灌丛沙堆，普遍为土壤风蚀及地表粗化
重度	25～50	30～10	流动沙丘成片分布与固定、半固定沙丘交错
极重度	>50	10～0	流动沙丘占绝对优势，并以密集连片方式分布

遥感技术（remote sensing technology，RS）是根据电磁辐射（发射、吸收、反射）的理论，应用各种光学、电子学和电子光学探测仪器，对远距离目标所辐射的电磁波信息进行接收记录，再经过加工处理，并最终成像，是对地景进行探测和识别的一种综合技术。它有许多优点：①感测范围大，具有综合、宏观的特点；②获取资料的速度快、周期短（Landsat-4 每 16 天即可对全球陆地表面成像一遍，气象卫星甚至可以每天覆盖地球一遍），具有动态监测的特点；③受地面条件限制少；④获取的信息量大，具有手段多、技术先进的特点；⑤具有用途广、效益高的特点。

利用遥感技术对土地沙漠化进行动态监测是目前常用的技术手段，主要利用的遥感信息源是航空相片和卫星影像。航空相片系指由航空摄影所得的负片，经接触晒印而成的相片对。它是地表真实面貌的光学缩影。借助必要的光学仪器（立体镜等），可由相片观察到和实际情况相当近似的光学立体模型。而光学立体模型存在的垂直夸大效应（垂直比例尺大于水平比例尺，这种夸大称为"超高感"），更能反映地物和景观的细微变化。从航空相片上解译各种地物和景观，主要根据影像的几何形状、大小、色调和阴影等重要的解译标志。航空相片的比例尺较大

（不小于 1∶70 000），风沙地貌形态的细微特征（如沙丘表面的沙纹）都可以反映得比较清楚，很好辨认。例如，流动沙丘由松散干沙组成，表面裸露具有很高的反射强度，在相片上色调较浅，一般呈均匀的灰白色。沙丘影像清晰，能够很容易地区分出各种不同的沙丘形态类型。半固定沙丘生长有植被的地方，则具有较暗的色调，在灰白色色调的沙丘上间有稀疏的芝麻状的灰黑斑点。固定沙丘植被生长茂盛，形态较杂乱不规则，一般在航空相片上呈色调较暗的斑状图案。在航空相片上，还可以在立体镜下借助于视差杆等仪器对沙丘的各种形态要素（长度、宽度、高度和坡度等）进行量测。从沙丘的排列、沙丘迎风坡和背风坡的方向，可以准确地判断出主导风向和沙丘移动的方向。比较不同时期的相片，就可以测定出沙丘移动的速度。

　　卫星相片是陆地卫星影像，目前应用已相当广泛。这是因为卫星影像更具有宏观性，就是说，卫星影像更具概括性，使较大型地物和景观的宏观特征得以突出地显现出来；卫星影像具有多波段特点，其时相动态性更好；卫星相片又系高空的中心投影成像，图像的面积又相对较小，所以可以把它当作垂直投影来看，可以认为各部分比例尺大致相似，影像变形非常小，从风沙地貌解译而言，这又是很有利的因素。

　　运用卫星相片进行风沙地貌和土地沙漠化的解译，最好选用 MSS-5、MSS-7 和 TM4、TM3、TM2 波段的相片。MSS-5 的波段范围为 0.6～0.7μm，属于可见光中的黄红光，称为红光段。这一波段的卫片上，地体的色调反差和陆地地貌反映清晰，对于地表组成物质的粗细变化，以及土地类型划分效果最好。MSS-7 波段范围为 0.8～1.1μm，属于反射红外波段，具有红外相片的特点。而陆地卫星 TM 影像与 MSS 相比，具有更好的几何保真度、更高的辐射准确度和较高的空间分辨率，以及较长时间的历史记录和较大范围的空间覆盖，并且具有同时感测 7 个不同波段的特点。目前在土地沙漠化监测研究中，通常选用 TM 影像的标准假彩色合成（TM4、TM3、TM2 波段分别赋予红、绿、蓝 3 种颜色），这种波段组合对植被生长状况反映最好。TM4 能反映不同沙漠化程度的土地上的植被特点，TM3 能反映砂质土壤的较高亮度和盐渍化土地的白化现象，而 TM2 对植被的反射敏感，能区分林型、树种。选择此种波段组成的图像，虽然能突出植被特征，但对沙丘信息的反映相对较弱。卫星相片解译与航空相片的解译一样，主要根据影像的色调、形态、大小、结构、图形、阴影和位置及其组合等特征。其中，又以形态特征信息和色调特征信息更为重要一些。

　　在卫星相片上，也和航空相片一样，流动沙丘一般都呈浅色，而有植物生长的地方，则具有较暗的色调。风沙地貌形态同样能得到较好的辨认。根据卫星相片上的色调，还可以大体知道地表沙粒的粗细和成分。由于卫星能周期地重复运行，这样，运用不同时期的相片进行对比分析，就能对风沙流的运行、沙丘的移动和沙漠化过程进行定性或通过仪器进行定量研究，获得一般方法难以取得的成果。例如，查勇等（1997）曾利用 1960 年 1∶6 万黑白航片，1987 年 7 月 1∶5 万彩虹外航片，同时还参考了经过精纠正处理的 1986 年 8 月 2 日的 1∶10 万 TM 卫片[该片为 2（蓝）、3（绿）和 4（红）波段假彩色合成图像]，对毛乌素沙地南缘榆林芹河乡的沙地分布及其动态变化进行监测。监测结果表明，1960～1987 年，该乡流沙面积减少了 7.18km^2，同期耕地、牧场面积也分别减少了 1.03km^2 和 5.98km^2；相反，林地面积增加了 13.13km^2。可见，经过 27 年的防治，特别是该乡东部经过造林固沙，流沙得到有效控制，沙害得到很好治理。

又如，吴薇等（1997）对整个毛乌素沙地的沙漠化进行了遥感动态监测。他们利用不同时期的 TM 影像，结合野外考察，进行动态分析和判读。采用 1987 年春季和 1993 年春季的陆地卫星 TM 磁带，选取 3、4、5 波段合成并放大为 1∶20 万 TM 影像作为遥感信息源。以 1∶25 万地形图为底图，完成解译草图后转在薄膜蓝图上编绘成草图，再编制出 1987 年和 1993 年"毛乌素沙区沙漠化现状图"，并将图扫描输入计算机，然后进行 OVERLAY 等空间操作和分析，得出该区（按县或旗为单位统计的）沙漠化土地面积数据。1987～1993 年，毛乌素沙地沙漠化土地面积由 32 586km^2（占监测区域总面积的 67.5%）下降到 30 650km^2（占总面积的 63.5%），减少了 1936km^2，总体上处于沙漠化的逆转过程中，平均每年约有 276.6km^2 的沙漠化土地得到治理。这主要是"三北"防护林工程实施和当地干部群众积极开展沙漠化防治的结果。

参 考 文 献

巴巴耶夫 A T. 2001. 苏联荒漠流沙的固定[D]. 胡孟春, 译. 北京: 海洋出版社: 75-76.

拜格诺 R A. 1959. 风沙和荒漠沙丘物理学[M], 钱宁, 等译. 北京: 科学出版社: 116-117.

陈广庭. 2004. 沙害防治技术[M]. 北京: 化学工业出版社: 1-257.

陈珩, 张志谦. 2006. 塔克拉玛干沙漠公路固沙植物立地条件分区评价[J]. 中国沙漠, 26(1): 131-136.

陈晓光, 罗俊宝, 张生辉. 2006. 沙漠地区公路建设成套技术[M]. 北京: 人民交通出版社: 1-325.

程道远. 1980. 国外化学固沙简介[J]. 世界沙漠研究, (1): 33-37.

程道远. 1986. 流沙固定的些新动向[J]. 世界沙漠研究, (3): 7-9.

慈龙骏, 杨晓辉, 陈仲新. 2022. 未来气候变化对中国荒漠化的潜在影响[J]. 地学前缘, (2): 287-294.

樊自立. 1993. 塔里木盆地绿洲形成与演变[J]. 地理学报, (5): 421-427.

冯连昌, 卢继清, 邸耀全. 1994. 中国沙区铁路沙害防治综述[J]. 中国沙漠, 14(3): 47-53.

高前兆. 2004. 塔里木盆地南缘水资源开发与绿洲的生态环境效益[J]. 中国沙漠, 24(3): 286-293.

高前兆, 徐庆怡. 1996. 沙漠公路沿线水文地质工程地质[C]//中国石油天然气总公司塔里木石油斯探开发指挥部. 塔克拉玛干沙漠石油公路. 北京: 石油工业出版社: 126-151.

韩致文, 王涛, 孙庆伟, 等. 2003. 塔克拉玛干沙漠公路风沙危害与防治[J]. 地理学报, 58(2): 201-208.

何兴东. 1997. 塔克拉玛干沙漠腹地天然植被调查研究[J]. 中国沙漠, 17(6): 144-148.

胡孟春. 1983. 独联体利用有机黏合剂固定流沙研究现状[J]. 世界沙漠研究, (2): 47-51.

胡英娣. 1988. 方格沙障表草致腐因素与防腐方法的研究[J]. 干旱区资源与环境, (1): 82-91.

姜琦刚, 高全军, 霍晓斌, 等. 2006. 中国北方沙质荒漠化遥感调查与研究[M]. 北京: 地质出版社: 24-33.

兰铁玉门工务段, 中国科学院兰州沙漠研究所玉门防沙组. 1992. 兰新线玉门段戈壁风沙流地区铁路沙害的治理[J]. 中国沙漠, 12(2): 1-14.

凌裕泉, 金炯, 邹本功, 等. 1984a. 栅栏在防止前沿积沙中的作用: 以包兰铁路为例[C]//流沙治理研究(二). 银川: 宁夏人民出版社: 297-308.

凌裕泉, 金炯, 邹本功, 等. 1984b. 栅栏在防止前沿积沙中的作用: 以沙坡头地区为例[J]. 中国沙漠, (3): 20-29, 59.

刘贤万. 1995. 实验风沙物理与风沙工程学[M]. 北京: 科学出版社: 1-207.

马玉明, 姚洪林, 王林和, 等. 2004. 风沙运动学[M]. 呼和浩特: 远方出版社: 145-202.

裴章勤, 郭国平, 杨发增, 等. 1983. 沥青乳液固沙试验[J]. 中国沙漠, (02)27-33, 52.

彭世古. 2004. 公路设计、施工与环保养护[M]. 北京: 人民交通出版社: 186-282.

沙漠研究室玉门铁路防沙组. 1976. 甘肃西北戈壁地区营造铁路防沙林带的初步研究[C]//中国科学院兰州冰川冻土沙漠研究所. 中国科学院兰州冰川冻土沙漠研究所集刊, 第 1 号. 北京: 科学出版社: 1-17.

宋炳奎, 张敬业, 黄兆华. 1982. 乌审召流沙的治理和草原建设[C]//中国科学院兰州沙漠研究所. 中国科学院兰州沙漠研究所集刊, 第 1 号. 北京: 科学出版社: 91-102.

王康富. 1988. 沙坡头地区流沙固定的研究[C]//中国科学院兰州沙漠研究所沙坡头沙漠科学研究站. 腾格里沙漠沙坡头地区流沙治理研究. 银川: 宁夏人民出版社: 13-26.

王康富, 陈文瑞, 凌裕泉, 等. 1982. 包兰铁路沙坡头地区铁路两侧流沙的治理[C]//中国科学院兰州沙漠研究所. 中国科学院兰州沙漠研究所集刊, 第 1 号. 北京: 科学出版社: 123-133.

王涛. 2003. 中国沙漠与沙漠化[M]. 石家庄: 河北科学技术出版社: 495-876.

王涛, 吴薇, 王熙章, 等. 1998. 沙质荒漠化的遥感监测与评估[J]. 第四纪研究, (2): 108-118.

王雪芹, 雷加强, 黄强. 2000. 塔里木沙漠公路风沙危害分异规律研究[J]. 中国沙漠, 20(4): 438-442.

王训明, 陈广庭, 韩致文. 1999. 塔里木沙漠公路沿线机械防沙体系效益分析[J]. 中国沙漠, 19(2): 120-127.

王训明, 董治宝, 陈广庭. 2001. 塔克拉玛干沙漠中部部分地区风沙环境特征[J]. 中国沙漠, 21(1): 56-61.

吴薇. 2001. 土地沙漠化监测中 TM 影像的利用[J]. 遥感技术与应用, 16(2): 86-90.

吴薇, 王熙章, 姚发芬. 1997. 毛乌素沙地沙漠化的遥感监测[J]. 中国沙漠, 17(4): 415-420.

吴正. 1987. 风沙地貌学[M]. 北京: 科学出版社: 250-312.

吴正. 2003. 风沙地貌与治沙工程学[M], 北京: 科学出版社: 315-396.

吴正, 从自立, 洪占三. 1982. 公路沙埋的工程防治[C]//中国科学院兰州沙漠研究所. 中国科学院兰州沙漠研究所集小, 第 2 号. 北京: 科学出版社: 49-61.

吴正, 彭世古, 等. 1981. 沙漠地区公路工程. 北京: 人民交通出版社: 57-164.

夏训诚, 杨根生. 1996, 中国西北部地区沙尘暴灾害及防治[M]. 北京: 中国环境科学出版社: 12-18.

查勇, 高家庆, 倪绍样, 等. 1997. 遥感技术在荒漠化监测中的应用[J]. 中国沙漠, 17(3): 286-290.

张强, 赵雪, 赵哈林. 1998. 中国沙区草地[M]. 北京: 气象出版社: 198-234.

赵兴梁. 1988. 沙坡头地区植物固沙的研究[C]//中国科学院兰州沙漠研究所沙坡头沙漠科学研究站. 腾格里沙漠沙坡头地区流沙治理研究. 银川: 宁夏人民出版社: 27-57.

赵性存. 1985. 中国沙漠地区铁路的修筑[J]. 中国沙漠, 5(2): 2-10.

中国科学院地理研究所地貌研究室. 1961. 沙漠地区风沙地貌调查法[M]. 北京: 科学出版社: 27-42.

中国科学院兰州冰川冻土沙漠研究所. 1976. 沙漠的治理[M]. 北京: 科学出版社: 35-81.

中国石油天然气总公司塔里木石油勘探开发指挥部. 1996. 塔里木沙漠石油公路. 北京: 石油工业出版社: 503-610.

周士威, 程致力, 尹洁芬. 1987. 林带防风效应的实验[J]. 林业科学, (1): 11-23.

朱俊凤. 1999. 中国沙漠化防治[M]. 北京: 中国林业出版社: 152-229.

朱震达, 赵兴梁, 凌裕泉, 等. 1998. 治沙工程学[M]. 北京: 中国环境科学出版社: 60-124.

邹本功, 丛自立, 刘世建. 1981. 沙坡头地区风沙流的基本特征及其防治效益的初步研究[J]. 中国沙漠, 1(1): 33-39.

第4章 绿洲防护体系构建

4.1 绿洲防护体系组成

本研究所建立的防护体系主要包括沙障固沙带、灌草防风阻沙带和农田防护林网，其中农田防护林网建造于 1998～2007 年，树种主要为杨树（*Populus tomentosa* Carr.）、沙枣（*Elaeagnus angustifolia* Linn）和杜梨（*Pyrus betulifolia* Bge.），主林带以两行一带为主，农田纵深东南方向有三行一带和四行一带分布，副林带主要以一行一带为主，农田主要灌溉方式为地下水滴灌。灌草防风阻沙带位于农田防护林网和腾格里沙漠之间的过渡区，以天然灌木为主，加之"十二五"和"十三五"期间人工飞播树种为主，主要灌木类型为沙蒿（*Artemisia* sp.）、花棒（*Hedysarum scoparium*）、梭梭（*Haloxylon ammodendron*）和白刺（*Nitraria tangutorum*），草本主要以沙米为主，覆盖度为10%～25%，带宽约500m。机械沙障固沙带为此防护体系施加的主要工程措施，位于灌草防风阻沙带外围裸沙丘，东北—西南向长度2.5km，宽290m，沙障类型为麦草，规格为1m×1m（图4.1）。

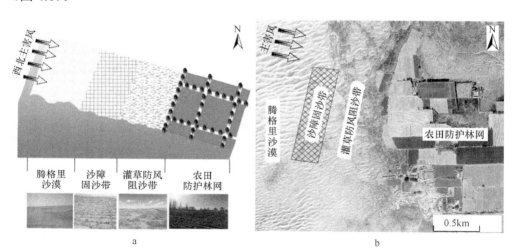

图 4.1 绿洲防护体系断面图

a. 防护体系断面图；b. 防护体系平面图

4.2 沙障固沙带的设置

本研究所涉及的沙障固沙带布设于 2017 年 9 月至 2018 年 3 月期间,为期 7 个月,沙障布设在荒漠与绿洲过渡区灌草防风阻沙带的外围流动沙丘上,东北—西南向长度约 2.5km,宽 290m,沙障材料选择麦草(图 4.2),麦草长度约 80cm,采取人工栽植的方式进行铺设,本研究采用麦草作为沙障原材料,主要是因为麦草成本低,在当地容易获取,铺设效率较其他类型沙障快,可减少长途运输费用和沙障铺设的人工成本,铺设方式为:在预先选好的样地用自制的木制样线工具按 1m×1m 规格画样线,然后将麦草沿样线走向垂直铺设在样线上,用平头锹沿麦草中间下压,使麦草深入地下约 15cm,地上留高 20~25cm,两侧覆土压实(图 4.3)。样地铺设效果如图 4.4 所示。

图 4.2 机械沙障原材料

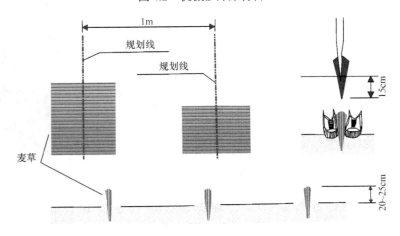

图 4.3 草方格沙障铺设方法

图 4.4　草方格沙障铺设效果图

4.3　防护断面的设置

为了后续章节探讨防护体系防风阻沙效益的需要，将防护体系划分为三个防护断面（图 4.5）。

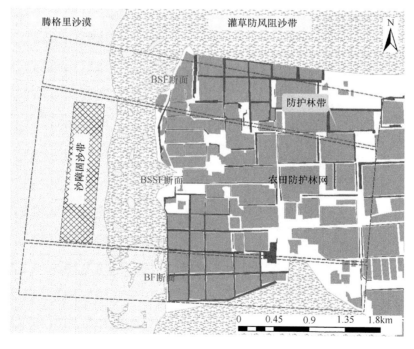

图 4.5　防护体系断面位置图

断面一西北—东南向，由裸沙丘和农田防护林网组成（baredunes-farmlandshelterzone，后文统一简称 BF 断面）；断面二西北—东南向，由裸沙丘、沙障固沙带、灌草防风阻沙带和农田防护林网组成（baredunes-sandbarrierzone-shubandherba-ceousplantzone-farmlandshelterzone，后文统一简称 BSSF 断面）；断面三西北—东南向，由裸沙丘、灌草防风阻沙带和农田防护林网组成（baredunes-shubandher-baceousplantzone-farmlandshelterzone，后文统一简称 BSF 断面）。

4.4　小　　结

　　荒漠-绿洲过渡带建立完整防护体系，防护体系组成西北—东南向由裸沙丘、沙障固沙带、灌草防风阻沙带和农田防护林网组成，其中农田防护林网树种主要为杨树、沙枣和杜梨，主林带以两行一带为主，农田纵深东南方向有三行一带和四行一带分布，副林带主要以一行一带为主。灌草防风阻沙带位于农田防护林网和腾格里沙漠之间的过渡区，以天然灌木为主，主要灌木类型为沙蒿、花棒、梭梭和白刺，草本主要以沙米为主，覆盖度为 10%～25%，带宽约 500m。机械沙障固沙带位于灌草防风阻沙带外围裸沙丘，东北—西南向长度 2.5km，宽 290m，沙障类型为麦草，规格为 1m×1m。防护体系划分为三个防护断面，分别为 BF 断面、BSSF 断面和 BSF 断面。

第三篇

荒漠绿洲过渡区防护体系防风阻沙效益

第5章 研究背景和意义

绿洲作为干旱荒漠生态系统重要的景观之一，通过涵盖多种自然资源及人类活动要素，表现为具备生态圈层结构及较高生产力特征的生态地理系统，是干旱区经济发展及人民生活来源的重要基础。我国的绿洲主要分布在西北干旱地区，如新疆南疆绿洲区和新疆北疆绿洲区，面积分别约为1200万 hm^2 和520万 hm^2，河套平原绿洲区，面积约390万 hm^2，河西走廊绿洲区，面积约110万 hm^2，柴达木盆地绿洲区，面积约83万 hm^2，阿拉善绿洲区，面积约21万 hm^2。中国绿洲分布的地区往往受严重的荒漠化危害所侵扰，气候特点主要表现为干旱少雨，蒸发量大于降水量，植被覆盖度低等，更重要的是面临着严峻的风沙危害。中国作为受风沙危害侵扰严重的国家之一，风沙灾害已对生态安全构成了严重的威胁。国家林业局2015年12月29日公开的《第五次中国荒漠化和沙化状况公报》报道结果显示：中国荒漠化的土地面积为26 115.93万 hm^2，占全国国土总面积的27.2%，主要分布在北京、天津、河北、内蒙古、新疆、宁夏、青海、西藏、辽宁、云南、河南、甘肃、吉林、陕西、山东、山西、四川、海南18个省级行政区的528个县，其中轻度、中度、重度和极重度荒漠化土地面积分别为7492.79万 hm^2、9255.25万 hm^2、4021.20万 hm^2、5346.69万 hm^2，与2009年相比，5年间荒漠化土地面积年均净减少24.24万 hm^2，沙化土地面积年均减少19.80万 hm^2（王星怡和方江平，2017）。

绿洲作为荒漠化土地上镶嵌的特殊生态景观，是干旱区生态系统中较为敏感的区域，易受风沙灾害侵袭（包岩峰等，2020）。绿洲化与荒漠化是对立发展的两种地理过程，绿洲生态系统的荒漠化主要表现为内部生态系统的退化以及经济生产力的下降或丧失，荒漠化所带来的负面影响除了表现为植被退化、生物多样性降低或丧失、加剧近地表风沙活动、土壤质地沙化、沙尘暴等灾害性天气频发外，同时还使绿洲内农田遭受风蚀和沙埋的困扰，农牧业减产及人民物质生活水平下降。一般情况下，绿洲的外围主要紧邻原生荒漠，在风的作用下，外围沙粒形成风沙二相流直接造成绿洲农田土壤风蚀，或导致荒漠绿洲过渡带半固定沙丘活化以及流动沙丘的前移而埋没农田。风沙还给农田作物的生长发育带来严重的影响，使农田土壤质量降低，绿洲区环境恶化，从而严重制约着绿洲的可持续建设及发展。调查数据显示，我国风沙频发区每年有约55.98t 的土壤有机质、氮素和磷素随风蚀而损失，由此可见风蚀给绿洲发展所带来的严重影响。然而可以通过增加地表植被覆盖等方式来保护绿洲内的土壤，进而可以减少由风蚀或沙埋所造成的土壤肥力下降及农作物减产。正是由于沙漠绿洲及外围容易发生沙漠化的特点，同时容易造成土壤风蚀及流沙入侵，这就使该区域成为众多的科研工作者及防沙治沙工作者极度关注的地区。从生态系统功能角度考虑，绿洲外围对保障绿洲农牧业生产生活以及绿洲内部生态安全起着至关重要的作用。

腾格里沙漠是继塔克拉玛干沙漠、古尔班通古特沙漠、巴丹吉林沙漠之后的中国第四大沙漠（林彩燕等，2009），位于内蒙古自治区西部和甘肃省中部，东至贺兰山，西至雅布赖山，位于北纬 37°30′～40°，东经 102°20′～106°，面积约 4.27 万 km²，海拔 1200～1400m。近些年，在腾格里沙漠荒漠化防治过程中，由中国绿化基金会牵头，联合诸多国内外防沙治沙团体，在腾格里沙漠东缘开展大范围防沙治沙生态治理项目，建立绿色阿拉善生态治理示范区。在建设过程中，示范区秉承原有地貌不变，通过节水灌溉及少量利用地下水资源，种植长度约 15km、宽度 500～2000m 的各类防沙治沙灌木林数万亩，形成了一道"绿色屏障"，有效地阻挡了腾格里沙漠向东扩张，促进了贺兰山西麓植被恢复，同时耕地面积也迅速增加，大大地提高了农业生产力，在社会经济建设方面取得了巨大的成就（王月健等，2011）。但是，在绿洲建设过程中，只注重经济效益盲目地推进绿洲化，大面积密集造林，超出了干旱区水、土资源的有限承载，荒漠化进程加速，造成天然荒漠植被退化、湿地萎缩、土壤盐渍化加剧、土地沙化等一系列的生态环境问题。

风沙灾害作为绿洲区常见的自然灾害之一，影响着绿洲生态建设和制约绿洲经济发展。因此，在沙漠绿洲有限的水、土资源条件下，建造高防风效应的防护体系，对减轻风沙灾害，改善绿洲脆弱生态环境具有十分重要的意义。绿洲防护体系建设主要以削弱绿洲内的风速、阻止流沙入侵、保障绿洲的生态安全为出发点构筑绿色安全屏障。在绿洲防护体系的建设过程中，防护体系结构配置是决定防护体系能否发挥最佳防护效果的关键因素（肖巍，2020）。

荒漠-绿洲过渡带又称荒漠绿洲交错区、荒漠绿洲交错带，是荒漠与绿洲两种自然景观之间转化最为剧烈、表现最突出的地区，是介于两者之间的特殊生态脆弱地带，同时也是这两个极端生态系统之间进行物质循环、能量转换和信息传递的主要场所。穆桂金等（2013）对于荒漠-绿洲过渡带的界定认为，荒漠-绿洲过渡带是陆地表面在水、热、光、风和生物等要素的共同作用下，通过地貌特征、植被生长状况以及土壤特征所体现出的土地在长期的外动力综合作用的结果，最终形成特定的自然景观。该区域生态环境的改变速率快、抵抗外部干扰能力差、生态系统的稳定性相对脆弱。在荒漠-绿洲生态系统中，该过渡带的自然生产力相对绿洲差，但相比荒漠则显得更富有生机，而绿洲在维持自身的稳定性上远大于过渡带，荒漠是绿洲-荒漠生态系统中最为稳定的部分（王玉朝和赵成义，2001）。绿洲-荒漠过渡带的生态脆弱性按成因可分为界面脆弱性和波动脆弱性，其中界面脆弱性主要表现为环境敏感性强、环境退化趋势明显，绿洲-荒漠过渡区的波动脆弱性主要表现为对气候的变动具有更明显的响应，同时作为沙漠与绿洲之间的重要过渡地带，对区域生态系统圈层之间的物质和能量交换、信息流的传递以及维持该区脆弱生态平衡，均起着至关重要的作用。这就直接凸显了在绿洲外围营造防护体系对有效地减少绿洲内的土壤风蚀，控制流沙，改善绿洲内的生活环境，保障绿洲的生态及生产安全的重要性（包岩峰等，2020）。

　　腾格里沙漠绿洲防风固沙体系建设过程中，其防护措施主要集中在防护林网的建设和在现有基础上的完善，往往忽略了外围沙源区风沙对农田腹地的潜在威胁，致使防护效果欠佳，进而使该区域新型的防护体系不能迅速地建立起来。因此，在总结以往经验教训的基础上，在腾格里沙漠东南缘格林滩绿洲-荒漠过渡带现有农田防护林网的基础上，由荒漠到绿洲形成"裸沙丘-沙障固沙带-灌草防风阻沙带-农田防护林网"新型防护体系，并对此新型防护体系防风阻沙效益进行全面、系统的评估，以期为腾格里沙漠绿洲防风固沙体系的建设，荒漠-绿洲过渡区域植被恢复重建技术及防护体系优化研究提供技术指导。同时也可以为干旱、半干旱荒漠化威胁严重区防沙治沙工作的开展提供试验示范样板和实践模式。

参 考 文 献

包岩峰, 郝玉光, 赵英铭, 等. 2020. 基于风速流场分析的乌兰布和沙漠绿洲防护林防风效果研究[J]. 北京林业大学学报, 42(8): 122-131.

林彩燕, 朱江, 王自发. 2009. 沙尘输送模式的不确定性分析[J]. 大气科学, 33(2): 232-240.

穆桂金, 贺俊霞, 雷加强, 等. 2013. 再议绿洲-沙漠过渡带: 以策勒绿洲-沙漠过渡带为例[J]. 干旱区地理, 36(2): 195-202.

王星怡, 方江平. 2017. 西藏高原沙化土地研究进展及问题对策[J]. 西藏科技, (10): 38-40, 55.

王玉朝, 赵成义. 2001. 绿洲—荒漠生态脆弱带的研究[J]. 干旱区地理, (2): 182-188.

王月健, 徐海量, 王成, 等. 2011. 过去30a玛纳斯河流域生态安全格局与农业生产力演变[J]. 生态学报, 31(9): 2539-2549.

肖巍. 2020. 乌兰布和沙漠绿洲防护林防风效应研究[J]. 现代化农业, (11): 27-29.

第 6 章　国内外研究现状

6.1　土地沙化及驱动机制

　　土地沙化主要表现为天然沙漠扩张、沙质土壤上植被破坏以及沙土裸露的过程，往往是因气候变化和人类活动所导致。据国家林业和草原局发布的第五次全国荒漠化和沙化状况公报显示，第五次中国荒漠化与沙化土地监测结果比第四次监测结果呈现出整体遏制、持续缩减、功能增强的良好态势，并且沙尘天气日数明显减少，2009～2014 年，每年出现沙尘天气平均 9.4 次，相对比上一个监测期减少了 20.34%，这足以体现出我国荒漠化和沙化土地的治理成效。但目前我国土地荒漠化和沙化问题依然十分严峻，如何改善沙区生态环境、促进区域协调发展，仍有一些问题需要探讨（崔红标等，2016）。

　　在我国特别是我国的西北地区土地沙化也是当前面临的最严重的生态环境问题，沙尘暴频发，沙化土地的不断扩张，严重制约着当地经济的发展，给人民的生产和生活带来严重影响。面对严峻的土地沙化形势（薛文辉和谢晓丽，2005），防沙治沙一直以来都是政府及科研工作者极为关注的话题。第五次全国森林资源清查结果显示，我国至少有 1/3 的地表径流源自林区，森林涵养水源、防风固沙的生态水文效益是不可忽视的，我国北方分布有八大沙漠和四大沙地，在西北、华北和东北西部荒漠化和沙化土地集中分布，构成西起塔里木盆地、东至松嫩平原西部的万里风沙带。监测数据显示，20 世纪末期，我国荒漠化和沙化土地面积仍呈现持续扩展趋势。自党的十八大以来，中国国土绿化和防沙治沙工程不断加强，使得我国北方绿色生态屏障不断扩展，自此实现了从"沙进人退"向"沙退人进""人沙和谐"的历史性转变。进入 21 世纪以来，全国荒漠化和沙化土地面积持续减少，荒漠化土地从 20 世纪末年均扩展 1.04 万 km² 转变为年均缩减 2424km²，沙化土地由 20 世纪末年均扩展 3436km² 转变为年均缩减 1980km²。国家林业和草原局治沙办信息显示，中国正在积极推进"一带一路"防沙治沙项目及国际合作机制，在埃及筹建的中非防治荒漠化技术示范和培训中心已完成场址评估，已经进入筹备立项阶段。《联合国防治荒漠化公约》第十三次缔约方大会于 2019 年 9 月在内蒙古鄂尔多斯市举行，我国仍然是世界上受荒漠化、沙化危害很严重的国家之一，全国荒漠化土地面积 261 万 km²，占国土面积的 1/4；沙化土地面积 172 万 km²，占国土面积的近 1/5（邱威，2008）。

　　引起土地沙化的原因是多方面的，由于自然环境的改变造成土地退化是其主要的原因，较大尺度上的气候环境变化往往影响更显著，时间周期长，影响的面积大，其次是由于人类活动所引起的土地退化，这一状况与自然因素引起的土地退化恰恰相反，这一影响一般表现在较小尺度上，其特点是发生的频率高，运转的周期短。干旱区农业绿洲最显著的特点是它与荒漠并存的自然景观，虽然区域面积有限，尚未达到中国干旱区总面积的 5%，但却集中分布了 90% 以上的区域人口，这就加速了人类活动对绿洲区沙化的进程，采取必要的措施保护绿洲生态环境成为一项艰巨的任务。王玉刚等（2007）运用遥感与 GIS 技术，结合地统计学理论，探讨了荒漠绿洲过渡带农业绿洲土地退化的动态，认为农业绿洲的发展往往经历 4 个阶段：过度垦荒阶段、适度土地利用阶段、土地摆荒阶段和土地综合利用治理阶段，同时认为人为影响程度的加剧是造成景观多样性和景观破碎化的主要动因。杨永春等（2002）根据社会调查资料分析了民勤绿洲发生变化的驱动机制，认为以传统的农业模式为核心的用水行为是促进民勤绿洲发生变化的主导因素；陈云海等（2016）基于山丹绿洲时空变化数据、统计年鉴等资料对山丹绿洲变化的驱动机制进行了探讨，认为人为因素是山丹绿洲变化的主导驱动力，主要表现在人口增长、农业政策、社会经济发展和农业科技进步等；毋兆鹏运用灰色关联分析法分析了艾比湖流域绿洲的稳定性，认为绿洲内过度的人类活动是打破绿洲稳定性的主要原因；常跟应等研究认为民乐绿洲变化的主要驱动力并不是固定不变的，而是人文因素影响绿洲呈现阶段性的变化，在不同的历史背景下绿洲变化的驱动机制有所差异；马燕等（2010）研究了 200 年来额济纳绿洲变化的驱动因素，认为额济纳绿洲土地荒漠化是气候变化和人类活动共同作用的结果。

　　世界各国也都高度重视土地沙化问题，并采取了一系列的防沙治沙措施控制沙化的蔓延。日本曾经在 0.33 万 hm² 的沙岸宜林地上建造了 200 多米宽的海岸防护林，运用政府补贴项目，通过设置植物沙障的方式先固定流沙，在形成防护林以后在其内侧进行开发利用，自 1960 年以来，日本曾几次制定防护林建设计划，防护林比例大幅提高，由 1953 年占国土总面积的 10% 提高到 2013 年的 32%。德国自 1965 年开始就已经大规模修建海岸防风固沙林等林业生态工程，控制沙化土地的扩张。19 世纪中叶，在美国的大草原区 6 个州人口增长迅速，加之过度放牧和肆意开垦，19 世纪后期美国本土开始经常风沙弥漫，相继各种自然灾害日益凸显，美国通过实施"罗斯福工程"，在纵贯美国中部的 6 个州开始造林，造林面积超过 30 万 hm²，根据实地情况营造林带、林网、片林，防治土地沙化，保护农田和牧场。20 世纪初，鉴于森林植被较少和特殊高纬度等的自然地理条件，苏联开始实施"斯大林改造大自然计划"，计划到 1965 年营造各种防护林 570 万 hm²。1970 年，北非五国（阿尔及利亚、利比亚、摩洛哥、突尼斯和埃及)通过实施"绿色坝工程",在东西长 1500km,南北宽 20~40km 的范围内建造各种防护林 30 万 hm²,防止了撒哈拉沙漠的飞沙移动、沙漠北移,有效地控制了水土流失(李世东,2001)。

沙化土地的监测是防沙治沙的基础,以往的沙化土地动态研究主要以人工目视解译定性分类识别技术为主,随着遥感技术的发展,遥感技术广泛应用于土地沙化动态监测研究,基于遥感技术提取沙化土地的方法主要有神经网络法、纹理特征法、植被指数法、混合像元分解法和多源信息复合法等。王荣宝等(2016)利用遥感技术手段监测了辽宁省朝阳市土地沙化分级和分布情况,研究发现受到地域性的限制,风沙活动明显的区域如果受到高植被覆盖的影响,会影响分类结果的准确性。遥感手段应用于土地沙化监测领域过程中,沙化光谱特征是遥感监测土地沙化的基础,目前已经有部分学者在沙化过程中不同覆盖类型的光谱测定与分析、沙漠腹地冬季地面光谱、不同物候期植被与不同沙化程度土地等方面进行了大量的研究,但迄今为止尚未形成统一的地物光谱特征体系,致使不同研究领域运用光谱辨别地物没有统一的标准。土地沙化研究过程中,沙化指标提取的合理性和精度是决定沙化土地分级的基础,在以往的研究中,植被覆盖度、土壤含水量、沙丘地形等常被选作沙化过程研究的指标。随着研究的深入,植被遥感反演的方法不断增多,甚至已有研究采用影像反射物理模型的新方法提高了植被遥感反演的精度,在植被覆盖度反演的过程中,地域背景的环境影响往往难以消除,因此结合实地调查往往可以提高植被盖度反演的精度。随着高光谱遥感的发展,土壤水分光谱法被逐渐应用到土地沙化研究中。考虑到植被指数法用于监测沙区土壤含水量的时效性较差,且具有显著的滞后性这一特点,早在 1974 年热惯量模型就开始被应用于反演土壤含水量的研究中,但在较高植被盖度区域运用热惯量法进行土壤水分反演的效果不佳。在此基础上,部分研究工作则根据植被指数(NDVI)和地表温度间的比值计算出温度植被指数,对土壤含水量进行定量反演。对于沙漠地区的研究,国外学者认为沙丘的移动受干燥气候的影响较显著,并且通过研究发现,气候条件的改变与抛物线沙丘的形成过程存在明显的一致性。我国在对抛物线沙丘形态研究过程中,动态变化遥感用于荒漠化定量研究不足(吴见,2014)。诸多学者也主要基于现有的数字高程模型来模拟沙丘的形态变化,其精度明显低于实际情况,随着低空遥感的发展,无人机航拍模拟地貌形态变化精度明显提高,但这也仅限于小尺度的研究。

格林滩绿洲位于腾格里沙漠东缘,属于干旱半干旱荒漠气候类型,人口稀少,受到人类干扰的程度远小于自然因素的影响,本研究对比分析近 30 年研究区沙化的时空动态变化,并探讨其气候因素的响应机制,确定风蚀敏感区位置及荒漠-绿洲过渡区的范围,为防沙治沙工程及防护体系建设提供参考。

6.2　近地表风沙过程

近地表风沙过程长期存在于沙漠和绿洲之间，对沙漠绿洲生态系统的稳定产生直接影响，国内外学者针对沙漠-绿洲过渡带特殊的环境特点所导致的局地环流开展了大量的研究工作，并取得了显著成果。郑海霞等（2000）通过对地表辐射、能量平衡和湍流结构的研究发现，在沙漠-绿洲过渡带存在较强的水平湍流输送。陈世强等（2005）研究认为沙漠和绿洲地面净辐射的差异，是由地表状况决定的地面反射率和由热力性质决定的地面向上长波辐射的不同造成的，沙漠和绿洲之间的过渡带区域的温度、湿度不同所产生的局地环流，使这一区域产生强烈的绿洲效应。向皎等（2016）采用波文比-能量平衡法对比了风况对波文比和蒸散发的影响，在无风条件下绿洲-荒漠过渡带温湿度梯度受水平气流的影响较小，在绿洲风天气，绿洲荒漠过渡带的空气温湿度结构变化明显，冷湿的绿洲风会使大气处于正温和逆湿的状态。吕世华和罗斯琼（2005b）对沙漠-绿洲大气边界层结构进行了数值模拟，结果发现，围绕着绿洲的由干到湿的强湿度梯度带，对于绿洲保护具有积极作用。范丽红等（2006）对荒漠绿洲过渡区气候特征的日变化进行分析，结果发现，绿洲区的太阳总辐射远高于沙漠，气温日变化的值荒漠始终高于绿洲，相对湿度的日变化荒漠远小于绿洲，绿洲的蒸发能力要小于荒漠，风速的日变化荒漠大于绿洲。韩艳和何清（2006）分析了荒漠绿洲过渡区各气候要素的相关性，研究发现，荒漠-绿洲过渡区降水受局地气候因素影响显著。杨文斌等（2007）通过风洞模拟实验，研究了水平配置格局灌木丛内的风沙流结构及固沙效果，认为行带式配置的林带结构对风速具有明显的削弱作用，风速减弱 36%～43%，其次为低覆盖度灌木丛（风速减小 7%～28%），随机不均匀配置的灌木丛内风速在局部有增加的现象。董慧龙等（2009）分析了单行一带模式固沙林内的水平风速流场分布和垂直空间风速变化，并将垂直高度的风速划分为加强层、微变化层、显著变化层及稳定变化层。梁海荣等（2010）通过风洞模拟实验，分析了单行一带和两行一带乔木林带前后的水平风速流场及垂直风速变化情况，认为单行林带前对风速的削弱作用要强于两行一带林带，两行一带林带后的风速削弱作用明显高于单行一带，两种林带模式均形成了复杂的由风景区和风速加速区叠加产生的风速流场。杨文斌等（2011b）通过风洞模拟实验，分析了覆盖度为 20%和 25%的 3 种两行一带式固沙林内水平和垂直两个方向的风速流场及防风效果，并根据风速在垂直方向上的变化规律将林带内的风速划分为三个层，分别是微变化层、显著变化层和稳定变化层。王元等（2003）通过对单排林及单排林与灌草搭配的两种类型林带的绕林流场进行数值模拟，并分析了两种林带对风速流场中沿流相对风速、湍流动能及不同断面风速廓线的影响，结果认为灌草对林带整个流场的影响较为明显，灌草可以通过增大近地表粗糙度，加强局地湍流运动，从而削弱风速，增强林带的防护效果。岳德鹏等（2004）通过对北京市永定河沙地三种人工植被不同部位的风速、积沙量及其积沙形态特征进行观测与分析，比较了不同人工植被防风效益与阻沙效益的差异，认为在迎风面 1~10H 范围内片林的防风效能可以达到 22%，防风效能最佳；梨园防风效能最大值体现在林内距迎风面 1~7H 范围内，为 68.8%；背风面 1~20H 范围内，林带的防风效能最大可达到 32%。袁素芬等（2007）研究了干旱区新垦绿洲防护林林带特征和现有防护林的防风效能、气温、相对湿度等小气候指标，认为随着距林带距离的增加，背风面防风效能呈现递减的趋势，随着防护林的生长，其防风效果也随之提高；在背风面垂直方向上自上而下防风效能呈现递增的趋势，林带有叶期的防风效果明显优于无叶期。林带较之荒漠区具有一定程度的降温增湿作用，同时林带对于防护林内土壤温度和土壤水分的调节作用也很显著。防护林网对不同风向的有害风均有较好的防护效果，针对裸沙区防风固沙效益的研究主要涉及机械措施沙障固沙，风洞模拟条件下，不同类型和规格的沙障会起到相应的防风效果，不同几何形状及开口方向的纱网沙障可以改变地表风沙流结构，拦沙效果显著，机械沙障的布设对增加地表植被覆盖、增加土壤黏粒含量有显著效果，对输沙量和地表侵蚀堆积产生明显影响，可以促进土壤养分积累，增加土壤肥力，防护林带可以有效降低地表风速，减轻地表风蚀，在自然活动沙丘表面通过人工干预并结合生物化学固沙干扰沙丘表面，可以增强活动沙丘表面的抗风蚀性，促进活动沙丘向稳定方向发展。

以上关于防护体系近地表风沙过程的研究主要集中在风洞实验或者野外模拟实验，对于完整风沙防护体系近地表风沙过程的研究相对欠缺，本研究在建立完整的防护体系基础上，对不同防护带之间的近地表风沙过程进行模拟评价，在贴近实际的前提下，为防护体系的完善提供更可靠的基础资料。

6.3 绿洲防护体系配置模式

绿洲防护体系的配置模式是有效保护绿洲可持续稳定发展的基础，防护体系不同，防护带的配置、农田内部防护林的结构不同，所产生的防护效果显著不同。鉴于绿洲腹地农田区域的农田防护林对农田的防护是一种有效的工程措施，因此，在充分考虑当地自然、人文条件的基础上，因地制宜地营造其合理防护体系可以起到对绿洲防护的最佳效果，并且这一话题已经逐渐被世界各国学者高度关注。

防护林带结构通常状况下是指林带内树木枝叶的密集程度及分布状况，也表征防护林林带内透风孔隙的大小、数量以及分布状况，主要是由林带的宽度（几行）、层次（乔、灌）、树种组成、栽植密度（株距）、断面形式等综合形成（王升堂等，2005）。一般情况下，林带结构可以分为紧密型、疏透型和通风型三种类型，紧密型结构林带的特点是一种多行相当宽的林带，由三层树冠和两种以上的树种组成，上下枝叶密集，很少透风，其垂直剖面没有穿透性孔隙，疏透度小于 5%，风速 3～4m/s 的气流几乎不能穿过，背风林缘一般完全平静无风。疏透型结构是由两层或三层树冠组成的不太宽的林带，在有叶的情况下，其垂直剖面上下较为均匀地分布着穿透性孔隙，疏透度在 30% 左右，风速 3～4m/s 的气流可以部分地通过林带而不改变其主要的水平方向。通风型结构林带的疏透度一般在 50% 左右，没有灌木，一般由一层树冠组成，成林后，枝下高 3m 以上，有大的透风孔隙，而林带上中部则是密集或弱度疏透的，气流一接触林带，通常分为两部分，其中上部气流越过林带，中部气流则以加速的速度从裸露的树干之间穿过。

一直以来，世界各国学者在农田防护林发挥最大防护效益、防护体系的结构与配置方面已经开展了诸多的工作，并取得了很多的研究成果，这些研究结果在指导生产实践中起到了积极的作用。早在 1979 年，我国学者朱震达（1979）就对防护林体系的定义做出了阐述，认为防护林体系通常是在一定的空间范围内，通过人工栽植的片林、林带、林网、天然林、天然灌丛的方式，组成并包括合理利用自然资源、保护天然植被等前提条件在内的综合的绿色防护体系。不同宽度的防风固沙林可以改变风速流场并起到不同程度的防护效果，防护林的配置和结构不同所产生的防护效应和有效防护距离不同，不同林龄防护林防风效能存在显著差异。在绿洲外围建造防护林可以对控制风沙危害起到明显的效果，可以明显减少沙尘暴或黑风暴等自然灾害对绿洲的危害。同时，绿洲外围建设防护林及增大植被盖度，对有效地减轻土壤风蚀、风积，降低绿洲内农田地表的危害起到积极的作用，绿洲防护体系对改善区域小气候环境、涵养水源也会起到积极的作用。范志平等（2006）为了研究防护林带的有效防护距离，采取空间多点风速测量的方式探讨单条林带后的风速流场分布情况，认为防护林带后 2.5～19H 范围风速明显减弱，是林带后的主要防护范围（距离），并通过分析不同农田防护林带组合方式的林网内的风速流场特征，得出网状配置的防护林林带的防护效果较其他类型防护林配置模式突出，林带内最低风速出现在林缘 4～8H 范围内。李雪琳等（2018）通过风洞模拟实验，在 7m/s、10m/s、15m/s 风速条件下，对单行一带、三行一带、六行一带和九行一带 4 种带宽的林带迎风面、带中和背风面的风速进行了测定，分析了 4 种林带的风速流场、风速加速率和防风效果，发现 4 种林带流场结构和垂直风速变化规律相似，均具有的风速流场特征为：沿着风向均形成了林带上方和迎风面林带附近的小范围高风速区及其后的丰盈区相互结合的风场结构。林带作为气流前进的障碍物，可以在近地层内增加气流运动过程中的摩擦阻力，消耗大气中的动能，降低近地层内的风速，从而使贴地层的小气候有明显的改善。人类经济活动主要是在贴地层内进行的，因此林带在其防护距离内对贴地层的气候即所谓小气候的影响，是人们研究防护作用的重点。高函等（2010）设计了风洞模拟试验，针对柠条防护林空间配置结构进行研究，试验结果表明：柠条防护林的空间结构分布状况对其防护效益的影响显著。影响防护林防风效果的重要参数是疏透度，低矮灌木防护林疏透度以 0.5 左右为优。盖度对防护林的防风效果具有更重要的意义，盖度在 20%左右就能有效地降低风速，且连续的行带式配置中林带对气流具有逐级削弱的能力。田源等（2009）在综合考虑沙漠绿洲特点和防护体系的结构与功能的基础上，将沙漠绿洲过渡带进行了功能分区。并结合各功能区的地貌、植被、土壤和风沙危害状况，提出"流沙固阻带、封沙育草带、防风阻沙带、绿洲防护林网"四带一体的综合防治体系。防护林的配置结构不同，其产生的透光疏透度差异明显，造林的密度（株行距）、林带宽度、树种组成以及配置方式都直接影响着疏透度的大小。疏透度影响林带结构的类型，却又不是决定林带结构类型的唯一因素。同一疏透度的林带可能属于两个结构类型。因此要准确区分林带结构类型，还必须看林带分层疏透度的情况。关文彬等（2002）的研究发现，由单一树种组成的农田防护林带，其林带迎风面和背风面的透光疏透度无明显差异，表现出一致性的特点；而由不同树种混交搭配组成的防护林带，其迎风面和背风面的透光疏透度明显不同，差异明显。由林带结构的不同所产生的透光疏透度的差异与透风系数之间存在着紧密的联系。朱廷曜和朱劲伟（1981）通过风洞实验模拟的方式，提出了透风系数和疏透度两个指标之间对应的经验方程；康立新等（1992）对徐州地区农田林网主林带透风系数与疏透度的关系进行了探讨，并经过统计分析提出了适合当地透风系数与疏透度之间的最优数学模型。

研究防护林结构配置，林带宽度、林带高度和林带断面结构是研究者们关注的焦点，林带宽度会影响林带透风系数，从而影响防风效应，在防护林带的透风系数相同、其他结构配置特征、天气条件状况以及立地因子等基本一致的前提下，宽度不同的防护林带表现出的防风效应具有明显的差异。唐乾若（1965）对不同带宽的防护林防护效果研究发现，16m 宽的林带比 24m 宽的林带防风效果好。而且，已有研究显示，只要防护林带的透风系数适当，林带宽度则可以在相当大的范围内做出适当的调整，由几行到十几行均可取得较好的防风效果。姜凤岐等（2013）研究发现，林带的高度随着防护林生长阶段的不同而发生变化，在不同的林带之间，林带的高度也有所差异。林带高度会对林带的防风效应产生一定的影响，在林带疏透度、透风系数以及其他属性特征相同的前提下，由于高度不同所引起的防护效果的差异主要表现在林带的防护距离上，林木高度越高，其绝对防护距离就越大，但其防护距离的相对值增加并不明显。受到防护林带树种的限制，乔木、亚乔木和灌木等树种自身属性的不同，树种高度有显著差异，不同树种间的组合所产生的林带断面形状不同，主要有三角形、梯形、矩形等不同类型，相对比林带高度和宽度对防护林防护效果的影响，断面形状不同所产生的防护效的差异更明显。朱廷曜等对比分析了两条不同宽度矩形断面形状的通风结构林带，得出林带的其他特征一致的前提下，窄林带比宽林带效果好。卡博恩（Caborn）通过风洞实验模拟，对比研究了不同断面形状下林带的防风效果，结果表明，不同林带宽度的矩形断面林带具有最佳的防护效果。

以上防护工程措施都是基于特定的区域特点因地制宜地构建不同的防护体系或防护带，但针对腾格里沙漠东南缘风大沙多、气候干旱、降水稀少的自然特点，单纯的构建农田防护林来抵御风沙危害远达不到理想的效果，本研究在荒漠-绿洲过渡区农田外围裸沙丘构筑草方格沙障稳定流沙向农田方向扩张、在沙障内侧构筑灌草带防风阻沙的同时，阻止沙丘活化，为农田防护增加一道天然屏障，最终依靠现有农田防护林网来确保农业稳定发展和居民生活免遭风沙侵害，以期能弥补防护工程的欠缺，增加其防护效果。

6.4　绿洲防护体系气流活动及蚀积状况

绿洲防护体系通过改变近地表特性，改变近地表局地环流而改变近地层的气流活动规律，在农田外围建立防风阻沙工程，可以改变近地表风沙蚀积的规律，有效阻滞风沙向农田推进，起到保护农田免遭侵袭的效果。防护体系内不同防护带内的风速流场分布情况可以直观地反映防护体系的风速特征。通过对防护体系风速流场结构进行分析，可以进一步了解不同防护带内的水平风速分布状况及防风效果，农田防护体系的建立有效阻止绿洲腹地土壤风蚀的发生，有效减弱土壤风蚀强度，防护林不同结构配置与布局对其防护效应的发挥起着决定性的作用。

对防沙治沙措施内的气流活动及蚀积状况学者们已经做了大量的研究，并且取得了丰硕的研究成果。杨文斌等（2007）对覆盖率在20%左右的行带式配置、低覆盖度和随机不均匀配置3种水平配置格局的灌木丛内的风速流结构和固沙效果进行了风洞模拟实验，结果发现行带式配置的灌木丛防护林对削弱风速具有明显的作用，风速可以减弱36%～43%，低覆盖度灌木丛次之，风速减弱7%～28%，随机不均匀配置的灌木丛内风速在局部有增加的现象，行带式配置的灌木丛内风速流场呈现波状分布特征，而随机不均匀灌木丛内形成了由多个风速加速区和风影区叠加后的复杂流场，当将灌丛的覆盖度降低至11%～13%时，行带式配置结构的灌丛在低覆盖度下仍可以发挥较好的防风效果。张文海等（2012）以覆盖度为20%左右的乔木固沙林为研究对象，观测两种水平配置格局林内地表粗糙度和摩阻速度，结果发现行带式配置林内地表摩擦阻力较随机配置的高，其对土壤风蚀的抑制作用有更加显著的效果。杨文斌等（2011a）在内蒙古浑善达克沙地，针对覆盖度在20%左右的乔木疏林，测定了随机与行带式两种分布格局防护林带的防风阻沙效果，发现在不同风速条件下，行带式配置结构防护林内的相对风速均低于随机分布配置结构的防护林，行带式林内的水平风速流场变化有一定规律，而随机分布林内风速流场变化主要受树冠在空间的分布影响，变化非常复杂，随机分布的疏林内出现风速超过旷野对照的现象，行带式配置林内的平均地表粗糙度达到 1.01cm，比随机分布的疏林内的粗糙度增大约 5 倍，行带式分布格局防护林第 1 带对于降低风速最明显，第 2 带及其以后各带间的风速均比第 1 带后的风速小，但各带间逐渐降低的叠加效益并不明显，由于乔木基本（枝下高）没有枝条对风的阻碍，由乔木组成的行带式固沙林在迎风面的第 1 林带的基部出现一定的风力"抬升"现象，林带基部地面会发生强烈的侵蚀，大部分第 1 带树木的根系被侵蚀裸露，过境的风沙流只能在林带后树冠外侧堆积，随机分布林内在许多位置出现了非常低的地表粗糙度，地表粗糙度低的位置基本与风速"抬升"区相吻合，这种"抬升"区形成的强的涡流是疏林内出现风蚀坑的重要因素，这也是浑善达克沙地出现榆树与风蚀坑相间分布的主要原因。梁海荣等（2009）通过风洞试验模拟，研究了 10m/s 和 15m/s 风速条件下，覆盖度在 20% 和 25% 的单行一带和两行一带模式乔木固沙林内的水平和垂直空间的风速变化情况，研究认为：两种配置模式的林带结构都形成了风景区和风速加速区相互组合的复杂的水平流场结构，并且两种模式林带对垂直空间风速的影响效果相近，根据林木不同高度风速的不同影响效果，将其划分为三个不同的层次，20～35cm 微变化层、6～12cm 显著变化层和 0.4～3cm 稳定变化层，两种配置模式在这几个变化层均表现出相同的风速变化规律，两行一带模式的林带在第一带前降低水平空间风速的效果低于单行一带模式，第 1 带以后林带的水平空间风速要高于后者，同时对 0.4～50cm 高度的风速降低作用明显，0.4～12cm 高度的风速的降低效果较显著，且两行一带模式降低 0.4cm 高度内风速的效果要高于单行一带模式。同时，梁海荣等（2009）还对低覆盖度植被的防风固沙效果进行了研究，风洞模拟条件下，探讨了 10m/s 和 15m/s 风速，且覆盖度为 20% 的行带式分布和随机分布的乔木固沙林的风速流场和防风效果，最终发现在水平空间尺度，随机分布和行带式模式两种林带配置情况下，均能形成风景区和风速加速区相互组合的复杂水平流场结构，其中，随机分布的流场结构远比行带式模式更加复杂，在垂直空间上，1.2cm 高度林冠下风速都有增加趋势，1.6～20cm 高度行带式模式林带内风速有减小趋势，而随机分布模式的林带对风速的影响无明显的变化规律，随机分布模式林带中，当两株植株相互组合时，除在植株两侧出现风速加速区外，两植株间也会出现风速加速区，进而出现"狭管增速效应"。王晶莹等（2009）通过对均匀分布和行带式分布模式的林带进行风洞试验研究发现，2 种分布模式的水平和垂直空间风速的变化存在明显的差异，2 种模式末端的风速，行带式分布要低于均匀分布。董慧龙等（2009）研究不通风速和配置结构固沙林内的水平和垂直空间的风速变化情况，研究得出同上相同结论，0.8cm 以下的地表加强层、1.2cm 微变化层、1.6cm 和 3cm 显著变化层和 6～35cm 稳定变化层，从距地表 1.6cm 高度开始，垂直空间风速变化沿来风方向的风速总体上逐步减小，且在林带处会出现一个峰值。

　　防护体系在改变近地表风速流场特征的同时，也改变了地表风沙蚀积状况，胡云峰和张云芝（2019）运用 ^{137}Cs、^{210}Pb$_{ex}$ 复合示踪技术，分析了浑善达克沙地南缘的正蓝旗土壤侵蚀速率及其变化。韩致文等（2018）通过在流动沙丘区建立 HDPE 网和植物纤维网两种工程沙障试验区，测试两种沙障影响下的风速、输沙状况和地表侵蚀堆积，对比分析不同规格 HDPE 网、植物纤维网方格沙障和 HDPE 网前沿高立式阻沙沙障的防风固沙效应，结果发现，试验沙障的地表侵蚀堆积状态仅与沙障规格有关，沙障材料的影响不明显。张迎珍等（2013）利用 ^{137}Cs 土壤侵蚀传统示踪和重复采样示踪技术，研究了人工林土壤侵蚀速率变化特征，结果发现：不同类型植被覆盖下土壤侵蚀有明显的差异。李郎平和鹿化煜（2010）利用遥感分析和地统计学中的克里格空间估值法，根据对具有代表性的 84 个实测黄土—古土壤剖面的分析，计算出黄土高原 250ka 以来各冰期和间冰期的粉尘堆积量和平均堆积速率，初步结果发现，自然背景下黄土高原就存在较强的侵蚀作用。

　　风沙流运移是荒漠化发展的具体体现，尤其是在荒漠-绿洲过渡区域，风沙流的运动是荒漠化向绿洲方向推进的主要动力，这也是一直以来荒漠-绿洲过渡区成为很多防沙治沙工作者重点关注区域的主要原因之一，研究荒漠绿洲过渡区近地表风沙流结构特征，对有效开展防沙治沙工作、构筑防护体系，确保绿洲趋于稳定发展具有重要意义，以上关于防风阻沙效益的研究主要集中在单一防护措施下风沙防护效果的探讨，关于完整绿洲防护体系防风阻沙效果的研究目前尚少，本研究在建立完整防护体系的基础上对其近地表风沙流活动和地表蚀积状况进行对比分析，使防护体系的防护效果更具说服力。

6.5　绿洲防护体系降尘特征

　　构建防护林体系不仅可以使下垫面的状况得到改变，还可以增加地表粗糙度，有效地降低近地表风速，同时在一定程度上也能使林内的气象条件得到改变，最终达到在一定影响范围内抑制降尘飘移的效果（闫德仁等，2018）。

　　祁士华等（2001）将大气降尘定义为：在一定的空气环境条件下，依靠重力作用使颗粒物自然沉降于地面的现象。广义的大气气溶胶主要以大气降尘为主，但降尘的颗粒主要是粒径大于 30μm 的较大颗粒。目前，关于大气气溶胶的研究已引起气象学家和大气环境学家的充分重视。

　　国内外学者对于防护体系对大气降尘的抑制效果及对环境的影响效应已经做过大量研究，刘艳萍和高永（2003）对防护林降低近地表沙尘的基本规律及特征进行了风洞模拟，研究指出疏透度控制在 0.24～0.34 的防护林能够取得较好的林内降尘效果。王栋梁和邱金桓（1988）通过对干旱沙漠地区大气气溶胶的光学特性进行研究发现，春季沙漠地区大气中沙尘粒子对太阳辐射具有很强的削弱作用。杨晨等（2016）监测塔克拉玛干沙漠北部 4 种不同下垫面大气降尘特征，认为大气降尘量为沙漠边缘地带＞绿洲荒漠交错地带＞农田防护林＞城市绿地，并结合气象数据探讨了气象因素对大气降尘的响应，沙尘暴的发生总天数与大气降尘、扬尘呈正相关关系，但降水对大气降尘具有抑制作用，同时，下垫面状况对大气降尘量具有明显的影响。张加琼等（2014）对沙坡头铁路防护体系内的风沙沉降进行了断面观测，分析了沉降速率、粒度组成和物源的时空变化规律，随防护距离增大，沉降颗粒逐渐变细，分选变差，跃移组分含量逐渐减少而悬移组分含量逐渐增大，沉降来源逐渐由前沿流沙区近地面风沙运动颗粒转变为以大气降尘为主的悬移颗粒。强明瑞等（2007）监测柴达木盆地北部冷湖地区的月降尘通量以及尘暴事件降尘量，发现月降尘通量与月极大风速具有较好的正相关性，同时发现风速的变化对粉尘的释放、输送和沉降有重要的影响。李晋昌和董治宝（2010）在阐述大气粉尘的形成、传输、沉降机制及理化特征的基础上，探讨了大气粉尘的源区、降尘的时空分布、环境效应及与黄土堆积的关系。刘艳萍和高永（2003）通过风洞实验对不同结构类型防护林降解近地表沙降尘的基本规律及特征进行了分析研究，认为降尘量在林网内具有一定的水平分布特征，从林缘至林网中心降尘量依次降低，同一网格内不同位置处的降尘量也随林带疏透度的变化而有所差异，防护林结构对降尘量的影响较大，其中疏透度为 0.24～0.34 的防护林内降尘效果较好，在相同疏透度条件下网格状结构防护林对沙尘的降解作用大于带状结构防护林。徐立帅等（2017）对新疆杨防护林庇护区 0.5m 和 3m 高度降尘进行野外观测，并分析了两个高度降尘量空间分布，结果表明：β 大于 0.47 时，防护林对降尘空间分布没有明显影响，0.5m 高度降尘量大于 3m 高度，且林后 3m 高度降尘量比较平稳，而林后 0.5m 高度降尘量出现较大波动。张华等（2005）采用野外定位实测法，连续两年对科尔沁沙地 24 龄人工固沙杨树林庇护区内 4～6 月强沙尘暴事件中的降尘特征进行了观测研究，研究发现，林地庇护区内 4 月、5 月的降尘量较多，6 月的降尘量较少，林地中央的滞尘效应在风蚀季节和强沙尘暴天气过程中十分显著，林地庇护区内的降尘中粒径＜0.02mm 的颗粒占 60.7%。汪季和董智（2005）通过野外观测，分析了不同高度大气降尘与不同下垫面沙粒的粒度特征及两者间的关系，结果发现，近地表 0.1m 处收集到的沙尘物质主要来自近地表跃移的沙粒，随着高度的增加，降尘中细沙成分越来越少，粉沙成分越来越多。不同下垫面粒度特征与扬沙起尘关系密切，其粒度特征可反映下垫面向大气提供沙尘的程度。李晋昌等（2013）通过对黄土高原东部大气降尘量的空间和季节变化研究发现，降尘量季节变化主要受风速影响，但高的降水量和NDVI 指数也可以减少降尘量，黄土高原东部已很少接收西北干旱区的远源粉尘。万的军等（2009）以一次典型沙尘暴全过程的沉降沙尘为例，通过在策勒绿洲迎风向前缘、前缘向内 2km、中央及后缘不同位置设置取样点，研究了绿洲范围沙尘沉降的变化特征，结果发现，从绿洲前缘到内部，沙尘粒径逐渐变小，在前缘位置沙尘最粗，后缘的最细，而分选程度有逐渐变差的趋势，但变化不很显著，前缘到中央 3 个位置的分选较好，后缘点的分选较差，不同位置的粒度曲线基本都为稍呈负偏的常峰态分布，越深入绿洲内部，负偏程度越大，不同高度沉降沙尘亦有明显差异，随高度升高，沙尘平均粒径逐渐变小，沉降量显著减少，尤以低于 2m 高度的递减率最为显著。沈志宝和文军（1994）研究了太阳辐射在城市污染大气中的削弱，其结果表明，城市污染大气中的气溶胶起着冷却地面和加热大气的作用。张锦春等（2008）借助近地面沙尘暴监测系统进行沙尘暴监测，分析民勤沙尘源区近地面降尘分布特征，结果发现，民勤降尘量与沙尘天气发生频率密切相关，降尘受下垫面条件影响较大，绿洲内部受防护林作用，风速减弱。曾凯等（2009）通过对农田防护区降尘量与环境气象因子进行回归分析得出，农田保护区在降尘量水平和月分布规律上与城市有极大差异，农田降尘受该区域来源的贡献较大，影响农田降尘的因素是农事活动、地温、气温、蒸发量；全年气象条件的变化对应不同的降尘水平。张正偲和董治宝（2011）对腾格里沙漠东南缘春季降尘量和粒度特征进行了分析研究，结果发现，腾格里沙漠东南缘降尘平均粒径较粗，以沙物质为主，受风速、地表粗糙度和沙源的影响，降尘粒级分布既有单峰，又有双峰和三峰，主要以双峰为主，大气降尘主要以局地的沙粒为主，远源沙尘贡献并不多。高君亮等（2014）采用野外定位实测法，对乌兰布和沙漠东北部 5 种不同下垫面的大气降尘进行了研究，结果发现，降尘量流动沙丘＞半固定沙丘＞固定沙丘＞林带＞农田，扬沙和沙尘暴发生的总天数与降尘量之间存在极显著线性相关关系，降雨对降尘具有一定的抑制作用，下垫面状况是决定起尘强度的一个关键因子，其对降尘的影响主要是通过地表植被的防风固沙作用实现的。罗凤敏等（2016）通过对乌兰布和沙漠东北缘近地层风速和降尘量特征进行分析发现，过渡带沙尘水平通量与降尘量之间为线性关系，而绿洲内两者之间为指数函数关系，在春季、夏季、秋季、冬季，过渡带和绿洲内近地层沙尘水平通量和降尘量均随着高度增加而减小，春季是沙尘水平通量和降尘量集中的季节，其次是夏季，秋季和冬季相对较低，一年四季中，过渡带沙尘水平通量和降尘量均高于绿洲内。陈新闯等（2016）对比分析乌兰布和沙漠流动沙丘下风向降尘粒度特征，结果发现，乌兰布和沙漠降尘空间变化大，降尘以细沙为主，随着距离的增加，细沙物质逐渐减少，粉沙和极细沙含量显著增加。毛东雷等（2017）对新疆策勒不同下垫面大气降尘时空分布特征进行了研究，研究认为降尘量随着平均风速的增大而减小，并随着静风时间的增长先增大后减少，同时，植被的覆盖度和高度及农田绿洲化程度会对大气降尘产生重要影响。赵丹丹等（2005）探讨了新疆和田降尘量时空分布规律及扬沙、沙尘暴、大风和浮尘日数与降尘量之间的关系，降尘量随高度的升高呈减少的趋势。浮尘日数是影响降尘量的重要因素，降尘量随浮尘日数的增多基本呈上升趋势，但大风、扬沙、沙尘暴天气对降尘量的多少也有着不可忽视的影响。张小啸等（2015）研究认为，春、夏两季受沙尘天气影响导致高降尘量。樊恒文等（2002）的研究发现，人类对地表的破坏，将会导致降尘沉积具有明显的时空分异规律。

6.6 绿洲防护体系表土沉积物粒度特征

绿洲防护体系作为绿洲风沙防护的一种有效措施，尤其是在风沙区被广泛认可和应用，地表沉积物作为防护体系内部的一种必要的风沙活动产物，其表现出不同的特征。

丁延龙等（2018）在 PLA 沙障对沙丘表层沉积物粒度特征的研究中发现，沙障的阻滞作用使得中沙、粗沙含量百分比升高，细颗粒含量百分比降低，表层颗粒组成趋于粗化。机械沙障对容易形成风沙危害的粒径区间（1.32～4Φ）的拦截量均可达 90%以上，设置沙障后随时间的推移，障内沙物质平均粒径的中值将增大，分选程度变差，而偏度和峰态变化则不十分显著，若能对沙障进行定期维护，保持沙面稳定，可能形成土壤生物结皮。丁爱强等（2018）研究了 3 种不同机械沙障设置后期土壤粒度特征，不同的机械沙障均能增加表层土壤中的黏粒含量，但塑料网格沙障与黏土沙障内土壤的黏粒含量增加显著，麦草沙障增加不显著。郭岐山和丁小军（2020）研究了柴达木盆地耙状线形沙丘沉积物粒度特征，耙状线形沙丘粒度具有明显的空间差异。在沙丘断面上，脊线最细，且迎风坡坡脚比背风坡粗。分选系数随平均粒径变细而变好，偏度随风选变好而趋于正偏。潘美慧等（2019）研究了西藏自治区爬坡沙丘粒度特征，认为爬坡沙丘表层沉积物以细砂和中砂为主，极细砂含量较少，同时含有少量粉砂和粗砂，不含黏土成分，且随着高度和距离的增加，沙丘表层沉积物平均粒径先变细后变粗，分选不断变好。潘凯佳等（2019）研究了河西走廊新月形沙丘表层沉积物的理化性质，发现河西走廊新月形沙丘表层沉积物粒度以中沙为主，其次是细沙，平均粒径为 0.27～0.43mm，大于其他沙漠，分选性以中等较好为主，粒度曲线近对称，峰度中等。刘振宇等（2019）通过对毛乌素沙地近地表的粒度特征研究发现，研究区沙地变化敏感粒度是＞245μm 的沉积物粒度组分。熊鑫等（2019）研究了戈壁沙砾质地表沉积物全粒径分布模式，认为单调递减函数能够反映出戈壁地表沉积物组分的全粒径分布特征，在分选作用下，以富沙组分为主的戈壁地表，跃移组分含量高，μ 值、Dc 值偏小，以富砾组分为主的戈壁地表，蠕移及风蚀残余组分含量高，μ 值、Dc 值偏大。邰学敏等（2019）研究了柴达木盆地西北部长垄状雅丹沉积物粒度特征，发现长垄状雅丹沉积物中粉沙组分含量最高，沙粒组分含量次之，黏粒组分含量最低，沉积物频率曲线既有主次峰明确的双峰分布曲线，也有主次峰不明确的双峰和单峰分布曲线，前者可能为风力搬运堆积形成的沉积物，后两种曲线宽平，沉积物分选性差，可能为湖相沉积形成，沉积粒度参数在垂直剖面呈现出一定的变化规律，但是粒度参数之间没有显著的相关关系。宋洁和春喜（2018）研究了乌兰布和沙漠不同土地覆被类型粒度特征，发现乌兰布和沙漠地表沉积物以中沙和细沙为主，平均粒径为 2.84Φ，沙漠地表沉积物的粒度特征在不同土地覆被类型和不同空间存在明显的分异规律，表明该沙漠的地表沉积物粒度分布是由物源、地形和搬运营力共同作用的结果。周炎广等（2018）研究了呼伦贝尔沙地风蚀坑粒度特征，认为呼伦贝尔沙地风蚀坑表面及坑后沙丘剖面沉积物粒径以细沙和中沙为主，风蚀坑表面沉积物粒径及分选参数在风蚀坑各部位呈现波动式变化，平坦草地上的现代土壤与坑后沙丘下伏古土壤为同一层。刘铮瑶等（2018）研究了巴丹吉林沙漠边缘沉积物粒度特征，发现巴丹吉林沙漠边缘地区整体以细沙为主，中沙与极细沙次之，同时，东南部以中沙为主，北部以粉沙黏土为主，西部地区以粗沙和极粗沙为主，与当地主导风向的分选作用一致，北部和南部分别受河流和山脉影响，平均粒径较小，其余地区无明显差异，分选性在东南部最佳，粒度参数关系表明分选性在南部地区随着粒径变小而变好，偏度值随粒径变小而降低，峰度值随粒径变小而变宽，而在其他地区并没有明显的规律。林永崇和徐立帅（2017）研究了策勒绿洲-沙漠过渡带风成沉积物粒度的空间变化，结果发现，绿洲-沙漠过渡带风成沉积物粒度特征在空间上基本一致，主要为悬浮组分和变性跃移组分，表现出典型的大气沙尘近距离传输沉积的特点。

在以往的研究中，关于沉积物粒度特征的研究主要集中在单一防护措施近地表沉积物粒度特征，或者是沙丘表层沉积物粒度分异，而对于完整防护体系内不同防护带的近地表沉积物粒度特征的对比研究尚少，本研究在探讨防护体系表土沉积物粒度特征的基础上，辨明风蚀颗粒物敏感粒度组分分布规律以及易风蚀颗粒物的分布范围，可以为更精准地实施防护体系建设提供全面的数据资料。

参 考 文 献

陈世强, 吕世华, 奥银焕, 等. 2005. 夏季金塔绿洲与沙漠次级环流近地表风场的初步研究[J].

高原气象, 24(4): 534-539.

陈新闻, 郭建英, 董智, 等. 2016. 乌兰布和沙漠流动沙丘下风向降尘粒度特征[J]. 中国沙漠, 36(2): 295-301.

陈云海, 颉耀文, 徐银丽, 等. 2016. 近50年来山丹绿洲变化的驱动机制分析[J]. 湖北农业科学, 55(5): 1129-1133.

崔红标, 范玉超, 周静, 等. 2016. 改良剂对土壤铜镉有效性和微生物群落结构的影响[J]. 中国环境科学, 36(1): 197-205.

丁爱强, 谢怀慈, 徐先英, 等. 2018. 3种不同机械沙障设置后期对沙丘植被和土壤粒度与水分的影响[J]. 中国水土保持, (5): 59-63, 69.

丁延龙, 高永, 汪季, 等. 2018. 生物基可降解聚乳酸(PLA)沙障对沙丘表层沉积物粒度特征的影响[J]. 中国沙漠, 38(2): 262-269.

董慧龙, 杨文斌, 王林和, 等. 2009. 单一行带式乔木固沙林内风速流场和防风效果风洞实验[J]. 干旱区资源与环境, 23(7): 110-116.

樊恒文, 肖洪浪, 段争虎, 等. 2002. 中国沙漠地区降尘特征与影响因素分析. 中国沙漠, 22(6): 37-43.

范丽红, 格丽玛, 何清, 等. 2006. 绿洲—过渡带—荒漠气候特征日变化分析[J]. 新疆农业大学学报, (1): 5-9.

范志平, 曾德慧, 刘大勇, 等. 2006. 单条林带防护作用区风速分布特征. 辽宁工程技术大学学报, 25(1): 138-141.

高函, 吴斌, 张宇清, 等. 2010. 行带式配置柠条林防风效益风洞试验研究[J]. 水土保持学报, 24(4): 44-47.

高君亮, 辛智鸣, 刘芳, 等. 2014. 乌兰布和沙漠东北部大气降尘特征及影响因素分析. 干旱区资源与环境, 28(8): 145-150.

邰学敏, 董治宝, 段争虎, 等. 2019. 柴达木盆地西北部长垄状雅丹沉积物粒度特征[J]. 中国沙漠, 39(2): 79-85.

关文彬, 李春平, 李世锋, 等. 2002. 林带疏透度数字化测度方法的改进及其应用研究[J]. 应用生态学报, (6): 651-657.

郭岐山, 丁小军. 2020. 柴达木盆地耙状线形沙丘沉积物粒度特征及其对沙丘形成的意义[J]. 干旱区资源与环境, 34(3): 196-203.

韩艳, 何清. 2006. 绿洲与荒漠过渡带气候要素的相关性分析. 许昌学院学报, (2): 141-143.

韩致文, 郭彩赟, 钟帅, 等. 2018. 库布齐沙漠HDPE网和植物纤维网沙障防沙试验效应[J]. 中国沙漠, 38(4): 681-689.

胡云锋, 张云芝. 2019. 内蒙古浑善达克沙地南缘 ^{137}Cs、^{210}Pb$_{ex}$ 复合示踪研究. 地理学报, 74(9): 1890-1903.

姜凤岐, 于占源, 曾德慧, 等. 2013. 三北防护林呼唤生态文明. 防护科技, (5): 1-3.

康立新, 季永华, 张日连, 等. 1992. 农田林网主林带透风系数和疏透度关系探讨. 江苏林业科技, (1): 12-16.

李晋昌, 董治宝. 2010. 大气降尘研究进展及展望[J]. 干旱区资源与环境, 24(2): 102-109.

李晋昌, 康晓云, 高婧. 2013. 黄土高原东部大气降尘量的空间和季节变化[J]. 中国环境科学, 33(10): 1729-1735.

李郎平, 鹿化煜. 2010. 黄土高原25万年以来粉尘堆积与侵蚀的定量估算[J]. 地理学报, 65(1):

37-52.

李世东. 2001. 世界重点林业生态工程建设进展及其启示[J]. 林业经济, (12): 46-50.

李雪琳, 马彦军, 马瑞, 等. 2018. 不同带宽的防风固沙林流场结构及防风效能风洞实验[J]. 中国沙漠, 38(5): 936-944.

梁海荣, 王晶莹, 董慧龙, 等. 2010. 低覆盖度下两种行带式固沙林内风速流场和防风效果. 生态学报, 30(3): 568-578.

梁海荣, 王晶莹, 卢琦, 等. 2009. 低覆盖度乔木两种分布格局内风速流场和防风效果风洞实验[J]. 中国沙漠, 29(6): 1021-1028.

林永崇, 徐立帅. 2017. 策勒绿洲-沙漠过渡带风成沉积物粒度的空间变化[J]. 应用生态学报, 28(4): 1337-1343.

刘艳萍, 高永. 2003. 防护林降解近地表沙降尘机理的研究[J]. 水土保持学报, (1): 162-165.

刘振宇, 靳鹤龄, 刘冰, 等. 2019. 粒度特征揭示的中全新世以来毛乌素沙地演化过程[J]. 中国沙漠, 39(1): 88-96.

刘铮瑶, 董治宝, 萨日娜, 等. 2018. 巴丹吉林沙漠边缘沉积物粒度和微形态特征空间分异[J]. 中国沙漠, 38(5): 945-953.

罗凤敏, 辛智鸣, 高君亮, 等. 2016. 乌兰布和沙漠东北缘近地层风速和降尘量特征. 农业工程学报, 32(24): 147-154.

吕世华, 罗斯琼. 2005a. 敦煌绿洲夏季边界层特征的数值模拟[J]. 高原气象, (2): 147-154.

吕世华, 罗斯琼. 2005b. 沙漠—绿洲大气边界层结构的数值模拟[J]. 高原气象, (4): 465-470.

马燕, 李志萍, 曹希强. 2010. 近 200 年来额济纳绿洲土地荒漠化进程及其驱动机制[J]. 水土保持研究, 17(5): 158-162.

毛东雷, 蔡富艳, 雷加强, 等. 2017. 新疆策勒不同下垫面大气降尘时空分布特征. 干旱区研究, 34(6): 1222-1229.

潘凯佳, 张正偲, 董治宝, 等. 2019. 河西走廊新月形沙丘表层沉积物的理化性质[J]. 中国沙漠, 39(1): 44-51.

潘美慧, 薛雯轩, 伍永秋, 等. 2019. 西藏自治区爬坡沙丘粒度特征分析[J]. 干旱区地理, 42(6): 1337-1345.

祁士华, 傅家谟, 盛国英, 等. 2001. 澳门大气降尘中优控多环芳烃研究[J]. 环境科学研究, (1): 9-13.

强明瑞, 肖舜, 张家武, 等. 2007. 柴达木盆地北部风速对尘暴事件降尘的影响[J]. 中国沙漠, (2): 290-295.

邱威. 2008. 西部生态公益林建设的市场机制研究[D]. 杨凌: 西北农林科技大学硕士学位论文.

沈志宝, 文军. 1994. 沙漠地区春季的大气浑浊度及沙尘大气对地面辐射平衡的影响[J]. 高原气象, (3): 107-115.

宋洁, 春喜. 2018. 乌兰布和沙漠不同土地覆被类型粒度特征及空间分异[J]. 中国沙漠, 38(2): 243-251.

唐乾若. 1965. 华北地区农田防护林规划设计的商榷. 林业科学, 10(2): 30-37.

田源, 丁建丽, 塔西甫拉提·特依拜, 等. 2009. 自然与人文交互作用下的干旱区典型绿洲耕地动态变化驱动力分析: 以新疆于田绿洲为例. 中国沙漠, 29(6): 1162-1168.

万的军, 穆桂金, 雷加强. 2009. 基于绿洲尺度沙尘暴天气降尘的变化特征研究[J]. 水土保持学报, 23(1): 26-30.

汪季, 董智. 2005. 荒漠绿洲下垫面粒度特征与供尘关系的研究. 水土保持学报, 19(6): 11-13, 16.

王栋梁, 邱金桓. 1988. 塔克拉玛干沙漠春季大气气溶胶光学特性研究[J]. 大气科学, (1): 75-81.

王晶莹, 杨文斌, 董慧龙, 等. 2009. 低郁闭度乔灌混交林防风效果风洞试验研究[J]. 内蒙古林业科技, 35(3): 13-17.

王荣宝, 张楠楠, 王倩倩. 2016. 沙化土地遥感监测方法研究及应用[J]. 测绘与空间地理信息, 39(10): 163-166.

王升堂, 程宏, 赵延治. 2005. 旱作农区土壤风蚀过程、影响因素及其防治技术措施[J]. 国土与自然资源研究, (3): 36-38.

王玉刚, 肖笃宁, 李彦. 2007. 荒漠绿洲过渡带农业绿洲土地退化动态特征[J]. 农业工程学报, (6): 83-90.

王元, 周军莉, 徐忠. 2003. 灌草与林带搭配条件下防护效应的数值模拟[J]. 应用生态学报, (3): 359-362.

吴见. 2014. 土地沙化信息遥感监测技术研究进展[J]. 世界林业研究, 27(1): 57-61.

向佼, 李程, 张清涛, 等. 2016. 绿洲荒漠过渡带风况对波文比和蒸散发的影响[J]. 生态学报, 36(3): 705-720.

熊鑫, 王海兵, 肖建华, 等. 2019. 戈壁沙砾质地表沉积物全粒径分布模式及其对分选作用的指示意义[J]. 中国沙漠, 39(2): 202-208.

徐立帅, 穆桂金, 孙琳, 等. 2017. 防护林疏透度对近地层大气降尘的影响: 以新疆策勒为例[J]. 中国沙漠, 37(1): 57-64.

薛文辉, 谢晓丽. 2005. 21世纪中国沙化问题的思考与防沙治沙技术对策的探讨[J]. 防护林科技, (2): 73-74, 78.

闫德仁, 黄海广, 薛博. 2018. 浑善达克沙地大气降尘颗粒物特征研究[J]. 生态环境学报, 27(1): 87-92.

杨晨, 郭腾, 马涛, 等. 2016. 阿拉尔市绿洲-塔克拉玛干沙漠过渡带大气降尘变化特征研究[J]. 现代农业科技, (9): 217-218, 222.

杨文斌, 董慧龙, 卢琦, 等. 2011a. 低覆盖度固沙林的乔木分布格局与防风效果[J]. 生态学报, 31(17): 5000-5008.

杨文斌, 卢琦, 吴波, 等. 2007. 低覆盖度不同配置灌丛内风流结构与防风效果的风洞实验[J]. 中国沙漠, (5): 791-796.

杨文斌, 王晶莹, 董慧龙, 等. 2011b. 两行一带式乔木固沙林带风速流场和防风效果风洞试验[J]. 林业科学, 47(2): 95-102.

杨文斌, 赵爱国, 王晶莹, 等. 2006. 低覆盖度沙蒿群丛的水平配置结构与防风固沙效果研究[J]. 中国沙漠, (1): 108-112.

杨永春, 李吉均, 陈发虎, 等. 2002. 石羊河下游民勤绿洲变化的人文机制研究. 地理研究, 21(4): 449-458.

袁素芬, 陈亚宁, 李卫红. 2007. 干旱区新垦绿洲防护林体系的防护效益分析: 以克拉玛依农业综合开发区为例[J]. 中国沙漠, (4): 600-607.

岳德鹏, 刘永兵, 徐伟, 等. 2004. 北京市永定河沙地人工植被防风阻沙效益分析[J]. 北京林业大学学报, (2): 21-24.

曾凯, 居为民, 王尚明, 等. 2009. 南昌农田保护区的降尘规律研究[J]. 安徽农业科学, 37(16): 7557-7558, 7623.

张华, 何红, 李锋瑞, 等. 2005. 固沙林庇护区内降尘特征的初步观测[J]. 干旱区地理, (2): 156-160.

张加琼, 张春来, 吴晓旭, 等. 2014. 包兰铁路沙坡头段防护体系内的风沙沉降规律. 中国沙漠, 34(1): 16-22.

张锦春, 赵明, 方峨天, 等. 2008. 民勤沙尘源区近地面降尘特征研究[J]. 环境科学研究, (3): 17-21.

张文海, 杨红艳, 杨文斌, 等. 2012. 乔木固沙林对土壤风蚀的抑制作用[J]. 内蒙古科技与经济, (8): 2.

张小啸, 陈曦, 王自发, 等. 2015. 新疆和田绿洲大气降尘和 PM_(10)浓度变化特征分析. 干旱区地理, 38(3): 454-462.

张迎珍, 李勇, 于寒青, 等. 2013. 人工林植被细根防蚀拦沙作用的有效性[J]. 水土保持学报, 27(4): 29-33.

张正偲, 董治宝. 2011. 腾格里沙漠东南缘春季降尘量和粒度特征[J]. 中国环境科学, 31(11): 1789-1794.

赵丹丹, 关欣, 李巧云, 等. 2005. 新疆和田降尘的时空分布与影响因子. 新疆农业大学学报, 28(2): 14-17.

郑海霞, 王介民, 米谷俊颜, 等. 2000. 河西走廊沙漠和绿洲下垫面生态条件下能量交换若干特征. 生态学报, 20(1): 88-92.

周炎广, 陈惠中, 管超, 等. 2018. 呼伦贝尔沙地风蚀坑粒度特征及其环境意义[J]. 中国沙漠, 38(4): 724-733.

朱廷曜, 朱劲伟. 1981. 林带防风作用的风洞实验研究: 有效防护距离拟合公式的补正及其应用. 农业气象, (1): 76-81.

朱震达. 1979. 三十年来中国沙漠研究的进展. 地理学报, (4): 305-314.

第7章 技术方案

7.1 科学问题

荒漠-绿洲过渡带生态环境的改变速率快、抵抗外部干扰能力差、生态系统的稳定性相对脆弱，这一敏感区域所面临的生态环境防护问题也不言而喻。鉴于此，本研究提出了以下科学问题：

（1）绿洲在维持自身生态系统稳定过程中，其边缘过渡区域历史演化状况如何？该区域沙化的趋势以及已经采取了哪些有力的措施维持绿洲生态系统的稳定？在现有的绿洲防护条件下，还应该采取哪些防护措施保护绿洲向稳定方向发展？

（2）绿洲防护体系建立以后，在防风阻沙、生态恢复等方面起到了怎样的积极作用？

7.2 研究目的

本章的研究目标主要有以下几点。

（1）通过遥感技术判别研究区土地沙化演进过程，确定风蚀敏感区域的范围，针对性构建完善的绿洲防护体系。

（2）通过构建"沙障固沙带-灌草防风阻沙带-农田防护林网"防护体系，并通过野外实际观测的方法定量监测探讨防护体系不同防护带内近地层气流活动、风沙输移，理清研究区地表在不同防护状态下的蚀积规律。

（3）在明晰防护体系内近地层风沙运移规律的基础上，对比分析有无防护条件下各防护带风沙输移状况，分析防护体系对绿洲防护起到的影响效果。

7.3 研究内容

1）格林滩绿洲沙化动态演变及气候响应

以1986～2016年近30年美国陆地卫星（LandsatTM/OLI）数据为数据源，对影像数据进行辐射定标、大气校正、几何精校正等操作，通过ENVI自动分类加人工干预的手段，采用植被覆盖度指数和荒漠化指数对研究区近30年土地沙化状况进行分类，探讨近 30 年格林滩绿洲土地沙化时间和空间动态变化状况，确定土地沙化敏感区范围，为防护体系建设提供基础资料，并从气温、降水量、相对湿度、风速、大风日数、沙尘暴日数和蒸发量等气象指标分析研究区土地沙化的气候因素响应。

2）绿洲防护体系构建

根据格林滩绿洲土地沙化时空动态变化及沙化土地利用转移状况，判断土地沙化敏感区位置，结合研究区土地利用区位特性，因地制宜构建绿洲防护体系。

3）绿洲防护体系防风阻沙效益

运用自主研发的集沙仪通过野外实际观测其近地表风沙流特征，测钎法测定地表蚀积形态，运用自制降尘缸测试沙尘沉降，通过与无防护条件下近地表风沙流特征、地表蚀积状况及沙尘沉降特性的对比，探讨防护体系的防风阻沙效益。

7.4 技术路线

本研究首先提出科学问题：荒漠-绿洲过渡区绿洲防护体系防风阻沙效益研究，通过遥感技术分析格林滩绿洲区近 30 年土地沙化演进过程，并分析气候因素对沙化的响应机制，确定格林滩绿洲风蚀敏感区范围及荒漠-绿洲过渡区的具体位置，为防护体系建设提供依据，在新建防护体系通过测试风沙流结构、防护体系近地表蚀积特征、防护体系沙尘沉降特征和研究区近地表沉积物粒度特征，分析研究区沙化过程及气象因子的响应、风沙流特征及气候影响、防护体系对近地表蚀积、沙尘沉降及沉积物表土粒度的影响，最终对防护体系防风阻沙效益进行评估（图 7.1）。

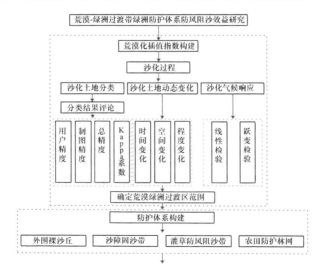

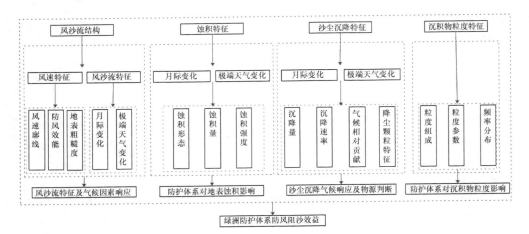

图 7.1　技术路线图

第8章 研究区概况

8.1 地 理 位 置

研究区位于阿拉善左旗巴彦霍德嘎查格林滩绿洲（地理位置 38°49′N，105°20′E），距离阿拉善左旗首府南 25km，辖区总面积 79.6km²，是阿拉善左旗八大绿洲之一，东临贺兰山，西和南为腾格里沙漠腹地。

8.2 地 质 地 貌

格林滩绿洲属巴彦浩特盆地，区域构造上位于鄂尔多斯台地、祁连山褶皱和阿拉善古陆三大构造体系结合部位，是一个典型的由贺兰拗拉槽与大陆边缘沉积和内陆石炭系坳陷与中生代断陷双层构造叠置而成的复合型海湾盆地。格林滩东部地形平坦，属贺兰山山前平原，地势由东向西与西北倾斜，坡度范围 1%～40%，东部海拔 2000～2500m，向西与西北递减为 1420～1430m（卫平生等，2005）。山前平原的南部为台地，其成因主要是第四纪沟谷切割而成，一般比周边高出 20～40m，在巴彦浩特镇西部，台地由于受第四纪沟谷切割形成一些残丘（杨少勇等，2012）。地貌类型西部为中海拔干燥洪积平原，东部为中海拔风积地貌，地质类型西部属 Q4 型，东部属 Q3 型。

研究区西部紧邻腾格里沙漠，以高大流动沙丘为主，沙丘高度 3～8m，呈东北—西南走向，沙漠边缘与绿洲过渡区域分布有固定半固定灌丛沙堆（图 8.1）。

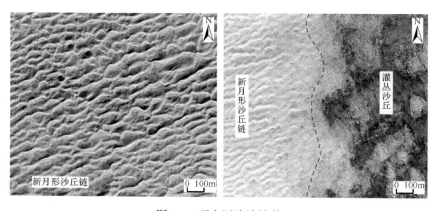

图 8.1　研究区流沙地貌

8.3 气 候 特 征

研究区地处大陆腹地，远离海洋，为季风北界边缘，暖、湿气团经长途跋涉，水汽大量损失，且东有贺兰山阻隔，北受蒙古干冷高气压控制，具有雨雪稀少，四季分明，昼暖夜凉，日照充足，风大沙多等典型的大陆气候特点。降水和径流受气候和地形制约，全年降水量多集中在 6～9 月，占全年降水量的70%以上，且多以暴雨形式出现，时空分布都比较集中，大部分地区蒸发消耗大于大气降水，是研究区水资源量少，分布不均，补给不足的基本原因。研究区年均温 7.7℃，1 月平均气温−11℃，1 月极端最低气温−25.2℃，7 月平均气温 22～25℃，7 月极端最高气温 35.6℃；无霜期 187.5 天。年降水 210mm，主要集中在 7～9 月 3 个月，年蒸发量 2362.7mm，是年降水量的 10 倍以上。年均风速 3.1m/s，最大风速 17.9m/s；有利于当地植被生长的气象因子是日照充足，温差大，最大日较差可以达到 31.5℃，全年＞10℃积温 3004.5℃（图 8.2～图 8.8）。

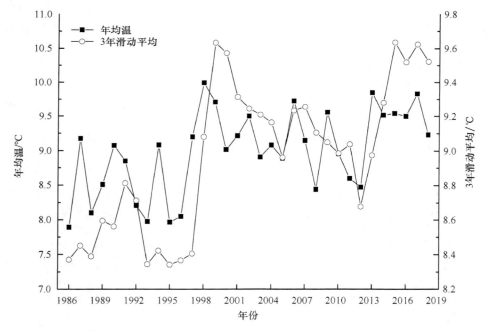

图 8.2 研究区年均气温

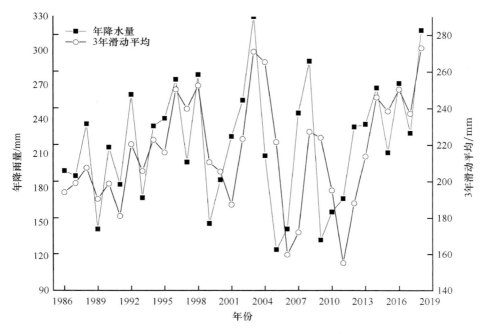

图 8.3　研究区年均降水量

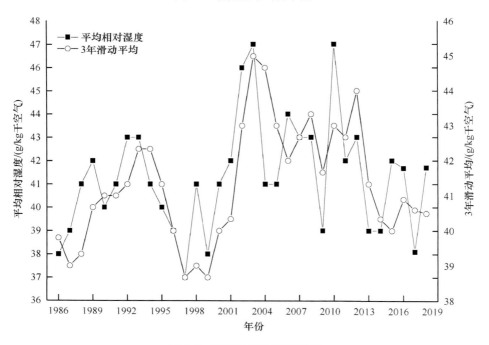

图 8.4　研究区年均相对湿度

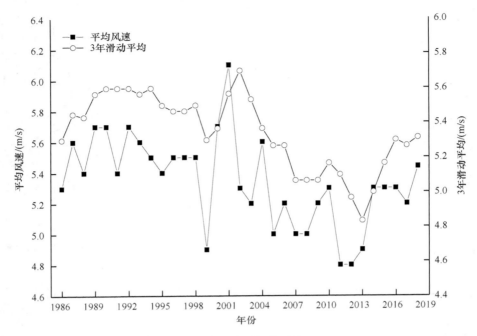

图 8.5　研究区年均风速

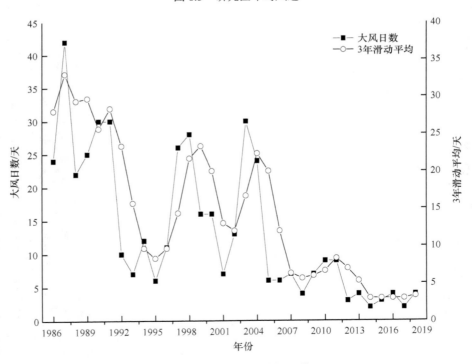

图 8.6　研究区年均大风日数

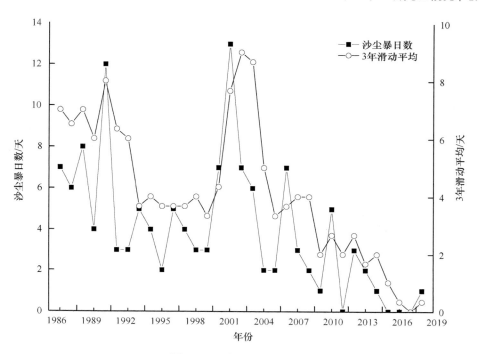

图 8.7　研究区沙尘暴日数

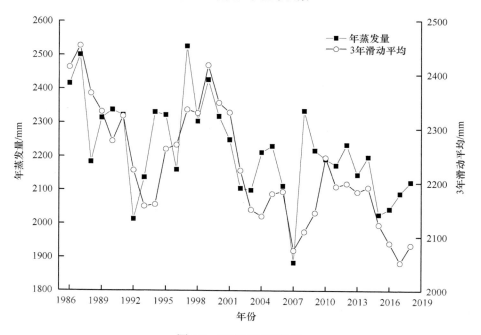

图 8.8　研究区年蒸发量

8.4 水 文 状 况

研究区所在的贺兰山区降水量较多，是地下水补给的有利条件。该区地下水分布不均，含水层呈不连续不均匀分布状态。腾格里沙漠沙丘浅水区分布于丘间洼地和退缩湖盆，含水层岩性为风积细砂、细粉砂，地下水埋深 0～3m，沙漠下伏层间水区分布于沙漠基底，含水层岩性为第三系红色砂岩、砂砾石，地下水埋深小于 20m。

阿拉善左旗径流受降水地形和下垫面诸因素影响。径流表现形式以沟谷长流水、间歇水和洪水为主。除贺兰山区北端有少数短小沟谷产生外流水进入黄河外，其余均属内流水系。贺兰山区中段受高山雨区控制，雨量较多，多年平均径流深为 30mm 以上，以哈拉坞流域为中心向北、西、南急骤递减，北自宗别立苏木，中经巴彦浩特以东，南至三关口一带下降为 5mm。由乌素图经吉兰太南沿锡林高勒苏木南下头道湖，至温都尔图苏木迭勒乌兰一带多年平均径流深仅为 1mm。温都尔图、腾格里鄂里斯两苏木以南至宁夏中卫以北地带多年平均径流深为 1～3mm。北部中央戈壁广大地区多年平均径流深几乎等于零。低山丘陵区植被稀疏，岩石裸露，易于产流。短小山洪沟在汛期偶尔有山洪出现。乌兰布和沙漠和腾格里沙漠，更无径流可言。

格林滩位于阿拉善左旗所在地巴彦浩特西南 25km，沿银-巴（银川至巴彦浩特）公路南行 6km 折向西 10km 可达灌区，属布古图苏木管辖。格林滩地下水为单层潜水含水层，含水层岩性为沙砾和卵石互层，厚度为 15～30m，最大可达 55m，埋深为 60～90m 且由东向西递减，地下水主要靠降雨。

格林滩是继腰坝滩、察哈尔滩后第三个井灌区。1974 年，巴彦浩特镇参照腰坝滩建设模式进行规划，规划可耕地 1333hm²。1975 年，红石头嘎查在国家扶持下修建引水暗渠 14.5km 引水入滩，开垦土地 20hm²，继而苏海图嘎查移居滩上，修建暗渠 11km，导引泉水入滩。1979 年格林滩高压输电线路架通，红石头嘎查打机井 2 眼，灌溉面积增加到 33.33hm²，苏海图嘎查打井 3 眼，安装配套 2 眼，新增土地 13.33hm²，此后又有巴音可岱嘎查、林草生产合作社、林业治沙站等单位相继进入灌区参加开发建设，到 1980 年共打机井 23 眼，种植面积发展到 80hm²，植树造林面积达 70hm²。1989 年，格灵布隆滩耕地面积达到 572.5hm²，当年播种面积 348.2hm²，粮料总产达到 114.4 万 kg，饲草产量达 156.8 万 kg。建设灌溉机电井 32 眼，配套混凝土防渗渠道 14km，修建防洪堤 6.1km，塑料薄膜防渗水库 1 座。库容 15 万 m³，建设引清暗渠 2 条，总长 25.5km。

8.5 土壤和植被

研究区土壤主要为风沙土，风沙土和植被分布于南部腾格里沙漠和乌兰布和沙漠中，由流动半流动和固定沙丘组成，也是本研究区的主要风沙地貌，流动沙丘植被覆盖度小于 1%，散生籽蒿（*Artemisia sieversiana*）、沙米（*Agriophyllum squarrosum*）、花棒（*Hedysarum scoparium*）、梭梭（*Haloxylon ammodendron*）等植物，有机质含量不足 0.2%；半流动沙丘和固定沙丘植被覆盖度 10%～40%。植物以白刺（*Nitraria tangutorum*）、籽蒿（*Artemisia sieversiana*）、锦鸡儿（*Caragana frutex*）、沙冬青（*Ammopiptanthus mongolicus*）、霸王（*Sarcozygium xanthoxylon*）为主。

8.6 社会经济状况

格林滩绿洲隶属巴彦霍德嘎查，位于巴彦浩特镇区西南部，距镇区 1.5km，是集奶牛养殖、羔羊育肥、温棚种植、沼气利用为一体的循环经济示范点。

巴彦霍德嘎查由原重发好和巴彦霍德两个自然村改建组成，现坐落于巴彦霍德东区。统计数据显示，巴彦霍德嘎查总面积 1.9 万 hm²，其中耕地面积 153hm²，有大小牲畜 1686 头。全嘎查有 212 户，492 人。其中常住户 134 户 313 人，挂名户 78 户 179 人。年人均纯收入达到 7517 元。2006 年巴彦霍德嘎查被确立为全区新农村新牧区建设示范点和自治区创建"北疆文明大通道"文明生态村建设试点。

8.7 防护林建设状况

自 2003 年开始，巴彦浩特镇用 3 年时间每年营造建设 100hm² 的生态防护林网（杨林和曹明东，2001）。其中 10%为乔木树种，90%为各类沙生灌木。阿拉善盟林业局监测和调查结果显示，经过多年生态建设，在腾格里沙漠东南缘形成了长 250km、宽 3～10km 的阻沙带，沙丘高度平均降低了 5～6m，实现了风沙从"一年刮两次，一次刮半年"到"刮风不再起沙"的转变，有效阻挡了沙漠前移。植被由飞播前的 5%～10%提高到 30%～40%，沙拐枣（*Calligonum mongolicum*）、花棒等物种盖度和种类明显增多（王葆芳等，2003）。

"十二五"期间，共完成飞播造林 8.6 万 hm²，封沙育林 3.28 万 hm²，人工造林 7.7 万 hm²，1 万 hm² 腾格里沙化土地封禁保护。基本形成了以贺兰山水源涵养林、黄河防风固沙林、灌区农田防护林、荒漠森林植被为主的生态型防护林体系框架。"十三五"期间，阿拉善左旗继续加大生态建设力度，实施飞播造林 8.6 万 hm²，封沙育林 6.7 万 hm², 人工造林 5.3 万 hm², 重点区域绿化 0.67 万 hm²。森林覆盖率由现在的 12.5%提高到 14.5%, 基本实现生态建设、沙漠治理、经济效益等多赢的格局。

在实施退牧还草、转移搬迁的同时, 阿拉善左旗按照 "保护和建设并举、保护为主" 的可持续发展道路, 大力推进生态建设步伐。2000 年以来, 先后实施天然林保护、退耕还林、野生动植物保护及自然保护区建设、"三北" 四期防护林建设等一系列重点生态工程, 同时, 从 2001 年起, 投入大量的资金, 进行重点防护林、小型公益林、林木种苗、鼠害治理等林业重点工程建设。(韦荣华, 2005)。截至 2011 年底, 累计治理荒漠化土地面积 1257.3 万 hm², 森林覆盖率提高到 8%, 草原覆盖度达 20%。

阿拉善左旗 2016 年飞播造林工作完成飞播造林任务 3 万 hm², 其中, 1 号播区 (通额穿沙公路两侧) 作业面积 3866hm², 2 号播区 (巴彦诺日公苏木浩坦淖日嘎查) 作业面积 2.14 万 hm², 3 号播区 (超格图呼热苏木敖努图嘎查) 作业面积 4666hm²; 飞播造林总用种量为 16 万 kg, 其中沙拐枣 3.1 万 kg, 花棒 3.3 万 kg, 沙蒿 1.6 万 kg, 丸粒化沙拐枣 2.67 万 kg, 丸粒化花棒 4.96 万 kg。据统计, 阿拉善左旗适宜飞播造林地 55 万 hm², 1984～2018 年, 已累计飞播造林 33 万 hm²。腾格里沙漠 1958 年开始进行治沙工作, 营造防护林带成百条, 封沙育草, 从而使通过沙漠的包兰铁路通行无阻, 这是中国治沙科学上的一项巨大成就 (王洪瑞, 2014)。

参 考 文 献

王葆芳, 王志刚, 江泽平, 等. 2003. 干旱区防护林营造方式对沙漠化土地恢复能力的影响研究[J]. 中国沙漠, (3): 30-35.

王洪瑞. 2014. 腾格里沙漠赏月亮湖如走入人间仙境[J]. 中国地名, (10): 45.

韦荣华. 2005. 以生态建设为主的林业发展战略: 开辟生态文明社会前景[J]. 中国林业, (21): 5-9.

卫平生, 李天顺, 李安春, 等. 2005. 巴彦浩特盆地石炭系沉积相及沉积演化[J]. 沉积学报, (2): 240-247.

杨林, 曹明东. 2001. 巴音浩特镇西郊生态工程实施方案的优化设计与综合评估[J]. 水利经济, (2): 51-53.

杨少勇, 王福义, 许贵枝. 2012. 贺兰山西麓至巴彦浩特一带地热地质条件浅析[J]. 中国科技博览, (16): 2.

第9章　材料和方法

9.1　防护体系地表风沙流监测

本研究测风仪器选择美国 ONSETHOBOU30 小型气象站（图9.1），配备 11 通道 U30-NRC 数据采集器，包括 10 个风速传感器和 1 个风向传感器，分别测量距离地表 10cm、20cm、30cm、50cm、80cm、100cm、120cm、150cm、180cm、200cm 高度处风速和 200cm 高度处风向，风速风向传感器选配型号为 S-WCA- M003。

图 9.1　测风仪器

传感器参数见表9.1。测风仪器布设选择在春季 3～4 月大风季节，具体测试时间为 3 月 18 日至 4 月 18 日，为期一个月，布设位置分别为裸沙丘（对照样区，布设在裸沙丘坡中位置）、沙障固沙带（布设在距离沙障固沙带后沿 10m 处）、灌草防风阻沙带（布设在距离灌草防风阻沙带后沿 30m 处）和农田防护林（布设在第二条主林带后沿 40m 处）。此次测风仪器测试大风天气不同风速梯度风速，用以计算极端天气不同风速条件下风沙流结构特征。风速仪布设位置示意图如图 9.2 所示。

地表风沙流监测采用自主研发专利产品旋转式梯度集沙仪进行采样，集沙仪由基座、支架、采集盒和固定丝组成，采集盒进风口宽度为 2cm×2cm，总计 45 层，收集距地表 90cm 沙样，采集盒距进风口前端上沿设有 1cm×2cm 出风

表 9.1   风速风向传感器参数

参数	风速	风向
量程	0~44m/s	0~358°，2°死角
精度	±0.5m/s（<17m/s）；±3%（17~30m/s）；±4%（30~44m/s）	±5°
分辨率	0.19m/s	1.4°
启动风速	0.5m/s	0.5m/s
最大承受风速	54m/s	阻尼比率 0.4
工作环境	−40℃~75℃	−40~75℃
旋转半径	108mm	305mm
电缆长度	3m	3m
使用寿命	2~5 年	2~5 年

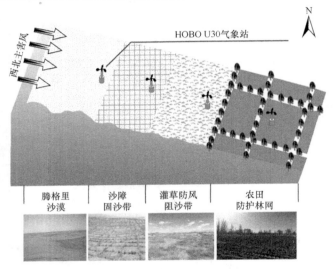

图 9.2   测风仪器布设示意图

口（图 9.3），输沙数据采集每个月进行一次，每次采集时间为当月 15~18 日。2019 年 3 月 18 日至 2019 年 4 月 18 日期间进行连续不间断采样。

本研究布设 22 套集沙仪，分三个断面进行布设，第一个断面为防护体系断面：布设 17 套，分别收集裸沙丘、沙障固沙带、灌草防风阻沙带和农田防护林内的沙样，布设位置为：裸沙丘布设在沙障固沙带前沿裸沙丘迎风坡两兽角和坡中位置各 1 套，沙障带布设 6 套集沙仪，沿沙障走向间隔 260m 布设 1 套，布设在沙障后沿 10m 处，灌草带布设 6 套集沙仪，分两排布设，前排距离沙障后沿 30m 处，间隔 500m 布设 3 套，后排距离灌草带后沿 50m 处，间隔 500m 布设 3 套，农田防护林在第一和第二主林带后沿 50m 处各布设 1 套。第二个断面为无任何防护条件的断面：该断面位于防护体系断面西南侧，在裸沙丘布设 1 套集沙仪，收集无防护条件下裸沙丘沙样，在农田防护林布设 1 套集沙仪，收集无防护条件下农田防护林内

图 9.3　集沙装置

的沙样。第三个断面为无沙障固沙带的防护断面，该断面位于防护体系东北方向，在裸沙丘、灌草带和农田防护林内各布设 1 套集沙仪，收集无沙障阻沙带条件下的沙样（图 9.4）。

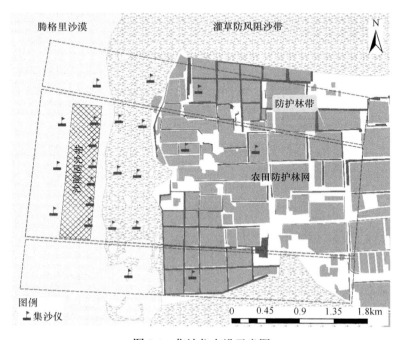

图 9.4　集沙仪布设示意图

9.2 防护体系地表蚀积监测

本研究地表蚀积测定采用测钎法，测钎采用 6 号铁丝自制而成，测钎总长度 1m，地上留高 50cm，插入地下 50cm，地上部分用红色油漆涂抹，以便测量时位置确认（图 9.5），具体采样时间与输沙样品采集时间同步。

图 9.5　测钎布设图

测钎的布设选取 5 个断面，鉴于防护体系断面东北—西南向长度限制，在防护体系断面布设 3 个断面测钎，垂直于断面方向布设，每个断面裸沙丘沿迎风坡、坡顶和背风坡布设 30 根测钎，沙障带和灌草防风阻沙带沿对应断面每个断面布设 30 根测钎，农田防护林网沿对应断面布设 20 根测钎，每个断面布设 80 根测钎，测钎之间的距离依据地形条件而定。防护体系南侧无任何防护条件下的裸沙丘布设 30 根测钎，对应断面农田防护林网内布设 2 根测钎。防护体系断面北侧无沙障固沙区，但有灌草防风阻沙带的断面，裸沙丘布设 30 根测钎，灌草防风阻沙带布设 30 根测钎，对应断面农田防护林网内布设 20 根测钎（图 9.6）。以上测钎布设主要测试完整防护体系断面（裸沙丘-沙障固沙区-灌草防风阻沙带-农田防护林网）、无任何防护条件断面（裸沙丘-农田防护林网）和有灌草防风阻沙带断面（裸沙丘-灌草防风阻沙带-农田防护林网）的近地表蚀积状况，并以此对比分析防护体系对地表蚀积过程的影响作用。

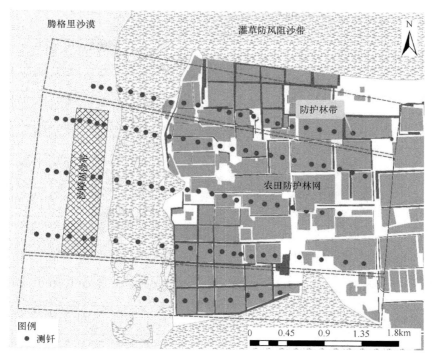

图 9.6　测钎布设位置示意图

9.3　防护体系风沙沉降监测

　　本研究降尘的采集采用自制降尘缸收集法，降尘缸材质为不锈钢，圆筒状，降尘缸的主体分 3 部分，包括降尘缸固定支架、降尘采集装置和防二次起尘装置。降尘缸支架用 3 根长度为 50cm 的铁钎固定，以防止降尘缸倾倒或移动。降尘缸的俯视直径为 26cm，顶端防二次起尘装置高度为 30cm，主体部分降尘采集装置高度为 50cm（图 9.7），沙尘沉降采样同输沙样品采集和蚀积测试同步进行。

　　降尘缸的布设分 3 个断面进行，第一个断面为防护体系断面，布设方式为：在防护体系外围裸沙丘迎风坡坡中及两兽角位置各布设 1 个降尘缸，在距离沙障后沿 20m 处按间距 450m 各布设 1 个降尘缸，在距灌草带后沿 20m 处按间距约400m 各布设 1 个降尘缸，农田防护林内在第二和第五主林带后约 40m 处各布设 2个降尘缸，此断面总计布设 13 个降尘缸，用来收集防护体系内不同防护条件下的降尘。第二个断面为无沙障固沙带断面，布设方式为：在灌草带外围裸沙丘迎风坡坡中位置布设 1 个降尘缸，作为对照收集裸沙丘降尘，在灌草带沿断面方向间隔 30m 各布设 1 个降尘缸，收集无沙障固沙条件下灌草防风阻沙带的降尘，在农田防护林第一和第四主林带后约 40m 各布设 1 个降尘缸，共布设 5 个降尘缸。第

图 9.7　降尘采集装置

三个断面为无任何防护条件断面，在农田外围裸沙丘迎风坡坡中布设 1 个降尘缸，在农田防护林第二和第四主林带后方各布设一个降尘缸。以上试验布设主要对比分析防护体系内各防护带内的降尘变化规律、无任何防护条件下农田内降尘规律和仅有灌草防风阻沙带的防护断面降尘规律（图 9.8）。

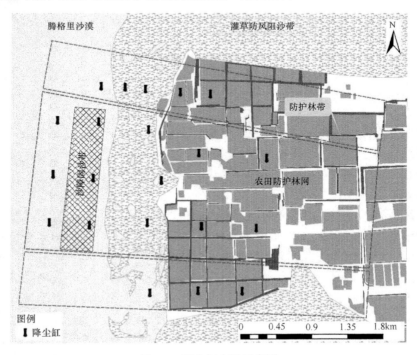

图 9.8　降尘缸布设示意图

9.4　防护体系地表沙物质样品采集及测试

地表沙物质样品采集采用分层取样法，时间为 2019 年 4 月 8～18 日，为期 10 天，共分 3 个层次（0～5cm、5～10cm、10～20cm），分别在裸沙丘、沙障固沙带、灌草防风阻沙带和农田防护林进行采样，每一种地类中选取 3 个采样点，共采集分层土壤样品 36 个（图 9.9），样品重约 200g，分析防护体系内不同防护带近地表沙物质粒度变化规律。采集的沙样按预先标号的自封袋进行封装，带回实验室，进行风干、除杂等处理，以备后续试验测试。

图 9.9　土壤样品采集

沉积物粒度预处理和测量在内蒙古自治区蒙古高原环境与全球变化重点实验室完成，测试时间 2019 年 11 月 15 日至 2019 年 12 月 11 日，为期 22 天。首先对样品进行风干、筛除杂质、去除有机质、脱盐处理后，采用四分法称取 5g 试验样品使用英国 Malvern 公司生产的 Mastersizer3000 型激光粒度分析仪进行测量。配合适用于样品粒度相对较大或粒度分布极广测量的 HydroLV 型大容量样品池，测量范围 0.01～3500μm，精确度优于 0.6%，精确度/可重复性优于 0.5%变量，重现性优于 1%变量。每个样品重复测量 3 次。测试结果根据美国农业部（USAD）制土壤质地分级标准划分的土壤粒径进行分级：砾石（＞2000μm）、极粗砂粒（1000～2000μm）、粗砂粒（500～1000μm）、中砂粒（250～500μm）、细砂粒（100～250μm）、极细砂粒（50～100μm）、粉粒（2～50μm）和黏粒（＜2μm），实验数据处理采用 Excel2007、Origin2017 和 SPSS23.0 处理（图 9.10）。

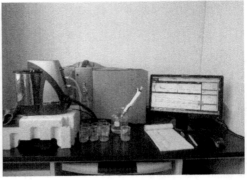

图 9.10 土壤粒度测试

9.5 数据来源及数据处理

9.5.1 影像数据来源

遥感数据源主要采用美国陆地卫星数据（LandsatTM/OLI）。Landsat 卫星提供的多光谱陆地成像数据，太阳辐射波段分辨率为 15～80m，热红外波段分辨率为 60～120m。

Landsat5 卫星于 1984 年发射，携带多光谱扫描仪（MSS）和专图制图仪（TM）两种传感器，重访周期为 16 天（表 9.2）。Landsat8 于 2013 年发射，携带陆地成像仪（OLI）和热红外传感器（TIRS）两种传感器，重访周期为 16 天（表 9.3）。本次研究所采用的 Landsat 系列遥感影像数据均通过 USGS（https：//earthexplorer. usgs.gov/）网站免费下载。研究区所在地区仅包含于一景影像中，影像轨道行列号为 130/33。1986～2011 年数据选择 7～9 月、云量在 3%以下的 Landsat5 卫星影像和 2018 年 9 月、云量在 1%以内的 Landsat8 卫星影像。

表 9.2 Landsat5TM 数据各波段参数

传感器类型	波段号	波段	波长范围/μm	空间分辨率/m
TM	B1	Blue	0.45～0.52	30
	B2	Green	0.52～0.60	30
	B3	Red	0.63～0.69	30
	B4	NearIR	0.76～0.90	30
	B5	SWIR	1.55～1.75	30
	B6	LWIR	10.40～12.5	120
	B7	SWIR	2.08～2.35	30

表 9.3　Landsat8OLI 各波段参数

传感器类型	波段号	波段	波长范围/μm	空间分辨率/m
OLI	B1	Coastal	0.433~0.453	30
	B2	Blue	0.450~0.515	30
	B3	Green	0.525~0.600	30
	B4	Red	0.630~0.680	30
	B5	NIR	0.845~0.885	30
	B6	SWIR1	1.560~1.660	30
	B7	SWIR2	2.100~2.300	30
	B8	Pan	0.500~0.680	15
	B9	Cirrus	1.360~1.390	30

9.5.2　影像数据处理

为了消除遥感成像过程中由于传感器角度及自身结构、大气折射及反射、地球旋转、地形差异等因素引起的图像变形，产生误差降低遥感图像质量，难以精确地对遥感影像进行分析。因此，在分析遥感数据前需对遥感原始影像进行图像预处理。其主要操作包括辐射定标、大气校正、几何校正等。

辐射校正是指对外界因素、数据获取及传输系统等产生的系统的、随机的辐射失真或畸变进行校正，以消除或纠正因辐射误差而引起影像畸变的过程。目的是为大气校正做准备，定标符合要求的辐射量、转换数据顺序等。所以要利用 ENVI5.3 图像处理软件对影像进行辐射定标。

大气校正是为了消除大气和光照等因素对地物的反射，得到地物反射率、辐射率或地表温度等真实的物理模型参数，以获取地物真实的反射率数据。本次大气校正利用 ENVI5.3 图像处理软件中的 FLAASH 大气校正模块进行操作。FLAASH 大气校正具有支持多类型传感器、精度高，不依赖同步实测数据、操作简单等优点。以 2006 年行列号为 130/33 为例进行大气校正，结果如图 9.11 所示。

9.5.3　荒漠化差值指数构建

评价荒漠化的指标很多，其中沙地面积和植被覆盖度是最简单实用的指标。利用遥感技术获取这两个指标需要分析它们的光谱特征，确定它们与荒漠化的定量关系。反照率是一个受土壤湿度、植被覆盖度、积雪等地表条件影响的物理参数。李胜功等通过对定位观测数据的研究发现，随着荒漠化程度的加重，地表条件发生明显变化，不仅植被覆盖度和粗糙度下降，地表水也相应减少，反照率增加。因此，反照率可以作为反映土地荒漠化的重要物理参数。植被指数是一种无量纲的辐射

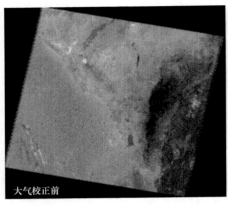 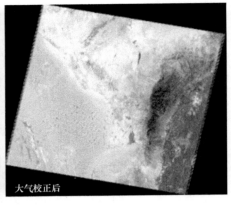

图 9.11 2006 年 LandsatTM 影像大气校正前后对比

测量方法，它指示了绿色植被的相对丰度和活性。DNVI 是目前应用最广泛的植被指数，可以有效地监测植被覆盖度，估算叶面积指数，因此也被选为反映土地荒漠化的参数。因此，为了研究归一化植被指数（NDVI）和地表反照率（Albedo）与土地沙化之间的关系，需要确定 NDVI 与 Albedo 之间的定量关系（潘竟虎和秦晓娟，2010）。

（1）归一化植被指数（NDVI）提取。归一化植被指数可用来反映植被覆盖度、生长状况等。NDVI 的计算借助红光与近红外波段的反射值计算完成，可见光-近红外波段反映的是地球表面对太阳辐射能的反射辐射能，是利用地物对太阳短波辐射的反射强度信息来判别地物的类型。由于绿色植物在这段光谱区间具有独特的光谱反射特点，是最易被识别的地类。当土壤中缺乏水分，植被叶绿素含量降低，引起光合速率减弱，最终导致遥感数据归一化植被指数下降（刘晓茜，2020）。计算公式为：

$$NDVI = \frac{B_4 - B_3}{B_4 + B_3}$$

式中，B_3 为 LandsatTM 数据中的红光波段；B_4 为 LandsatTM 数据中的近红外波段（提取结果见图 9.12-NDVI）。

（2）地表反照率（Albedo）提取。一般认为地表反照率主要受下垫面特征、太阳高度角、天气状况和土壤湿度等因素的影响，是表征地表能量收支平衡、中长期天气预测和全球变化研究的重要参数。可根据辐射通量推算出不同波段的权重值，基于辐射传输模型进行光谱校正，从而计算出宽波段的地表反照率。本文利用梁顺林（S.Liang）建立的 Landsat-TM 数据的反演模型来估算地表反照率（张亚峰等，2011）。Albedo 计算公式为：

$$Albedo = 0.356\rho_{B_1} + 0.310\rho_{B_3} + 0.373\rho_{B_4} + 0.085\rho_{B_5} + 0.072\rho_{B_7} - 0.0018$$

式中：ρ_{B_1}、ρ_{B_3}、ρ_{B_4}、ρ_{B_5}、ρ_{B_7} 为不同波段的权重值（提取结果见图 9.12）。

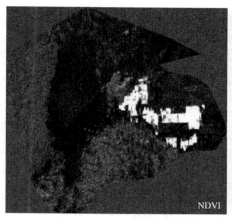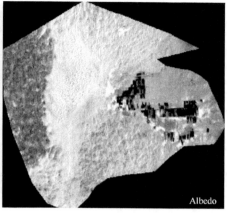

图 9.12　研究区影像 NDVI 与 Albedo 提取结果

（3）归一化处理。为了便于后期数据对比处理与特征空间的建立，需对归一化植被指数与地表反照率进行归一化处理，公式分别为：

$$N = \frac{\text{NDVI} - \text{NDVI}_{min}}{\text{NDVI}_{max} - \text{NDVI}_{min}}$$

式中，N 为归一化处理后的归一化植被指数；NDVI_{min} 为归一化植被指数的最小值；NDVI_{max} 为归一化植被指数的最大值。

$$A = \frac{\text{Albedo} - \text{Albedo}_{min}}{\text{Albedo}_{max} - \text{Albedo}_{min}}$$

式中，A 为归一化处理后的地表反照率；Albedo_{min} 为地表反照率的最小值；Albedo_{max} 为地表反照率的最大值。

（4）Albedo 和 NDVI 之间定量关系的计算。归一化后的 Albedo 与 NDVI 之间具有显著相关性（图 9.13）。

$$\text{Albedo} = a \times \text{NDVI} + b$$

式中，a 为系数；b 为参数。

为了进一步研究荒漠化在 NDVI-Albedo 特征空间内的空间分布规律，基于正规化处理后的数据，利用 ENVI5.3 图像处理软件中的 ROI 工具在研究区域随机选取 500 个点，并相应提取每个点的地表反照率、归一化植被指数，绘制了 1986～2016 年沙化土地 NDVI 与 Albedo 的散点图（图 9.13）。散点图中不同的荒漠化土地可以很容易地在 NDVI-Albedo 二维特征空间中分离。NDVI-Albedo 特征空间表明随着荒漠化程度的加重，植被种类与盖度减少，土壤中的水分与地表能量之间的平衡发生变化，土壤水分减少，反照率增加。因此，利用 Albedo 与 NDVI 的组合信息，可以有效区分不同的荒漠化土地，实现对荒漠化土地分布和动态变化的定量监测与研究（潘竟虎和秦晓娟，2010）。

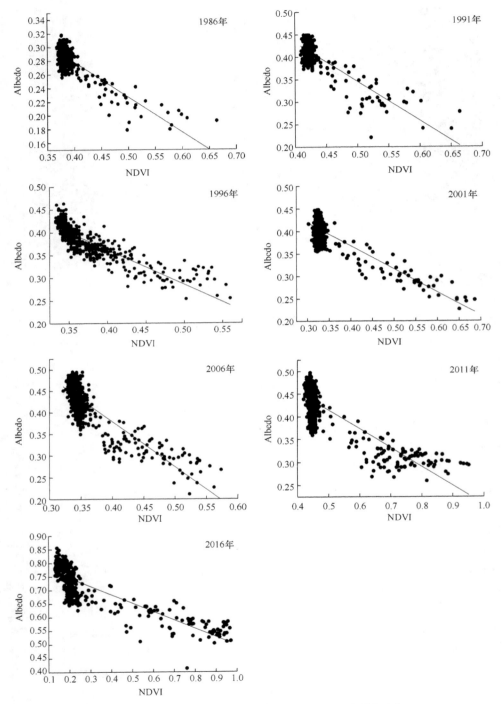

图 9.13　1986～2016 年研究区 NDVI-Albedo 二维特征空间

最终确定 1986～2016 年 Albedo（A）与 NDVI（N）两者的回归方程分别为：

$$A_{1986}=0.4836-0.5130\times N;$$
$$A_{1991}=0.7805-0.8693\times N;$$
$$A_{1996}=0.6678-0.7641\times N;$$
$$A_{2001}=0.5742-0.5153\times N;$$
$$A_{2006}=0.7959-1.0422\times N;$$
$$A_{2011}=0.6205-0.4116\times N;$$
$$A_{2016}=0.8075-0.3100\times N。$$

通过以上得出的 Albedo 与 NDVI 两者的回归方程，确定其斜率，并利用其斜率，根据荒漠化插值指数（DDI）的计算公式对格林滩绿洲区进行沙化土地利用分类。

（5）荒漠化差值指数的计算。由公式 $a\times k=-1$，计算得出 k 值，将其带入 DDI 表达式，计算公式为：

$$DDI=k\times NDVI-Albedo$$

根据 Albedo 与 NDVI 之间的回归方程斜率，计算荒漠化差值指数 DDI，并利用 ArcGIS10.3 软件中的自动间断点分类方法，结合人工实地考察划分 DDI 阈值，将研究区划分为重度沙化土地、中度沙化土地、轻度沙化土地及未沙化土地 4 种类型（表 9.4）。

表 9.4　1986～2016 年研究区土地沙化程度分类

年份	DDI 表达式	沙化土地类型	阈值
1986	DDI=1.9493×DNVI-Albedo	重度沙化土地	DDI<−0.004
		中度沙化土地	−0.004～0.4432
		轻度沙化土地	0.4432～0.5487
		未沙化土地	0.5487～1.1942
1991	DDI=1.1504×DNVI-Albedo	重度沙化土地	DDI<0.0577
		中度沙化土地	0.0577～0.08903
		轻度沙化土地	0.0890～0.1392
		未沙化土地	0.1392～0.5636
1996	DDI=1.3087×NDVI-Albedo	重度沙化土地	DDI<0.0501
		中度沙化土地	0.0501～0.1142
		轻度沙化土地	0.1142～0.2019
		未沙化土地	0.2019～0.4835
2001	DDI=1.9406×NDVI-Albedo	重度沙化土地	DDI<0.2082
		中度沙化土地	0.2082～0.2460
		轻度沙化土地	0.2460～0.3586
		未沙化土地	0.3586～1.143
2006	DDI=0.9595×NDVI-Albedo	重度沙化土地	DDI<−0.1291
		中度沙化土地	−0.1291～0.1013
		轻度沙化土地	−0.1013～0.0260
		未沙化土地	0.0260～0.3835
2011	DDI=2.4295×NDVI-Albedo	重度沙化土地	DDI<0.6273
		中度沙化土地	0.6273～0.6768
		轻度沙化土地	0.6768～0.8846
		未沙化土地	0.8846～2.0507

年份	DDI 表达式	沙化土地类型	阈值
2016	DDI=3.2258×NDVI-Albedo	重度沙化土地	DDI<−0.2118
		中度沙化土地	−0.2118～0.0171
		轻度沙化土地	−0.0171～0.5553
		未沙化土地	0.5553～2.7978

9.5.4 分类精度评价

目前对于土地利用分类、精度评价及应用目的等的精度验证，普遍采用混淆矩阵与 Kappa 系数方法，混淆矩阵计算量复杂，且计算结果在一定程度上依赖于抽样点的代表性。混淆矩阵不仅能得到总体精度，还能获取生产精度与用户精度，对个体类别描述较详细；而 Kappa 系数对于分类总体精度评价描述较好，因此本节结合这两种验证方法，各取所长，对不同程度沙漠化土地进行精度验证（刘晓茜，2020）。

Kappa 系数是测定分类图像和地面验证数据之间吻合度或精度的指标，它对分类精度的评价更客观，计算公式为：

$$K = \frac{N\sum_{i=1}^{r} x_{ii} - \sum_{j=1}^{r}\left(\sum_{i=1}^{r} x_{ji}\sum_{i=1}^{r} x_{ij}\right)}{N^2 - \sum_{j=1}^{r}\left(\sum_{i=1}^{r} x_{ji} - \sum_{i=1}^{r} x_{ij}\right)}$$

式中，r 是混淆矩阵中总的类别数；x_{ii} 是误差矩阵中第 i 行、第 i 列上像元数量，即正确分类的数目；x_{ij} 和 x_{ji} 分别是第 i 行和第 j 列的总像元数量；N 是总的用于精度评价的像元数量。

本文采用寇恩（Cohen）在分类精度评价中提出的关于 Kappa 系数划分标准，主要用于说明 Kappa 系数在精度评价中的作用（表 9.5）。

表 9.5　Kappa 系数评价标准

Kappa`	<0.00	0.00～0.20	0.21～0.40	0.41～0.60	0.61～0.80	0.81～1.00
一致性程度	很差	微弱	弱	适中	显著	最佳

9.5.5 沙化土地动态分析

1）土地利用动态度

动态度可以从不同方面定量地表达研究区一定时间内的沙化土地类型的变化速度，反映单位时间内不同土地利用类型面积的变化幅度与变化率以及区域土地利用变化中的类型差异（张修江等，2010）。其表达式分别为：

$$K=(U_b-U_a)/U_a/T\times100\%$$

式中，K 为研究时段内某种类型沙化土地动态度；U_b、U_a 分别为研究期初和研究期末某种沙化土地类型的面积；T 为该研究区某种沙化土地类型年变化率。

2）沙化土地变化的气候线性趋势检验

曼宁-坎德尔（Mann-Kendall）检验适用于水文、气象等一系列非正态分布的数据，计算非常简便（孙青雪，2016）。在曼宁-坎德尔检验中，原假设 H_0 时间序列数据（X_1, X_2, X_3, ..., X_N）是 n 个独立的、具有相同分布的随机变量；备择假设 H_1 是双边检验，针对所有的 k，$j \leq n$，且 $k \neq j$，x_k 和 x_j 的分布不尽相同，检验的统计变量 S 计算如下：

$$S = \sum_{k=1}^{n-1} \sum_{j=k+1}^{n} \mathrm{Sgn}\left(x_j - x_k\right)$$

其中：

$$\mathrm{Sgn}\left(x_j - x_k\right) = \begin{cases} +1, \left(x_j - x_k\right) > 0 \\ 0, \left(x_j - x_k\right) = 0 \\ -1, \left(x_j - x_k\right) < 0 \end{cases}$$

S 是正态分布，均值为 0，方差 $\mathrm{Var}(S)=n(n-1)(2n+5)/18$。当 $n>10$ 的时候，标准的正态统计量计算如下：

$$Z = \begin{cases} \dfrac{S-1}{\sqrt{\mathrm{Var}(S)}}, S > 0 \\ 0, S = 0 \\ \dfrac{S+1}{\sqrt{\mathrm{Var}(S)}}, S < 0 \end{cases}$$

如此，在双边的趋势检验当中，给定 α 置信水平，若 $|Z| \geq Z_{1-a/2}$，那么原假设是不可接受的，也就是在 α 置信水平上，时间序列数据具有显著的上升或下降的趋势。对统计变量 Z 而言，大于 0 的时候，它呈现上升的趋势；小于 0 的时候，则它呈现下降趋势。Z 的绝对值在大于等于 1.28、1.64 和 2.32 时表示分别通过了置信度 90%、95%和 99%的显著性检验。

3）气候突变检验

当应用 Mann-Kendall 检验分析序列突变时，检验统计量与上述 Z 是不同的，通过构造一个秩序列：

$$S_k = \sum_{i=1}^{k} \sum_{j}^{i=1} a_{ij} \left(k = 2,3,4,\cdots,\ n \right)$$

其中：

$$a_{ij} = \begin{cases} 1, x_i > x_j \\ x, x_i \leqslant x_j,\ 1 \leqslant j \leqslant i \end{cases}$$

定义统计变量（UF）：

$$\mathrm{UF}_k = \frac{\left| S_k - E\left(S_k\right) \right|}{\sqrt{\mathrm{Var}\left(S_k\right)}} \left(k = 1,2,\cdots,n \right)$$

式中，$E\left(S_k\right) = \dfrac{k\left(k+1\right)}{4}$，$\mathrm{Var}(S_k) = k(k-1)(2k+5)/72$。

UF_k 是标准正态分布，在显著性水平 α 下，如果 $\left|\mathrm{UF}_k\right| > U_\alpha$，那么代表序列 x 依照逆序列进行排序，再根据上述计算，同时使得：

$$\begin{cases} \mathrm{UB}_k = -\mathrm{UF}_k \\ k = n+1-k \end{cases} \left(k = 1,2,\cdots,n \right)$$

对统计序列中 UF_k 与 UB_k 展开分析，便可进一步探求序列 x 的趋势性变化特性，并对突变时间与突变区域进行指示。如果 UF_k 值为正数，则表示序列具有上升的趋势；如果 UF_k 值为负数，则表示序列具有下降的趋势；当 UF_k 值越过临界线的时候，则表示其变化趋势比较明显。如果 UF_k 与 UB_k 两条曲线存在交点，并且交点在临界直线之间，则交点对应的时刻是突变开始的时刻（孙青雪，2016）。

9.5.6　风速测定和数据标准化

风速风向的观测选取 4 套风速仪同时进行，其中 1 套固定在裸沙丘迎风坡坡中，该风速仪 2m 高度处风速作为对照，另外 2 套风速仪依次同步测量沙障带、灌草带、农田防护林各点的风速，根据对照点相应时段内平均风速进行标准化，将所有测点风速都换算成同一时段平均风速，标准化方法为：

$$U_Z = \frac{U_{对照(t=5,z=2)}}{U_{对照(t,z=2)}} \times U_{(t,z)}$$

式中，U_Z 为任意测点在高度 z 上的标准化风速；$U_{对照(t=5,z=2)}$ 为对照点在时刻（0，5）min 内，高度 2m 上的平均风速；$U_{对照(t,z=2)}$ 为对照点在时段（t，$t+5$）min 内，高度 2m 上的平均风速；$U_{(t,z)}$ 为测点在时段（t，$t+5$）min 内，高度 z 上的风速。

9.5.7　防风效能

1）防风效能值

防风效能的计算采取以下公式：

$$E_h = \frac{V_{h0} - V_h}{V_{h0}} \times 100\%$$

式中，E_h 为高度为 h 处防风效能，%；V_{h0} 为对照样地高度为 h_0 处平均风速，m/s；V_h 为不同防护带内高度为 h 处的平均风速，m/s。

2）风速廓线

风速廓线是风速随高度变化的分布曲线：

$$u = \frac{u^*}{k} \ln \frac{Z}{Z_0}$$

式中，u 为高度 z 处的平均风速，m/s；u^*为摩阻流速（摩擦速度），m/s；k 为卡曼（Karman）常数，值为 0.4；Z 为风速廓线上的某点距地面的垂直高度，m；Z_0 为空气动力学粗糙度，m。

3）地表粗糙度

本研究所采取的地表粗糙度是从空气动力学角度出发，因地表起伏不平或物体本身形状的影响，风速廓线上风速为 0 的位置并不出现在地表，也就是距离地表高度为 0 处，而是在距离地表一定高度处，这一高度被定义为地表粗糙度，也称为空气动力学粗糙度。其计算公式为：

$$\mathrm{Lg} Z_0 = \frac{\mathrm{Lg} u_2 - A \mathrm{Lg} u_1}{1 - A}$$

式中，Z_0 为地表平均粗糙度，cm；u_2 为高度为 Z_2 处的风速，m/s；u_1 为高度为 Z_1 处的风速，m/s；$A = u_2/u_1$；$Z_1 = 10\mathrm{cm}$，$Z_2 = 200\mathrm{cm}$。

9.5.8　输沙通量模型拟合

输沙通量是风沙输送研究中的重要参数，是表征风沙流中固体颗粒沿高度的分布特征，地表风沙流沿高度的分布特征可以是指数函数、幂函数、对数函数等，风速较大时，流沙地、半固定沙地地表输沙率随高度变化多服从指数关系（毛东雷等，2015），本研究分别采用指数函数、对数函数、线性函数、二项式函数、幂函数等数学模型对输沙通量进行拟合，拟合以后根据函数模型系数 R^2 及其显著性决定最优模型，拟合公式如下：

指数模型：$Q = a\mathrm{e}^{-bH}$

对数模型：$Q = -a\ln H + b$

线性模型：$Q = aH + b$

二项式模型：$Q = aH^2 + bH + c$

幂函数模型：$Q = aH^{-b}$

式中，Q 为某一高度处的输沙量，g/（cm³·min）；H 为高度，cm；a、b 为输沙通量系数；c 为常数项。

9.5.9 降尘量的计算

将收集到的沙尘沉降样品带回实验室进行风干除杂处理后，在 105℃条件下烘干，用分析天平进行称量（精度为 0.0001），计算各测样点平均沙尘沉降量，分析各防护带内沙尘沉降的变化特征并与无防护条件下收集的沙尘沉降进行对比，分析防护体系对沙尘沉降的影响。

降尘量的计算公式如下：

$$M = \frac{W}{\pi R^2} \times 10^4$$

式中，M 为沙尘沉降量，g/m²；W 为降尘缸收集的沙尘沉降物净重，g；R 为降尘缸口半径，cm。

9.5.10 沙尘沉降尘源分析

根据风蚀物的粒度可以反推风蚀物的来源及运动方式。粒径＜100μm 的砂粒运动方式以悬移为主，粒径为 100～500μm 的砂粒运动方式以跃移为主，粒径为 500～2000μm 的砂粒运动方式以蠕移为主（张正偲和董治宝，2011）。粒径小于 20μm 的悬移物属于远源物质，粒径 20～70μm 的颗粒物属于区域物质，粒径大于 70μm 的颗粒物属于局地物质。根据沙尘沉降物的粒度来推断两种天气条件下各防护带内沙尘沉降物的主要运动方式及来源。

9.5.11 地表蚀积量测算

本文蚀积状况的测定采用测钎法，首先对测钎出露高度按照公式进行处理：

$$h = h_1 - h_0$$

式中，h 为测量周期内蚀积深度，cm；h_1 为沙下测钎深度，cm；h_0 为测钎初始深度，cm。

蚀积强度可以用观测时段内的蚀积深度来确定：

$$R_e = \frac{H}{t}$$

式中，R_e 为蚀积强度；H 为蚀积深度；t 为观测时段。

当 $R_e > 0$ 时，区域风沙物质输入，为风积；当 $R_e < 0$ 时，区域风沙物质输出，为风蚀；$R_e = 0$ 时，区域沙物质的输出和输入相等，为风沙蚀积平衡。

9.5.12　土壤粒度参数计算

对于上述测试数据采用伍登-温特华斯（Udden-Wenworth）粒级标准，根据 Kumdein 的算法进行对数转化，分别将先前输出的各沉积物颗粒累计体积分数对应的颗粒直径（D，单位 mm）进行转换，变为利于作图和计算的 Φ（土粒直径）值，转换公式为：

$$\Phi = -\log_2 D$$

采用福克-沃德（Folk-Ward）的图解法计算粒度参数：平均粒径（M_Z）、分选系数（σ）、偏度（S_K）与峰态（K_g）。计算公式分别为：

平均粒径（M_Z）：　$M_Z = \dfrac{(\Phi_{16} + \Phi_{50} + \Phi_{84})}{3}$

分选系数（σ）：　$\sigma = \dfrac{\Phi_{25} - \Phi_{16}}{4} + \dfrac{\Phi_{95} - \Phi_5}{6.6}$

偏度（S_K）：　$S_K = \dfrac{\Phi_{16} + \Phi_{84} - 2\Phi_{50}}{2(\Phi_{84} - \Phi_{16})} + \dfrac{\Phi_5 + \Phi_{95} - 2\Phi_{50}}{2(\Phi_{95} - \Phi_5)}$

峰态（K_g）：　$K_g = \dfrac{\Phi_{95} - \Phi_5}{2.44(\Phi_{75} - \Phi_{25})}$

其中，平均粒径代表颗粒物粒度分布的集中趋势，即颗粒物一般情况下都是趋向于围绕着一个平均的数值分布，在实际计算过程中，平均粒径反映的是携沙气流搬运沙物质的平均动能，往往用在颗粒沉积规律和追踪颗粒移动的过程中（丁延龙等，2016）。

颗粒物的分选系数（σ）指的是土壤颗粒分布的离散程度，其值由小到大的分布表示颗粒分布由集中向离散变化，其值越小分选性越好，其值越大表明分选性越差，分选系数共分为 7 个级别（表 9.6）：$\sigma < 0.35$，代表分选性极好；$0.35 < \sigma \leqslant 0.50$，代表分选性好；$0.50 < \sigma \leqslant 0.71$，代表分选性较好；$0.71 < \sigma \leqslant 1.00$，代表分选性中等；$1.00 < \sigma \leqslant 2.00$，代表分选性较差；$2.00 < \sigma \leqslant 4.00$，代表分选性差；$\sigma > 4.00$，代表分选性极差。

表 9.6　分选性等级划分

$\sigma < 0.35$	$0.35 < \sigma \leqslant 0.50$	$0.50 < \sigma \leqslant 0.71$	$0.71 < \sigma \leqslant 1.00$	$1.00 < \sigma \leqslant 2.00$	$2.00 < \sigma \leqslant 4.00$	$\sigma > 4.00$
极好	好	较好	中等	较差	差	极差

粒度参数偏度（SK）代表土壤颗粒频率分布曲线的对称性，表示土壤颗粒的粗细分布特征，按照计算结果，偏度划分为5个等级（表9.7）：$-1.0 \leq SK < -0.3$，代表极负偏态；$-0.3 \leq SK < -0.1$，负偏态；$-0.1 \leq SK < 0.1$，代表对称；$0.1 \leq SK < 0.3$，代表正偏态；$0.3 \leq SK < 1.0$，代表极正偏态。

表 9.7　偏度等级划分

$-1.0 \leq SK < -0.3$	$-0.3 \leq SK < -0.1$	$-0.1 \leq SK < 0.1$	$0.1 \leq SK < 0.3$	$0.3 \leq SK < 1.0$
极负偏态	负偏态	对称	正偏态	极正偏态

峰度（K_g）反映的是土壤颗粒粒度分布在平均粒度两侧集中程度的参数，代表频率曲线尾端展开程度和中部展开程度的比率，或者表示土壤颗粒频率曲线两侧与中间部分分选性之间的比值，可以对土壤颗粒频率分布曲线峰形的宽窄、陡缓程度进行定量衡量（丁延龙等，2016）。根据峰度的计算结果，峰度的值越大，表示峰态的尖窄程度越强，表明颗粒的粒度分布越集中，根据计算结果，可以将峰度划分为6个等级（表9.8）：$K_g \leq 0.67$，代表很宽平；$0.67 < K_g \leq 0.9$，代表宽平；$0.9 < K_g \leq 1.11$，代表中等；$1.11 < K_g \leq 1.56$，代表尖窄；$1.56 < K_g \leq 3.00$，代表很尖窄；$K_g > 3.00$，代表极尖窄。

表 9.8　峰度等级划分

$K_g \leq 0.67$	$0.67 < K_g \leq 0.9$	$0.9 < K_g \leq 1.11$	$1.11 < K_g \leq 1.56$	$1.56 < K_g \leq 3.00$	$K_g > 3.00$
很宽平	宽平	中等	尖窄	很尖窄	极尖窄

9.5.13　沉积物颗粒累积频率分布间平均距离计算

沉积物粒度累积频率分布间平均距离 d 可反映样地间沉积物质量差异状况，与沉积物粒度累积频率曲线相互印证，可为沉积物风蚀颗粒范围判断提供佐证（丁延龙等，2016）。计算公式为：

$$d = \sqrt{\left(P - \overline{P}\right)^2 \left(K - 1\right)}$$

式中，d 为沉积物粒度累积频率分布间平均距离；P 为某种样地沉积物粒度累积频率；$\overline{P}$ 为4种样地沉积物粒度累积频率平均值；$K-1$ 为自由度，$K=4$。

9.5.14　沉积物颗粒敏感粒度组分提取

针对沉积物敏感粒度组分的提取目前应用较广的方法是标准偏差算法，通过沉积物测定的每一个粒级百分含量的标准偏差变化来获取粒度组分的个数和分布范围状况，往往采用粒级-标准偏差曲线来反映，高标准偏差值代表不同土壤样品体积百分含量在某一粒径范围内差异变化明显，低标准偏差代表不同土壤样品体积百分含量在某一粒径范围内差异变化不明显。从而可以根据这一变化差异反映出样品中粒度变化存在显著差异的粒度组分的个数和分布范围（高永等，2017）。其计算方法为：

$$\text{标准偏差：}\quad s = \sqrt{\left[\sum_{i=1}^{n}\left(S_i - \bar{S}\right)^2\right] / n}$$

式中，s 为标准偏差；S_i 为样本值；$\bar{S}$ 代表样本均值；n 为样本数。

参 考 文 献

丁延龙, 高永, 蒙仲举, 等. 2016. 希拉穆仁荒漠草原风蚀地表颗粒粒度特征[J]. 土壤, 48(4): 803-812.

高永, 丁延龙, 汪季, 等. 2017. 不同植物灌丛沙丘表面沉积物粒度变化及其固沙能力[J]. 农业工程学报, 33(22): 135-142.

刘晓茜. 2020. 腾格里沙漠东南缘荒漠—绿洲过渡带土地沙化动态变化研究[D]. 呼和浩特: 内蒙古师范大学硕士学位论文.

毛东雷, 雷加强, 王翠, 等. 2015. 新疆策勒县沙漠-绿洲过渡带风沙流结构及输沙粒度特征[J]. 水土保持通报, 35(1): 9.

潘竟虎, 秦晓娟. 2010. 基于植被指数-反照率特征空间的沙漠化信息遥感提取: 以张掖绿洲及其附近区域为例[J]. 测绘科学, 35(3): 193-195.

孙青雪. 2016. 基于 Mann-Kendall 检验的青山库区降水、径流变化趋势及突变分析[J]. 浙江水利水电学院学报, 28(5): 29-33.

张修江, 郝润梅, 海春兴. 2010. 农牧交错带以农为主区土地利用方式变化过程研究: 以武川县为例[J]. 内蒙古师范大学学报(哲学社会科学版), 39(1): 93-96.

张亚峰, 王新平, 潘颜霞, 等. 2011. 荒漠地区地表反照率与土壤湿度相关性研究[J]. 中国沙漠, 31(5): 1141-1148.

张正偲, 董治宝. 2011. 腾格里沙漠东南缘春季降尘量和粒度特征[J]. 中国环境科学, 31(11): 1789-1794.

第 10 章　格林滩绿洲沙化动态演变及气候因子分析

10.1　格林滩绿洲沙化土地分类结果

10.1.1　格林滩绿洲沙化土地现状

2016 年格林滩绿洲监测区总面积 79.54km², 监测范围涉及红石头嘎查绿洲区、敖包图嘎查绿洲区、巴彦霍德嘎查绿洲区和科泊那木格嘎查北部荒漠绿洲过渡区, 沙化土地总面积 65.90km², 占区域监测总面积的 82.85%, 其中轻度沙化、中度沙化和重度沙化土地面积分别为 26.69km²、23.98km² 和 15.23km², 分别占沙化土地总面积的 40.50%、36.39%和 23.11%。轻度沙化土地主要分布于研究区西部、南部及农田区的北部及东部, 中度沙化土地主要分布于农田外围与荒漠的过渡地区, 重度沙化土地分布于研究区中部和南部。由于研究区盛行西北风, 致使流动沙丘成为威胁绿洲的主要沙源地, 荒漠-绿洲过渡带的中度沙化土地成为潜在沙化土地集中的区域 (图 10.1)。

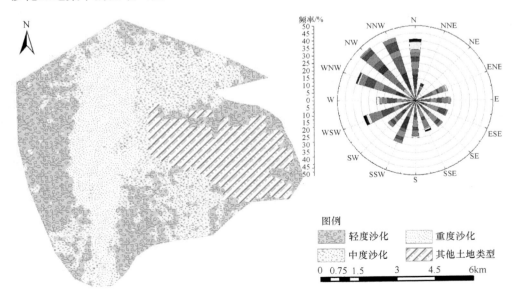

图 10.1　2016 年格林滩绿洲沙化土地现状图

10.1.2　沙化土地分类结果评价

对荒漠化差值指数模型进行精度验证是沙化土地信息提取之后必不可少的一步。为保证本研究分类精度的准确性，在研究区内多次进行野外实地考察。在 ArcGIS10.3 软件中，分类后的每种土地类型中随机选取 50 个样点，由于本研究时间序列较长，利用 Google Earth 历史影像，并结合野外考察数据对 7 期分类后图形进行精度评价。因此，统计得到 1986～2016 年研究区沙化土地分类精度评价表（表10.1～表 10.7），评价指标包含用户精度、制图精度、总精度及 Kappa 系数。

表 10.1　1986 年沙化土地分类精度评价结果

类别	重度	中度	轻度	未沙化	总计	用户精度/%
重度	42	7	1	0	50	84.00
中度	3	41	5	1	50	82.00
轻度	1	4	41	4	50	82.00
未沙化	0	2	6	42	50	84.00
总计	46	54	53	47		
制图精度/%	91.30	75.93	77.36	89.36		
总精度/%	83.00					
Kappa 系数	0.786					

表 10.2　1991 年沙化土地分类精度评价结果

类别	重度	中度	轻度	未沙化	总计	用户精度/%
重度	42	6	2	0	50	84.00
中度	5	40	4	1	50	80.00
轻度	4	3	41	2	50	82.00
未沙化	0	1	5	44	50	88.00
总计	51	50	52	47		
制图精度/%	82.35	80.00	78.85	93.62		
总精度/%	83.50					
Kappa 系数	0.792					

表 10.3　1996 年沙化土地分类精度评价结果

类别	重度	中度	轻度	未沙化	总计	用户精度/%
重度	43	5	2	0	50	86.00
中度	2	41	5	2	50	82.00
轻度	0	4	43	3	50	86.00
未沙化	0	2	6	42	50	84.00
总计	45	52	56	47		
制图精度/%	95.56	78.85	76.79	89.36		
总精度/%	84.50					
Kappa 系数	0.804					

表 10.4 2001 年沙化土地分类精度评价结果

类别	重度	中度	轻度	未沙化	总计	用户精度/%
重度	41	7	2	0	50	82.00
中度	5	41	3	1	50	82.00
轻度	1	5	42	2	50	84.00
未沙化	0	1	6	43	50	86.00
总计	47	54	53	46		
制图精度/%	87.23	75.93	79.25	93.48		
总精度/%	83.50					
Kappa 系数	0.792					

表 10.5 2006 年沙化土地分类精度评价结果

类别	重度	中度	轻度	未沙化	总计	用户精度/%
重度	43	4	3	0	50	86.00
中度	4	42	3	1	50	84.00
轻度	0	5	41	4	50	82.00
未沙化	0	2	6	42	50	84.00
总计	47	53	53	47		
制图精度/%	91.49	79.25	77.36	89.36		
总精度/%	84.00					
Kappa 系数	0.798					

表 10.6 2011 年沙化土地分类精度评价结果

类别	重度	中度	轻度	未沙化	总计	用户精度/%
重度	42	5	3	0	50	84.00
中度	4	40	6	0	50	80.00
轻度	0	6	41	3	50	82.00
未沙化	0	0	5	45	50	90.00
总计	46	51	55	48		
制图精度/%	91.30	78.43	74.55	93.75		
总精度/%	84.00					
Kappa 系数	0.798					

表 10.7 2016 年沙化土地分类精度评价结果

类别	重度	中度	轻度	未沙化	总计	用户精度/%
重度	43	7	0	0	50	86.00
中度	2	39	7	2	50	78.00
轻度	0	5	40	5	50	80.00
未沙化	0	2	4	44	50	88.00
总计	45	53	51	51		
制图精度/%	95.56	73.58	78.43	86.27		
总精度/%	83.00					
Kappa 系数	0.786					

分析可知，1986～2016 年 7 期遥感数据沙化土地用户精度为 78.0%～90.0%，制图精度为 73.58%～95.56%。这两种评价指标最小值均为中度沙化土地，其次为轻度沙化土地，重度沙化土地和未沙化土地精度最高。沙化分类总精度为 83.0%～84.5%，Kappa 系数为 0.786～0.804，按照 Cohen 分类标准评价 Kappa 系数的一致性，则荒漠化差值指数分类一致性显著，均可达到较为理想的分类结果，说明荒漠化差值指数模型对于土地沙化程度分类可以达到要求，分类结果可信。

10.2　格林滩绿洲沙化土地动态变化

10.2.1　格林滩绿洲沙化土地时间动态变化

1）沙化土地面积变化

据研究区沙化土地分类面积统计结果可知（图 10.2），研究区土地总面积 79.54km²，1998～2001 年，中度沙化土地为研究区主要的沙化土地类型，面积为 32.73km²、30.19km²、27.24km² 和 33.05km²，分别占研究区总面积的 41.15%、37.96%、34.25%和 41.56%，2006～2016 年研究区以重度沙化土地为主，2006 年、2011 年和 2016 年重度沙化土地面积分别为 28.72km²、27.63km² 和 23.18km²，分别占研究区总面积的 36.11%、34.74%和 29.12%。

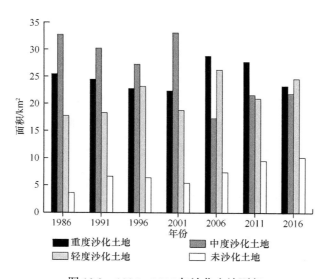

图 10.2　1986～2016 年沙化土地面积

重度沙化土地表现出由 1986～2001 年、2006～2016 年分段减少趋势，面积变化突变时间段发生在 2001～2006 年，1986～2001 年的 15 年间，重度沙化土地面积持续减少累计 3.13km²，2006 年重度沙化土地面积突增，由 2001 年的 22.30km² 增加至 2006 年的 28.72km²，增加速率 5.74km²/a，2006 年中度沙化土地面积（17.23km²）相对比 2001 年急剧降低，降低速率 3.16km²/a，2011～2016 年中度沙化土地面积变化不明显。研究区轻度沙化土地面积 1986 年和 1991 年较其他年份最低，面积分别为 17.74km² 和 18.29km²，分别占研究区总面积的 22.30%和 22.39%，1991～2016年的 25 年间，轻度沙化土地表现出面积增加和减少每隔 5 年波动性交替变化趋势，2006 年轻度沙化土地面积变化显著，由 2001 年的 18.75km² 增加至 2006 年的 26.21km²，增加速率 1.49km²/a。未沙化土地面积变化整体呈波动性上升趋势，但变化趋势不明显，2001 年未沙化土地面积相对比 1996 年和 2006 年降低。

2）沙化土地动态度变化

土地利用变化动态度是表征某种土地利用类型在一定时间段内变化速率的指标，根据对研究区沙化土地利用类型动态度的对比可知（表 10.8），重度沙化土地呈波动性减少趋势，2006 年重度沙化土地迅速增加，动态变化度达 5.75%，其次重度沙化土地变化速率明显的年份是 2016 年和 1996 年，动态度分别为-3.22%和-1.38%，其他年份土地利用变化不明显，动态度变化不足 1%，1991 年、2001 年和 2011 年动态度分别为-0.79%、-0.38%和-0.76%。

表 10.8　沙化土地动态变化度　(%)

年份	重度沙化土地	中度沙化土地	轻度沙化土地	未沙化土地
1986	—	—	—	—
1991	-0.79	-1.55	0.62	16.42
1996	-1.38	-1.96	5.34	-0.75
2001	-0.38	4.26	-3.81	-2.98
2006	5.75	-9.57	7.96	7.14
2011	-0.76	4.99	-4.05	5.7
2016	-3.22	0.23	3.46	1.38

"—"代表无此类型。

4 种沙化土地利用类型中，变化最明显的为中度沙化土地和轻度沙化土地，中度沙化土地变化最明显的为 2006 年，动态变化度为-9.57%，其次是 2011 年和 2001 年，该类土地呈迅速增加趋势，动态变化度分别为 4.99%和 4.26%，1991 年和 1996 年土地利用变化动态度分别为-1.55%和-1.96%，同样呈减少趋势，2016年中度沙化土地变化平稳，动态度仅 0.23%。轻度沙化土地除 1991 年变化平稳外，动态度不足 1%，仅为 0.62%，其他年份均有大幅度的增减显现，2006 年轻度沙化土地增加速率较快，动态度达 7.99%，其次是 1996 年、2011 年、2001 年和 2016年，动态度分别为 5.34%、-4.05%、-3.81%和 3.46%。未沙化土地在研究区面积较小，主要为农田、村民居住用地和附属用地，其面积变化往往受人为因素影响较显著，1991 年土地利用变化最明显，速率最快，动态度达 16.42%，2006 年、2011 年和 2016 年土地利用变化体现为正增长，动态变化度大小依次为 2006 年＞2011 年＞2016 年，其值分别为 7.14%、5.7% 和 1.38%，随着时间的推移，变化速率减慢，1996 年和 2001 年未沙化土地呈现减少趋势，减小速率 2001 年＞1996 年，动态变化度分别为–2.98% 和–0.75%。

10.2.2　格林滩绿洲沙化土地空间动态变化

从沙化土地分类结果中可以看出（图 10.3），研究区重度沙化土地主要分布在中部，格林滩绿洲外围西部，该区域植被覆盖度低，主要以高大流动沙丘为主，中度沙化土地主要分布在绿洲外围、研究区的东部，多分布半固定灌丛沙丘，轻

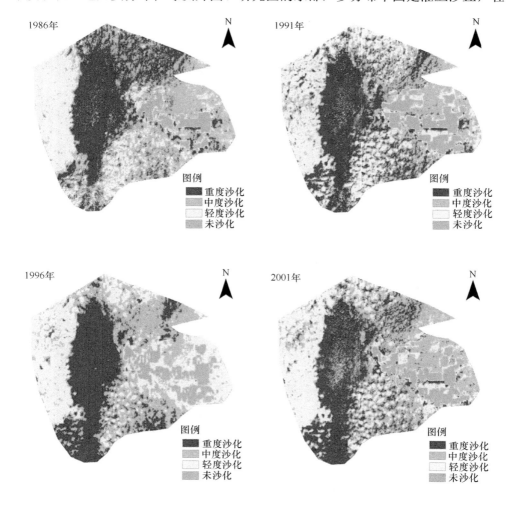

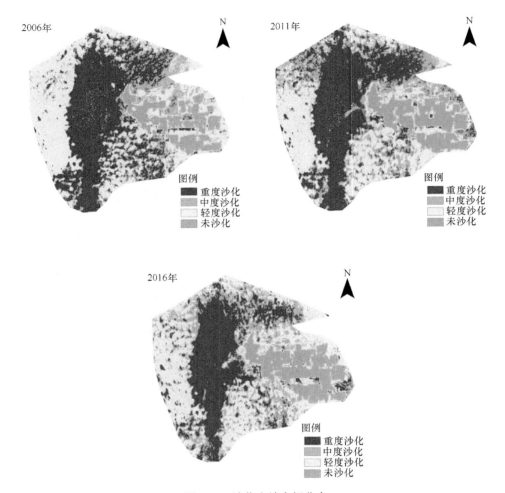

图10.3　沙化土地空间分布

度沙化土地主要分布在研究区的西部、部分与中度沙化土地相间分布于研究区东部，未沙化土地主要位于绿洲腹地、研究区的东部，该区域为格林滩绿洲农田聚集区。1986 年研究区重度沙化土地面积大，中度沙化土地分布在绿洲边缘地带，是造成荒漠绿洲过渡区土地沙化的潜在区域，同时，早期研究区未沙化土地面积小，且绿洲防护条件差，沙化现象较明显；1991 年研究区北部和南部中度沙化土地向轻度沙化土地转化较明显，同时，绿洲区范围逐渐扩大；1996 年随着绿洲防护力度的加大以及过渡区防沙治沙措施的加强，中度沙化土地向轻度沙化土地转化明显，同时在荒漠绿洲过渡区域有中度沙化土地向轻度沙化土地转化的趋势；2001 年荒漠绿洲过渡区、绿洲外围北部和南部中度沙化土地向重度沙化土地转化较明显，中部重度沙化土地零星区域转化为中度沙化土地，这主要是雨水丰盈季节丘间低地植物生长的影响；2006 年研究区北部和绿洲区南部中度沙化土地向重度沙化土地回转现象明显，同时绿洲区范围相对扩大，这主要是农田新垦的结果所致；2011 年研究区北部重度沙化土地面积继续扩大，重度沙化土地和轻度沙化土地面积减少，绿洲区范围继续扩大，农田防护林建设基本完善，绿洲区南部重度沙化土地有向中度和轻度沙化土地转化的趋势；2016 年绿洲区外围、重度沙化土地东侧的荒漠绿洲过渡区沙化土地类型向中度和轻度沙化土地转化较明显，随着绿洲范围的扩大，受人类影响和气候环境因素的限制，防护林带逐渐退化，绿洲外围的过渡区域仍是研究区土地存在沙化威胁的潜在区域。

10.2.3　格林滩绿洲土地沙化程度变化

从研究区沙化土地类型转移矩阵分析可知，1986～1991 年（表 10.9）重度沙化土地有 12.53km^2 保持不变，25.45%的面积转出为中度沙化土地，占总转出面积的 81.99%，中度沙化土地主要转为重度沙化土地，转入面积为 6.25km^2。中度沙化土地有 18.32km^2 的面积保持不变，主要转出为重度沙化土地和轻度沙化土地，转出面积分别为 6.25km^2 和 6.31km^2，分别占 1986 年中度沙化土地总面积的 19.11%和 19.28%，主要转入的土地类型为重度沙化土地和轻度沙化土地，面积分别为 6.47km^2 和 5.33km^2。10.83km^2 的轻度沙化土地保持不变，有 5.33km^2 转为中度沙化土地，占原轻度沙化土地面积的 30.06%，6.31km^2 的中度沙化土地逆转为轻度沙化土地。未沙化土地面积中 3.30km^2 保持不变，占 1986 年未沙化土地总面积的 90.61%，7.04%转为轻度沙化土地，转出面积为 0.26km^2，主要转入类型为中度沙化土地和轻度沙化土地，转入面积分别为 1.84km^2 和 0.97km^2。

表 10.9　1986～1991 年沙化土地转移矩阵　　（单位：km^2）

沙化类型		1991 年					
		重度沙化土地	中度沙化土地	轻度沙化土地	未沙化土地	总计	转出
1986 年	重度沙化土地	17.53	6.47	0.89	0.53	25.43	7.89
	中度沙化土地	6.25	18.32	6.31	1.84	32.73	14.41
	轻度沙化土地	0.61	5.33	10.83	0.97	17.74	6.91
	未沙化土地	0.02	0.07	0.26	3.3	3.64	0.34
	总计	24.42	30.19	18.29	6.64	79.54	
	转入	6.88	11.87	7.46	3.33		

1991～1996 年（表 10.10）重度沙化土地中有 18.43km² 的面积保持不变，主要转出 6.47km²，占总面积的 18.84%，中度沙化土地也是转入最多的一类土地类型，转入面积 4.13km²。中度沙化土地中有 17.68km² 保持不变，有 8.06km² 逆转为轻度沙化土地，有 4.13km² 土地扩展成为重度沙化土地；转入中度沙化土地的类型主要有重度沙化土地和轻度沙化土地，转入面积分别为 4.60km² 和 4.78km²，占总转入面积的 48.12% 和 50.01%。轻度沙化土地中有 69.44% 保持不变，主要转出为中度沙化土地，转出面积为 4.78km²，中度沙化土地占转入土地类型面积最多，面积为 4.78km²。未沙化土地中 5.08km² 面积的土地保持不变，主要有 20.73% 转出发展为轻度沙化土地，转入类型中最大的为轻度沙化土地，为 0.63km²，其次为中度沙化土地。

表 10.10　1991～1996 年沙化土地转移矩阵　　　（单位：km²）

沙化类型		1996 年					
		重度沙化土地	中度沙化土地	轻度沙化土地	未沙化土地	总计	转出
1991 年	重度沙化土地	18.43	4.6	1.03	0.36	24.42	5.99
	中度沙化土地	4.13	17.68	8.06	0.32	30.19	12.51
	轻度沙化土地	0.18	4.78	12.7	0.63	18.29	5.59
	未沙化土地	0	0.18	1.38	5.08	6.64	1.56
	总计	22.74	27.24	23.17	6.39	79.54	
	转入	4.31	9.56	10.47	1.31		

1996～2001 年（表 10.11）面积为 17.32km² 的重度沙化土地保持不变，有 4.60km² 转出为中度沙化土地，占中度沙化土地面积的 23.27%，中度沙化土地面积也是主要转入类型，转入面积为 3.99km²。中度沙化土地有 18.42km² 保持不变，有 14.63% 和 17.61% 分别转出为重度沙化土地和轻度沙化土地，转入中

表 10.11　1996～2001 年沙化土地转移矩阵　　　（单位：km²）

沙化类型		2001 年					
		重度沙化土地	中度沙化土地	轻度沙化土地	未沙化土地	总计	转出
1996 年	重度沙化土地	17.32	5.29	0.13	0	22.74	5.42
	中度沙化土地	3.99	18.42	4.80	0.04	27.24	8.82
	轻度沙化土地	0.82	8.69	12.71	0.95	23.17	10.46
	未沙化土地	0.18	0.65	1.11	4.44	6.39	1.95
	总计	22.3	33.05	18.75	5.43	79.54	
	转入	4.99	14.63	6.04	1		

度沙化土地的土地类型主要为轻度沙化土地，转入面积为 8.69km²，其次为重度沙化土地（5.29km²）。轻度沙化土地中有 12.71km² 保持不变，主要转出发展成为中度沙化土地，占总面积的 37.50%，转入类型主要为中度沙化土地，转入面积为 4.80km²。未沙化土地面积中有 4.44km² 保持不变，有 20.73%转出发展成为轻度沙化土地，转出面积为 1.11km²，沙化土地转入未沙化土地面积为 1.00km²。

2001～2006 年（表 10.12）88.52%的重度沙化土地面积保持不变，有 8.22%主要逆转成为中度沙化土地，转入的主要类型为中度沙化土地，转入面积为 8.87km²。中度沙化土地面积中有 13.81km² 保持不变，有 27.29%的土地面积主要逆转为轻度沙化土地，21.79%的土地面积发展成为重度沙化土地，转入主要发生在重度和轻度沙化土地中，转入面积分别为 1.83km² 和 1.54km²。轻度沙化土地保持不变的面积为 16.17km²，转出为中度沙化土地和未沙化土地的面积分别占总面积的 8.21%和 5.05%，转入主要为中度沙化土地，转入面积为 9.02km²。未沙化土地中有 4.79km² 保持不变，主要转出为轻度沙化土地，占总面积的 10.86%，转入的主要土地类型为中度沙化土地，转入面积为 1.35km²，其次为轻度沙化土地。

表 10.12　2001～2006 年沙化土地转移矩阵　　　（单位：km²）

沙化类型		2006 年				
		重度沙化土地	中度沙化土地	轻度沙化土地	未沙化土地	总计	转出
2001 年	重度沙化土地	19.74	1.83	0.43	0.29	22.3	2.56
	中度沙化土地	8.87	13.81	9.02	1.35	33.05	19.23
	轻度沙化土地	0.1	1.54	16.17	0.95	18.75	2.59
	未沙化土地	0.01	0.04	0.59	4.79	5.43	0.65
	总计	28.72	17.23	26.21	7.38	79.54	
	转入	8.98	3.42	10.04	2.59		

2006～2011 年（表 10.13）重度沙化土地中有 79.62%的面积保持不变，主要逆转为中度沙化土地，占总面积的 17.44%，转入重度沙化土地的主要土地类型为中度沙化土地和轻度沙化土地，转入面积分别为 3.75km² 和 1.01km²。中度沙化土地中有 9.08km² 的土地面积保持不变，主要转出为重度沙化土地和轻度沙化土地，分别占 2006 年中度沙化土地总面积的 21.79%和 22.35%，主要的转入类型为轻度沙化土地，转入面积为 7.42km²，其次为 5.01km² 的重度沙化土地。未沙化土地中有 88.11%保持不变，有 3.73%转出发展为轻度沙化土地，而主要的转入类型也为轻度沙化土地，面积为 1.72km²。

表 10.13　2006～2011 年沙化土地转移矩阵　　（单位：km²）

沙化类型		2011 年					
		重度沙化土地	中度沙化土地	轻度沙化土地	未沙化土地	总计	转出
2006 年	重度沙化土地	22.87	5.01	0.71	0.14	28.72	5.85
	中度沙化土地	3.75	9.08	3.85	0.55	17.23	8.15
	轻度沙化土地	1.01	7.42	16.06	1.72	26.21	10.15
	未沙化土地	0	0.02	0.27	7.08	7.38	0.3
	总计	27.63	21.53	20.9	9.48	79.54	
	转入	4.77	12.45	4.83	2.4		

2011～2016 年（表 10.14）重度沙化土地中有 74.29%依旧保持不变，主要逆转为中度沙化土地，占总面积的 21.73%，同时中度向重度沙化土地转入 2.23km²。中度沙化土地的 54.75%保持不变，有 33.84%主要逆转为轻度沙化土地，有 10.36%的土地面积发展成为重度沙化土地，但重度向中度转入最多，转入面积为 6.00km²，其次为轻度沙化土地，转入 3.89km²。轻度沙化土地中有 15.54km² 保持不变，有 18.63%转出为中度沙化土地，向未沙化土地转出 5.28%，转入轻度沙化土地的土地类型主要是中度沙化土地和重度沙化土地，转入面积分别为 7.29km² 和 1.05km²。未沙化土地中有 8.75km² 的面积保持不变，主要发展成为轻度沙化土地，占总面积的 6.48%，而转入的主要土地类型同样为轻度沙化土地，转入面积为 1.10km²。

表 10.14　2011～2016 年沙化土地转移矩阵　　（单位：km²）

沙化类型		2016 年					
		重度沙化土地	中度沙化土地	轻度沙化土地	未沙化土地	总计	转出
2011 年	重度沙化土地	20.53	6.00	1.05	0.05	27.63	7.1
	中度沙化土地	2.23	11.79	7.29	0.22	21.53	9.74
	轻度沙化土地	0.36	3.89	15.54	1.10	20.9	5.36
	未沙化土地	0.05	0.07	0.61	8.75	9.48	0.73
	总计	23.16	21.76	24.49	10.12	79.54	
	转入	2.64	9.97	8.95	1.38		

10.3　格林滩绿洲土地沙化的气候响应

10.3.1　气候变化的线性趋势检验

本节对 1986～2016 年各气象因子做了年际趋势变化分析（图 10.4），并利用

Mann-Kendall 方法对研究区格林滩绿洲年平均气温、年降水量、年蒸发量、平均相对湿度、平均风速、年大风日数及年沙尘暴日数 7 组气象数据进行趋势检验，检验结果如表 10.15 所示。由图 10.4 看出，1986～2016 年研究区年平均气温呈上升趋势，其中 1996～1999 年气温持续升高，且在 1999 年达到了这 30 多年间的最高值。Z（表 10.15）的绝对值为 2.363，通过了 0.01 的显著性检验，说明年平均气温升高显著。

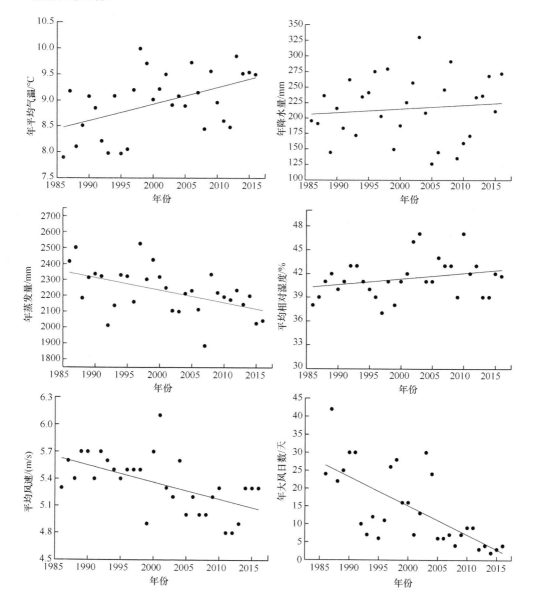

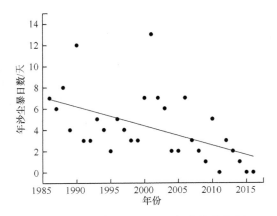

图 10.4　各气象因子 1986～2016 年变化趋势图

表 10.15　Mann-Kendall 法趋势检验

气象因子	Z 值	斜率
年平均气温	2.363***	0.032
年降水量	0.746	0.607
年蒸发量	2.724***	−7.939
平均相对湿度	1.330*	0.072
平均风速	3.114***	−0.005
年大风日数	3.973***	−0.813
年沙尘暴日数	3.357***	−0.181

*、***分别表示通过了置信度 90%、99%的显著性检验。

　　年降水量以 0.607mm/a 的速率上升，1989 年、1999 年、2005 年和 2009 年降水量稀少，2003 年、2008 年和 2016 年降水量达到了峰值，1986～2016 年研究区年降水量年际变化波动较大，总体呈上升趋势。但是利用 Mann-Kendall 方法进行趋势检验，Z 值为 0.746，小于 1.28，则表示 Z 未通过置信度 90%的显著性检验，年降水量上升趋势不明显。

　　年蒸发量通过线性拟合得出其趋势方程为 $y=-7.939x+18\,114.16$，得出蒸发量每年以 7.939mm 的速率降低，在 2007 年达到了最低值，Z 值为 2.724＞2.32，达到了置信度 99%的显著性检验。所以 1986～2016 年研究区的年蒸发量下降趋势明显。

　　平均相对湿度总体呈上升趋势，斜率为 0.072。1986～2016 年年际变化波动幅度较小，30 多年间格林滩绿洲平均相对湿度表现为先上升（1986～1993 年），后降低（1993～1997 年），再上升（1998～2003 年），最后降低（2003～2016 年）。趋势检验得出 Z 值为 1.330＜1.64，说明 Z 未通过 95%置信度显著性检验，但是其

绝对值大于 1.28，则说明通过了置信度为 90%的显著性检验，也说明平均相对湿
度上升趋势较为明显。

平均风速通过线性拟合得出拟合曲线的斜率为–0.005，总体呈现下降趋势，
研究区平均风速在降低。其中 2004 年平均风速达到峰值，为 5.6m/s，2011 年和
2012 年平均风速最小，均为 4.8m/s。通过线性趋势检验发现 Z 值为 3.114，绝对
值大于 2.32，则具有显著性，即 1986～2016 年研究区平均风速明显下降。

年大风日数总体呈现下降趋势，由 1987 年 42 天大风日数，到 2016 年减少为
3 天，其中 1991～2014 年的年大风日数变化幅度较大。通过 Mann-Kendall 趋势检
验，发现 Z 值为 3.973＞2.32，通过了 99%置信度检验，说明年大风日数下降趋势
明显。

年沙尘暴日数总体呈现下降趋势，拟合的线性方程为 $y=-0.181x+367.278$，斜
率为–0.181。其中 1998 年和 2001 年年沙尘暴日数均较高，分别为 12 天和 13 天；
在 2011 年、2015 年和 2016 年年沙尘暴日数均减少为 0 天。通过对其进行 Mann-
Kendall 趋势检验，得出 Z 为 3.357＞2.32，证明研究区 30 多年间年沙尘暴日数显
著下降。

10.3.2　沙化土地面积与气候突变相关性

近年来，气候变化背景下的土地沙化演变研究已经成为大气、水文、生态等
学科领域的关注重点，本研究在利用遥感技术对格林滩绿洲区进行土地沙化时空
变化分析的基础上，探讨了气候因素对土地沙化的响应（图 10.5～图 10.11）。

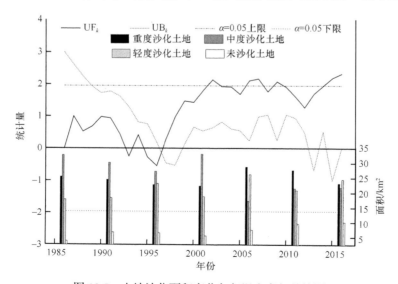

图 10.5　土地沙化面积变化与气温突变相关性图

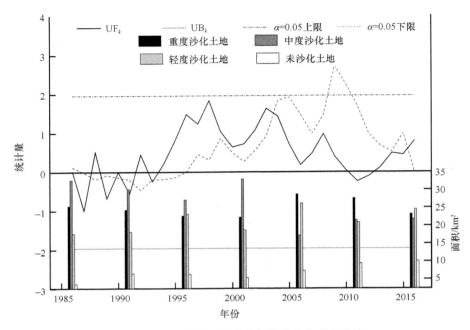

图 10.6　土地沙化面积变化与降水量突变相关性

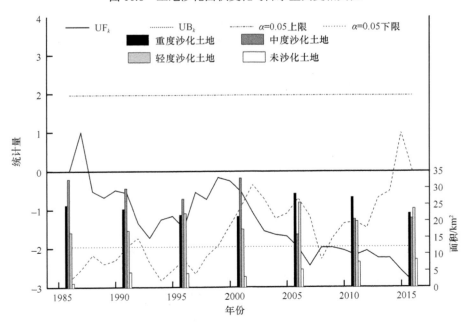

图 10.7　土地沙化面积变化与蒸发量突变相关性

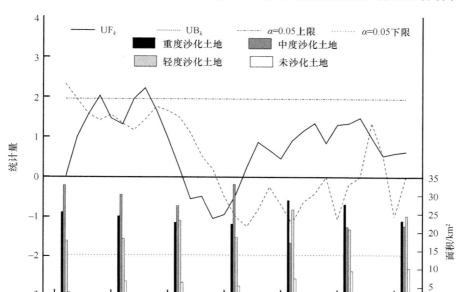

图 10.8　土地沙化面积变化与相对湿度突变相关性

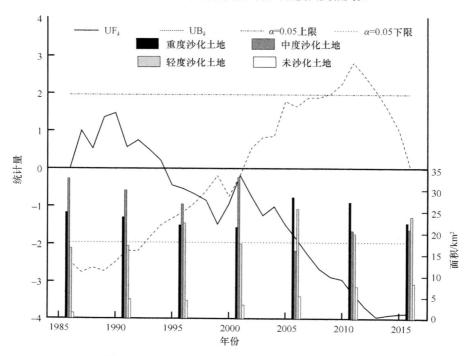

图 10.9　土地沙化面积变化与平均风速突变相关性

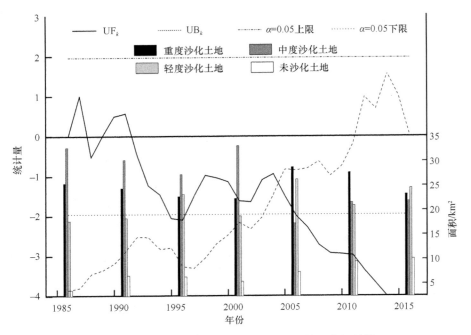

图 10.10 土地沙化面积变化与年大风日数突变相关性

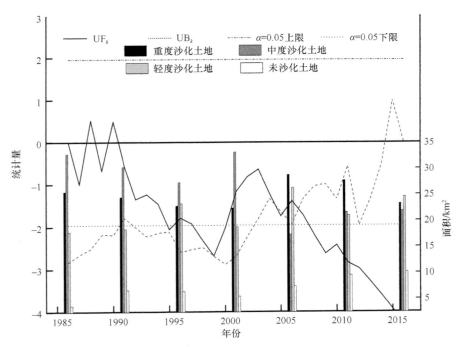

图 10.11 土地沙化面积变化与年沙尘暴日数突变相关性

从区域土地沙化面积变化可以看出，重度沙化土地呈现出 1986～2001 年、2006～2016 年分段减少趋势，2001 年重度沙化土地面积达近 30 年最低，2001～2006 年为重度沙化土地面积变化突变时段。中度沙化土地在近 30 年呈现波动性变化趋势，且变化最为剧烈，1986～1996 年中度沙化土地持续下降，1996～2001 年急剧上升，2001～2016 年再次出现降低趋势。轻度沙化土地 1986～1996 年增加，1996～2016 年 20 年间每五年沙化面积减少和增加交替出现一次。未沙化土地面积整体呈现增加趋势，在 2001 年前后略有波动，有所降低。

对比气候因素突变可以看出，年平均气温突变曲线 UF 与 UB 在 1997 年相交，且 1997 年之后 UF 曲线逐渐接近 $\alpha=0.05$ 上限，呈现显著增温趋势，这与重度沙化土地面积在 1997～2006 年发生急剧增加有直接关系，1992～2016 年降水量突变曲线 UF 值大于 0，且突变曲线 UF 与 UB 在 2004 年相交，说明降水量在该时段内的显著增加直接影响重度沙化土地面积的整体降低，其中降水突变年份发生在 2004 年，这也印证了重度沙化土地面积在 2006 年发生突增的现象，年均蒸发量突变曲线 UF 与 UB 在 2002 年和 2007 年相交，且 UF 值自 1987 年开始小于 0，UF 曲线逐渐接近 $\alpha=0.05$ 下限，呈现显著减弱趋势，这说明蒸发是影响研究区重度沙化土地面积整体减少且在 2006 年发生一次急增的又一影响因素，年大风日数突变曲线 UF 与 UB 在 2004 年相交，且 UF 值小于 0，这增加了重度沙化土地面积 2006～2016 年急剧减少的可能性。年平均风速突变曲线 UF 与 UB 在 2001 年相交，UF 值小于 0，这是致使中度沙化土地面积在 2001 年发生突增，其后迅速降低的主要诱导因素。研究区未沙化土地主要受农田新垦和农牧民聚居地扩张影响而呈现增加趋势，受气候因素影响不明显。

10.4　小　　结

（1）格林滩绿洲区总面积 79.54km²，其中沙化土地总面积 65.90km²，占区域监测总面积的 82.85%，轻度沙化、中度沙化和重度沙化土地面积分别为 26.69km²、23.98km² 和 15.23km²。重度沙化土地主要分布在中部，格林滩绿洲外围西部，该区域植被覆盖度低，主要以高大流动沙丘为主。中度沙化土地主要分布在绿洲外围、研究区的东部，多分布半固定灌丛沙丘。轻度沙化土地主要分布在研究区的西部、部分与中度沙化土地相间分布于研究区东部，未沙化土地主要位于绿洲腹地、研究区的东部，该区域为格林滩绿洲农田聚集区。绿洲区是受人类影响最为显著的区域，绿洲外围至裸沙丘过渡区分布的中度沙化土地和轻度沙化土地是沙化地类转化最为强烈的区域，同时这一区域也是土地沙化相对脆弱地带。

（2）重度沙化土地呈波动性变化，2001年重度沙化土地面积降至最低，2006年重度沙化土地迅速增加，这与气候变化有直接的关系，2001年前后研究区降水量达近30年最高，而到2006年降水量骤降，同时2006年平均气温相对2001年升高显著。

（3）1986~2016年研究区年平均气温、平均相对湿度和年降水量呈现上升趋势，年平均气温升高显著，年降水量上升趋势不明显。蒸发量每年以7.939mm的速率降低，平均风速、年沙尘暴日数和年大风日数总体呈现下降趋势，其中1991~2014年年大风日数变化幅度较大。通过Mann-Kendall线性趋势检验，发现Z值为3.973＞2.32，通过了99%置信度检验，年大风日数下降趋势明显。

（4）年平均气温在1997年发生突变，且1997年之后呈现显著增温趋势，这是重度沙化土地面积在1997~2006年发生急剧增加的主要因素，1992~2016年降水量突变曲线UF值大于0，且在2004年发生突变，降水量在该时段内的显著增加直接影响重度沙化土地面积的整体降低，同时也印证了重度沙化土地面积在2006年发生突增的现象。年均蒸发量在2002年和2007年发生突变，且UF值自1987年开始小于0，蒸发量呈现显著减弱趋势，是影响研究区重度沙化土地面积整体减少且在2006年发生一次骤增的又一影响因素。年大风日数在2004年发生突变，且UF值小于0，这增加了重度沙化土地面积2006~2016年的急剧减少的可能性。年平均风速在2001年发生突变，UF值小于0，这是致使中度沙化土地面积在2001年发生突增，其后迅速降低的主要诱导因素。

第11章 绿洲防护体系近地表风沙流特征

本章在现有绿洲防护措施的基础上，在绿洲外围裸沙丘建立沙障固沙区，可有效稳定流沙，使流动沙丘向稳定方向发展，通过对比分析防护体系内近地层风速特征和输沙状况，在对比分析防护体系不同防护带的防风、阻沙固沙效果的基础上，评价防护体系的防护效果。

11.1　绿洲防护体系近地层气流水平分布

由图 11.1 可知防护体系 BSSF 断面内各防护带近地层风速水平分布特征，相同测风高度处，旷野风速均大于防护体系内风速，在不同测风条件下，近地表 0～30cm 风速在不同防护带内的变化显著，大于 50cm 高度风速变化不明显。

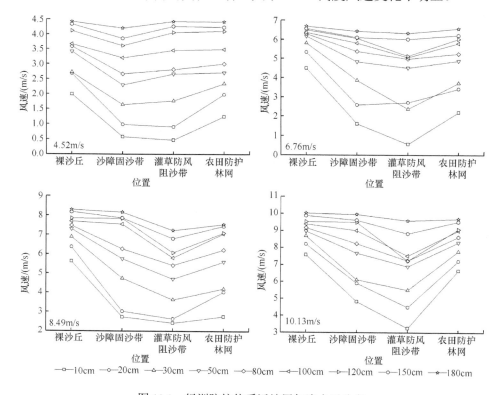

图 11.1　绿洲防护体系近地层气流水平分布

对比相同测风高度处不同防护带的风速状况,可以得知不同高度处受下垫面性质的影响风速的变化特征;裸沙丘地表裸露,无植被覆盖,风速相对比其他防护带内的风速高,沙障固沙带受草方格沙障铺设的影响,地表粗糙度值增加,近地层风速相对裸沙丘降低,10cm、20cm 和 30cm 高度处,风速为 4.52m/s 时,沙障固沙带风速相对裸沙丘分别降低 71%、63%和 40%,风速为 6.76m/s 时,沙障固沙带风速相对裸沙丘分别降低 64%、52%和 34%,风速为 8.49m/s 时,沙障固沙带风速相对裸沙丘分别降低 52%、53%和 31%,风速为 10.13m/s 时,沙障固沙带风速相对裸沙丘分别降低 36%、28%和 30%;灌草防风阻沙带地表生长有沙蒿和沙米等植被,加之灌丛沙堆的阻挡,同高度处相对于裸沙丘风速最低,近地层 10cm、20cm 和 30cm 高度处,4.52m/s 风速条件下,灌草防风阻沙带风速相对裸沙丘分别降低 76%、66%和 35%,风速为 6.76m/s 时,灌草防风阻沙带风速相对裸沙丘分别降低 87%、49%和 59%,8.49m/s 风速时,灌草防风阻沙带风速相对裸沙丘分别降低 57%、59%和 47%,10.13m/s 风速时,灌草防风阻沙带风速相对裸沙丘分别降低 57%、45%和 37%;此风沙观测时段为 4 月初,农田已经过翻耕平整作业,尚未耕种,地表亦无留茬,表土相对裸露,风经过沙障固沙带、灌草防风阻沙带到达农田防护林后,风速抬升,但受防护林带的阻挡效应,风速仍小于裸沙丘对应高度处风速,近地层 10cm、20cm 和 30cm 高度处,4.52m/s 风速时,农田防护林网风速相对裸沙丘分别降低 76%、66%和 35%,风速为 6.76m/s 时,农田防护林网风速相对裸沙丘分别降低 87%、49%和 59%,风速为 8.49m/s 时,农田防护林网风速相对裸沙丘分别降低 57%、59%和 47%,风速为 10.13m/s 时,农田防护林网风速相对裸沙丘分别降低 57%、45%和 37%。4 种风速梯度条件下,防护体系内 50cm 以上测风高度处风速相对于裸沙丘增速减速效果不明显,其近地层减速效果显著主要受下垫面性质的影响。

11.2 绿洲防护体系防风效能

11.2.1 绿洲防护体系对防风效能值的影响

防风效能值是评价防沙治沙措施效益的主要指标之一。防风效能是指遮挡物处风速与旷野风速之差与旷野风速的比值。通过对比防风效能值,可以直观地反映出不同防护带的防风效果。本研究以裸沙区测风数据作为对照,计算不同风速条件下 BSSF 断面沙障固沙区、灌草防风阻沙带、农田防护林网内防风效能值(图 11.2),以评价防护体系的防风效果。

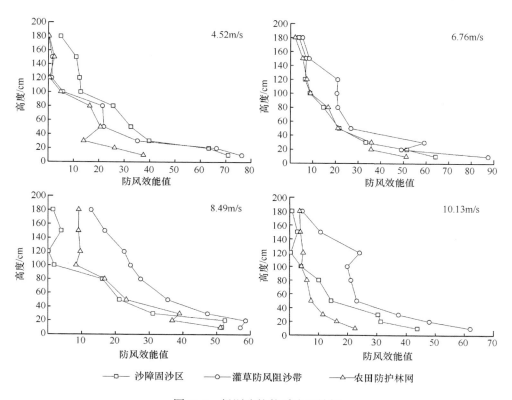

图 11.2　绿洲防护体系防风效能

对比分析可知，4 种风速条件下，随着高度的增加，防风效能值整体呈降低趋势，越靠近地表植被影响显著，防风效能值越大。

4.52m/s 风速条件下，近地层 0~20cm 范围内，防风效能值：灌草防风阻沙带＞沙障固沙带＞农田防护林网，在 10cm、20cm 和 30cm 测风高度处，农田防护林网的防风效能值相对于灌草防风阻沙带和沙障固沙带降低明显，10cm 高度处农田防护林网相对于灌草防风阻沙带和沙障固沙带分别降低 51% 和 47%，20cm 高度处农田防护林网相对于灌草防风阻沙带和沙障固沙带分别降低 60% 和 59%，30cm 高度处农田防护林网相对于灌草防风阻沙带和沙障固沙带分别降低 60% 和 65%；30cm 以上测风高度，沙障固沙带的防风效能值在相同测风高度处大于灌草防风阻沙带和农田防护林网，50cm 以上测风高度处，农田防护林网和灌草防风阻沙带的防风效能值无明显差异，说明在 4.52m/s 风速条件下，灌草防风阻沙带在 0~20cm 范围内防风效果优于沙障固沙带和农田防护网。

6.76m/s、8.49m/s 和 10.13m/s 风速条件下，灌草防风阻沙带防风效能值明显高于沙障固沙区和农田防护林网，说明在整个防护体系中，灌草防风阻沙带起着至关重要的防风作用。6.76m/s 风速时,近地层 10cm 测风高度处沙障固沙区、灌草防风阻沙带和农田防护林网防风效能值分别为 64.25、87.46 和 51.21,说明现存防护体系对于 6m/s 左右的风速防护效果最明显,风速达 10.13m/s 时,农田防护林网各高度处防风效能值最大为 12.35,远低于其他风速条件下的防风效能值。

11.2.2 绿洲防护体系风速廓线特征

风速廓线可以直观地体现风速随高度的变化特征,对比 4 种风速条件下风速廓线可知(图 11.3),在防护体系不同防护带内风速随高度的变化整体呈"J"形分布,裸沙丘各高度处风速整体大于防护体系内各防护带的风速,不同防护带内近地层风速变化差异明显,随着高度的增加,不同防护带内在相同高度处风速变化减弱。

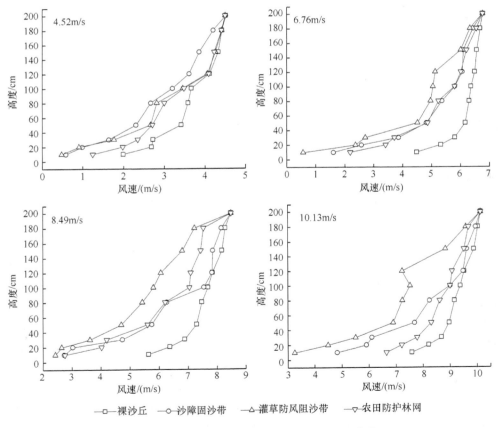

图 11.3 不同风速条件下绿洲防护体系风速廓线

风速为 4.52m/s 时，近地表 0～30cm 范围内沙障固沙带和灌草防风阻沙带风速变化差异不明显，相对于裸沙丘减速明显，10cm 高度处，沙障固沙带、灌草防风阻沙带相对于裸沙丘风速降低超过 70%，农田防护林相对于裸沙丘风速降低 38%，50cm 以上高度防护体系各防护带的风速相对于裸沙丘降低低于 30%。风速为 6.76m/s 时，近地表 0～30cm 风速在 4m/s 以下，当风速为 10.13m/s 时，裸沙丘近地层风速为 7.58m/s，灌草防风阻沙带防风效果最明显，近地层 10cm 处风速仅 3.26m/s，其次为沙障固沙带和农田防护林网，风速分别为 4.82m/s 和 6.65m/s，这说明防护体系下垫面粗糙，地表摩擦阻力增大，风速降低。

对防护体系各防护带及裸沙丘风速随高度变化进行曲线拟合可知（图 11.4，表 11.1），各测点风速随高度变化均呈对数函数分布，且拟合优度（R^2）均在 0.9 以上，从风速廓线的拟合结果也可以看出，防护体系下垫面受植被及地表起伏的影响，呈对数函数分布的风速廓线发生不同程度的位移。

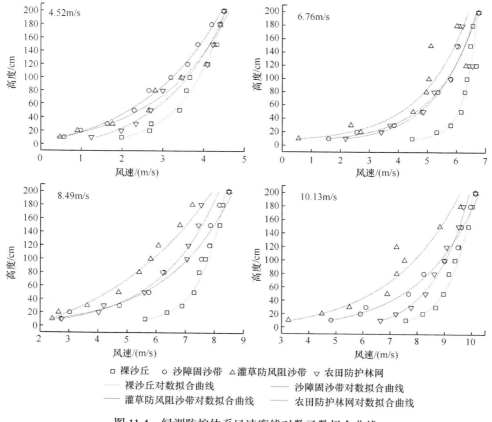

□ 裸沙丘　　○ 沙障固沙带　　△ 灌草防风阻沙带　　▽ 农田防护林网
······· 裸沙丘对数拟合曲线　　　　　　······· 沙障固沙带对数拟合曲线
—— 灌草防风阻沙带对数拟合曲线　　—— 农田防护林网对数拟合曲线

图 11.4　绿洲防护体系风速廓线对数函数拟合曲线

表 11.1　绿洲防护体系风速廓线对数函数拟合方程

风速/ (m/s)	裸沙丘		沙障固沙带		灌草防风阻沙带		农田防护林网	
	拟合方程	R^2	拟合方程	R^2	拟合方程	R^2	拟合方程	R^2
4.52	$y=-0.48+0.94\ln$ $(x+4.8)$	0.97	$y=-6.65+2.05\ln$ $(x+24)$	0.99	$y=-4.57+1.72\ln$ $(x+7.71)$	0.97	$y=-3.75+1.54\ln$ $(x+17.46)$	0.97
6.76	$y=4.37+0.45\ln$ $(x-8.74)$	0.97	$y=-0.91+1.44\ln$ $(x-4.68)$	0.96	$y=-1.94+1.58\ln$ $(x-5.06)$	0.91	$y=-0.51+1.36\ln$ $(x-2.78)$	0.96
8.49	$y=4.18+0.79\ln$ $(x-3.68)$	0.99	$y=-3.62+2.30\ln$ $(x+4.20)$	0.96	$y=-15+4.12\ln$ $(x-57.82)$	0.96	$y=-2.77+2.05\ln$ $(x+5.02)$	0.97
10.13	$y=5.91+0.78\ln$ $(x-1.15)$	0.98	$y=-1.18+2.15\ln$ $(x+5.97)$	0.98	$y=-4.33+2.6\ln$ $(x+9.73)$	0.93	$y=2.68+1.35\ln$ $(x+9.31)$	0.98

11.2.3　绿洲防护体系下垫面粗糙度特征

地表粗糙度通常有两种定义方式：一种是从空气动力学角度出发，受地表起伏及地物本身形状的影响，风速为 0 的位置并不是出现在地表，而是位于距离地面一定高度处，这一高度称为粗糙度，也称为空气动力学粗糙度；另一种定义是从地形的角度出发，将起伏不平的地表称为粗糙度。其粗糙度值越大，表明下垫面对风速的减弱作用越明显，从而可以认为该地表抗风蚀能力越强，反之，土壤风蚀率大，抗风蚀能力弱，通常状况下，地表空气动力学粗糙度随着土壤风蚀率的增大而减小，这也间接说明了土壤空气动力学粗糙度和土壤抗风蚀能力的关系。

对比分析防护体系不同防护带及裸沙丘的地表粗糙度可知（表 11.2），防护体系内地表粗糙度远高于裸沙丘，灌草防风阻沙带地表粗糙度值最高，为 2.5003cm，其次是沙障固沙带和农田防护林网，其值分别为 0.8079cm 和 0.0371cm。同上一节防护体系内风速廓线相互印证可知，不同的地表粗糙度致使对风速廓线的影响程度不同。

表 11.2　防护体系内各防护带的地表粗糙度

位置	粗糙度/cm	位置	粗糙度/cm
裸沙丘	0.0010	灌草防风阻沙带	2.5003
沙障固沙带	0.8079	农田防护林网	0.0371

11.3　绿洲防护体系近地表风沙流月际变化

研究区位于荒漠绿洲过渡地带，受气温、相对湿度、降水量、平均风速、大风日数及沙尘暴天气日数等自然地理因素的影响，不同月份防护体系各防护断面输沙量具有明显的差异性，本节内容主要探讨不同月份防护体系各断面总输沙量的分布状况、自然条件等因素如何影响总输沙量的月际变化，以及不同月份间输沙量随高度的变化特征。

11.3.1 绿洲防护体系输沙量月际变化

分析三个断面内输沙量的月际变化发现，研究区风沙输送主要发生在 4 月、5 月和 10 月，BSSF 断面（图 11.5）各月输沙量 4 月、5 月最高，累积输沙量分别达 8162g 和 4913g，分别占全年总输沙量的 34.77%和 20.94%，两个月的总输沙量超过全年总输沙量的 50%，其次是 10 月、6 月、3 月和 7 月，累积输沙量分别为 1707g、1579g、1272g 和 1147g，分别占全年总输沙量的 7.27%、6.73%、5.42%和 4.89%，其他 6 个月份的总输沙量之和占全年总输沙量的 19.16%，不足 20%。BSF 断面（图 11.6）输沙量最高发生在 4 月和 5 月，输沙量高达 6216g 和 4753g，累积输沙量在 4500g 以上，占该断面全年总数输沙量的 31.46%和 23.96%，其次是 6 月、10 月和 3 月，输沙量分别为 1575g、1489g 和 1185g，累积输沙量超过 1000g，分别占该断面总输沙量的 7.97%、7.54%和 6.00%，其他月份的总输沙量占该断面全年总输沙量的百分比不足 4%。BF 断面（图 11.7）输沙量最高的月份依旧是在 4 月和 5 月，月累积输沙量分别为 5514g 和 4520g，分别占全年总输沙量的 32.72%和 26.72%，两个月的累积输沙量达该断面全年总输沙量的 59.44%，其次是 10 月、6 月，累积输沙量分别为 1324g 和 1219g，分别占全年总输沙量的 7.86%和 7.23%，其他月份的累积输沙量均在 1000g 以下。

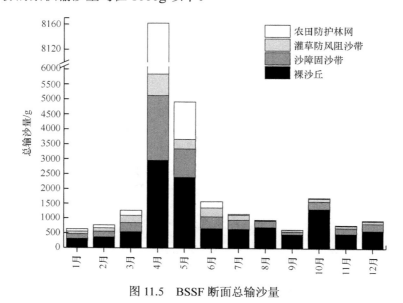

图 11.5 BSSF 断面总输沙量

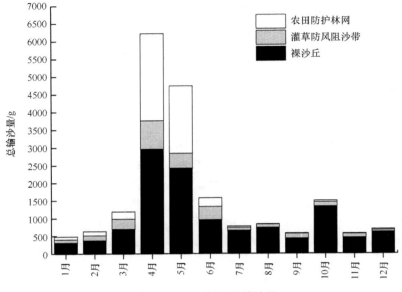

图 11.6　BSF 断面总输沙量

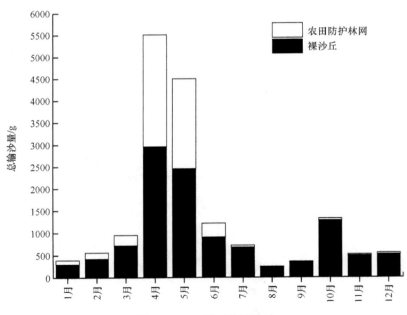

图 11.7　BF 断面总输沙量

　　为了分析防护体系对输沙量的影响，对比分析三个断面内防护体系最后一道防线农田防护林网的输沙量月季变化规律发现，不同月份间三个断面农田防护林网内的总输沙量：BSSF 断面＜BSF 断面＜BF 断面，输沙发生月份最多的 4 月、5

月、10 月，BSSF 断面农田内输沙量相对比 BSF 断面农田分别减少 5.8%、34.09% 和 37.65%，相对 BF 断面农田分别减少 9.2%、38.8% 和 40.22%，其他月份在受防护带保护的前提下，农田内输沙量相对比 BF 断面农田均有不同程度的减少，可见，受风沙输移威胁的荒漠绿洲过渡区，防护体系的建立有助于风沙输移的阻拦，起到减弱绿洲风沙危害的目的。

11.3.2　绿洲防护体系输沙量变化的气候因素响应

影响土壤风蚀的因素有很多，土地利用方式、人为干扰、风、降水等气象条件都会影响沙区土壤风蚀的程度，高植被覆盖草地、林地等地区地表粗糙度大，对土壤风蚀的威胁较小，农田开垦、过度放牧等人为影响往往能加快土壤风蚀的发生，在立地条件相同的风沙区，气候干旱，蒸发量大于降水量是该区主要的气候特点，加之地表裸露，流沙遍布，在大风季节加剧了土壤风蚀及沙尘暴发生的可能性。本研究主要探讨了气温、相对湿度、降水量、平均风速、大风日数、沙尘暴发生日数 6 项气候因素对研究区风沙输移的影响。

通过对研究区 12 个月 BSSF 断面裸沙丘、沙障固沙带、灌草防风阻沙带和农田防护林网与月平均气温的相关分析（$P < 0.05$）可知（图 11.8～图 11.13），温度与裸沙丘、沙障固沙带、灌草防风阻沙带和农田防护林网无显著的相关性，皮尔逊相关性分别为 0.302、0.228、0.260 和 0.200，可见，温度对研究区风沙输移的影响不显著；月平均相对湿度与裸沙丘和沙障固沙带呈负相关关系（$P < 0.05$，皮尔逊相关性为 –0.625 和 –0.706），灌草防风阻沙带、农田防护林网与月平均相对湿度呈显著的负相关关系（$P < 0.01$，皮尔逊相关性为 –0.768 和 –0.732）；月平均降水量对裸沙丘、沙障固沙带、灌草防风阻沙带和农田防护林网风沙输移的影响不显著（$P < 0.05$，皮尔逊相关性分别为 –0.120、–0.147、–0.070 和 –0.189），这可能与研究区的自然地理条件有关，研究区气候干旱，月平均最大降水量出现在 6 月，仅 61.9mm；月平均风速与裸沙丘、沙障固沙带和农田防护林网输沙量存在显著正相关关系（$P < 0.01$，皮尔逊相关性为 0.736、0.733 和 0.728），灌草防风阻沙带与平均风速之间存在正相关关系（$P < 0.05$，皮尔逊相关性为 0.687）；大风日数与裸沙丘、沙障固沙带、灌草防风阻沙带和农田防护林网输沙量无显著的相关性（$P < 0.05$，皮尔逊相关性分别为 –0.099、–0.103、–0.014 和 –0.129）；沙尘暴日数与裸沙丘、沙障固沙带、灌草防风阻沙带和农田防护林输沙量之间存在显著的相关性（$P < 0.01$，皮尔逊相关性分别为 0.709、0.820、0.806 和 0.848）。

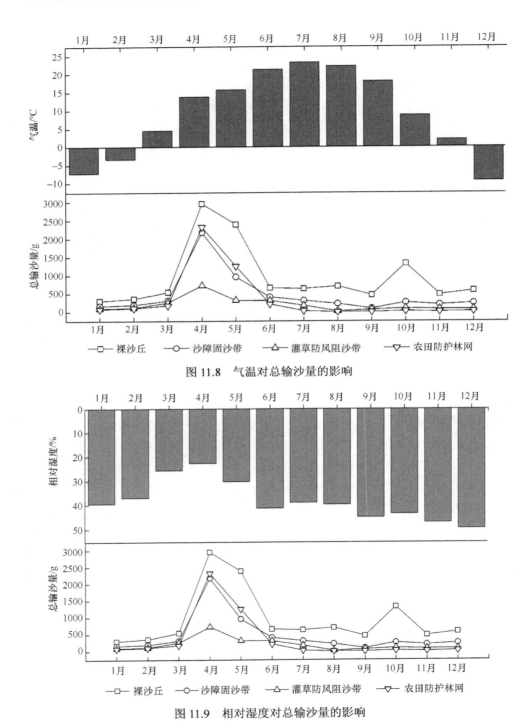

图 11.8　气温对总输沙量的影响

图 11.9　相对湿度对总输沙量的影响

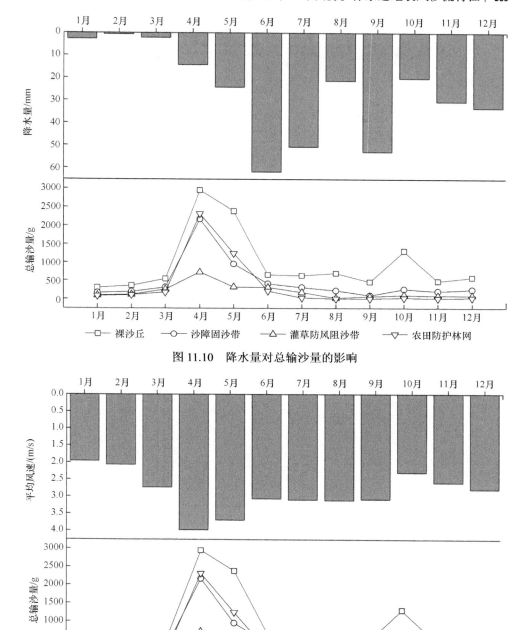

图 11.10　降水量对总输沙量的影响

图 11.11　平均风速对总输沙量的影响

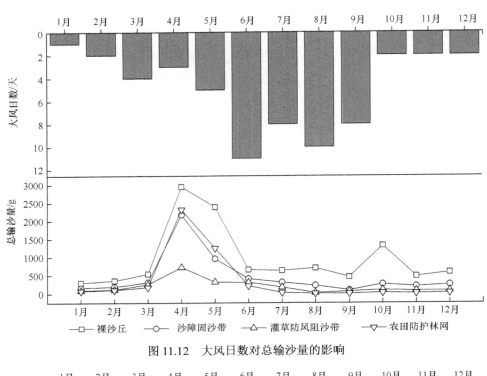

图 11.12　大风日数对总输沙量的影响

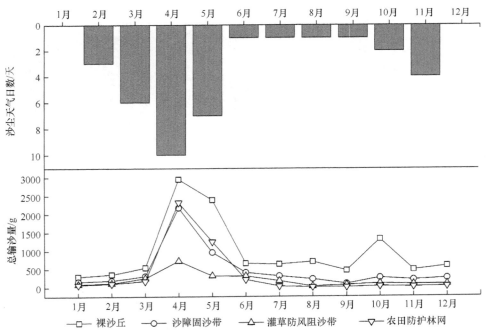

图 11.13　沙尘天气日数对总输沙量的影响

11.3.3　绿洲防护体系输沙量随高度的分布

分析研究区 12 个月输沙量随高度变化模型拟合结果显示（图 11.14），研究区内各测点输沙量随高度的变化存在明显的幂函数变化，拟合优度 R^2 均在 0.9 以上。

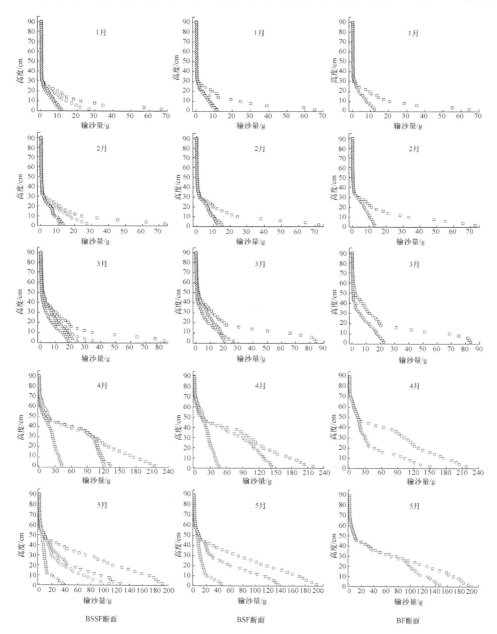

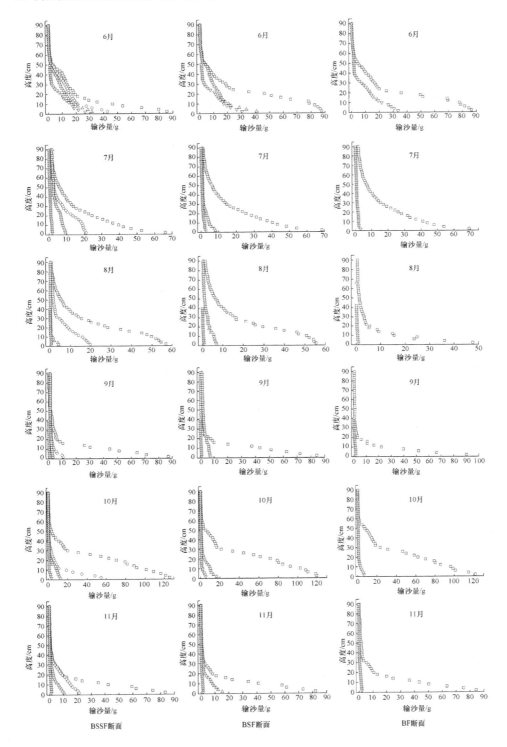

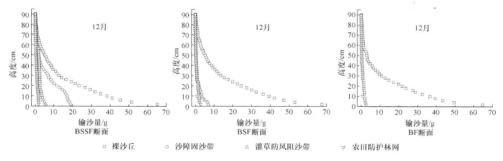

图 11.14　输沙量随高度的变化

1 月和 2 月研究区未出现明显的大风天气，加之气温较低，冻土深度过厚，起沙较难，输沙量相对其他月份较低，且输沙主要集中在近地层 30cm 以内，30cm 以内输沙量占测点月总输沙量的 90%以上。1 月防护体系断面裸沙丘、沙障固沙带、灌草防风阻沙带和农田防护林网近地层 30cm 内输沙量分别占总输沙量的 96.87%、94.86%、91.35%和 90.96%；2 月防护体系断面裸沙丘、沙障固沙带、灌草防风阻沙带和农田防护林网近地层 30cm 内输沙量分别占总输沙量的 95.35%、94.07%、90.84%和 90.94%。随着气温升高，冻融缓解，3 月地表植被覆盖度低，沙物质活化，随着风速的加大，地表沙物质随风输移，输沙量增加，输沙主要集中在近地表 40cm 以内，防护体系断面裸沙丘、沙障固沙带、灌草防风阻沙带和农田防护林网近地层 40cm 内输沙量分别占总输沙量的 95.37%、92.38%、92.56%和 94.86%。

研究区大风时段主要发生在 4~6 月，加之研究区春季和夏初气候干旱，降水少，近地层沙物质在风力作用下随气流输送能力加强，输沙量为全年最高月份，其输沙高度相对比其他月份抬升，主要集中在近地层 50cm，且在 4~6 月近地层 50cm 内的输沙量分别占相应月份输沙总量的 90%以上。其中 4 月和 5 月农田近地层输沙量明显高于沙障防护区和灌草防风阻沙带，这一现象除与该月份风大有关外，还因为这一时期为研究区春季播种或出苗前期，农田已经经过翻耕和平整操作，地表无残茬和其他覆盖物，增加了沙物质来源的同时，地表粗糙度的降低也助推了风沙流的运移，其所输送的沙物质除远源风沙输送外，原地起沙的概率也随之增加。

随着沙障固沙带和灌草防风阻沙带植被的生长、农田作物的生长，以及农田灌溉的影响，7 月土壤含水量增加，地表粗糙度加大，沙障固沙带、灌草防风阻沙带和农田防护林网输沙量明显比裸沙丘降低，均不足 50g，7 月 BSSF 断面裸沙丘、沙障固沙带、灌草防风阻沙带和农田防护林网近地层 30cm 内输沙量分别为 488.80g、229.95g、105.68g 和 18.93g，分别占总输沙量的 77.00%、73.95%、60.39%和 69.74%。8 月和 9 月防护体系断面总输沙量相对比其他月份明显降低，这主要受该时期近地层植被及作物生长的影响，农田近地层 40cm 收集少量风沙输移物质，大于 40cm 无沙物质运移，因此这一时期农田集沙数据采集主要为近地层 40cm。10 月为研究区一年中的第二主风季节，由于气候的影响，沙障固沙带和灌草防风阻沙带植被枯萎凋落，沙丘表土再次活化，在强风作用下表层沙物质输送能力提高，但农田防护林内的输沙量尚未明显增加，这主要受研究区农耕习惯的影响，研究区主要作物以高秆玉米为主，秋季玉米收割后，秸秆尚未刈割，秸秆主要用于留田牲畜喂养，这也是农田防护林输沙量在大风季节尚无明显增加的主要原因，该月裸沙丘、沙障固沙带、灌草防风阻沙带和农田防护林网近地层 30cm 内输沙量分别占总输沙量的 90.76%、93.92%、88.01% 和 69.71%。

11 月和 12 月气温明显降低，土壤封冻，大风日数减少，使各测样点输沙量明显降低，11 月 BSSF 断面裸沙丘、沙障固沙带、灌草防风阻沙带和农田防护林网近地层 30cm 内输沙量分别占总输沙量的 94.65%、90.46%、88.58% 和 84.00%，12 月输沙量分别占总输沙量的 80.78%、80.76%、58.96% 和 69.74%。

11.4 四种风速梯度条件下绿洲防护体系近地表风沙流结构

风是塑造地貌形态的基本营力之一，也是沙粒发生运动的动力基础，风沙流研究过程中，风速是研究的重要参数之一，采用平均风速来研究风沙问题是最常见的处理方法，目前，有关输沙量与风速之间的关系研究、沙粒粒径与起沙风速之间的相关关系的研究已经较多，都较好地阐释了风速波动与近地表输沙量之间的关系，本文为了探讨风速与输沙量之间的相关关系，采集 4 种风速条件下不同测点内的输沙量，采样时间基本一致，从而研究 4 种风速梯度条件下总输沙量的变化特征，以及 4 种风速梯度条件下输沙量随着高度的分布规律。

11.4.1 四种风速梯度条件下输沙量变化特征

从风速与输沙量之间的关系图可知（图 11.15），4 种风速梯度条件下，裸沙丘输沙量均最高，对比相同风速条件下 BSSF 断面、BSF 断面和 BF 断面不同测点输沙量与风速之间的相互关系可知，在 4.52m/s 风速条件下，三个断面输沙量由裸沙丘-农田防护林网方向呈减少趋势，BSSF 断面灌草防风阻沙带输沙量比 BSF 断面灌草防风阻沙带输沙量减少 27.65%，说明在防护断面迎风向前缘设置沙障固沙带在 4.52m/s 风速条件下可以有效地固定地表流沙，阻滞其随风向远处输送的概率，BSSF 断面的防护林网内的输沙量相对比 BF 断面农田防护林网内的输沙量减少 73.23%，BSF 断面的农田防护林网内的输沙量相对比 BF 断面的农田防护林网内的输沙量减少 56.47%，说明风沙在随风输移的过程中，在防护体系断面遇到沙障、灌草和防护林的层层阻滞，有效减少了风沙向农田的输送量。

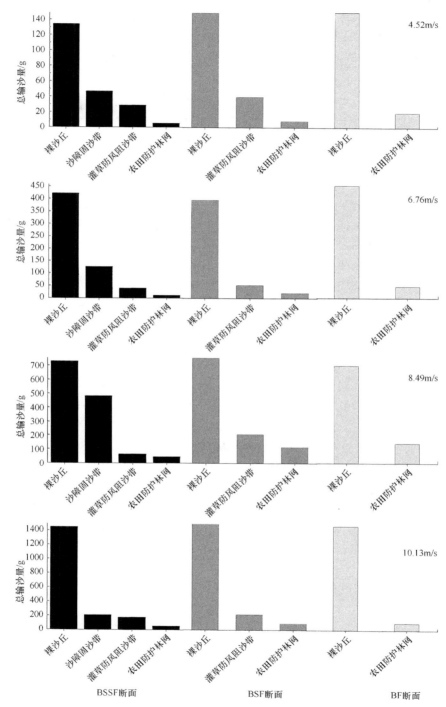

图 11.15　不同风速条件下输沙量变化

其他风速梯度条件下，三个断面输沙量的变化均表现出由裸沙丘向农田方向减少的趋势，6.67m/s 测风条件下，BSSF 断面的灌草带输沙量比 BSF 断面的灌草带输沙量减少 23.87%，BSSF 断面的防护林网内的输沙量相对比 BF 断面的农田防护林网内的输沙量减少 76.63%，BSF 断面的农田防护林网内的输沙量相对比 BF 断面的农田防护林网内的输沙量减少 56.71%；8.49m/s 测风条件下，BSSF 断面的灌草带输沙量比 BSF 断面灌草带输沙量减少 68.97%，BSSF 断面的防护林网内的输沙量相对比 BF 断面的农田防护林网内的输沙量减少 68.51%，BSF 断面的农田防护林网内的输沙量相对比 BF 断面的农田防护林网内的输沙量减少 20.67%；风速提升至 10.13m/s 时，BSSF 断面的灌草带输沙量比 BSF 断面的灌草带输沙量减少 20.37%，BSSF 断面的防护林网内的输沙量相对比 BF 断面的农田防护林网内的输沙量减少 48.31%，BSF 断面农田防护林网内的输沙量相对比 BF 断面的农田防护林网内的输沙量减少 8.83%。由此可以判断，在 4 种测风梯度条件下，防护体系对 8.49m/s 风速条件下输沙的阻挡效果最明显。

对比相同断面在不同风速梯度情况下输沙量的变化可知，BSSF 断面在 4 种风速梯度条件下，裸沙丘输沙量最高，且随着风速的增大，输沙量随之增加，风速为 10.13m/s 时，裸沙丘输沙量超过 4.52m/s 时的 10.79 倍，沙障固沙带在 10.13m/s 时输沙量为 4.52m/s 时的 4.4 倍，灌草防风阻沙带在 10.13m/s 时输沙量为 4.52m/s 时的 6 倍，此断面农田防护林网输沙量在 10.13m/s 达最高，为 51.41g，相比此断面的其他防护带明显降低，其输沙量是风速为 4.52m/s 时的 10 倍，说明随着风速的增加，防护体系内的输沙量有增加的趋势。BSF 断面各防护带输沙量随着风速的增加均呈增大趋势，灌草防风阻沙带 10.13m/s 风速条件下的输沙量是 4.52m/s 时的 5.46 倍，农田防护林网在 10.13m/s 风速条件下的输沙量是 4.52m/s 时的 10.73 倍。BF 断面农田内的输沙量相对比其他断面最高，10.13m/s 风速条件下的输沙量是 4.52m/s 时的 5.12 倍。

综上可知，风是驱使研究区输沙量增加的主要动力，随着风速的增加，输沙量呈增加趋势，在防护体系各防护带层层阻滞的情况下，由裸沙丘向农田输送的沙物质逐渐减少。

11.4.2　四种风速梯度条件下输沙量随高度变化特征

在 4 种风速梯度下，各测点输沙量随着高度增加均呈现幂函数递减的趋势（图 11.16），4.52m/s 风速条件下，输沙主要发生在近地层 20cm 范围内，BSSF 断面：裸沙丘、沙障固沙带、灌草防风阻沙带和农田防护林网近地层 20cm 的输沙量分别占总输沙量的 83.33%、77.50%、63.42% 和 37.54%；BSF 断面灌草防风阻沙带和农田防护林网近地层 20cm 以内的输沙量占总输沙量的 77.88% 和 63.19%；BF 断面农田防护林内近地层 20cm 平均输沙量占总输沙量的 42.55%。6.76m/s 和 8.49m/s 风速条件下,三个断面的输沙量主要集中在近地层 30cm 范围内,风速为 6.76m/s 时 BSSF 断面:裸沙丘、沙障固沙带、灌草防风阻沙带和农田防护林网近地层 30cm 的输沙量分别占总输沙量的 95.46%、77.78%、81.62%和 82.52%;BSF 断面灌草防风阻沙带和农田防护林网近地层 30cm 以内的输沙量占总输沙量的 87.77%和 75.84%;BF 断面农田防护林内近地层 30cm 平均输沙量占总输沙量的 71.37%。风速为 8.49m/s

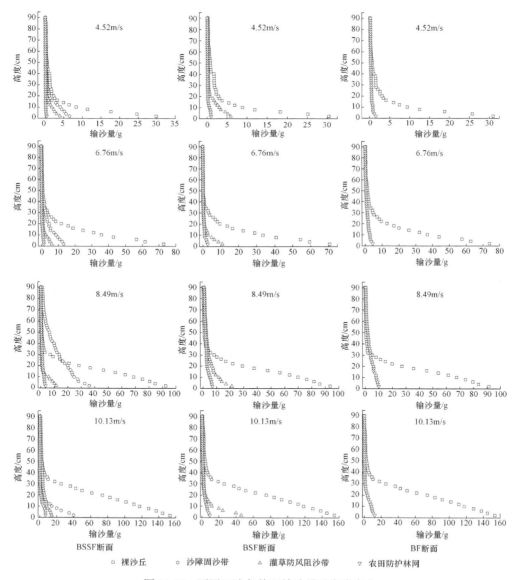

图 11.16 不同风速条件下输沙量随高度变化

时 BSSF 断面：裸沙丘、沙障固沙带、灌草防风阻沙带和农田防护林网近地层 30cm 的输沙量分别占总输沙量的 95.85%、69.28%、84.82% 和 65.37%；BSF 断面灌草防风阻沙带和农田防护林网近地层 30cm 以内的输沙量占总输沙量的 69% 和 54.99%；BF 断面农田防护林内近地层 30cm 平均输沙量占总输沙量的 69.23%。10.13m/s 风速条件下，输沙高度明显相对比其他风速梯度提升，输沙主要发生在近地层 40cm 范围内，BSSF 断面：裸沙丘、沙障固沙带、灌草防风阻沙带和农田防护林网近地层 40cm 的输沙量分别占总输沙量的 97.24%、91.43%、74.20% 和 89.61%；BSF 断面灌草防风阻沙带和农田防护林网近地层 40cm 以内的输沙量占总输沙量的 89.88% 和 83.20%；BF 断面农田防护林内近地层 40cm 平均输沙量占总输沙量的 90.58%。

11.5 小　　结

本章通过对荒漠-绿洲过渡带绿洲防护体系内风沙流进行野外观测，对比分析了防护体系不同防护带内近地层气流水平分布特征，不同风速条件下防护体系防风效能、风速廓线特征及地表粗糙度状况，输沙量的月际变化、输沙量随高度的分布，以及不同风速条件下输沙量和输沙率随高度的变化，探讨了防护体系对风沙流结构的影响，得出以下几点结论。

（1）风沙流沿西北主风向跨越防护体系过程中，受到防护体系地表植被及自身地表形态的影响，风速相对于裸沙丘降低，且防护体系对近地层 0~30cm 风速影响明显，风速降低幅度大。

（2）对比分析 4 种测风条件下防护体系防风效能可知，随着高度的增加，防风效能值整体呈降低趋势，越靠近地表植被影响显著层防风效能值越大。4.52m/s 测风条件下，近地层 0~20cm 范围内，防风效能值：灌草带＞沙障固沙带＞农田防护林网，不同防护带内风速廓线，随高度的变化风速廓线整体呈"J"形分布，且符合对数函数分布规律，不同防护带内近地层风速变化差异明显，随着高度的增加，不同防护带内在相同高度处风速变化减弱。防护体系地表粗糙度值远高于裸沙丘，地表粗糙度值灌草防风阻沙带＞沙障固沙带＞农田防护林网。

（3）对比分析有无防护条件情况下各测点的输沙量发现，研究区风沙输送主要发生在 4 月、5 月和 10 月，对比三个断面内防护体系最后一道防线农田防护林网的输沙量月际变化规律可知，不同月份间三个断面农田防护林网内的总输沙量：BSSF 断面＜BSF 断面＜BF 断面，受风沙输移威胁的荒漠绿洲过渡区，防护体系的建立有助于风沙输移的阻拦，起到减弱绿洲风沙危害的目的。

（4）月平均气温、月平均降水量、大风日数月输沙量之间无明显的相关性，平均相对湿度与月总输沙量之间存在显著的负相关关系，月平均风速和沙尘暴日数与月总输沙量之间存在显著的正相关关系。

（5）研究区内各测点输沙量随高度的变化存在明显的幂函数变化，其输沙主要集中在近地层 30cm 以内，占总输沙量的 90%以上，机械沙障稳定流沙的影响，在大风季节地表植被增加，固沙能力增强，输沙量相对比裸沙丘明显降低，在植被生长季节，灌草防风阻沙带植被复活，地表植被覆盖度增加，对近地层风沙输移具有明显的阻挡作用，农田防护林带主要受季节和农耕习惯的影响，不同月份间输沙量存在明显的差异。

（6）风是驱使研究区输沙量增加的主要动力，随着风速的增加，输沙量呈增加趋势，不同风速梯度条件下，受到防护体系各防护带层层阻滞作用，三个断面输沙量的变化均表现出由裸沙丘向农田方向减少的趋势，在 4 种测风梯度条件下，防护体系对 8.49m/s 风速条件下输沙的阻挡效果最明显。

（7）在 4 种测风梯度下，各测点输沙量随着高度增加均呈现幂函数递减的趋势，随着风速的增加，输沙发生高度明显抬升，4.52m/s 风速条件下，输沙主要发生在近地层 20cm 范围内，6.76m/s 和 8.49m/s 风速条件下，三个断面的输沙量主要集中在近地层 30cm 范围内，10.13m/s 风速条件下，输沙主要发生在近地层 40cm 范围内。

第 12 章　绿洲防护体系近地表蚀积特征

蚀积量和蚀积强度是阐明风成地貌发育以及防治风沙灾害的基础，沙粒在起动、搬运和堆积过程中，受区域风况、沙源与下垫面等多种因素影响，地表蚀积形态发生明显变化，同时，不同地貌部位受下垫面性质的影响，其地表蚀积量和蚀积强度具有明显的差异，本章内容通过野外观测，采用传统测钎法对研究区进行蚀积测试，探讨绿洲防护体系各断面蚀积形态特征，蚀积量以及蚀积强度的月际变化规律，同时选择大风季节测试不同风速梯度条件下地表的蚀积变化特征，研究风影响下的地表形态、蚀积量以及蚀积形态变化特征。

12.1　绿洲防护体系蚀积月际变化

研究区位于西北内陆，气候干旱，同时受冷暖锋交替影响，不同月份表现出不同的风速强度，其在风力作用下风蚀地表的蚀积变化特征具有明显的差异，本节内容主要探讨了防护体系地表蚀积的月际变化特征。

12.1.1　绿洲各防护体系蚀积形态特征

从防护体系积沙断面蚀积形态月际变化可以看出（图 12.1），研究区蚀积状态主要以侵蚀为主，且裸沙丘的侵蚀强度远大于防护体系的侵蚀强度。

对比同时期不同断面蚀积厚度可知，BSSF 断面由裸沙丘至农田防护林方向各防护带各月份均以侵蚀为主，且侵蚀厚度逐渐降低，裸沙丘侵蚀主要发生在 4 月和 5 月，平均侵蚀厚度均在 1.7cm 以上，侵蚀厚度最小的月份为 7 月、10 月和 12 月，沙障固沙带侵蚀厚度最大的月份发生在 4 月、5 月、6 月和 9 月，1 月、5 月、6 月和 9 月农田防护林网处出现堆积现象，平均堆积厚度分别为 0.001cm、0.22cm、0.18cm 和 0.014cm，7 月和 8 月裸沙丘和沙障固沙带均出现侵蚀，在灌草防风阻沙带和农田防护林网处出现堆积，灌草防风阻沙带堆积厚度均大于农田防护林网处的堆积厚度，11 月裸沙丘和沙障固沙带出现侵蚀，从灌草防风阻沙带出现堆积，到农田防护林网再次出现侵蚀，出现这一蚀积状态的主要原因为研究区在 3 月底至 5 月初、10 月为主要风季，沙尘暴日数增加的缘故，在农田防护林网内主要以堆积为主，这也主要是风沙流在跨越防护断面越境过程中，受到沙障固沙带、灌草防风阻沙带和农田防护林网的层层阻滞作用，粗颗粒物遇阻提前下沉，在农田防护林网内形成

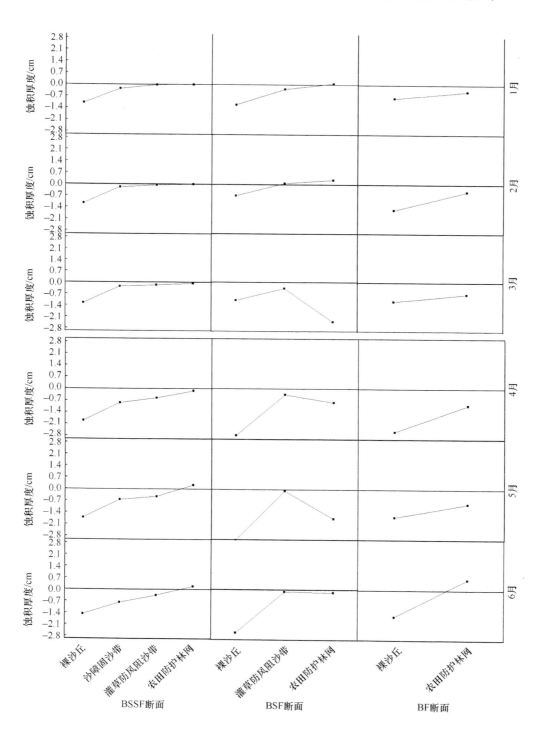

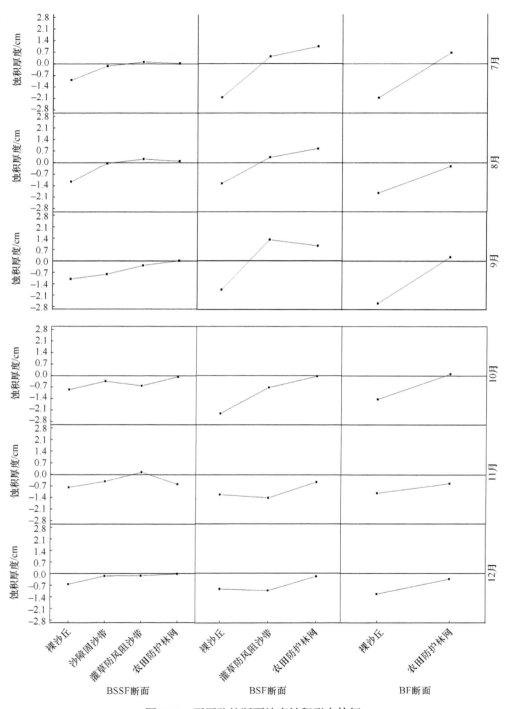

图 12.1　不同防护断面地表蚀积形态特征

堆积引起的；BSF 断面灌草防风阻沙带相对 BSSF 断面相对侵蚀厚度均增加，其侵蚀最大的月份主要发生在 10 月、11 月和 12 月，平均侵蚀厚度超过 0.7cm，尤其是 11 月和 12 月平均侵蚀厚度达到 1.4cm 和 1.025cm，该防护带在 2 月、7 月、8 月和 9 月出现不同程度的堆积，农田防护林网大部分月份以堆积为主，但堆积程度随着月份及风季的分布呈现不同的规律，其侵蚀主要发生在 3 月、4 月和 5 月，平均侵蚀厚度最大发生在 3 月，为 3.375cm；BF 断面在 12 个月间裸沙丘均出现侵蚀现象，平均侵蚀厚度最大发生在 4 月和 9 月，达到 2cm 以上，农田防护林内堆积主要出现在 6 月、7 月、9 月和 10 月，其他月份均有不同程度的侵蚀。对比 BSSF 断面与其他两个防护断面地表蚀积结果可知，BSSF 断面在受防护带的层层阻滞作用后，风沙流遇阻形成堆积，各防护带均起到不同程度的阻沙效果。

12.1.2　绿洲防护体系地表蚀积量变化

研究区外围主要以高大流动沙丘为主，在荒漠-绿洲过渡带地势相对低平的裸沙丘铺设草方格沙障进行固沙，灌草带内生长有不同覆盖度的沙蒿等灌丛，加之固定白刺灌丛沙丘，到农田防护林网内有高达十几米高的乔木防护林，不同的防护带内不同下垫面特性使得来自西北向的风沙流过境过程中受到层层阻滞，沙粒先后沉降于地表，使得不同防护带内的地表蚀积形态、蚀积量和蚀积强度发生明显的差异。

分析防护体系不同测点内的地表蚀积量的月际变化（图 12.2）可知：BSSF 断面由裸沙丘至农田方向，1 月蚀积量逐渐减少，沙障固沙带侵蚀量相对裸沙丘减少 58.67%，灌草防风阻沙带侵蚀量相对裸沙丘减少 95.78%，到达农田防护林网处出现堆积，平均堆积量为 282.5kg。2 月沙障固沙带、灌草防风阻沙带和农田防护林网侵蚀量相对比裸沙丘分别减少 70.19%、89.30% 和 95.83%。3 月三条防护带侵蚀量相对比裸沙丘分别减少 63.83%、77.85% 和 84.73%。4 月相对比裸沙丘分别减少 22.22%、50.33% 和 82.32%，5 月沙障固沙带和灌草防风阻沙带的侵蚀量比裸沙丘分别减少 33.59% 和 54.44%，6 月比裸沙丘分别减少 70.06% 和 58.43%，5 月和 6 月农田防护林网处的堆积量分别为 62 150kg 和 50 850kg，7 月和 8 月沙障固沙带相比裸沙丘侵蚀量分别减少 75.60% 和 91.69%，灌草防风阻沙带和农田防护林网处出现堆积，农田防护林网堆积量分别为灌草防风阻沙带的 71% 和 45.72%，9 月沙障固沙带侵蚀量相对比裸沙丘减少 29.39%，灌草防风阻沙带的侵蚀量相对比裸沙丘减少 58.02%，农田防护林网处堆积量达 3955kg，10 月该断面主要以侵蚀为主，侵蚀量沙障固沙带和农田防护林网分别相对比裸沙丘减少 29.14% 和 77.68%，11 月除灌草防风阻沙带出现堆积外，在其他防护带均表现出不同程度的侵蚀，灌草防风阻沙带的平均堆积量为 2.6 万 kg，12 月沙障固沙带、灌草防风阻沙带和农田防护林网的侵蚀量分别相比裸沙丘减少 60%、66.21% 和 92.52%。

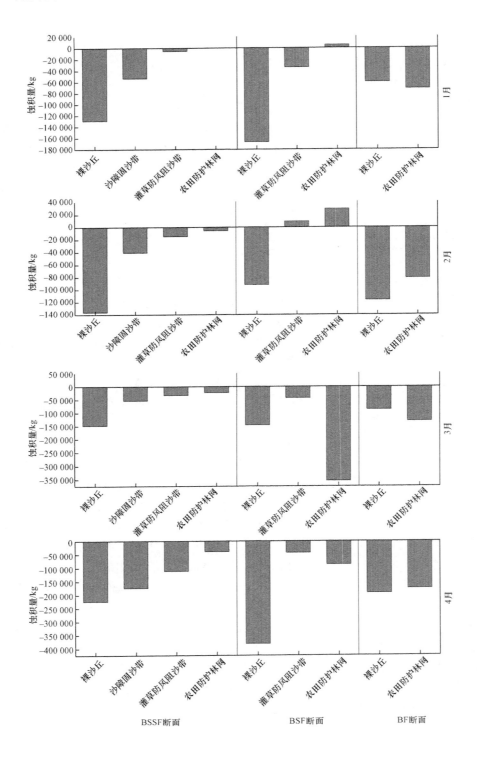

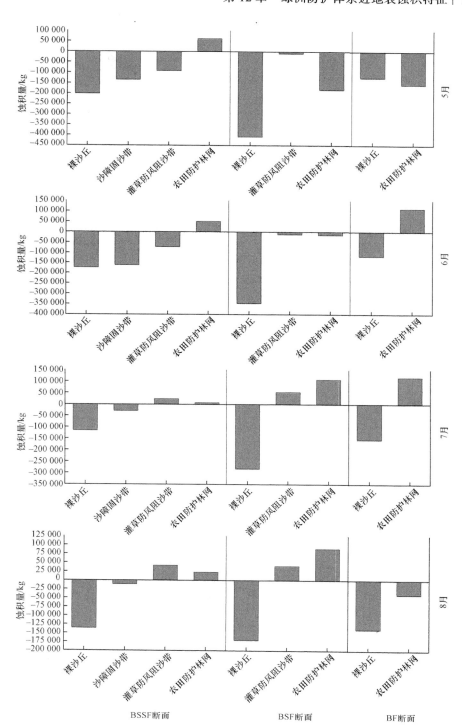

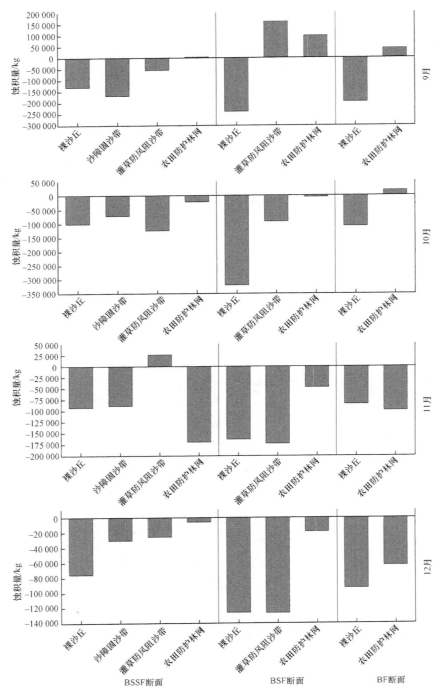

图 12.2 不同防护断面蚀积量月际变化

BSF 断面 1 月灌草防风阻沙带侵蚀量相对比裸沙丘减少 79.65%，农田防护林处堆积，其堆积量为 5251.95kg，2 月灌草防风阻沙带和农田防护林网堆积量分别达 9269.4kg 和 28 885.725kg，3 月和 4 月灌草防风阻沙带侵蚀量相对比裸沙丘减少 70.05% 和 88.67%，4 月农田防护林网侵蚀量相对比裸沙丘减少 77.30%，5 月和 6 月灌草防风阻沙带的侵蚀量相对裸沙丘分别减少 97.73% 和 96.45%，农田防护林网的侵蚀量相对裸沙丘分别减少 55.70% 和 95.47%，7 月、8 月和 9 月除裸沙丘发生侵蚀外，其他防护带主要以堆积为主，7 月和 8 月农田防护林网处的堆积量分别相对比沙障固沙带增加 1.05 倍和 1.22 倍，9 月堆积量灌草带大于农田防护林网，为农田防护林网的 1.65 倍，10 月和 11 月侵蚀量由裸沙丘至农田防护林网逐渐降低，10 月灌草防风阻沙带和农田防护林网的侵蚀量分别为裸沙丘的 71.07% 和 98.36%，11 月侵蚀量分别为裸沙丘的 5.75% 和 71.11%，12 月侵蚀量相对比裸沙丘分别减少 0.44% 和 85.43%。

BF 断面 2 月和 4 月农田防护林网处的侵蚀量分别相对裸沙丘减少 30.52% 和 8.50%，6 月、7 月、9 月和 10 月农田防护林网处出现堆积，堆积量分别为 11 万 kg、11.7 万 kg、4.05 万 kg 和 1.8 万 kg，其他月份裸沙丘和农田防护林网均出现不同程度的侵蚀。

综合比较可知，BSSF 断面裸沙丘 12 个月间均出现不同程度的侵蚀，侵蚀量最高发生在 4 月，这主要受风季的影响，4 月研究区多大风和沙尘天气，所以在无任何防护条件下其侵蚀量相对提高，沙障固沙带也主要发生侵蚀，但同时期其侵蚀量相对裸沙丘有不同程度的减少，侵蚀量最高也发生在 4 月，侵蚀量最低发生在 7 月，这可能受气候季节变化的影响，研究区 7 月有少量降水，属植被的生长季，地表多植被覆盖，且该时期平均风速相对比其他月份有所降低，灌草防风阻沙带和农田防护林网内不同月份间侵蚀和堆积相间出现，风季且降水稀少月份主要以侵蚀为主，冬季、降水集中季节、植被生长旺盛季节主要以堆积为主。

12.1.3　绿洲防护体系蚀积强度变化

对比 12 个月三个防护断面的蚀积强度可见（图 12.3），三个断面由裸沙丘-农田防护林网方向侵蚀强度整体呈降低趋势，对比侵蚀强度和蚀积量之间的关系发现，不同月份的蚀积强度和侵蚀量之间存在着明显相关性，BSSF 断面 1 月裸沙丘侵蚀强度最大，在农田防护林处出现堆积，10 月蚀积强度由裸沙丘-沙障固沙带-灌草防风阻沙带-农田防护林网方向出现波动变化，沙障固沙带和农田防护林网的蚀积强度小于裸沙丘和灌草防风阻沙带，其他两个断面均出现由裸沙丘-农田方向侵蚀强度逐渐降低的趋势，11 月防护体系断面侵蚀强度最低发生在灌草防风阻沙带，其农田防护林网的侵蚀强度相对其他月份增加。BSF 断面 2 月由裸沙丘-农田方向蚀积强度先减少后增加,在灌草防风阻沙带蚀积强度最低,3月蚀积强度最大发生在农田内,这可能与春季研究区气候干旱、地表裸露,加之农田经过翻耕作业处理,表土疏松有直接关系,4月蚀积强度最大发生在裸沙丘,侵蚀强度最低发生在灌草防风阻沙带,其他两个防护断面侵蚀强度均由裸沙丘-农田方向逐渐降低,5~9月出现由裸沙丘-农田方向侵蚀强度先减少后增加的趋势,在灌草防风阻沙带侵蚀强度最低,这可能与该时期下垫面性质和下垫面粗糙度有一定关系,12月3个防护断面间侵蚀强度由裸沙丘-农田方向均整体呈现降低趋势。

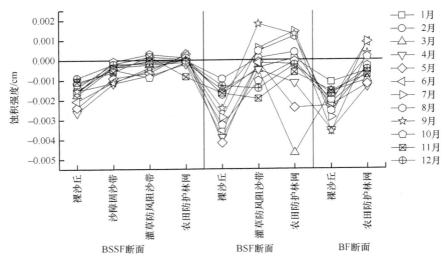

图12.3   不同防护断面蚀积强度月际变化

12.2   绿洲防护体系在不同风速条件下地表蚀积特征

风是风沙流活动必不可少的要素,沙物质在风的作用下随风输移,沙物质随风输移过程中主要有几种运动形式:蠕移、跃移和悬移,不同的下垫面性质条件下,其沙物质的启动风速各有差异,但随着风速的增加,沙物质的运动形式发生变化,同时在受到下垫面干扰的情况下,沙物质遇阻沉降、堆积,裸露地表出现风蚀。本节内容主要探讨平均风速在4.52m/s、6.76m/s、8.49m/s和10.13m/s四种风速梯度情况下,防护体系内不同防护带的地表积沙特征。

12.2.1   不同风速条件下地表蚀积形态特征

通过对比4种风速梯度条件下防护体系三种防护断面地表蚀积厚度可知(图12.4):当风速为4.52m/s时,BSSF断面裸沙丘和沙障固沙带出现风蚀,侵蚀厚度裸沙丘大于沙障固沙带，在灌草防风阻沙带和农田防护林网出现堆积，平均堆积厚度分别为 0.02cm 和 0.15cm；BSF 断面各防护带均出现侵蚀，其中灌草防风阻沙带侵蚀厚度最小，农田防护林网的侵蚀厚度大于灌草带；BF 断面裸沙丘发生侵蚀，在农田防护林网处出现堆积，平均堆积厚度为 0.55cm。风速为 6.76m/s 的情况下，BSSF 断面在裸沙丘和灌草防风阻沙带发生侵蚀，侵蚀厚度灌草防风阻沙带相对比裸沙丘减少 93%，在沙障固沙带和农田防护林网处出现堆积，平均堆积厚度分别为 0.04cm 和 0.06cm；BSF 断面裸沙丘和灌草防风阻沙带发生侵蚀，平均侵蚀厚度降低，灌草防风阻沙带平均侵蚀厚度相对比裸沙丘减少 67%，在农田防护林网处出现堆积，堆积厚度为 0.07cm；BF 断面裸沙丘发生侵蚀，农田防护林网处出现堆积，平均堆积厚度达 0.2cm。当风速增加达到 8.49m/s 的情况下，BSSF断面由裸沙丘-沙障固沙带-灌草防风阻沙带方向出现侵蚀，平均侵蚀厚度逐渐降

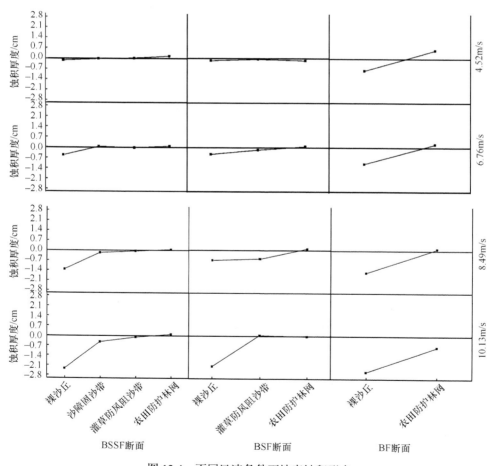

图 12.4　不同风速条件下地表蚀积形态

低，沙障固沙带和灌草防风阻沙带平均侵蚀厚度相对比裸沙丘分别减少 86%和 96%，该断面在农田防护林网处出现堆积，堆积厚度为 0.04cm；BSF 断面裸沙丘和灌草防风阻沙带出现侵蚀，平均侵蚀厚度灌草防风阻沙带相对比裸沙丘减少 14%，农田防护林网处出现堆积，平均堆积厚度为 0.1cm；BF 断面农田防护林网处依旧出现堆积现象，平均堆积厚度和其他防护带之间无明显变化。风速为 10.13m/s 的情况下，BSSF 断面由裸沙丘-沙障固沙带-灌草防风阻沙带方向出现侵蚀，平均侵蚀厚度逐渐降低，在裸沙丘处侵蚀厚度达整个试验阶段最高，平均侵蚀厚度为–2.35cm，沙障固沙带和灌草防风阻沙带平均侵蚀厚度相对比裸沙丘分别减少 81%和 95%，该断面在农田防护林网处出现堆积，堆积厚度为 0.08cm；BSF 断面由裸沙丘-灌草防风阻沙带-农田防护林网方向侵蚀状态变化：侵蚀-堆积-侵蚀，在灌草防风阻沙带发生堆积，平均堆积厚度为 0.05cm；BF 断面在 10.13m/s 风速条件下农田防护林网处出现侵蚀，平均侵蚀厚度达–0.8cm。

对比同一积沙断面在不同风速条件下地表蚀积状态可知，BSSF 断面裸沙丘侵蚀厚度最高，沙障固沙带在不同风速梯度下主要以侵蚀为主，风速为 6.76m/s 时出现轻微堆积，灌草防风阻沙带在风速为 4.52m/s 时出现轻微堆积，在其他风速梯度下均出现侵蚀，农田防护林网在该断面处，4 种风速梯度条件下均出现不同程度的堆积。BSF 断面裸沙丘以侵蚀为主，且平均侵蚀厚度随着风速的增加而逐渐增加，此断面灌草防风阻沙带在不同风速梯度条件下主要以侵蚀为主，到农田防护林网处，当风速为 6.76m/s 和 8.49m/s 时出现堆积。BF 断面裸沙丘主要以侵蚀为主，到农田防护林网内，当风速加大到 10.13m/s 时，农田内出现侵蚀状况，平均侵蚀厚度达–0.8cm。

12.2.2 不同风速条件下地表蚀积量变化

分析不同风速梯度条件下防护体系各断面的蚀积量变化可知（图 12.5）：风速为 4.52m/s 时，BSSF 断面裸沙丘和沙障固沙带侵蚀量分别达–1.57 万 kg 和 –3776kg，沙障固沙带相对比裸沙丘侵蚀量降低 75.95%，灌草防风阻沙带和农田防护林网处出现堆积，堆积量农田防护林网相对比灌草带增加 8.87 倍；BSF 断面灌草防风阻沙带的侵蚀量最低，相对比裸沙丘减少 69.79%，农田防护林网处的侵蚀量相对裸沙丘减少 22.96%；BF 断面农田防护林网处的堆积量达 9.9 万 kg。当风速为 6.76m/s 时，BSSF 断面由裸沙丘-沙障固沙带-灌草防风阻沙带-农田防护林网蚀积量表现为侵蚀-堆积-侵蚀-堆积变化特征，沙障带堆积量达 7551kg，到农田防护林网内堆积量增加至 1.7 万 kg，BSF 断面裸沙丘和灌草防风阻沙带侵蚀量逐渐降低，灌草防风阻沙带相对裸沙丘侵蚀量减少 69.79%，农田防护林网处出现堆积；BF 断面农田处的堆积量达 3.6 万 kg。风速为 8.49m/s 时，BSSF

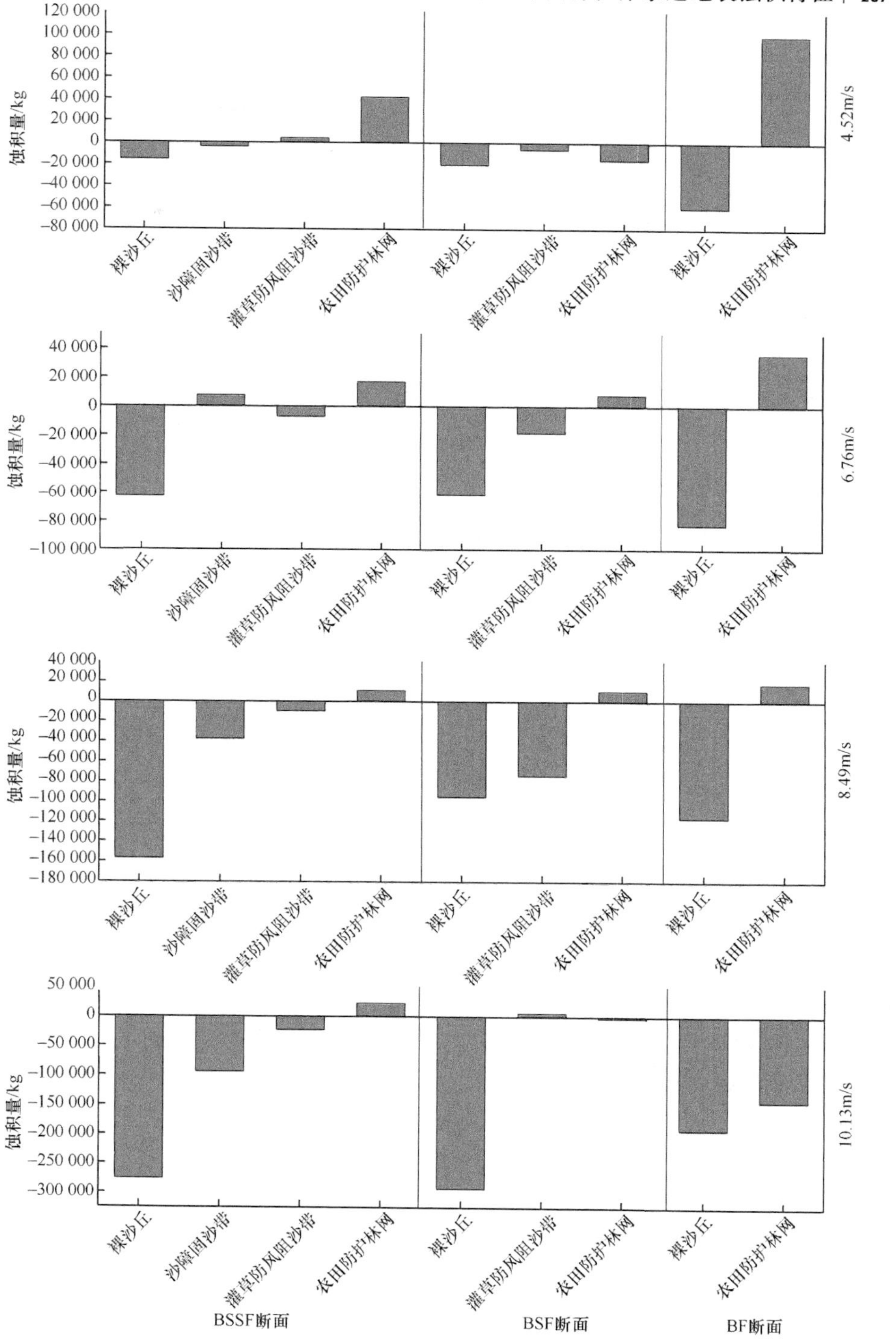

图 12.5　不同风速条件下防护体系蚀积量变化

断面裸沙丘、沙障固沙带、灌草防风阻沙带发生侵蚀，侵蚀量逐渐减少，沙障固沙带和灌草防风阻沙带相对比裸沙丘侵蚀量分别减少 75.95% 和 93.62%，农田处出现堆积，堆积量达 1.13 万 kg；BSF 断面灌草防风阻沙带侵蚀量相对比裸沙丘减少 22.31%，农田防护林网处出现堆积，堆积厚度达 1.05 万 kg；BF 断面在此风速条件下裸沙丘侵蚀量达 11.68 万 kg，农田防护林处堆积量为 1.8 万 kg。风速为 10.13m/s 时，BSSF 断面裸沙丘、沙障固沙带、灌草防风阻沙带依旧发生侵蚀，侵蚀量逐渐减少，沙障固沙带和灌草防风阻沙带相对比裸沙丘侵蚀量分别减少 65.88% 和 91.7%；农田处出现堆积，堆积量达 2.26 万 kg；BSF 断面裸沙丘和农田防护林网处出现侵蚀，在中间过渡区灌草防风阻沙带发生堆积，堆积量 6179kg，农田防护林网处的侵蚀量相对比裸沙丘减少 99.1%；此风速条件下，BF 断面各测点均发生侵蚀，农田防护林网处的侵蚀量相对比裸沙丘减少 24.92%。

对比相同防护断面在不同风速梯度条件下蚀积量的变化可知，BSSF 断面内裸沙丘和沙障固沙带随着风速的增加侵蚀量逐渐增加，灌草防风阻沙带低风速条件下出现堆积，风速超过 6.76m/s 时出现侵蚀，侵蚀量随着风速的加大而增加，农田防护林网处在此断面出现堆积，且随着风速的增加堆积量逐渐增加；BSF 断面在风速为 6.76m/s 和 8.49m/s 时侵蚀量最大，农田处主要以堆积为主，高风速条件下发生侵蚀；BF 断面随着风速的增加，裸沙丘的侵蚀量逐渐增加，农田防护林网处的堆积量逐渐减少，在风速达到 10.13m/s 时，农田防护林网内出现侵蚀。

12.2.3　不同风速条件下地表蚀积强度变化

不同风速梯度条件下，蚀积强度的变化与蚀积量之间存在着明显的相关性，BSSF 断面在低风速条件下，下垫面相对裸露的裸沙丘和沙障固沙带出现侵蚀，侵蚀强度沙障固沙带相对比裸沙丘降低，随着风速的增加，沙障固沙带和灌草防风阻沙带仍主要以侵蚀为主，侵蚀强度随着风速的加大逐渐增加，农田防护林网处出现堆积，堆积强度随着风速的增加而有减少的趋势。BSF 断面风速为 4.52m/s、6.76m/s 和 8.49m/s 时，由裸沙丘-灌草防风阻沙带-农田防护林网蚀积强度逐渐增加，但增加的幅度不大，当风速达到 10.13m/s 时，灌草防风阻沙带和农田防护林网的侵蚀强度增幅较大。BF 断面 8.49m/s 以下风速条件下主要以堆积为主，堆积强度随着风速的增加逐渐减弱，风速达 10.13m/s 时出现侵蚀（图 12.6）。

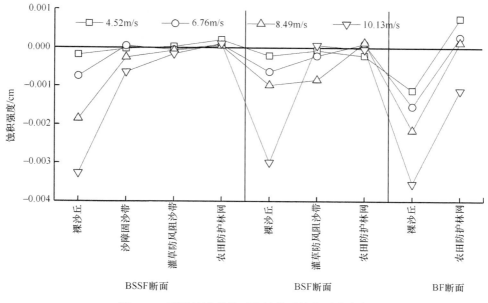

图 12.6　不同风速条件下防护体系蚀积强度变化

12.3　绿洲防护体系表土沉积物粒度特征

防治地表风蚀是荒漠化防治过程中的重要环节，目前对于绿洲防护的手段主要体现在控制外围裸沙向农田推进，探讨防护体系近地表风蚀颗粒物粒度特征有助于评价其防护效益，分析近地表风蚀颗粒物粒度组成特征、粒度参数变化、颗粒物的频率分布特征，从而判断防护体系对风蚀颗粒物的影响范围，对进一步提高其防护效益具有重要的参考价值。

12.3.1　绿洲防护体系表土沉积物粒度组成

从防护体系近地表粒度组成可以看出（图 12.7），裸沙丘主要以中沙成分为主，中沙占 71%，其次是粗沙和细沙，占比例分别为 20.66%和8.34%，无粉沙和极细沙成分；沙障固沙带主要以中沙和细沙为主，占比例分别为 51.44%和49.71%，粗沙和极细沙占比例不足 10%，占比例分别为 7.86%和5.17%，粉沙含量极少，占比例为 0.21%，中沙和粗沙含量相对比裸沙丘降低，分别减少19.56%和 12.80%，粉沙、细沙和极细沙含量均有不同程度的增加，占比例分别增加 0.21%、3.73%和28.41%；灌草防风阻沙带细沙含量最高，占49.71%，其次是中沙（占 39.79%），其中细沙含量相对比裸沙丘大幅增加，增加41.37%，中沙含量相对比裸沙丘减少 31.21%，其余粒级颗粒百分含量均不足 10%，粉沙、极细沙和粗沙百分含量分别为 0.40%、5.17% 和 4.92%，其中粉沙和极细沙分别相对裸沙丘增加 0.40% 和 5.17%，而粗沙含量相对比裸沙丘减少 15.74%；农田防护林网沉积物颗粒主要以细沙和中沙为主，占比例分别为 47.41% 和 39.19%，细沙含量相对比裸沙丘增加 39.07%，中沙含量相对比裸沙丘减少 31.81%，粉沙、极细沙和粗沙含量分别为 1.16%、6.99% 和 5.08%，粗沙含量相对比裸沙丘减少 15.58%。

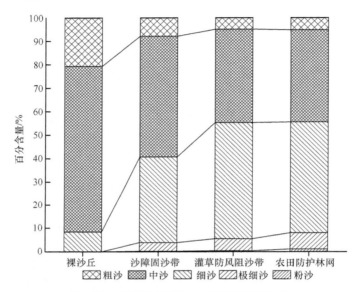

图 12.7　防护体系内表土沉积物粒度组成

　　分析防护体系近地层沉积物粒度级配特征可知（表 12.1），沙障固沙带相对比裸沙丘沉积物颗粒细化，灌草防风阻沙带相对比裸沙丘细化现象更明显，农田防护林网相对比灌草防风阻沙带沉积物颗粒均值变化不明显，裸沙丘和农田防护林网、沙障固沙带和灌草防风阻沙带粉沙含量没有显著差异，但裸沙丘与沙障固沙带和灌草防风阻沙带、农田防护林网与沙障固沙带和灌草防风阻沙带的粉沙含量存在显著的差异，裸沙丘、沙障固沙带、灌草防风阻沙带的极细沙含量，以及灌草防风阻沙带和农田防护林网极细沙含量没有显著差异，但农田防护林网与裸沙丘和沙障固沙带极细沙含量存在显著差异，裸沙丘、沙障固沙带与灌草防风阻沙带和农田防护林网的细沙含量之间存在显著差异，但灌草防风阻沙带和农田防护林网的细沙含量差异不显著，裸沙丘与三条防护带（沙障固沙带、灌草防风阻沙带和农田防护林网）中沙含量存在显著差异，但沙障固沙带、灌草防风阻沙带和农田防护林网防护带之间中沙含量差异不显著，灌草防风阻沙带和农田防护林网的粗沙含量存在显著差异，且粗沙含量有减少趋势。

表 12.1　防护体系近地层沉积物级配特征

类型	粉沙 （4～8Φ）/%	极细沙 （3～4Φ）/%	细沙 （2～3Φ）/%	中沙 （1～2Φ）/%	粗沙 （<1Φ）/%
裸沙丘	0.11±0.43b	3.24±1.28a	8.14±4.35b	55.22±5.36b	33.29±5.26ab
沙障固沙带	0.15±0.19a	3.79±1.77a	36.75±13.64c	45.2±8.33a	14.11±7.11ab
灌草防风阻沙带	0.39±0.57a	5.18±2.72ab	49.71±15.01a	35.89±9.93a	8.82±8.25a
农田防护林网	1.07±1.01b	7.08±4.18b	47.42±11.56a	35.1±11.09a	9.33±4.51b

注：表中数据为均值±标准偏差。同列在不同防护带的小写字母不同表示该种类型颗粒含量在不同防护带内差异显著（P<0.05）

12.3.2　绿洲防护体系表土沉积物粒度参数

裸沙丘表层沉积物平均粒径均值为 1.65Φ，属于中沙范围。沙障固沙带平均粒径均值为 1.79Φ，颗粒粗细变化相对裸沙丘变化不明显，主要属于中沙范围，灌草防风阻沙带平均粒径均值为 2.02Φ，属细沙范围，相对比裸沙丘和沙障固沙带细化，农田防护林网沉积物颗粒平均粒径均值 2.03Φ，相对比裸沙丘和沙障固沙带细化，但相比灌草防风阻沙带颗粒粗细变化不明显。

按福克-沃德（Folk-Ward）图解法的划分标准，裸沙丘沉积物分选系数均值为 0.62，颗粒分选性等级为较好。沙障固沙带和灌草防风阻沙带沉积物分选系数均值为 0.51，分选等级仍为较好，但相对比裸沙丘分选性变优，农田防护林网沉积物分选系数均值为 0.47，分选等级为好，为整个防护体系颗粒物分选性最优的防护带；裸沙丘、沙障固沙带、灌草防风阻沙带和防护林网的偏度均值分别为 0.17、0.22、0.29 和 0.27，偏度等级划分结果均为正偏态，其中灌草防风阻沙带偏度值最高，接近于正偏态，裸沙丘及各防护带内偏度变化规律基本与平均粒径保持一致；裸沙丘和沙障固沙带沉积物峰度值分别为 0.9693 和 0.9871，频率分布曲线峰态尖窄程度均为中等，灌草防风阻沙带和农田防护林网峰度值均值分别为 1.0212 和 1.0020，均大于裸沙丘沉积物峰度值，土壤颗粒粒度分布相比裸沙丘分散（图 12.8）。

12.3.3　绿洲防护体系表土沉积物频率分布特征

从防护体系近地表沉积物频率分布曲线可以看出（图 12.9），研究区裸沙丘、沙障固沙带、灌草防风阻沙带和农田防护林网沉积物颗粒频率分布曲线均呈单峰型，裸沙丘颗粒分布于 3.72～6.30Φ，5.37Φ 颗粒百分含量达最高值（14.18%），沙障固沙带颗粒分布于 0.40～6.30Φ，9.59Φ 颗粒百分含量达最高值（14.18%），相对比裸沙丘峰值降低且提前出现，颗粒分布范围变宽，灌草防风阻沙带颗粒分布于 0.04～6.48Φ，4.45Φ 颗粒百分含量达最高值（8.95%），相对比沙障固沙带峰

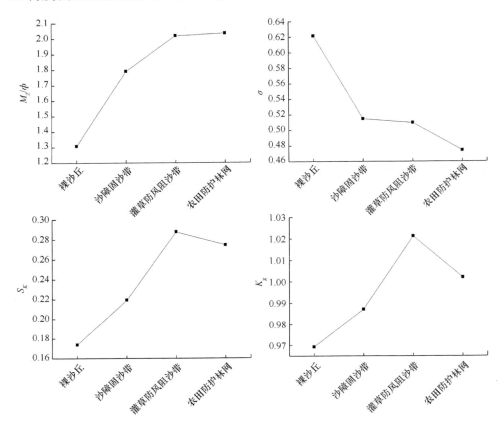

图 12.8　防护体系表层沉积物颗粒粒度参数

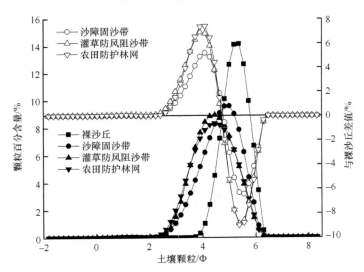

图 12.9　绿洲防护体系近地表沉积物频率分布曲线

值降低且提前出现，颗粒分布范围也有变宽趋势，但峰值降低及颗粒分布范围相对沙障固沙带变化幅度不大，农田防护林网颗粒分布于–1.18～8.14Φ，4.45Φ颗粒百分含量达最高值（8.33%），沉积物颗粒分布范围为防护体系内最宽，峰值最低。由频率分布曲线中各防护带粒级颗粒与裸沙丘的差值可知，农田防护林网内颗粒平均粒径相对于裸沙丘变化明显，从颗粒粒径累积曲线也可以看出，防护体系内 2.80～5.74Φ 范围细颗粒占比例相对于裸沙丘明显增加，累计频率曲线变缓且提前到达曲线顶部，农田防护林网颗粒分布范围最广，且到达曲线顶端最迟（图 12.10）。

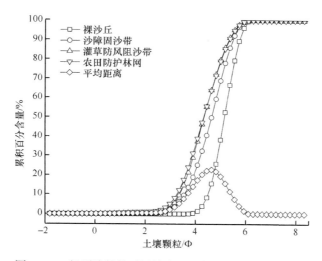

图 12.10　绿洲防护体系近地表沉积物累积频率分布曲线

12.3.4　防护体系对风蚀颗粒物范围的影响

在裸沙丘上实施一定的工程防护措施，灌草防风阻沙带和农田防护林网内的林带，可以增加地表粗糙度，进而控制风沙流运动方向、速度、结构等，起到防风固沙的作用，同时还可以弱化风沙活动强度，对风沙活动颗粒的范围产生影响。

沉积物粒度累积频率间平均距离反映了样地间颗粒差异情况，可定性描述易风蚀颗粒范围，沙障内沉积物粒度累积频率间平均距离判断研究区沉积物粒度主要为细沙和极细沙（图 12.11），说明研究区内该范围的颗粒容易受到风沙活动的影响。在风沙活动中，沙粒的跃移是风沙流前进的主要形式，粒径为 1～4.3219Φ 的极细沙、细沙及中沙均可发生跃移，部分粒径<1Φ 的粗沙则为蠕移的主体。研究区内极细沙和细沙为主要的风蚀颗粒，这些粒径范围颗粒受风沙活动的影响较大。作为反映沉积物颗粒整体粒径大小的粒度参数指标，平均粒径变化易受风蚀活动敏感的组分颗粒含量的影响，因此对防护带内沉积物平均粒径与不同粒级颗粒百分含量进行线性

回归分析，试图得出影响颗粒整体粒径分布的关键粒级组分。平均粒径与极细沙和细沙呈正相关（R^2=0.7792、0.9662，$P<0.05$），与中沙和粗沙呈负相关（R^2=−0.9811、−0.8618，$P<0.05$），而平均粒径与粉沙的线性拟合结果较差（R^2=0.1078，$P<0.05$），综合分析可知，研究区内易发生风蚀的颗粒为极细沙和细沙，这两种颗粒对流场变化响应敏感，是影响防护体系内沉积物颗粒相对粗细的关键组分。

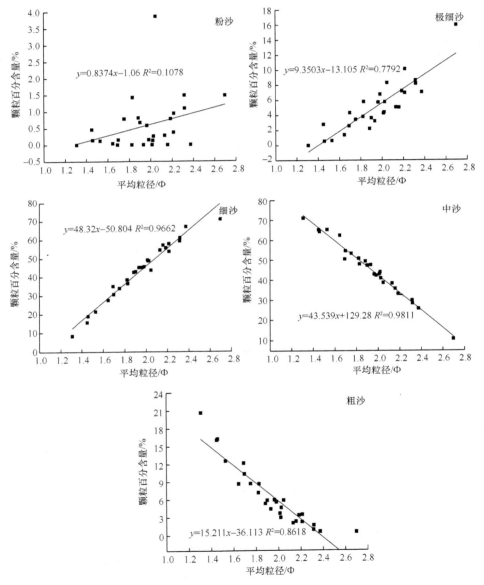

图 12.11　沉积物粒度百分含量与平均粒径相关性分析

12.4 小 结

（1）研究区蚀积状态主要以侵蚀为主，且裸沙丘的侵蚀强度远大于防护体系内各防护带的侵蚀强度。BSSF 断面在不同月份由裸沙丘-沙障固沙带-灌草防风阻沙带方向侵蚀厚度逐渐降低，到农田防护林网略有堆积，侵蚀主要发生在 4 月和 5 月，BSF 断面灌草防风阻沙带相对 BSSF 断面侵蚀厚度均增加，其侵蚀最大的月份主要发生在 10 月、11 月和 12 月，BF 断面在 12 个月间裸沙丘均出现侵蚀现象，平均侵蚀厚度最大发生在 4 月和 9 月。

（2）BSSF 断面裸沙丘均发生不同程度的侵蚀，侵蚀量最高发生在 4 月，这主要受风季的影响，4 月研究区多大风和沙尘天气，所以在无任何防护条件下其侵蚀量相对提高，沙障固沙带也主要发生侵蚀，但同时期其侵蚀量相对裸沙丘有不同程度的减少，侵蚀量最高也发生在 4 月，侵蚀量最低发生在 7 月，这可能受气候季节变化的影响，研究区 7 月有少量降水，属植被的生长季，地表多植被覆盖，且该时期平均风速相对比其他月份有所降低，灌草防风阻沙带和农田防护林网内不同月份间侵蚀和堆积相间出现，风季且降水稀少月份主要以侵蚀为主，冬季、降水集中季节、植被生长旺盛季节主要以堆积为主。

（3）不同风速梯度条件下，裸沙丘主要发生侵蚀，且随着风速的加大，平均侵蚀厚度增加，BSSF 断面农田防护林网主要以堆积为主，相比其他两个防护断面，堆积厚度相对增加，侵蚀厚度减少，该断面内，裸沙丘和沙障固沙带随着风速的增加侵蚀量逐渐增加，灌草防风阻沙带低风速条件下出现堆积，风速超过 6.76m/s 时出现侵蚀，侵蚀量随着风速的加大而增加，农田防护林网处在此断面出现堆积，且随着风速的增加堆积量逐渐增加；BSF 断面农田处主要以堆积为主，高风速条件下发生侵蚀；BF 断面随着风速的增加，裸沙丘的侵蚀量逐渐增加，农田防护林网处的堆积量逐渐减少，风速继续加大的情况下，农田防护林内有侵蚀的迹象。

（4）不同风速梯度条件下，蚀积强度的变化与蚀积量之间存在着明显的相关性，BSSF 断面在低风速条件下，下垫面相对裸露的裸沙丘和沙障固沙带出现侵蚀，侵蚀强度沙障固沙带相对比裸沙丘降低，随着风速的增加，沙障固沙带和灌草防风阻沙带仍主要以侵蚀为主，侵蚀强度随着风速的加大逐渐增加，农田防护林网处出现堆积，堆积强度随着风速的增加有减少的趋势。

（5）裸沙丘表土沉积物颗粒组成主要以中沙成分为主，其次是粗沙和细沙，无粉沙和极细沙成分，沙障固沙带主要以中沙和细沙为主，粗沙和极细沙占比例不足 10%，粉沙含量极少，中沙和粗沙含量相对比裸沙丘降低，粉沙、细沙和极细沙含量均有不同程度的增加，灌草防风阻沙带细沙含量最高，其次是中沙，其中细沙含量相对比裸沙丘大幅增加，其余粒级颗粒百分含量均不足 10%，农田防护林网沉积物颗粒主要以细沙和中沙为主。沙障固沙带相对比裸沙丘沉积物颗粒细化，灌草防风阻沙带相对比裸沙丘细化现象更明显，农田防护林网相对比灌草防风阻沙带沉积物颗粒均值变化不明显。

（6）研究区裸沙丘、沙障固沙带、灌草防风阻沙带和农田防护林网沉积物颗粒频率分布曲线均呈单峰型，沙障固沙带和灌草防风阻沙带颗粒分布相对比裸沙丘峰值降低且提前出现，颗粒分布范围变宽，农田防护林网颗粒沉积物颗粒分布范围为防护体系内最宽，峰值最低。研究区表层沉积物粒度主要为细沙和极细沙，该范围的颗粒容易受到风沙活动的影响。研究区内易发生风蚀的颗粒为极细沙和细沙，这两种颗粒对流场变化响应敏感，是影响防护体系内沉积物颗粒相对粗细的关键组分。

第 13 章　绿洲防护体系风沙沉降特征

沙尘沉降是大于 10μm 的沙尘颗粒在自然重力作用下沉降到地面的颗粒物,受下垫面条件的影响,不同下垫面沙尘沉降的规律具有一定的差异性,本章内容分析了荒漠-绿洲过渡带 4 种下垫面沙尘沉降量的月际变化规律,探讨了气温、相对湿度、降水量、平均风速、大风日数和沙尘天气日数等气候因素对沙尘沉降的影响,同时分析了气候因素对沙尘沉降的相对贡献,在对比不同风速条件下风沙沉降速率特征的基础上,分析沉降颗粒物的粒度组成,以此判断沙尘沉降颗粒物的来源,可以间接评价防护体系对沙尘沉降的防护效益,为荒漠-绿洲过渡带沙尘防治提供基础数据。

13.1　绿洲防护体系风沙沉降量月际变化规律

通过对比分析 BSSF 断面裸沙丘、沙障固沙带、灌草防风阻沙带和农田防护林网内沙尘沉降的月际变化可知(图 13.1),总沙尘沉降量最大发生在 4 月和 5 月,其次是 6 月、7 月和 10 月,其中 4 月和 5 月总沙尘沉降量占全年沙尘沉降量的57.81%,对比防护断面不同防护带内沙尘沉降量可知,4 月和 5 月各防护带内的沙尘沉降量裸沙丘>沙障固沙带>灌草防风阻沙带>农田防护林网,其中 4 月沙障固沙带、灌草防风阻沙带和农田防护林网的沙尘沉降量相对比裸沙丘分别减少28.85%、61.42%和77.84%,5 月相对比裸沙丘分别减少23.37%、72.04%和90.51%,可以发现在大风发生频率较高的月份防护体系由裸沙丘-农田防护林方向沙尘沉降量逐渐降低,说明 BSSF 断面在各防护带的层层阻滞作用下,改变近地表风沙流结构,在防护林网纵深处沙尘得到有效控制,一年中 1 月、2 月和 12 月沙尘沉降量最低,总沙尘沉降量均在 100g 以下,分别为 73.84g、71.73g 和 67.08g,1 月沙障固沙带、灌草防风阻沙带和农田防护林网沙尘沉降量相对比裸沙丘分别减少 23.43%、30.31%和35.87%,2 月相对比裸沙丘分别减少24.92%、33.28%和39.85%,12 月相对比裸沙丘分别减少5.42%、22.14%和28.92%,9 月和 11 月总沙尘沉降量均为 100~200g,略高于 1 月、2 月和 12 月,总沙尘沉降量分别为 159.98g 和 191.31g,9 月沙障固沙带、灌草防风阻沙带和农田防护林网沙尘沉降量相对比裸沙丘分别减少45.04%、77.61%和77.90%,11 月相对比裸沙丘分别减少47.70%、47.96%和68.36%,其次是 3 月、8 月和 10 月,总沙尘沉降量为 200~300g,分别为 261.74g、252.68g和 224.06g,其中 3 月沙障固沙带、灌草防风阻沙带和农田防护林网沙尘沉降量相对比裸沙丘分别减少 31.39%、48.07%和 60.89%，8 月相对比裸沙丘分别减少 63.91%、87.18%和 91.70%，10 月分别减少 46.19%、54.10%和 64.78%，6 月和 7 月总沙尘沉降量为 300~400g，分别为 368.41g 和 339.93g，其中 6 月沙障固沙带、灌草防风阻沙带和农田防护林网沙尘沉降量相对比裸沙丘分别减少 17.91%、66.02%和 77.98%，7 月相对比裸沙丘分别减少 71.96%、80.53%和 82.58%。

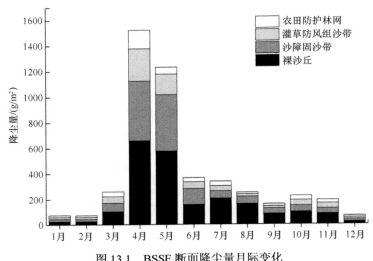

图 13.1　BSSF 断面降尘量月际变化

　　BSF 断面（图 13.2）总沙尘沉降量最多的月份同防护体系断面一致，且一年中各月份沙尘沉降总量裸沙丘＞灌草防风阻沙带＞农田防护林网，降尘主要发生在 4 月和 5 月，总降尘量分别为 1131.96g 和 803.70g，两个月总降尘量之和占全年总降尘量的 38.25%，4 月灌草防风阻沙带和农田防护林网的降尘量相对比裸沙丘分别减少 57.90%和 70.93%，5 月相对比裸沙丘分别减少 67.71%和 88.73%，1 月、2 月和 12 月降尘总量在全年中相对最低，均在 100g 以下，分别为 58.63g、55.50g 和 50.30g，灌草防风阻沙带和农田防护林网两条防护带的沙尘沉降量相对于裸沙丘 1 月分别减少 26.58%和 32.40%，2 月分别减少 31.49%和 36.95%，12 月分别减少 8.79%和 22.88%，9 月、10 月和 11 月沙尘沉降量相对比 1 月、2 月和 12 月有所增加，为 100~200g，分别为 143.78g、176.83g 和 158.22g，灌草防风阻沙带和农田防护林网两条防护带的降尘量相对于裸沙丘 9 月分别减少 51.11%和 72.52%，10 月分别减少 54.08 和 62.21%，11 月分别减少 46.27%和 64.53%，3 月、6 月、7 月和 8 月沙尘沉降总量为 200~300g，分别为 204.78g、276.19g、296.65g 和 214.81g，其中 3 月灌草防风阻沙带、农田防护林带的总降尘量相对于裸沙丘分别减少 41.06%和 56.59%，6 月分别减少 49.67%和 72.87%，7 月分别减少 73.80%和 81.01%，8 月分别减少 77.21%和 90.49%。

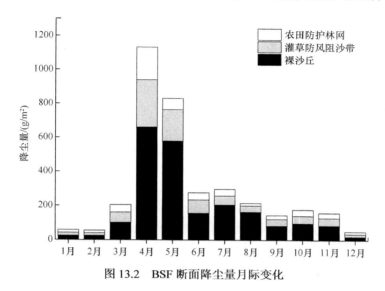

图 13.2 BSF 断面降尘量月际变化

BF 断面（图 13.3）沙尘沉降同样主要发生在 4 月和 5 月，总沙尘沉降量分别为 860.40g 和 650.40g，分别占全年总沙尘沉降量的 31.07% 和 23.48%，农田防护林网的沙尘沉降量相对于裸沙丘分别减少 69.37% 和 87.38%，其次是 7 月和 6 月，沙尘沉降总量分别为 247.57g 和 205.35g，1 月、2 月和 12 月沙尘沉降量在全年中最少，分别为 41.30g、40.58g 和 35.21g。

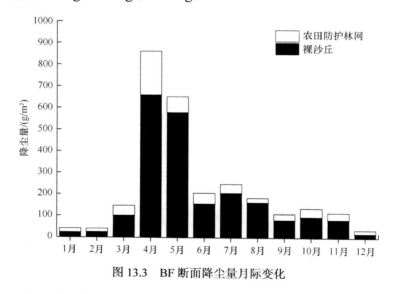

图 13.3 BF 断面降尘量月际变化

综合对比三条防护断面沙尘沉降量的月际变化可知，沙尘沉降发生最多的月份为 4 月和 5 月，1 月、2 月和 12 月沙尘沉降量最低，且同一防护断面内沙尘沉降量由裸沙丘-农田防护林方向呈减少趋势，对比同一防护带在不同防护断面内的沙尘沉降量可知，完整防护体系断面内农田防护林网的沙尘沉降量远小于其余两条防护断面，这说明在防护体系的防护下，风沙由西北主风向垂直断面过境过程中，受到防护带的层层阻滞作用，改变近地表风速流场特性，使不同防护带内沙尘沉降量呈现明显的差异性。

13.2 绿洲防护体系风沙沉降气候响应

已有研究结果显示，沙尘沉降不仅与浮尘、扬沙和沙尘暴等天气条件有关，还与降水、空气湿度和气温等气象因素存在一定的关系，本节内容在分析防护体系断面气温、降水、相对湿度、平均风速、大风日数、沙尘天气日数等因素对沙尘沉降量影响的基础上，探讨气象因子对研究区沙尘沉降的相对贡献。

13.2.1 气候因素对沙尘沉降量的响应

通过对 BSSF 断面裸沙丘、沙障固沙带、灌草防风阻沙带和农田防护林网内月沙尘沉降量与平均气温的相关分析结果显示（$P<0.05$）（图 13.4），平均温度与裸沙丘、沙障固沙带、灌草防风阻沙带和农田防护林网皮尔逊相关性分别为 0.454、

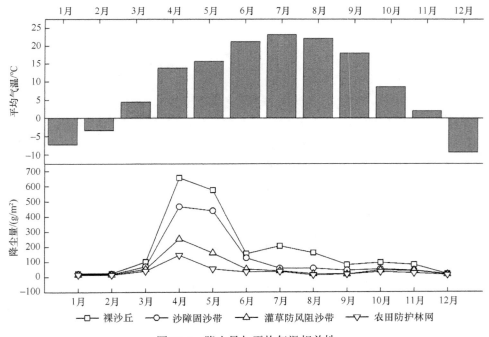

图 13.4 降尘量与平均气温相关性

0.346、0.277 和 0.263，双尾显著性检验结果显示，显著性分别为 0.138、0.271、0.384 和 0.409，说明平均温度与研究区沙尘沉降之间无明显的相关性。

月沙尘沉降量与相对湿度的相关分析结果显示（图 13.5），裸沙丘和沙障固沙带沙尘沉降量与相对湿度之间的双尾显著性检验表明（$P<0.05$）：相对湿度与裸沙丘和沙障固沙带月沙尘沉降量之间在 $P<0.05$ 水平下呈负相关关系，皮尔逊相关系数分别为–0.697 和–0.695，相对湿度与灌草防风阻沙带和农田防护林网月沙尘沉降量之间在 $P<0.01$ 水平下呈负相关关系，皮尔逊相关系数分别为–0.732 和–0.723。

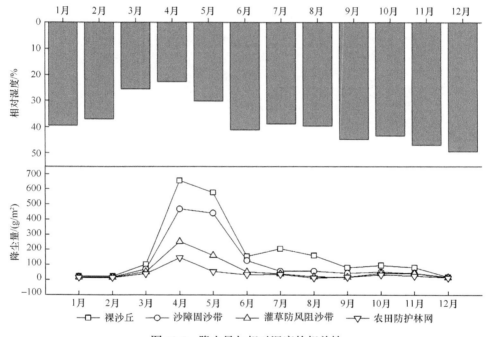

图 13.5　降尘量与相对湿度的相关性

月沙尘沉降量与降水量的相关分析结果显示（$P<0.01$）（图 13.6），降水量与裸沙丘、沙障固沙带、灌草防风阻沙带和农田防护林网皮尔逊相关性分别为–0.013、–0.058、–0.129 和–0.121，说明降水量与防护体系断面月沙尘沉降量之间无明显的相关性，这主要和研究区的区位有直接关系，研究区深居内陆，气候干旱，降水稀少，降水量主要集中在 6 月、7 月和 8 月，但最大降水量也仅61.9mm。

月沙尘沉降量与平均风速的相关分析结果显示（$P<0.01$）（图 13.7），平均风速与裸沙丘、沙障固沙带、灌草防风阻沙带和农田防护林网沙尘沉降量皮尔逊相

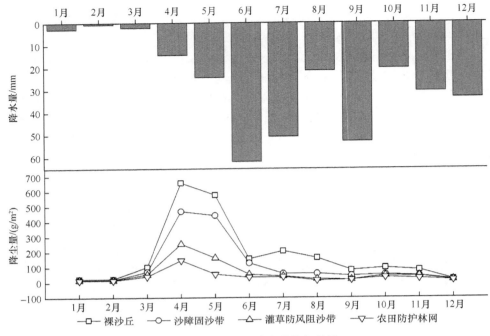

图 13.6 降尘量与降水量的相关性

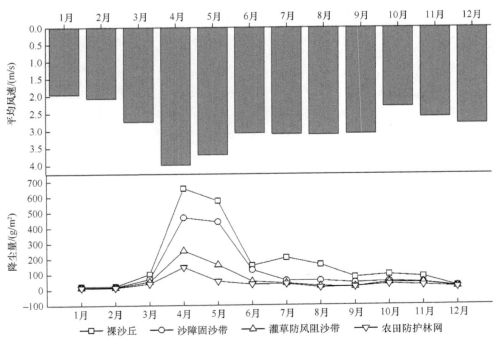

图 13.7 降尘量与平均风速的相关性

关性分别为 0.846、0.802、0.758 和 0.692，说明月平均风速与研究区沙尘沉降量之间存在显著的正相关关系，月平均风速越大，沙尘沉降量越大，研究区 4 月和 5 月平均风速分别为 3.99m/s 和 3.70m/s，为全年平均风速最大月份，这也是这两个月沙尘沉降总量最大的主要原因。

月沙尘沉降量与大风日数的相关分析结果显示（$P<0.05$）（图 13.8），大风日数与裸沙丘、沙障固沙带、灌草防风阻沙带和农田防护林网沙尘沉降量皮尔逊相关性分别为 0.096、0.020、–0.093 和–0.105，说明月大风日数与研究区沙尘沉降量之间无明显的相关性，大风日数发生较多的月份主要在 6 月、7 月、8 月和 9 月，大风日数为 8~10 天，但该时期为植被生长旺盛、农田作物生长-成熟期，植被覆盖度高，受植被覆盖等多因素的影响，大风日数与沙尘沉降量之间并未表现出明显的相关性。

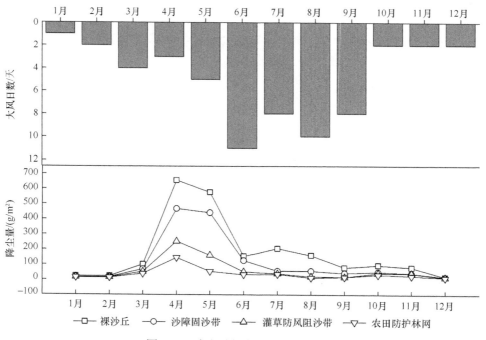

图 13.8　降尘量与大风日数的相关性

月沙尘沉降量与沙尘日数的相关分析结果显示（$P<0.01$）（图 13.9），沙尘日数与裸沙丘、沙障固沙带、灌草防风阻沙带和农田防护林网沙尘沉降量皮尔逊相关性分别为 0.795、0.818、0.878 和 0.832，说明沙尘天气日数与研究区沙尘沉降量之间存在极显著的正相关关系，因此认为沙尘发生总天数是造成研究区沙尘沉降量变化的主要影响因素。

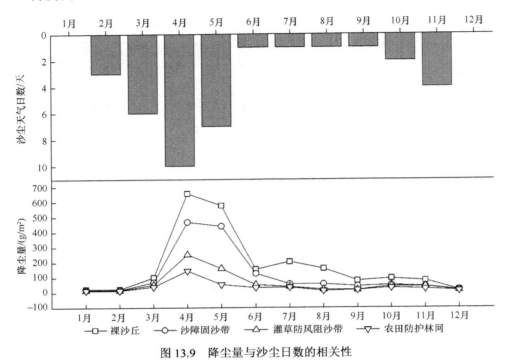

图 13.9　降尘量与沙尘日数的相关性

13.2.2　气候因素对沙尘沉降的相对贡献率

气候因素对沙尘沉降的相对贡献率是表征气候因子对沙尘沉降影响程度的主要指标，图 13.10 描述了平均温度、相对湿度、降水量、平均风速、大风日数和沙尘天气日数 6 个气象因子对 BSSF 断面不同防护带内沙尘沉降量的相对贡献率，对照样地裸沙丘平均风速对其沙尘沉降的相对贡献率最高，为52.09%，其次是大风日数和沙尘天气日数，相对贡献率分别为 23.32%和13.86%，气温和降水量对裸沙丘沙尘沉降的相对贡献率较低，分别为 0.04%和2.11%。沙障固沙带平均风速对其沙尘沉降的相对贡献率最高，贡献率值为53.2%，其次是大风日数和气温，相对贡献率分别为 17.04%和 12.35%，相对湿度和沙尘天气日数对沙障固沙区沙尘沉降的相对贡献率不足 10%，分别为8.21%和7.48%，降水量对该区域沙尘沉降的相对贡献率最低，仅为1.17%。灌草防风阻沙带对其沙尘沉降贡献率最高的是平均风速，贡献率为 45.36%，其次是大风日数和相对湿度，贡献率分别为 23.62%和12.82%，平均气温、降水量和沙尘天气日数对灌草防风阻沙带沙尘沉降的相对贡献率均不足 10%，分别为8.13%、7.12%和2.94%，农田防护林网对其沙尘沉降贡献相对较高的是平均风速和大风日数，相对贡献率分别为 28.57%和28.83%，其次是相对湿度和降水量，相对贡献率分别为 22.63%和 15.26%，气温和沙尘天气日数对该区沙尘沉降的影响程度相对较低，其贡献率分别为 1.13%和 3.4%。

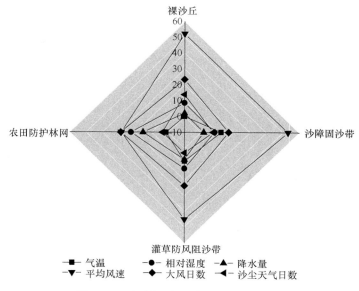

图 13.10　气候因素对沙尘沉降的贡献率

13.3　不同风速条件下绿洲防护体系风沙沉降速率变化特征

荒漠-绿洲过渡区不同的下垫面性质决定着地表形态、近地层流场分布特性和地表沉积物的粒度特征，受到防护体系的作用，过渡带裸沙丘强烈的风蚀、沉积变化逐渐向以沉降为主的风沙活动转化，风沙沉降速率是表征沙在下垫面条件、气候因素等综合影响下沉降快慢的主要指标，探讨不同防护带内沙尘沉降速率的变化可以间接反映防护体系对风沙沉降的响应。

挟沙气流在风力输送过程中，受到防护体系下垫面的阻滞作用沉降于地表，不同风速强度条件下，其沉降速率不同，对比不同风速梯度条件下三个防护断面沙尘沉降速率发现（图 13.11），4 种风速梯度下，裸沙丘沙尘沉降速率均高于其他防护带的沙尘沉降速率，当风速为 4.52m/s 时，BSSF 断面、BSF 断面和 BF 断面裸沙丘沙尘沉降速率分别为 0.1176g/（m²·min）、0.1246g/（m²·min）和 0.1158g/（m²·min），该风速条件下，BSSF 断面沙障固沙带沙尘沉降速率为 0.0950g/（m²·min），相对比该断面裸沙丘减少 19.22%，灌草防风阻沙带和农田防护林网的沙尘沉降速率分别为 0.0528g/(m²·min)和 0.0406g/(m²·min)，相对比裸沙丘分别减少 55.13%和 65.52%，BSF 断面灌草防风阻沙带和农田防护林网的沙尘沉降速率分别为 0.0635g/（m²·min）

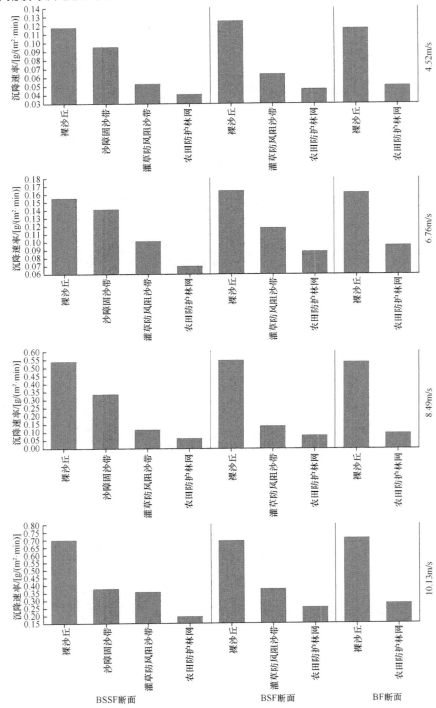

图 13.11 不同风速条件下防护体系沙尘沉降速率

和 0.0463g/（m²·min），相对比裸沙丘分别减少 49.05%和 62.85%，但相对比 BSSF 断面内灌草防风阻沙带和农田防护林网的沙尘沉降速率增加 20.27%和 14.10%，BF 断面农田防护林网的沙尘沉降速率为 0.0501g/（m²·min），相对比裸沙丘减少 56.71%，但相对比 BSSF 断面增加 23.61%，相对比 BSF 断面增加 8.33%。

当风速为 6.76m/s 时，BSSF 断面、BSF 断面和 BF 断面裸沙丘沙尘沉降速率分别为 0.1549g/（m²·min）、0.1641g/（m²·min）和 0.1615g/（m²·min）。BSSF 断面沙障固沙带沙尘沉降速率为 0.1411g/（m²·min），相对比裸沙丘减少 8.92%，灌草防风阻沙带和农田防护林网的沙尘沉降速率分别为 0.1010g/（m²·min）和 0.0698g/（m²·min），相对比裸沙丘分别减少 34.79%和 54.92%，BSF 断面灌草防风阻沙带和农田防护林网的沙尘沉降速率分别为 0.1177g/（m²·min）和 0.0880g/（m²·min），相对比裸沙丘分别减少 28.27%和 46.39%，但相对比 BSSF 断面灌草防风阻沙带和农田防护林网的沙尘沉降速率增加 16.51%和 25.97%。BF 断面农田防护林网的沙尘沉降速率为 0.0955g/（m²·min），相对比裸沙丘减少 40.84%，但相对比 BSSF 断面增加 36.86%，相对比 BSF 断面增加 8.60%。

当风速为 8.49m/s 时，BSSF 断面、BSF 断面和 BF 断面裸沙丘沙尘沉降速率分别为 0.5378g/（m²·min）、0.5435g/（m²·min）和 0.5339g/（m²·min），BSSF 断面沙障固沙带沙尘沉降速率为 0.3342g/（m²·min），相对比裸沙丘减少 37.86%，灌草防风阻沙带和农田防护林网的沙尘沉降速率分别为 0.1164g/（m²·min）和 0.0622g/（m²·min），相对比裸沙丘分别减少 78.35%和 88.43%，BSF 断面灌草防风阻沙带和农田防护林网的沙尘沉降速率分别为 0.1382g/（m²·min）和 0.0792g/（m²·min），相对比裸沙丘分别减少 74.57%和 85.43%，但相对比 BSSF 断面内灌草防风阻沙带和农田防护林网的沙尘沉降速率增加 18.73%和 27.25%，BF 断面农田防护林网的沙尘沉降速率为 0.0945g/（m²·min），相对比裸沙丘减少 82.29%，但相对比 BSSF 断面增加 51.92%，相对比 BSF 断面增加 19.39%。

当风速为 10.13m/s 时，BSSF 断面、BSF 断面和 BF 断面裸沙丘沙尘沉降速率分别为 0.6985g/（m²·min）、0.6934g/（m²·min）和 0.7096g/（m²·min），该风速条件下，BSSF 断面沙障固沙带沙尘沉降速率为 0.3757g/（m²·min），相对比该断面裸沙丘减少 46.22%，灌草防风阻沙带和农田防护林网的沙尘沉降速率分别为 0.3557g/（m²·min）和 0.1934g/（m²·min），相对比裸沙丘分别减少 49.08%和 25.37%，BSF 断面灌草防风阻沙带和农田防护林网的沙尘沉降速率分别为 0.3740g/（m²·min）和 0.2537g/（m²·min），相对比裸沙丘分别减少 46.06%和 63.41%，但相对比 BSSF 断面内灌草防风阻沙带和农田防护林网的沙尘沉降速率增加 5.15%和 31.16%，BF 断面农田防护林网的沙尘沉降速率为 0.2800g/（m²·min），相对比裸沙丘减少 60.54%，但相对比 BSSF 断面增加 44.78%，相对比 BSF 断面增加 10.38%。

分析相同防护断面各防护带在不同风速条件下沙尘沉降速率可知（图13.12），随着风速的增加，各防护断面沙尘沉降速率逐渐增加，BSSF 断面裸沙丘和沙障固沙带沙尘沉降速率和风速之间存在显著的线性相关关系，相关系数分别为 0.8285 和 0.8607，灌草防风阻沙带和农田防护林网沙尘沉降速率和风速之间线性拟合结果显示，相关系数分别为 0.5937 和 0.5019，拟合优度相对比裸沙丘和沙障固沙带差，说明受风速条件的影响，灌草防风阻沙带和农田防护林网具有一定的防护作用。

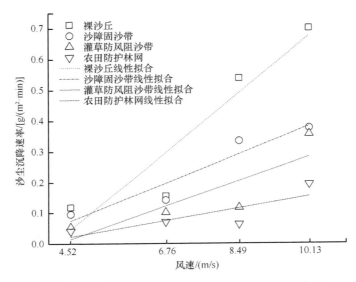

图 13.12　不同风速条件下沙尘沉降速率线性拟合结果

13.4　绿洲防护体系沙尘沉降物源分析

通常认为粒径<100μm 的砂粒运动方式以悬移为主，粒径为 100～500μm 的砂粒运动方式以跃移为主，粒径为 500～2000μm 的砂粒运动方式以蠕移为主。粒径小于20μm 的悬移物属于远源物质，粒径20～70μm 的颗粒物属于区域物质，粒径大于70μm 的颗粒物属于局地物质。基于此分级标准本节在探讨了绿洲防护体系内沙尘沉降物颗粒组成的基础上分析了沙尘沉降物的来源，以此判断沙尘沉降物中远源物质、区域物质和局地物质的相对含量，从而分析防护体系对沙尘沉降的抑制作用。

13.4.1　绿洲防护体系沙尘沉降物粒度组成

通过对研究区防护体系沙尘沉降颗粒物粒度组成进行分析可知（图 13.13），防护体系内沙尘沉降颗粒物无黏粒成分，裸沙丘主要以细沙和中沙为主，分别占

37.51%和 54.05%，沙障固沙带相对比裸沙丘极细沙和细沙含量增加，含量分别为 18.09%和 52.97%，中沙含量相对减少，为 26.28%，灌草防风阻沙带无黏粒、粗沙和细砾，颗粒相对比裸沙丘和沙障固沙带细化，极细沙、细沙和中沙含量分别为 25.57%、52.33%和 17.56%，粉沙含量增加至 4.55%，农田防护林带极细沙含量为 37.27%，颗粒逐渐粗化，中沙、粗沙和细砾含量分别为 8.44%、3.58%和 0.92%。

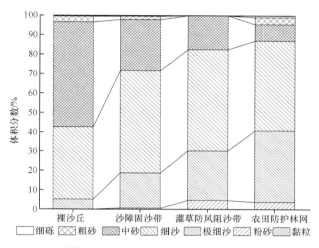

图 13.13　防护体系内降尘粒度组成

13.4.2　绿洲防护体系沙尘沉降物源判断

通过对研究区防护体系内沙尘沉降颗粒物运动形式分析可知（图 13.14），防

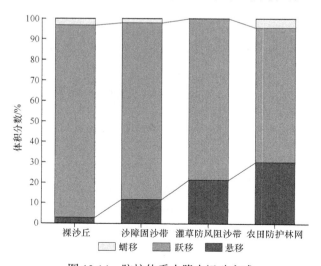

图 13.14　防护体系内降尘运动方式

护体系沙尘沉降颗粒物主要以跃移为主，裸沙丘、沙障固沙带、灌草防风阻沙带和农田防护林网跃移沙粒含量分别占 93.91%、86.21%、78.52%和 65.38%，且由裸沙丘至农田方向跃移颗粒物含量降低，到农田防护林网内跃移颗粒物含量相对于裸沙丘减少 28.53%，防护体系悬移颗粒物百分含量由裸沙丘至农田防护林网逐渐增加，分别为 2.80%、11.70%、21.49%和 30.14%，防护体系中灌草防风阻沙带不包含蠕移颗粒物，裸沙丘、沙障固沙带和农田防护林网蠕移颗粒百分含量无明显差异，其含量在三种运动方式下含量最低，含量分别为 3.29%、2.09%和 4.49%。

通过对防护体系不同防护带和裸沙丘沙尘沉降颗粒物物源判断可知（图13.15），研究区各测点沙尘沉降颗粒物主要以局地物质为主，裸沙丘、沙障固沙带、灌草防风阻沙带和农田防护林网局地物质百分含量分别为 99.73%、98.44%、93.49%和 92.63%，远源物质含量较低，裸沙丘和沙障固沙带内不包含远源物质，灌草防风阻沙带和农田防护林网内远源物质百分含量分别为 1.15%和 0.13%，其远源物质的减少说明防护林的防护作用明显，裸沙丘区域物质百分含量不足 1%，为 0.27%，沙障固沙带、灌草防风阻沙带和农田防护林网内的区域物质百分含量逐渐增加，分别为 1.56%%、5.37%和 7.24%。

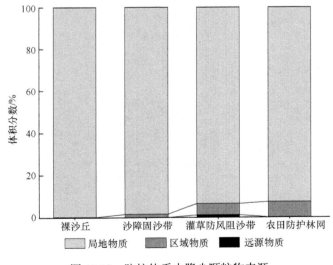

图 13.15　防护体系内降尘颗粒物来源

13.5　小　　结

（1）三条防护断面降尘量发生最多的月份为 4 月和 5 月，1 月、2 月和 12 月降尘量最低，由裸沙丘-农田防护林方向降尘量呈减少趋势，BSSF 断面内农田防护林网的沙尘沉降量远小于其余两条防护断面，这说明在防护体系的防护下，风沙由西北主风向向垂直断面过境过程中，受到防护带的层层阻滞作用，改变近地表风速流场特性，使不同防护带内沙尘沉降量呈现明显的差异性。

（2）平均温度、大风日数和降水量与裸沙丘、沙障固沙带、灌草防风阻沙带和农田防护林网沙尘沉降量之间无明显的相关性。相对湿度与裸沙丘和沙障固沙带月沙尘沉降量之间在 $P<0.05$ 水平下呈负相关关系，相对湿度与灌草防风阻沙带和农田防护林网月沙尘沉降量之间在 $P<0.01$ 水平下呈负相关关系。平均风速与裸沙丘、沙障固沙带、灌草防风阻沙带和农田防护林网沙尘沉降量之间存在显著的正相关关系。沙尘天气日数与裸沙丘、沙障固沙带、灌草防风阻沙带和农田防护林网沙尘沉降量之间存在极显著的正相关关系。

（3）平均风速对防护体系裸沙丘、沙障固沙带、灌草防风阻沙带和农田防护林网的相对贡献率均最高，其次是大风日数，对照样地裸沙丘气温和降水量的相对贡献率较低，仅为 0.04% 和 2.11%，沙障固沙带降水量的相对贡献率最低，沙尘天气日数对灌草防风阻沙带沙尘沉降的影响程度相对较小，气温和沙尘天气日数对农田防护林网的沙尘沉降的影响程度相对其他气象指标较小。

（4）不同风速梯度条件下，各防护断面裸沙丘沙尘沉降速率最高，相同风速条件下，不同防护断面间相同防护带沙尘沉降速率 BSSF 断面＞BSF 断面＞BF 断面，随着风速的增加，各防护带沙尘沉降速率逐渐增加，BSSF 断面裸沙丘和沙障固沙带沙尘沉降速率和风速之间存在着显著的线性相关关系。

（5）防护体系内沙尘沉降颗粒物无黏粒成分，裸沙丘主要以细沙和中沙为主，沙障固沙带相对比裸沙丘极细沙和细沙含量增加，中沙含量相对减少，灌草防风阻沙带不包含黏粒、粗沙和细砾，颗粒相对比裸沙丘和沙障固沙带细化，农田防护林带极细沙含量相对比其他防护带和裸沙丘增加，颗粒逐渐粗化。防护体系沙尘沉降颗粒物主要以跃移为主，且由裸沙丘至农田方向跃移颗粒物含量降低，防护体系悬移颗粒物百分含量由裸沙丘至农田防护林网逐渐增加，防护体系中灌草防风阻沙带不包含蠕移颗粒物，裸沙丘、沙障固沙带和农田防护林网蠕移颗粒百分含量无明显差异。研究区各测点沙尘沉降颗粒物主要以局地物质为主，远源物质含量较低，裸沙丘和沙障固沙带内不包含远源物质，其远源物质的减少说明防护林的防护作用明显，沙障固沙带、灌草防风阻沙带和农田防护林网内的区域物质百分含量逐渐增加。

第 14 章　讨论与结论

14.1　讨　　论

（1）荒漠-绿洲过渡区土地沙化及其驱动机制。土地沙化是发生在干旱半干旱荒漠地区的一种常见的自然现象，土地沙化导致可利用土地资源减少、土地生产力衰退、自然灾害加剧，土地沙化大面积蔓延可演变成土地荒漠化。随着科学技术的发展，采取先进的技术手段基于历史影像跟踪土地沙化动态变化逐渐被学术界认可和采纳。张国平等（2002）利用遥感方法，在覆盖全国的 Landsat-TM 数据的基础上，对 1995 年和 2000 年中国沙地的空间分布格局与动态变化进行了调查，并认为人为因素导致的耕地面积扩大是促使土地沙化的重要原因。唐庄生（2018）通过对北方半干旱荒漠草原土地沙化的驱动机制进行研究发现，土地荒漠化可以使植被生物量降低，而植被的破坏往往是土地沙化现象发生的潜在因素。杨小鹏等（2018）认为气温升高、降水增加等自然因素以及植被建设、人口控制、基础设施建设等人为因素共同作用下，沙区土地荒漠化的趋势会减弱。邓东周等（2011）认为土地沙化是在自然因素作用的背景下，由近年来的气候变化和人类不合理的生产活动造成的，自然因素为高寒地区的土地沙化提供了基本条件，而人类活动是其诱导触发因素，起主导作用。廖雅萍等（2011）认为川西北阿坝地区土地沙化与近 30 年来气温上升、降水减少、人口增长和牲畜数量快速增加关系密切。路云阁等（2010）认为气候暖干化和人为活动加剧造成了三江源地区土地沙化日益严重，表现为总量在增加、程度在加重、空间分布变化频繁，气候暖湿化是土地沙化趋于改善的最主要因素。

综合对比可知，不同的自然地理环境条件，以及不同的人类影响程度下，致使土地沙化的程度及趋势变化的驱动机制不尽相同，本研究通过对腾格里沙漠东南缘格林滩绿洲荒漠-绿洲过渡区土地沙化的动态趋势变化及气候因素的响应进行分析发现，风大沙多、降水稀少、蒸发量大、沙源充足是该区土地沙化的主要潜在诱因，为了保护绿洲区人类生产生活环境免遭侵害，除政策性的引导、以补偿方式促进沙漠化防治外，在荒漠-绿洲过渡区域裸沙丘实施一定的工程治沙措施，稳定流沙，封沙育草，可以有效地阻止流沙向绿洲方向蔓延。

（2）防护体系对近地表风沙流的再分配作用。风沙流是风携带沙粒沿地表运动的过程，是发生在干旱荒漠地区的一种主要的风沙物理现象，荒漠地区大风季节往往伴随有沙尘暴的发生，当风速达到当地起沙风速以上时往往伴随有沙随风输移现象的发生，不同的下垫面地表形态往往会产生不同类型的风沙流结构。杨印海等（2020）基于风洞试验模拟了不同类型挡沙墙的防沙效果，发现随着风速的变化不同类型的挡沙墙的阻沙率均有减小趋势。刘旭阳等（2019）通过对新月形沙丘脊线处的风沙流结构进行研究发现，正风向时，输沙量随高度增加符合幂函数递减的规律，气流对沙物质的输送集中在近地表 30cm 高度内；反风向时，输沙量随着高度的增加先增加后减少，变化趋势近似符合双高斯函数，气流含沙量在 30～50cm 高度内最多。丁延龙等（2019）对吉兰泰盐湖风沙防护林体系建立 35 年以来防沙效益进行了评估，认为林带盖度增加使得地表风速降低更加明显，受防护林带的影响，林带内风沙流趋于贴近地表，超过 84.70% 的输沙量均在地表 0.3m 高度内。余沛东等（2019）探讨了不同植被盖度下沙丘风沙流结构特征，空气动力学粗糙度随植被盖度增加先平缓后剧烈，与植被盖度相关关系呈三次函数增长。在各植被盖度下各层输沙率均随高度增加而递减，随风速增加而递增。同一植被盖度下风蚀量随风速增加而增大，符合幂函数或二次函数关系。杨欢等（2018）对不同类型沙丘的风沙流结构进行对比研究，发现随着高度增加，总输沙量下降，随着风速增加，总输沙量上升，输沙特征值 λ 随着风速的增加呈现出逐渐递增的趋势。

本研究通过对比绿洲防护体系不同防护带的风沙流结构特征及不同风速条件下风沙流特征发现，防护体系内沙障固沙带、灌草防风阻沙带和农田防护林网内的风速相对于裸沙丘明显降低，且防护体系对近地层 0～30cm 风速影响明显，风速降低幅度大。随着高度的增加，防风效能值整体呈降低趋势，越靠近地表植被影响显著层防风效能值越大。不同防护带内近地层风速变化差异明显，随着高度的增加，不同防护带内在相同高度处风速变化减弱。月平均气温、月平均降水量、大风日数与该区域月输沙量之间无明显的相关性，平均相对湿度与月总输沙量之间存在显著的负相关关系，月平均风速和沙尘暴日数与月总输沙量之间存在显著的正相关关系。研究区内各测点输沙量随高度的变化存在明显的幂函数变化，其输沙主要集中在近地层 30cm 以内，占总输沙量的 90% 以上。这说明防护体系对风沙流的再分配起到决定性的作用，对于减弱风沙向农田绿洲腹地输移起到积极的防护作用。

（3）蚀积状况反映近地表形态特征。地表蚀积状况从某种角度上可以通过蚀积强度等评价指标来反映风蚀和风积两种方向的转化模式，胡广录等（2016）研究了黑河中游荒漠-绿洲过渡带斑块植被风沙蚀积状况，研究发现荒漠-绿洲过渡区风蚀活动主要由风蚀向风积方向转变，且其强度及空间格局变化与区域地形、植被盖度和气象因素等有直接关系。毛东雷等（2014）通过对新疆策勒绿洲-荒漠过渡带不同下垫面地表蚀积进行观察发现，流沙地表现出较强烈的地表风蚀，半固定沙地整体表现出强烈的地表风积，固定沙地上植被覆盖度越高、植株越高和排列方式越均匀、整体地势越低，单位面积风积量也就越大、风蚀量越小，风蚀主要发生在灌丛沙堆的上风向、侧翼、背风风向的裸地凹沙地表面，较高沙堆侧翼的地表风蚀量最大。张登山等（2014）对不同规格草方格沙障的蚀积效应进行研究后发现，沙障内凹曲面的形成往往受制于风向，不同规格沙障蚀积表面形态和蚀积变化不同。周丹丹等（2009）认为沙障规格和设置部位对沙障凹曲面的形成具有显著影响，障内植物对凹曲面形态特征影响较大，植物具有明显的灌丛堆效应，可进一步增强沙丘的稳定性，大规格的沙障若一定时间内无植被生长，会很快失去防护作用。

　　以上研究成果不仅阐明了不同下垫面类型条件下地表蚀积变化规律，也反映了蚀积所产生的地表形态变化，本研究所探讨的荒漠-绿洲过渡区绿洲防护体系不同防护带地表蚀积变化，无植被覆盖的裸沙丘的侵蚀强度远大于防护体系内各防护带的侵蚀强度。防护体系断面由裸沙丘-沙障固沙带-灌草防风阻沙带方向侵蚀厚度逐渐降低，到农田防护林网略有堆积，这再次证实了不同地表覆盖的下垫面条件，高植被覆盖度地表对拦截沙物质运移、实现表土堆积效果更加明显。

　　（4）气候因素影响下的防护体系对沙尘沉降的作用规律。受下垫面性质和气候因素影响，降落于地表的沙尘沉降物分布规律和沉降物的粒度特征具有明显的差异性。徐立帅等（2018）对塔里木盆地南缘策勒绿洲-荒漠大气降尘进行研究发现，植被盖度和小气候的季节变化导致不同下垫面降尘量呈非线性关系，粗糙下垫面的机械阻挡作用主要促进了小于 50μm 的粉尘沉降，小气候效应主要促进了20～100μm 的粉尘沉降。李晋昌等（2010）研究了中国北方不同地区的降尘沉降规律，发现降尘均主要源于地表沙尘释放，且以地方性颗粒物为主，季节分布均为春季最大、夏季次之、秋季最小，冬半年降尘中远源粉尘含量均大于夏半年，且降尘均主要表现为常态存在的非尘暴降尘。刘芳等（2009）对人工绿洲近缘植被对风沙活动降减作用的影响研究发现，随着植被盖度的增加，输沙量、风蚀（积）量、沙尘沉降量均大大下降，固定沙丘、半固定沙丘随植被盖度的增加其输沙量较新垦沙地输沙量降低。强明瑞等（2007）的研究发现强劲稳定的风力条件可以产生较少的降尘量，强劲且变率较大的风力条件产生较多的降尘量，这揭露了风力条件对沙尘沉降的响应。

　　下垫面植被盖度的增加可以显著增加地表粗糙度，可以有效防蚀、防沙，同时，风速的变化对粉尘的释放、输送和沉降会产生直接的影响。本研究在探讨气候因素对沙尘沉降的响应中发现，平均温度与裸沙丘、沙障固沙带、灌草防风阻沙带和农田防护林网沙尘沉降之间无明显的相关性。相对湿度与裸沙丘和沙障固沙带月沙尘沉降量呈负相关关系，与灌草防风阻沙带和农田防护林网月沙尘沉降量呈负相关关系。降水量与裸沙丘、沙障固沙带、灌草防风阻沙带和农田防护林网月沙尘沉降量之间无明显的相关性。平均风速与裸沙丘、沙障固沙带、灌草防风阻沙带和农田防护林网沙尘沉降量之间存在显著的正相关关系。沙尘天气日数与裸沙丘、沙障固沙带、灌草防风阻沙带和农田防护林网沙尘沉降量之间存在极显著的正相关关系。研究区沙尘沉降颗粒物的粒度测试结果显示，沉降颗粒物主要以局地物质为主，风速对沉降颗粒物的分布规律影响显著。

14.2　结　　论

　　荒漠-绿洲过渡区是生态环境脆弱、易受沙化的敏感区域，本研究以荒漠-绿洲过渡区为研究区，在绿洲外围建立防护体系，首先利用遥感技术手段探讨研究区近 30 年沙化土地利用状况，分析沙化土地时间、空间和动态变化，分析气候因素对研究区沙化土地的影响，辨明格林滩绿洲区风蚀敏感区位置和范围，为防护体系的建立提供理论依据，研究荒漠-绿洲过渡区防护体系近地表风沙流特征及气候因素的响应，研究不同下垫面地表蚀积形态变化，分析研究区不同防护带内沙尘沉降规律，以分析荒漠-绿洲过渡区防护体系的防风阻沙效益。具体得出以下几点结论。

　　（1）格林滩绿洲区总面积 79.54km²，其中沙化土地总面积 65.90km²，占区域监测总面积的 82.85%，轻度沙化、中度沙化和重度沙化土地面积分别为 26.69km²、23.98km² 和 15.23km²，1986～2016 年研究区年平均气温和平均相对湿度呈现上升趋势，年降水量以 0.607mm/a 的速率上升，蒸发量每年以 7.939mm 的速率降低，平均风速通过线性拟合得出拟合曲线的斜率为–0.005，总体呈现下降趋势，年大风日数和年沙尘暴日数总体亦呈下降趋势，1998 年和 2001 年年沙尘暴日数均较高。轻度沙化土地主要分布于研究区西部、南部及农田区的北部及东部，重度沙化土地分布于研究区中部和南部，中度沙化土地主要分布于农田外围与荒漠的连接地带，其土地利用动态变化显著，沙化土地类型之间转化频繁，该区域中度沙化土地为潜在沙化土地集中的区域。

　　（2）受到防护体系地表植被及自身地表形态的影响，风速相对于裸沙丘降低，且防护体系对近地层 0～30cm 风速影响明显，随着高度的增加防风效能值降低，越靠近地表植被影响显著层防风效能值越大。不同防护带内随高度的变化风速廓线整体呈"J"形分布，且符合对数函数分布规律，防护体系地表粗糙度值：灌草防风阻沙带＞沙障固沙带＞农田防护林网。研究区风沙输送主要发生在 4 月、5 月和 10 月，月平均气温、月平均降水量、大风日数与月输沙量之间无明显的相关性，平均相对湿度与月总输沙量之间存在显著的负相关关系，月平均风速和沙尘暴日数与月总输沙量之间存在显著的正相关关系。研究区内各测点输沙量随高度的变化存在明显的幂函数变化，其输沙主要集中在近地层 30cm 以内，占总输沙量的 90%以上。

（3）研究区蚀积状态主要以侵蚀为主，裸沙丘的侵蚀强度远大于防护体系内各防护带的侵蚀强度。BSSF断面在不同月份由裸沙丘-沙障固沙带-灌草防风阻沙带方向侵蚀厚度逐渐降低，侵蚀量最高发生在4月，到农田防护林网略有堆积，不同风速梯度条件下，随着风速的加大平均侵蚀厚度增加，BSSF断面农田防护林网主要以堆积为主，相比其他两个防护断面堆积厚度增加，侵蚀厚度减少。低风速条件下，下垫面相对裸露的裸沙丘和沙障固沙带出现侵蚀，侵蚀强度沙障固沙带低于裸沙丘，随着风速的增加，侵蚀强度随着风速的加大逐渐增加，农田防护林网处出现堆积，堆积强度随着风速的增加而减小。

（4）裸沙丘表土沉积物颗粒组成主要以中沙成分为主，其次是粗沙和细沙，无粉沙和极细沙成分，沙障固沙带和灌草防风阻沙带相对比裸沙丘沉积物颗粒细化。裸沙丘、沙障固沙带和灌草防风阻沙带沉积物分选性等级为较好，农田防护林网沉积物分选等级为好，偏度等级划分结果均为正偏态，裸沙丘和沙障固沙带沉积物峰态尖窄程度均为中等，灌草防风阻沙带和农田防护林网峰度值均大于裸沙丘沉积物峰度值，土壤颗粒粒度分布相比裸沙丘分散。沉积物颗粒频率分布曲线均呈单峰型，沙障固沙带和灌草防风阻沙带颗粒分布相对比裸沙丘峰值降低且提前出现，颗粒分布范围变宽，研究区内细沙和中沙颗粒容易受到风沙活动的影响，极细沙和细沙为主要的风蚀颗粒，是影响防护体系内沉积物颗粒相对粗细的关键组分。

（5）三条防护断面降尘发生最多的月份为4月和5月，1月、2月和12月降尘量最低，由裸沙丘-农田防护林网方向降尘量呈减少趋势，BSSF断面内农田防护林网的沙尘沉降量远小于其余两条防护断面，平均温度、降水量和大风日数与沙尘沉降量之间无明显的相关性。相对湿度与裸沙丘和沙障固沙带月沙尘沉降量之间在 $P < 0.05$ 水平下呈负相关关系，与灌草防风阻沙带和农田防护林网月沙尘沉降量之间在 $P < 0.01$ 水平下呈负相关关系。平均风速和沙尘天气日数与裸沙丘、沙障固沙带、灌草防风阻沙带和农田防护林网沙尘沉降量之间存在显著的正相关关系。平均风速对防护体系裸沙丘、沙障固沙带、灌草防风阻沙带和农田防护林网的相对贡献率均最高，沙尘天气日数对灌草防风阻沙带沙尘沉降的影响程度相对较小，气温和沙尘天气日数对农田防护林网的沙尘沉降的影响程度相对其他气象指标较小。

（6）相同风速条件下，不同防护断面间相同防护带沙尘沉降速率BSSF断面＞BSF断面＞BF断面，随着风速的增加，各防护带沙尘沉降速率逐渐增加，BSSF断面裸沙丘和沙障固沙带沙尘沉降速率和风速之间存在着显著的线性相关关系。防护体系内沙尘沉降颗粒物无黏粒成分，裸沙丘主要以细沙和中沙为主，沙障固沙带相对比裸沙丘极细沙和细沙含量增加，中沙含量相对减少，灌草防风阻沙带不包含黏粒、粗沙和细砾，颗粒相对比裸沙丘和沙障固沙带细化，农田防护林网极细沙含量相对比其他防护带和裸沙丘增加，颗粒逐渐粗化。防护体系沙尘沉降颗粒物主要以跃移为主，研究区沙尘沉降颗粒物主要以局地物质为主，远源物质含量较低。

参 考 文 献

邓东周, 杨执衡, 陈洪, 等. 2011. 青藏高原东南缘高寒区土地沙化现状及驱动因子分析[J]. 西南林业大学学报, 31(5): 27-32.

丁延龙, 汪季, 胡生荣, 等. 2019. 吉兰泰盐湖风沙防护林体系建立 35a 以来防沙效益评估[J]. 中国沙漠, 39(5): 111-119.

胡广录, 王德金, 廖亚鑫, 等. 2016. 黑河中游荒漠-绿洲过渡带斑块植被区风沙蚀积强度特征[J]. 中国沙漠, 36(6): 1547-1554.

李晋昌, 董治宝, 钱广强, 等. 2010. 中国北方不同区域典型站点降尘特性的对比[J]. 中国沙漠, 30(6): 1269-1277.

廖雅萍, 王军厚, 付蓉. 2011. 川西北阿坝地区沙化土地动态变化及驱动力分析[J]. 水土保持研究, 18(3): 51-54.

刘芳, 郝玉光, 娜仁托娅, 等. 2009. 人工绿洲近缘植被对风沙活动降减作用的研究[J]. 林业资源管理, (4): 79-84.

刘旭阳, 宁文晓, 王振亭. 2019. 新月形沙丘脊线处的风沙流结构[J]. 中国沙漠, 39(6): 76-82.

路云阁, 刘晓, 张振德. 2010. 近 32 年三江源地区土地沙化特征及驱动力分析[J]. 国土资源遥感, (S1): 72-76.

毛东雷, 雷加强, 曾凡江, 等. 2014. 新疆策勒沙漠-绿洲过渡带不同下垫面地表蚀积变化特征[J]. 中国沙漠, 34(4): 961-969.

强明瑞, 肖舜, 张家武, 等. 2007. 柴达木盆地北部风速对尘暴事件降尘的影响[J]. 中国沙漠, 27(2): 290-295.

唐庄生. 2018. 半干旱荒漠草原沙化过程中植被退化机制研究[D]. 杨凌: 西北农林科技大学博士学位论文.

徐立帅, 郑伟, 郑新倩, 等. 2018. 塔里木盆地南缘策勒绿洲荒漠大气降尘特征[J]. 沙漠与绿洲气象, 12(4): 58-64.

杨欢, 李玉强, 王旭洋, 等. 2018. 半干旱区不同类型沙丘风沙流结构特征[J]. 中国沙漠, 38(6): 1144-1152.

杨小鹏, 王小军, 陈翔舜, 等. 2018. 甘肃省 2009—2014 年沙化土地动态变化分析[J]. 中国水土保持, (1): 50-54.

杨印海, 薛春晓, 石龙, 等. 2020. 青藏铁路沿线不同类型挡沙墙阻沙率[J]. 中国沙漠, 40(1): 1-6.

余沛东, 陈银萍, 李玉强, 等. 2019. 植被盖度对沙丘风沙流结构及风蚀量的影响[J]. 中国沙漠, 39(5): 29-36.

张登山, 吴汪洋, 田丽慧, 等. 2014. 青海湖沙地麦草方格沙障的蚀积效应与规格选取[J]. 地理科学, 34(5): 627-634.

张国平, 刘纪远, 张增祥, 等. 2002. 1995～2000 年中国沙地空间格局变化的遥感研究[J]. 生态学报, 22(9): 1500-1506, 1574.

周丹丹, 虞毅, 胡生荣, 等. 2009. 沙袋沙障凹曲面特性研究[J]. 水土保持通报, 29(4): 22-25, 80.